世界技能大赛工业控制项目训练指导丛书

工业自动化控制中心搭建与编程调试

主　编　闫虎民

副主编　袁海嵘　宁康波

机 械 工 业 出 版 社

本书以工业控制项目内容为基础、以学生就业为导向，结合“行动导向”“做学合一”的教学理念进行编写。全书共9章，主要内容包括工业控制设备元器件安装和自动化功能实现、电路原理图设计/改进、电气装置故障检测四大模块。本书内容具有自动化、效率化、实时性和可追溯性的特点。对应的岗位是：装备制造行业中的技术服务岗位群，培养能够从事工业控制生产设备的电路设计、电气线路的安装、可编程序控制器的编写、以太网络的搭建、工业控制设备电气综合调试以及工业控制设备故障的查找与维修的高技能人才。通过对本书的学习，学生能够做到在工业生产设备或生产流程中，搭建工业自动化控制中心，并为工业控制中心编写人机交互界面，设计自动化控制程序。

本书适合职业院校工业自动化技术、机电一体化技术、楼宇自动化等相关专业及技能培训的学生及老师使用，也可供相关工程技术人员学习参考。

图书在版编目（CIP）数据

工业自动化控制中心搭建与编程调试/闫虎民主编.—北京：机械工业出版社，2022.12（2024.3重印）

（世界技能大赛工业控制项目训练指导丛书）

ISBN 978-7-111-72456-8

Ⅰ.①工…　Ⅱ.①闫…　Ⅲ.①生产自动化－控制系统　Ⅳ.①TP278

中国国家版本馆CIP数据核字（2023）第024350号

机械工业出版社（北京市百万庄大街22号　邮政编码100037）

策划编辑：林春泉　　责任编辑：林春泉　朱　林

责任校对：张晓蓉　翟元睿　　封面设计：马若濛

责任印制：李　昂

北京捷迅佳彩印刷有限公司印刷

2024年3月第1版第2次印刷

184mm×260mm・19.5印张・472千字

标准书号：ISBN 978-7-111-72456-8

定价：159.00元

电话服务　　网络服务

客服电话：010-88361066　　机　工　官　网：www.cmpbook.com

010-88379833　　机　工　官　博：weibo.com/cmp1952

010-68326294　　金　书　网：www.golden-book.com

封底无防伪标均为盗版　　机工教育服务网：www.cmpedu.com

前 言

为贯彻落实人社部“对接世赛标准，转化教学成果——技工院校对接世界技能大赛专业课程改革”工作，深化课程训练改革，本书编写内容以世界技能大赛工业控制项目为平台，旨在“以赛促教、以赛促学、以赛促改、以赛促管”为目标，让世界技能大赛高标准、高要求惠及所有技工院校、职业院校、应用型本科工业控制相关专业的学生。本书结合“行动导向”“做学合一”的理念进行探究，重在培养学生综合职业能力。

本书共分为9章，所讲述内容为工业生产设备或生产流程中，搭建自动化控制中心，为控制中心进行编程，按要求实现系统功能，同时兼具电路原理图设计 / 修改、电气装置故障检测等相关内容。

第1章，综述世界技能大赛工业控制项目内容，包括竞赛标准、竞赛内容、竞赛规则、设备设施、场地布局等。

第2章，讲述任务前的准备工作，所谓“工欲善其事，必先利其器”也说明了准备工作的重要性，该章内容讲述学生在工作任务前的工装穿戴标准、所用工具耗材摆放位置及要求、核心设备部件恢复出厂设置步骤等内容。

第3章，讲述自动化控制中心搭建任务中的基准线绘制、定位线绘制的几种方法及步骤，对几种方法进行优缺点的对比，同时讲述所使用工具的注意事项。

第4章，讲述自动化控制中心搭建任务中安装图样元器件的尺寸计算方法、安装步骤及安装注意事项，如线槽、大小威图柜开孔、柜内元器件、行线齿槽和导轨长度、电缆长度等，同时讲述金属材料、塑料材料的切割、打磨制备工作。

第5章，讲述自动化控制中心搭建任务中所有元器件、设备安装流程及安装注意事项，例如墙面元器件的安装、大小威图柜内外元器件的安装及工位整理。

第6章，讲述自动化控制中心搭建安装完成后，采用正确的流程及方法根据图样进行元器件及设备的电线连接及整理，采用正确的步骤方法进行电缆的敷设、绑扎、整理，正确、规范地书写贴敷标签，最后对搭建完成的控制中心进行整体工艺的整理、整顿，提升质量，以达到完美的效果。

第 7 章，讲述自动化控制中心搭建任务完成后，安全测试工具和着装的准备，测试内容的讲述，安全测试的流程方法及如何解决遇到的问题。

第 8 章，讲述控制系统功能实现中核心硬件的配置、控制程序及人机交互界面的编写，有效融合工业控制领域中的 PLC、变频器、触摸屏及工业网络通信等方面的应用，调动学生学习的兴趣，让学生体会到“学以致用”的乐趣。在设计中力求实现“学、做、思”相结合的最佳效果。

第 9 章主要介绍了 PLC 故障诊断与维护，变频器故障诊断与维护，工业网络诊断以及其他器件的故障诊断与维护。

本书由世界技能大赛工业控制项目中国技术指导专家组组长、天津职业技术师范大学世界技能大赛（天津）研究中心闫虎民担任主编，中国技术指导专家组专家、西门子工厂自动化工程有限公司袁海嵘、宁康波担任副主编，中国国家队教练王林、袁强、姜光参编。闫虎民负责整本书的统稿并编写第 1 章、附录 A、附录 B 中评分标准，袁海嵘编写第 2 章、附录 C，袁强编写第 3、4 章，姜光编写第 5 章及附录 B 中施工图样，王林编写本书第 6、7 章，宁康波编写本书第 8、9 章。

由于编写时间仓促及限于编者水平和经验等，书中难免存在一些不足和疏漏之处，敬请广大读者予以指正并提出宝贵意见。

编　者

2022 年 8 月

目 录

第 1 章

工业控制项目介绍

1.1 世界技能大赛简介

世界技能大赛由世界技能组织举办，被誉为“技能奥林匹克”，是世界技能组织成员展示和交流职业技能的重要平台。世界技能大赛的举办机制类似于奥运会，由世界技能组织成员申请并获批准之后，世界技能大赛在世界技能组织的指导下与主办方合作举办。

截至 2019 年第 45 届世界技能大赛，世界技能大赛比赛项目共分为 6 个大类，分别为结构与建筑技术、创意艺术和时尚、信息与通信技术、制造与工程技术、社会与个人服务、运输与物流，共计 56 个竞赛项目。大部分竞赛项目对参赛选手的年龄限制为 22 岁，制造团队挑战赛、机电一体化、信息网络布线、飞机维修和网络安全 5 个有工作经验要求的综合性项目，选手年龄限制为 25 岁。选手年龄的计算用世界技能大赛举办的年份反推到选手生日所在年份的 1 月 1 日之后出生为不超限，例如 2019 年俄罗斯喀山在 8 月份举办第 45 届世界技能大赛，则 1997 年 1 月 1 日及以后出生的选手均视为年龄不超过 22 岁，1994 年 1 月 1 日及以后出生的选手均视为年龄不超过 25 岁。

世界技能大赛的参赛选手终生只有一次参赛的机会，即每一名在世界技能大赛注册过的选手，不可以重复多届参赛，也不可以再申请参加别的比赛项目。

世界技能大赛的每一个竞赛项目都有一个技术描述（Technical Description）文件，该文件从框架上说明和规定了本项目的竞赛目的，竞赛模块，技能要求，赛题命制，评价流程等内容，属于竞赛项目的根本性纲领文件。

世界技能大赛每一个项目的卷面分数均为满分 100 分，选手评分时采用百分制进行评定（Assessment），评定时使用比赛开始前预先做好的评分表（Mark Form）进行。评分表包括客观评分点（Measurement）和主观评分点（Judgment），客观评分有三种：1）Y/N，2）从满分往下减，3）从零分往上加。

主观评分只有一种：若干位裁判员每人根据选手的作品情况，从 0 ～ 3 中间亮牌，选手实际得分 = 实际得牌合计分 / 最大合计分 × 主观评分项分值。为了公平起见，选手作品的主观评分，按协调并记录打分活动的专家发出指令，三名专家同时亮分，所有参与亮牌的裁判员所评定分差不得超过 1。如果最大分值和最小分值之间的差值超过 1，专家们需要对评分项重新打分，为使评分差距缩小至 1 以下，可允许对参考标准进行简短讨论。

世界技能大赛使用竞赛信息系统（Competition Information System，CIS）进行选手的分数统计和处理。CIS 将选手的百分制成绩根据中位数算法进行计算，然后计算出选手的归一化得分，便于不同项目之间的选手进行横向比较。中位成绩为 700 分（2017 年第 44

届开始启用，以前中位成绩为500分)。得分最高的选手获得本项目金牌。分差不超过两分，将获得同一个奖级。所有得分超过中位数（700分）的选手都将获得奖励（包含金牌、银牌、铜牌、优胜奖)。

所有的竞赛项目中，成绩最高的参赛选手将获得阿尔伯特·维达奖（Albert Vidal Award)。在同一个代表队中，成绩最高的参赛选手将获得代表队最优秀奖（Best of Nation)，由成员国技术代表决定该奖项得主。

1.2 工业控制项目竞赛介绍

工业控制项目于2001年第36届世界技能大赛开始设立，并进行了第一次比赛，从此以后，在历届世界技能大赛上工业控制项目一直进行，从未间断，截至2019年第45届世界技能大赛，已经成功举办了10次比赛。

工业控制项目设立的初衷主要是考虑到飞速发展的智能化控制设备在工业控制现场的大量应用，导致对于技术工人的专业技术和职业技能有了新要求，要求参与者能够对工业现场的设备进行图样设计、材料制备、安装固定、配线连接、安全测试、故障排查、编程调试等工作。现代化的工业现场对产品有高精度、高质量的要求，同时要求技术工人能够在保证人身安全和设备安全的前提下利用专业工具进行操作。

世界技能大赛工业控制项目要求任何一个竞赛模块都必须以实际的工业控制过程为参考，也就是说每一个竞赛模块都必须有确定的工业控制功能，能够被选手、教练、专家以及参观者很方便地了解到该控制过程的应用场所和具体实际用途。

1.2.1 竞赛内容

结合工业控制项目的技术描述（Technical Description）文件，工业控制项目设置了4个竞赛模块，主要考察竞赛参赛选手在电路设计、材料制备、安装固定、系统配线、安全测试、编程调试、故障检查、工作组织管理等8个方面的能力。工业控制项目的竞赛内容主要是工业控制对象模型的安装和控制功能的实现，另外还包括简易控制对象的继电接触逻辑控制电路设计与改进优化，以及继电接触控制系统的故障诊断与定位。

工业控制项目的要求，主要涉及电气和自动化安装的基础知识，包括导轨、管道、电缆、设备、仪器仪表、自动化设备和控制中心配件，以及零部件的安全安装，电路和参数设计，并以工业现场广泛使用的可编程序控制器、触摸屏等，组成工业控制现场网络，并为可编程序控制器和触摸屏进行编程调试以实现控制功能。

工业控制项目要求选手完成4个模块的工作任务（见表)，共计用时22个小时（从2019年第45届世界技能大赛开始，比赛总用时修改为20小时，减少了主要项目的比赛时间)，每天竞赛时间基本为6小时左右。

1. 主要项目（Main Project）模块

在安装平台上对工业控制模拟对象进行安装，由大赛组委会给定一个标准规范的图样，如图1-1所示，选手根据图样对原材料进行加工，并安装固定到平台上。

表1-1　选手完成4个模块的工作任务

模块	名　　称	工作时间	位　　置
1	主要项目	16小时	主工作区模拟板
2	PLC编程和总线系统配置	4小时	主工作区计算机
3	电路设计和/或修改	1小时	主工作区计算机
4	查找设备故障	1小时	单独的工作区
总时长		22小时	

原材料加工包括为配电箱开孔，将各种电器元件按照规定安装到配电箱内及现场提供的背板上，在各个配电箱及电器元件、控制对象之间连接导线，如图1-2、图1-3、图1-4、图1-5所示。

2. PLC编程（PLC Programming）模块

要求选手利用工业控制软件将系统控制核心按照要求进行配置，然后按照大赛组委会提供的流程图进行编程，并将程序下载到控制核心中，对控制对象进行调试并实现控制要求。

本模块要求选手完成工业控制网络的配置，人机界面（HMI）的制作及PLC控制程序的编写等工作，使整个工业控制项目运作起来，完成规定的工业控制系统功能。

3. 电路设计（Circuit Design）模块

本模块竞赛要求选手针对某一个确定的工业控制对象，根据给定的控制流程图设计电气控制回路，来控制各个执行器的动作，实现控制功能。该模块的目的是为了检测选手阅读系统控制流程图的能力，选手利用电气控制元件对电气执行元件的控制能力，图样的设计标准和规范掌握程度，同时还要求选手了解电气元器件的控制特点，不仅做到功能上可以实现，同时也要求物理上也可以实现，其他譬如能源消耗优化等诸多在图样上虽然不能体现出来，但是通过经验在电路设计过程中就可以发现的问题也在评价范围之内，从而为工业控制现场的应用提供有益的参考。

本模块要求选手需要对工业控制对象有个初步的结构功能认识，然后根据确定的控制流程设计并优化电气控制回路，完成控制要求。本模块规定完成时间为1小时，在以前的竞赛过程中，采取的是选手徒手绘图，裁判员评阅的方式。从第43届巴西圣保罗世界技能大赛开始，采取了利用仿真软件进行设计和功能评判的方式进行，仿真软件使用的是FESTO公司的FluidSIM系列软件，使用的计算机为SIEMENS IPC，操作系统为WIN 10英文版。

电路设计和/或改进命题方法主要是考查选手电路设计能力、绘图时标准图形符号的应用、控制功能的实现。要求选手设计或修改某一个继电器逻辑控制电路，完成对某一控制对象的控制。

设计应满足任务功能需求，该部分占总分的60%；设计应符合技术标准规范，该部分占总分的40%。

设计应满足经济性要求，设计应采取标准符号，设计的图样应考虑美观，设计的图样应有必要的说明和标注。

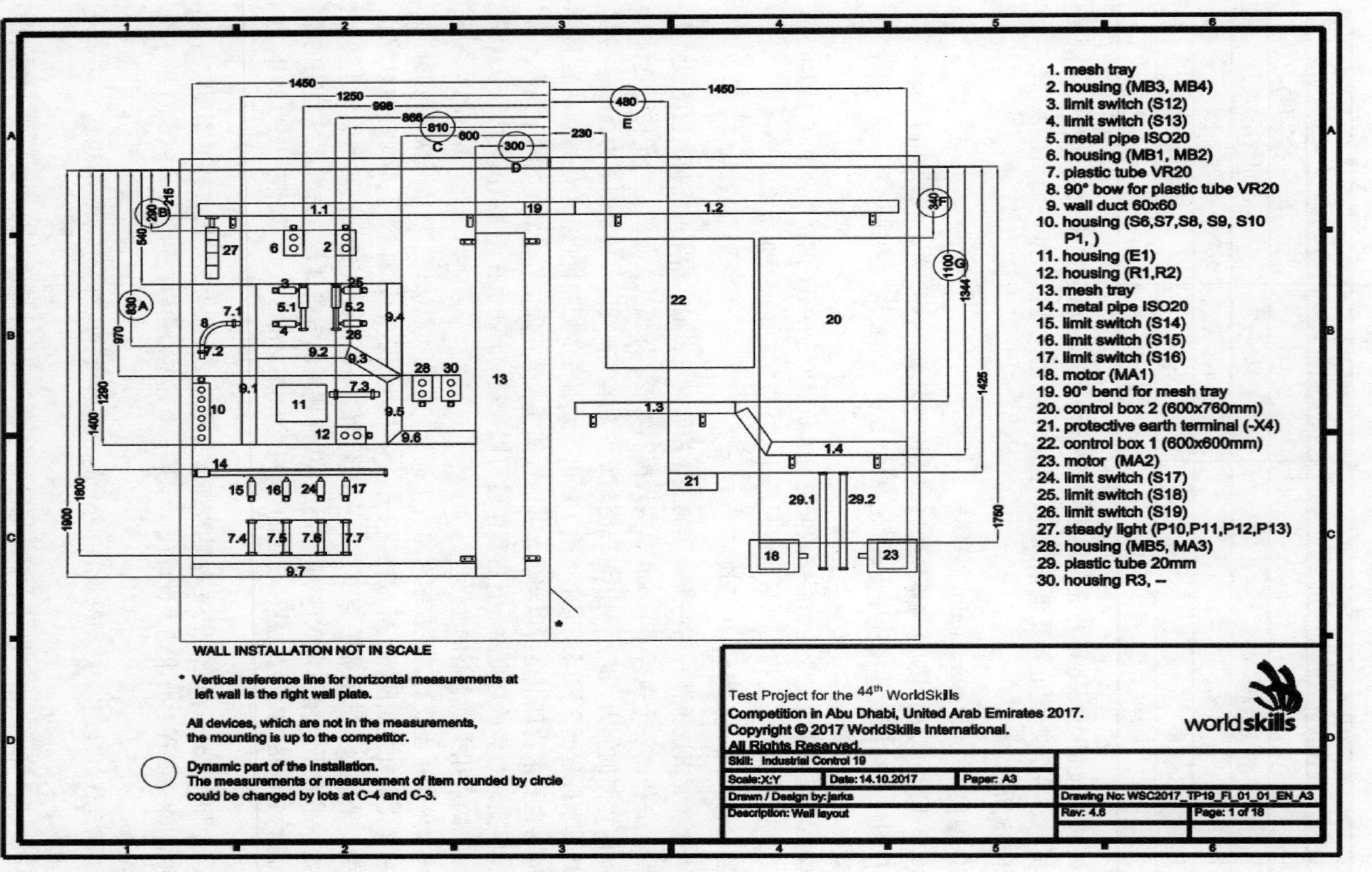
1. mesh tray
2. housing (MB3, MB4)
3. limit switch (S12)
4. limit switch (S13)
5. metal pipe ISO20
6. housing (MB1, MB2)
7. plastic tube VR20
8. 90° bow for plastic tube VR20
9. wall duct 60x60
10. housing (S6,S7,S8, S9, S10 P1,)
11. housing (E1)
12. housing (R1,R2)
13. mesh tray
14. metal pipe ISO20
15. limit switch (S14)
16. limit switch (S15)
17. limit switch (S16)
18. motor (MA1)
19. 90° bend for mesh tray
20. control box 2 (600x760mm)
21. protective earth terminal (-X4)
22. control box 1 (600x600mm)
23. motor (MA2)
24. limit switch (S17)
25. limit switch (S18)
26. limit switch (S19)
27. steady light (P10,P11,P12,P13)
28. housing (MB5, MA3)
29. plastic tube 20mm
30. housing R3, –
WALL INSTALLATION NOT IN SCALE
* Vertical reference line for horizontal measurements at left wall is the right wall plate.
All devices, which are not in the measurements, the mounting is up to the competitor.
Dynamic part of the installation.
The measurements or measurement of item rounded by circle could be changed by lots at C-4 and C-3.
Test Project for the 44th WorldSkills
Competition in Abu Dhabi, United Arab Emirates 2017.
Copyright © 2017 WorldSkills International.
All Rights Reserved.
Skill: Industrial Control 19
Scale:X:Y
Date:14.10.2017
Paper: A3
Drawn / Design by:jarko
Drawing No: WSC2017_TP19_FI_01_01_EN_A3
Description: Wall layout
Rev: 4.6
Page: 1 of 18
worldskills

图 1-1 安装位置和尺寸图（2017 年第 44 届）

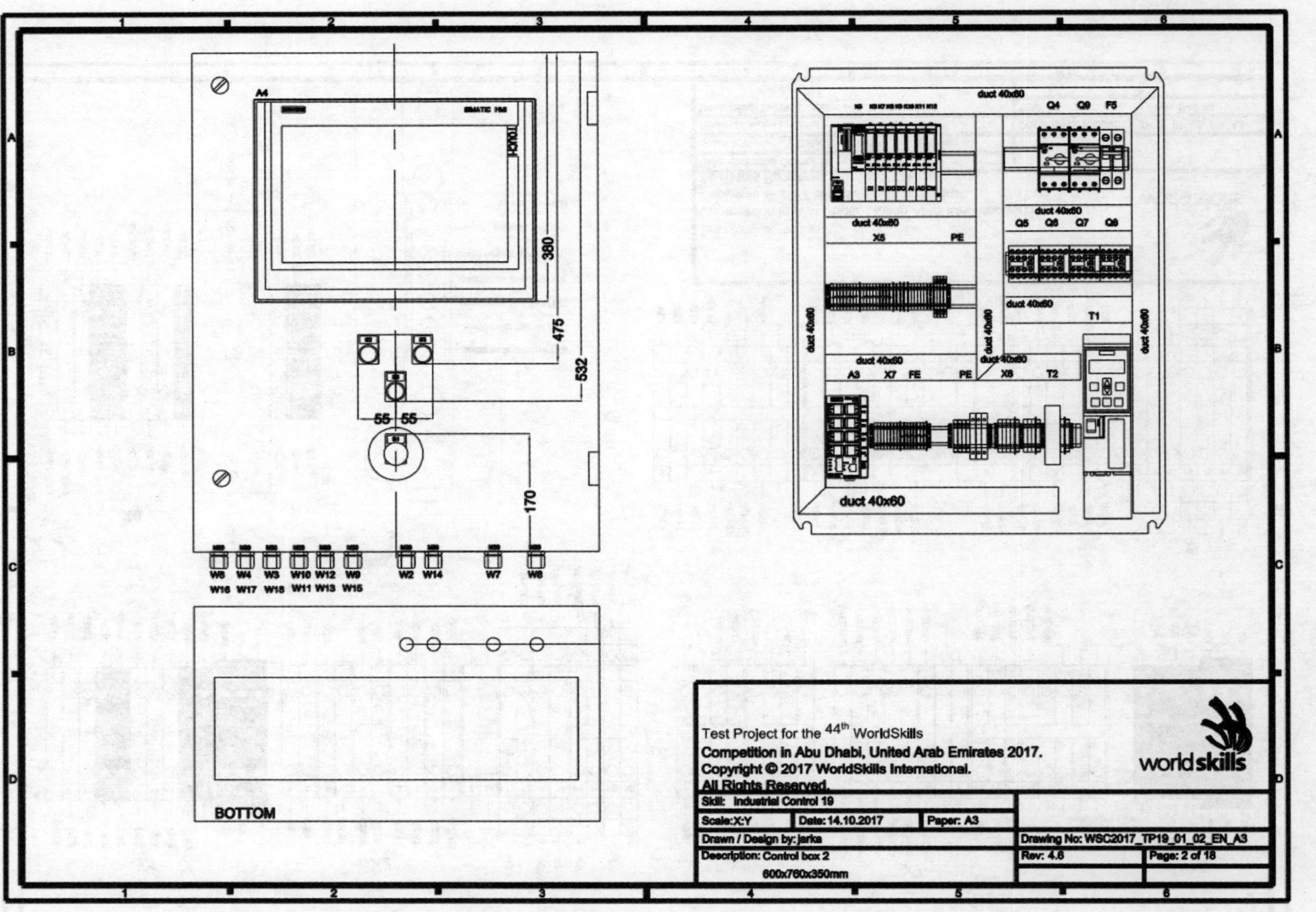
A4
SIMATIC HMI
TOUCH
380
475
532
55
55
170
W6
W4
W3
W10
W12
W9
W16
W17
W18
W11
W13
W15
W2
W14
W7
W8
BOTTOM
duct 40x60
Q4
Q9
F5
Q5
Q6
Q7
Q8
X5
PE
T1
A3
X7
FE
X8
T2
Test Project for the 44th WorldSkills
Competition in Abu Dhabi, United Arab Emirates 2017.
Copyright © 2017 WorldSkills International.
All Rights Reserved.
worldskills
Skill: Industrial Control 19
Scale:X:Y
Date:14.10.2017
Paper: A3
Drawn / Design by: jarka
Description: Control box 2
600x760x350mm
Drawing No: WSC2017_TP19_01_02_EN_A3
Rev: 4.6
Page: 2 of 18

图 1-2　控制柜面板开孔和内部布局图（部分，2017 年第 44 届）

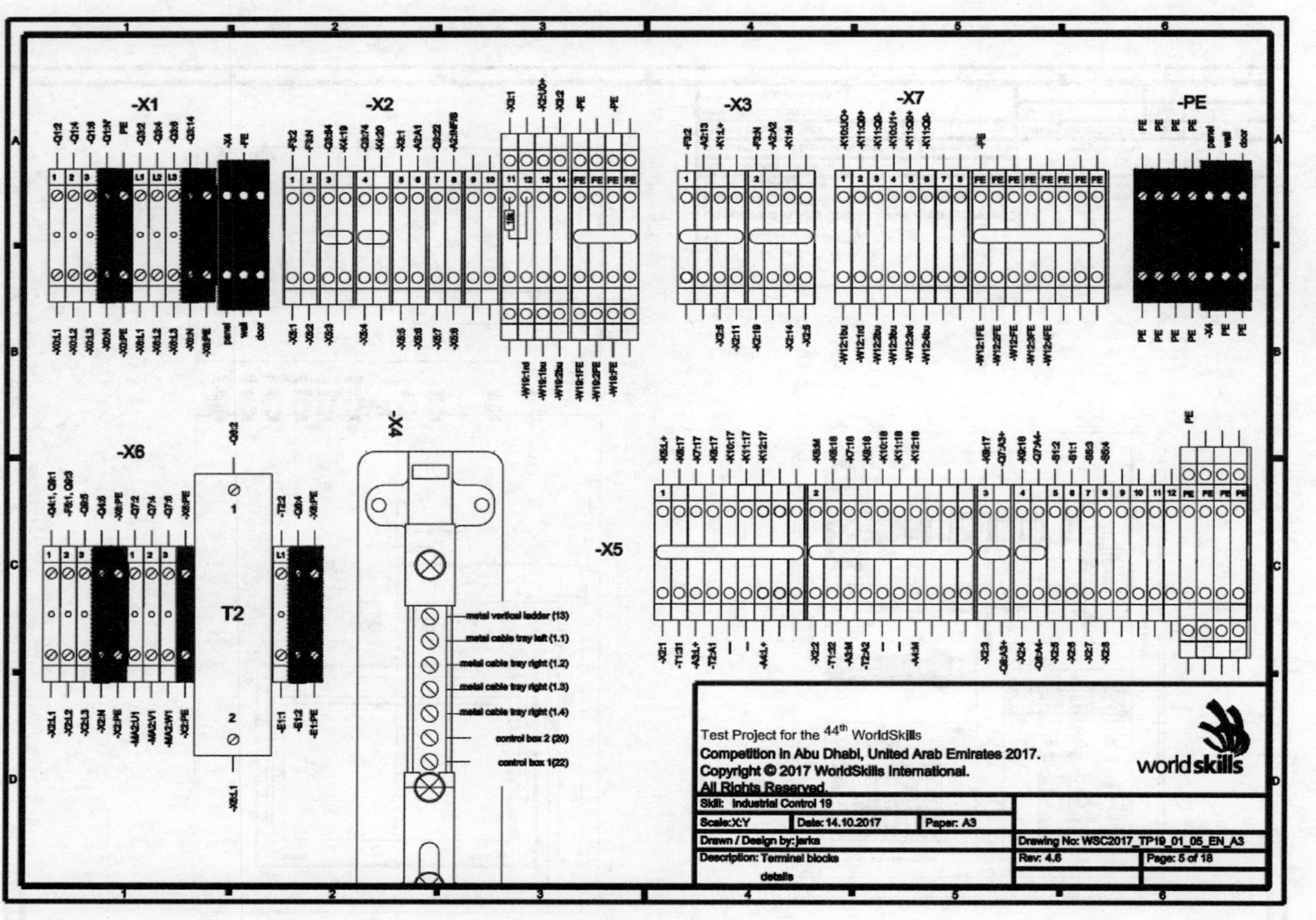

图 1-3　控制柜内部端子图（2017 年第 44 届）

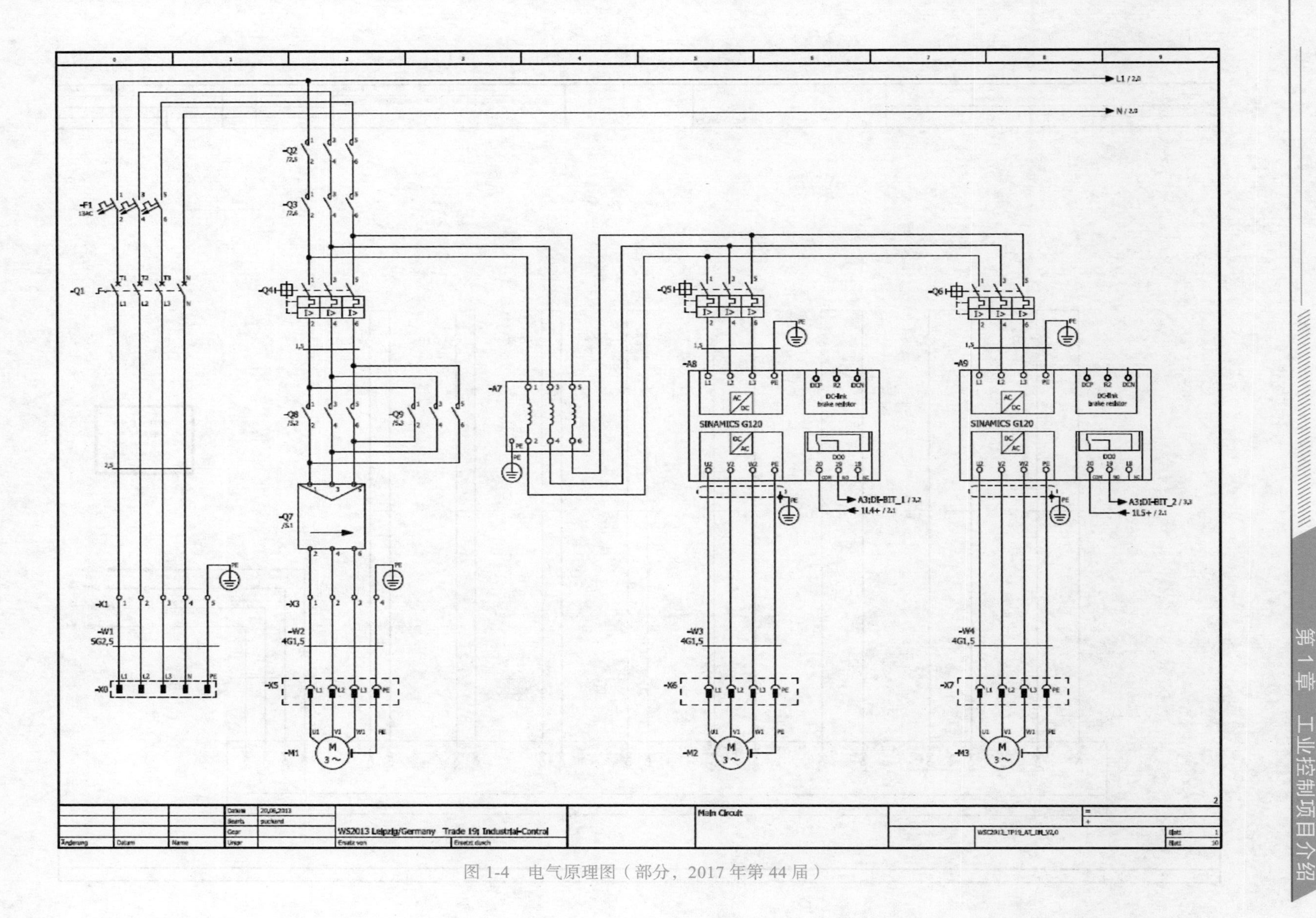

图 1-4　电气原理图（部分，2017 年第 44 届）

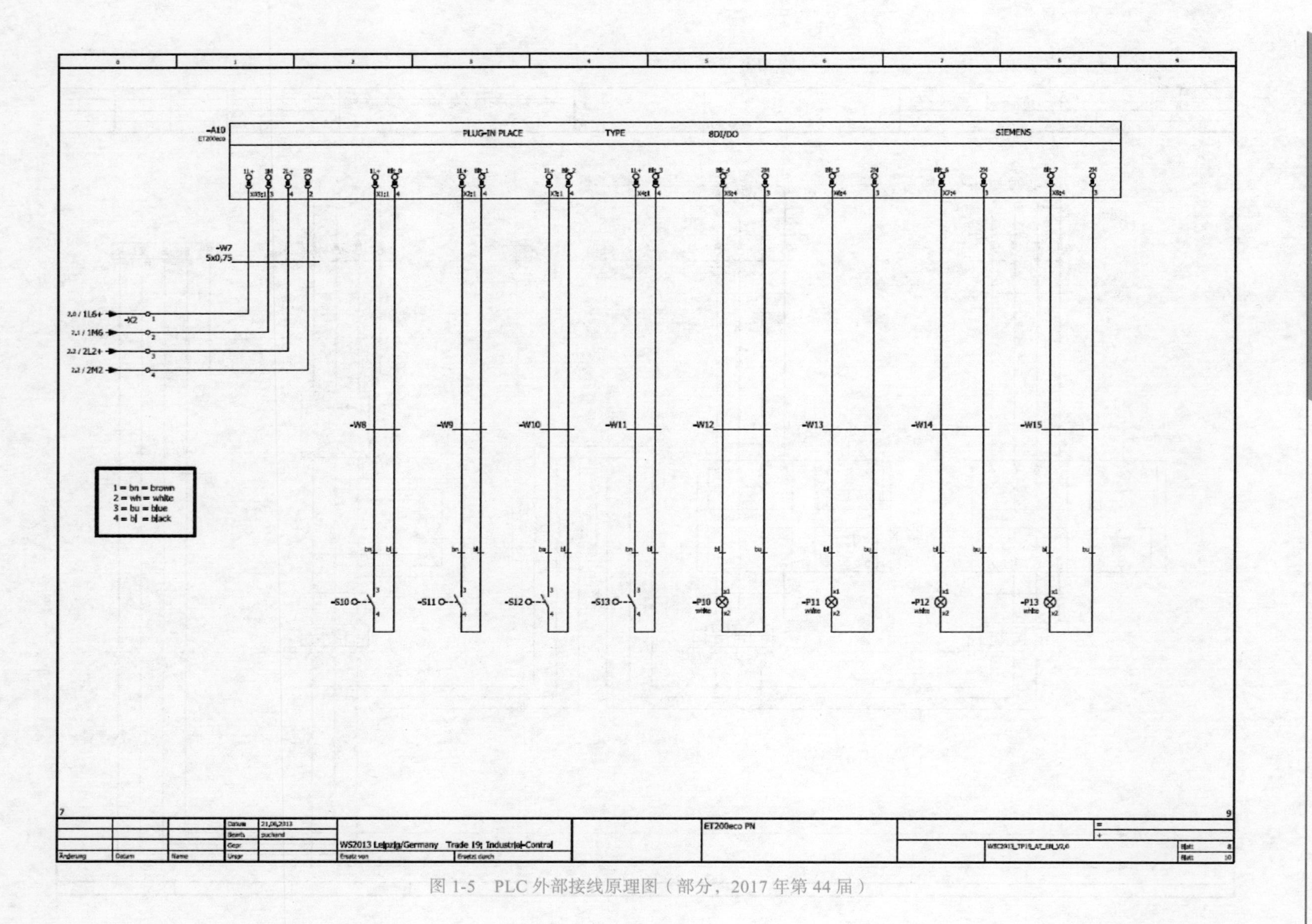

图 1-5 PLC外部接线原理图（部分，2017年第44届）

在 2013 年第 42 届（德国莱比锡）世界技能大赛之前，该项目为选手徒手绘图。

从 2015 年第 43 届（巴西圣保罗）开始，该模块通过仿真软件（德国 FESTO 公司的 FluidSIM-P 软件）检测选手所设计的电路功能。

在 2017 年第 44 届（阿联酋阿布扎比）赛场上，选手使用电气仿真软件（德国 FESTO 公司的 FluidSIM-E 软件）进行竞赛，在 2019 年第 45 届（俄罗斯喀山）赛场上延续使用。

4. 故障检查（Faults Finding）模块

要求选手在某一给定的继电接触控制电路中，利用工具及万用表对电路中存在的故障进行定位和分类，并填写在任务书中。故障点共有 5 个，利用开关进行设置，每次设置一个。一个故障检查完毕后，将开关转换到无故障位置，然后设置下一个故障。

故障必须按照次序进行检查和排除，总时间为 1 小时，在时间允许范围内，每个故障点的检查不限时。

故障检查的命题主要是考查选手分析继电控制电路原理图并利用仪表检查和确认的能力。测试电路包括：定时器、开关或者按钮、继电器、有 2xNO 和 2xNC 辅助触头的接触器、模拟负载。故障类型包括：开路、短路、定时器设置错误、过载值设置错误。每次测试时只设置一个故障。

1.2.2　竞赛技术标准

1. 选手设计图样技术规范和标准

本模块的竞赛技术规范要求：

1）绘图要美观，水平连接导线和垂直连接导线要求不能有转折。

2）所有的元器件之间间距要一致，包括水平方向和垂直方向，元器件之间不能有重叠。

3）所有的元器件标识要完整、正确、并且标注符合电气技术要求。

4）电路设计要求合理，不能够有物理上无法实现或者不合乎生产标准的产品。

5）电路设计要符合能源节约原则。

2. 材料制备、安装技术规范和标准

（1）材料制备技术规范和标准

按照图样进行制备，尺寸必须严格符合要求，加工完成的材料不可有毛刺，不可有污迹和划痕，材料不可有损伤和变形。

（2）器件安装标准

按照图样施工，位置必须准确，误差不能超过规定的允许值，安装方向必须正确，器件安装牢固，用手触碰不能有晃动的现象。

所有的器件必须有明确的标签标识，包括器件的标号和功能。

3. 导线电缆配线绑扎技术规范和标准

导线必须使用规定端子进行连接，并且压接部分的长度和形状应符合要求。导线必须进入行线槽，并且进出行线槽要直，不能交叉。导线在行线槽内部的长度留长也要符合规定要求。

电缆在进出控制柜时，必须锁紧。

动力电缆、信号电缆、接地线、网线在电缆槽中敷设时，必须分开走线，分开绑扎。

绑扎导线和电缆的绑扎带，必须剪切平齐，不刺手。

所有的接地线和电缆必须有明确的标签标识。

4. 健康、安全和环保技术规范和标准

1）世界技能大赛的首要宗旨是零伤害，任何可能导致安全事故发生的操作和方法都是被禁止的，所以对于参赛选手的安全教育是必要的，并且每位参赛选手必须在安全教育之后的责任书上签字，以表明已经完成必要的竞赛安全教育，并且完全理解和认可安全教育的内容，并将遵守安全教育规范，以避免伤害事故的发生。

2）世界技能大赛工业控制项目在竞赛过程中，每一个阶段都有可能产生伤害，这种伤害包括电击、烫伤、砸伤、磕伤、划伤、跌倒和扭伤等，产生的原因必须在整个竞赛过程中进行回避，所以，选手在竞赛过程中，必须有合适的防护措施，正确地使用劳动防护用品和工具仪表。

3）为了防止各种伤害事故的发生，所以选手要做到以下伤害防护：

① 选手在制备各类器材时，如果有往复或者回转运动部件，长发选手必须将头发束起，以防止头发被夹住。

② 在使用切割、锯割工具时，必须穿戴防割手套。

③ 在竞赛过程中，如果有产生飞溅的物品，必须佩戴防护目镜。

④ 如果在材料制备过程中会有高温材料的产生，选手必须身着长衣、长裤，并扣紧所有的纽扣。

⑤ 在操作过程中，如果选手操作时，在超过头部水平线上方有突出部分，选手必须佩戴硬壳防护帽（或头盔）。

⑥ 在举起较重物品时，必须有可靠措施保证物品不会跌落。

⑦ 在竞赛全过程，必须保证各类物品放置在稳定的位置上，不能有跌落或跌倒的隐患存在。

⑧ 在对带电体或可能带电体进行测量时，必须穿着绝缘鞋和绝缘手套，佩戴防护眼镜，并且使用具有符合安全认证的仪器仪表和测试探头。

⑨ 选手在竞赛过程中，选手必须了解自己携带、使用和竞赛赛场提供的工具、器材正确的使用和操作方式，选手必须采用正确的工具和方法进行操作以防止伤害。

4）世界技能大赛组织非常重视对于健康的损害，所以在竞赛过程中，选手不得产生过大的噪声以防止损伤听力。在竞赛过程中，选手不得在强光下长时间工作，不得在激光工具可能直接照射眼睛的情况下进行操作。选手在高处操作时，不得长时间使双手高于自己肩膀工作。选手在低处操作时，应该使用单腿跪姿操作，不得采取蹲姿和坐姿操作。

5）世界技能大赛组织非常重视可持续发展技术，在竞赛过程中，应当避免浪费材料的行为。选手应重视各种器件和配件的保存，以防止丢失。选手应熟悉图样和实物的对应关系，以防止错误地选取物料造成浪费。

6）技能竞赛的各位选手之间，除了能力之间的竞争外，同时亦应该具有互相友好的态度。在各位选手操作时，不应该影响他人的工作。如果有飞溅物产生并且可能会影响到其他选手操作时，选手应该采取身体低姿操作，将飞溅物限定在自己的工作区域内。

1.2.3　国内工业控制项目现状的分析

1. 全国选拔赛参赛规模不断扩大

工业控制项目在国内从 2014 年开始举办全国选拔赛，是为了第 43 届巴西圣保罗世界技能大赛选拔选手，当时有 7 个省（自治区、直辖市）的 12 名选手报名参赛。到 2016 年在上海进行集中举办的第 44 届阿联酋阿布扎比世界技能大赛选拔选手的全国选拔赛，参赛选手增加到了 18 人，来自于 15 个省（自治区、直辖市）和 1 个行业。到了 2018 年在上海进行集中举办的第 45 届俄罗斯喀山世界技能大赛选拔选手的全国选拔赛，参赛选手达到了 26 人，来自于 24 个省（自治区、直辖市）和 1 个行业。2020 年中华人民共和国第一届职业技能大赛暨第 46 届世界技能大赛全国选拔赛，工业控制项目的参赛队伍和选手达到了 29 人（其中西藏自治区和宁夏回族自治区缺席）。以上数据表明，工业控制项目在国内已经得到了较为广泛的参与。

还有，有的省（自治区、直辖市）虽然持续选派选手参加全国选拔赛，但是选手的水平没有提升，成绩一直没有进步，全国选拔赛的排名一直在下游徘徊。有的省（自治区、直辖市）选派选手参赛，总是来自于同一家单位，说明在这些省（自治区、直辖市）工业控制项目的参与度还不够高，或者是发展水平很不均衡，可能没有其他单位能够与之抗衡，不利于本地域的世界技能大赛选手水平的提高。

2. 国内顶尖选手的水平不断提高

工业控制项目选手的成长得益于我国主管部门的集训制度。通过集训，国内水平较高的选手被集中起来，由国内高水平的专家和教练进行集中指导和强化，选手之间也互相学习，取长补短，专业技术和职业技能水平快速提高。

在 2014 年，只有一个工业控制项目国家级集训基地，2016 年增加到两个，2018 年增加到四个，2021 年达到了五个。国家级集训基地数量的增加，加强了世界技能大赛的宣传和辐射力度，使更多的学校和师生了解了世界技能大赛，带动了整个项目的竞技水平大幅提升。

国内选手专业技术和职业技能的提高，也创造了国际化合作的机会。以前，我们国内很难邀请到国际专家来进行交流和指导，现在有很多国际专家主动提出来邀请我们去交流或者来华访问学习，我们的项目在世界技能大赛工业控制项目团队内也在积极地争取自己的话语权。

不少省份也效仿国家集训基地建设模式，在自己的省内建设了省级集训基地，但是省级集训基地的运行和国家级集训基地的运行还有很大的差异，在集训基地的组织架构、支持力度、运行保障、专家团队组建、对外交流和对内辐射等方面还有所欠缺，所以建设效果还不是很明显。

由于参与集训的选手数量有限，只有在全国选拔赛成绩排名靠前的选手才能进入国家集训队进行集训。一旦进入国家集训队，在专业化的专家和教练团队指导下，选手的技术和技能都能得到飞速的提高。典型的案例如 2018 年河南代表队选手以第十名的成绩进入国家集训队，经过约 5 个月的指导和训练，两个阶段 5 轮次集训选拔后，最终以第一名的成绩晋级，代表中国参加第45届世界技能大赛，并最终在第45届俄罗斯喀山世界技能大赛获得工业控制项目的铜牌（总成绩第三名）。

那些没有进入国家集训队的代表队和选手，成长仍旧缓慢，主要是缺乏有经验的专家或教练员对选手进行针对性的分析、指导和训练，在工具选用、加工方式、操作方法、流程把握、时间管理上都没有得到足够的优化，只能够靠自己观摩和摸索成长，所以影响了进步的步伐。

3. 选手的成长经历差异较大

工业控制项目选手在不同的省（自治区、直辖市）成长历程并不相同。在竞争比较激烈的代表队（如山东）中，选手需要经历多轮次的校级选拔赛和省级选拔赛，从很多竞争对手中脱颖而出才能进入全国选拔赛的赛场。而在一些工业控制项目还未普及的代表队中，选手只需要选派单位向主管部门推荐报名就可以参加全国选拔赛。

一般来说，世界技能大赛的选手应当经过多年多场的历练，才能够在技术、技能、体能、心理上积累足够的经验和教训。如果想要在工业控制项目上取得好成绩，还是需要各选派单位认真学习工业控制项目的技术文件，多多观摩和交流，掌握各种标准和规范，了解规则和制度，不断地对选手进行观察和分析，优化选手的行为和习惯，锻炼选手的技术技能，增强选手的体能和心理耐受力。

如果要使选手能够在全国选拔赛取得良好成绩，必须要有一个竞争的成长氛围，让选手习惯于比赛的对抗性，让选手通过竞争成长起来。没有足够竞争经历的选手，要想取得良好的成绩和走得更远是很困难的。

4. 竞赛水平区域发展的不均衡

虽然工业控制项目的参与代表队增加了很多，但是选手的成绩分布却非常分散。在全国选拔赛上，第一名选手的分数可以达到90分左右，而有一半左右的选手得分不到60分，甚至于还有选手得到个位数的分数。

从地域上来看，华东地区的选手成绩要高于其他地区选手的成绩，东部地区的选手成绩要高于西部选手的成绩，沿海地区的选手成绩要高于内陆地区的选手成绩。

从参与时间上来看，参与时间较早的代表队成绩明显要高于参与时间较晚的代表队，说明工业控制项目在某些技术标准和规范上还没有做到完全普及，有的代表队还没有掌握和了解。

从参与深度来看，凡是进入过国家集训队的代表队，其成绩要远远高于未进入国家集训队的代表队，说明国家集训队的集训作用对于工业控制项目的成绩提升有巨大的帮助。

5. 竞赛设备设施覆盖还有缺口

工业控制项目在国内的设备设施建设主要是参考2015年第43届巴西圣保罗世界技能大赛的设备设施标准建设，并且形成了统一的规范和标准。2016年和2018年全国选拔赛也是基于该规范和标准进行命题和比赛的，这样就在全国形成了一个较为统一的竞赛平台，不同的代表队之间可以互相交流和学习，不同代表队之间的赛题和练习题也可以互相通用借鉴。

但是，仍旧有部分省（自治区、直辖市）没有标准的竞赛设备和设施，导致选手到了全国选拔赛的赛场上，对设备和器件不熟悉，造成设备或器件损坏。有的选手对器材不熟悉，使用了错误的工具或加工方法进行加工，导致工具损坏或者工作效率低下，影响了比赛发挥。有的选手对竞赛规则不熟悉，使用了不安全的方式进行操作，从而被裁判员警告或者制止，影响了比赛的流畅性和持续性，并且打乱了自己平常训练的习惯和节奏。

总之，工业控制项目中，选手对竞赛设备、设施的熟悉和了解程度是非常重要的，所以没有竞赛设备、设施的选手必须想方设法熟悉和了解。2016 年全国选拔赛前夕，江苏代表队选手去湖北三峡技师学院进行了走训交流；2018 年全国选拔赛前夕，黑龙江代表队选手赴山东工业技师学院进行了走训交流。通过走训交流，没有竞赛设备、设施的代表队选手对竞赛设备熟悉和了解了，去走训交流的这两个代表队最后都取得了良好的成绩，也促进了工业控制项目的交流与普及，非常值得学习和借鉴。

1.2.4　工业控制项目的未来发展

1. 促进教学成果转化，提升职业教育质量

世界技能大赛作为全球最高水平的职业技能竞赛赛事，其采用的标准和规范要求非常高。工业控制项目的赛题来自于实际工程实际案例，技术规范和标准都来自于全球知名的大企业所广泛采用的经验实践。所以，如果能够把世界技能大赛中所采用的技术规范和标准作为我国职业教育所要求相关专业学生的标准要求，无疑能够拉近职业院校与工厂企业一线需求之间的距离。

在工业控制项目中，对于安全的高标准要求和对工具的正确选择以及使用是非常重要的，也是专业的教学素材。

选手在进行工业控制项目比赛过程中，所使用的专业和熟练的操作以及加工方法也是职业院校向师生灌输和传达工匠精神的重要体现。

所以，如何把工业控制项目从比赛过程转化成教学资源，将是接下来一段时间内值得思考和投入的一个重要方面。

2. 拓展交流渠道，促进项目平衡发展

如前所述，竞技类比赛必须有交流，有更多的参与者进行竞争，才能够使比赛项目的竞技水平得到较大的提升。鉴于目前国内工业控制项目开展和发展得严重不平衡现状，西部地区和工业控制项目开展还不够普及的地区，应该组织教练员和选手进行观摩和交流，甚至应进行专业技术和职业技能培训，提升自己的竞争能力，体会和了解工业控制项目的内在和深层含义。

3. 完善竞赛规则，保障公平公正

工业控制项目比赛是在世界技能大赛组织的框架下进行的，但是有些比赛规则在国内也会出现水土不服的现象。

例如工业控制项目在世界技能大赛中有主观评分点，但是在国内如何掌握主观的尺度问题，是非常难以控制和界定的。

另外，工业控制项目的一些比赛规则和流程仍旧需要进行讨论和商榷，以期能够在安全比赛的前提下，如何最大限度地保护选手权益，同时又能够保障比赛的流畅性，以保障选手不仅能有公平机会参赛，并且能够得到公正评分的对待。这些方面都需要更加深入地讨论和研究。

4. 提升竞赛成绩，带动学校竞技能力的提升

职业院校的技能竞赛成绩是很多院校重要的宣传点。工业控制项目应当致力于提升各有志于参与本项目的职业院校的竞赛能力，协助和指导院校建立技术指导和教练团队，遴选选手并进行高效训练，促进选手专业技术和职业技能的提高，带动学校职业技能竞赛的整体水平的提升。

5. 加强素质教育，提高综合能力

目前，我国参加世界技能大赛的选手，主要还是从技术和技能方面进行训练的较多，但是在项目宣传、外语水平、文明礼仪方面还存在较多差距，很多选手长期从事竞赛训练，很少有机会去展示青年人奋发向上、积极活泼的精神面貌，不能很好地引起青年人的共鸣。所以，未来工业控制项目应该在保证选手掌握高水平技术和技能的基础上，还需要为青年人做出表率，展现青年技能人才的积极进取、热爱技能的精神风貌。

第 2 章

工作准备

2.1 工装准备

工装大致分为三类： 多兜分体工服、多兜背带裤工服、多兜连体工服，三种工服各有利弊，选手应根据个人习惯、工作环境进行合适地选择为最佳。	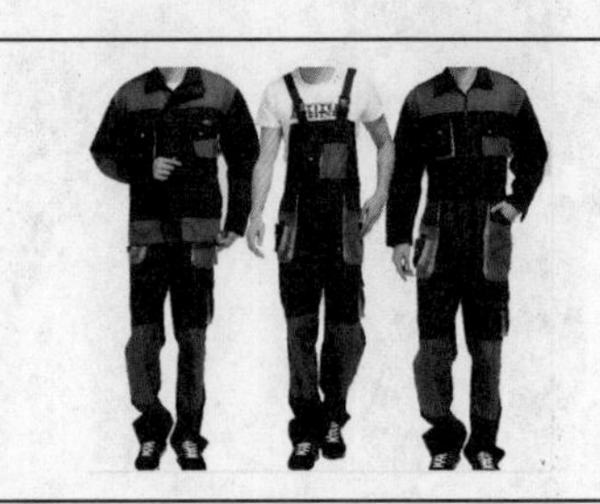
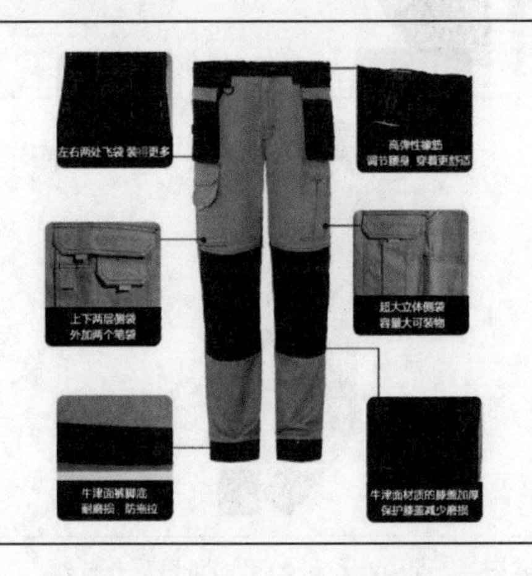	工裤认知：三种工服统一一种工裤，工裤为 18 处口插袋 +3 处挂带，方便工作时工具的使用。
工裤中间具有护膝装置，选手可根据自身及工作的需要，增加护膝垫以保护膝盖。	 
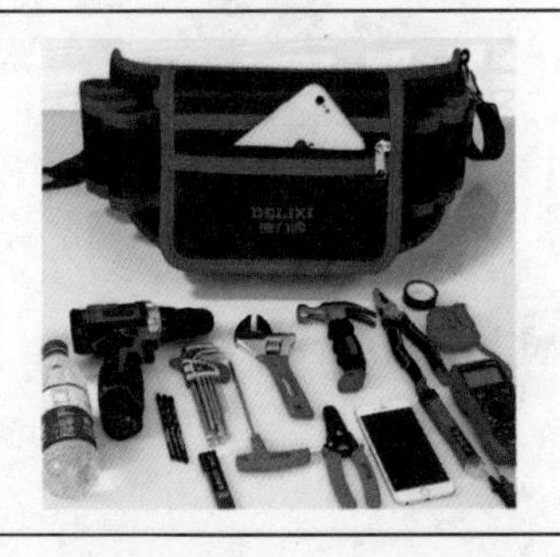	便携收纳工具腰包：因平时使用的工具较多，选手为方便训练及比赛，在工裤无法满足工作所需时，可增加多功能便携收纳工具腰包，方便进行工具的携带使用。

<table>
<tr><td>多兜分体工服：正常工作时所穿的工服。耐磨，可对全身进行有效的保护，缺点是炎热环境中比较热，不适宜怕热选手选用。</td><td></td></tr>
<tr><td colspan="2">多兜背带裤工服：在工作环境炎热时，可穿T恤及短裤工装，但在禁止裸露手臂时（例如切割机工作、曲线锯工作等）必须带好套袖进行保护，腿部穿好护腿冰丝紧身裤。
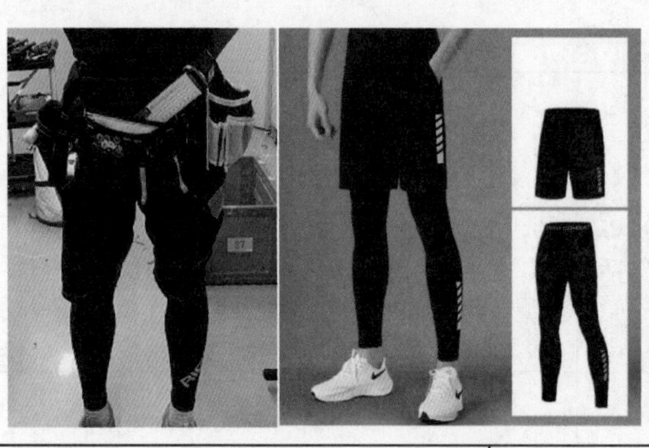 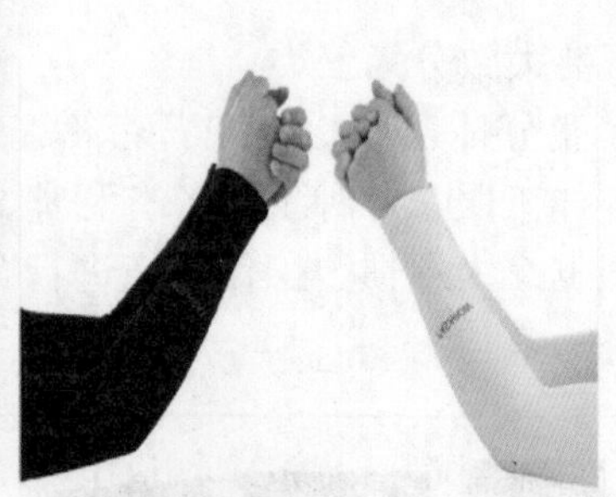</td></tr>
<tr><td>多兜连体工服：适合瘦小体型及个人习惯爱好的选手。</td><td></td></tr>
<tr><td>防护眼镜：防冲击、防剐蹭、防飞溅物，在进行切割等工作时起到保护眼睛的作用。
2. 软垫佩戴更平稳
绳孔设计多样选择
3. 可调节长度
三级调节，舒适佩戴
1. 品牌logo
质量自信
4. 侧翼防护更全面
防风、防飞溅、防冲击
5. 软硬舒适鼻垫，
可减轻压力
6. 强化防雾涂层，
更耐刮擦</td><td>劳保鞋：保护足趾、防刺穿、绝缘、耐酸碱。
</td></tr>
</table>

防割手套：对手起到保护作用，防止在切割工装时手被割破，防割手套具有超乎寻常的防割性能和耐磨性能。

防噪声耳塞：劳保耳塞使用硅胶制作，能防止听到机器发出的声音而导致的耳膜不适，抗噪性能好，但比较硬，戴起来有明显的胀痛感，不适合睡眠使用。一般劳保性的耳塞均带绳子，方便随时摘除。

①用单手拇指、食指和中指来回转动整体压搓耳塞，尽量将其搓细(非双手扭动耳塞)	②用一只手将耳廓往上轻提，同时用另一只手将搓细后的耳塞塞入耳道深处。(亦可旋转着插入耳道以便更深些)	③将整个耳塞插入耳道后，用食指摁住耳塞底部10秒钟左右，直到耳塞膨胀至贴紧耳道内壁。
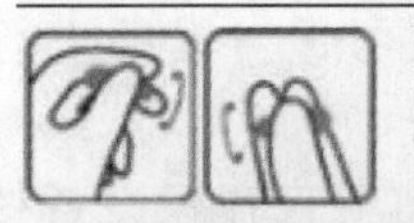	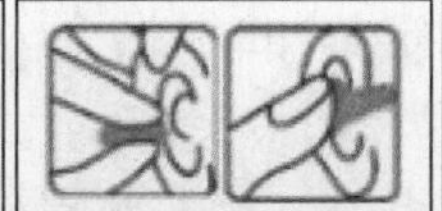	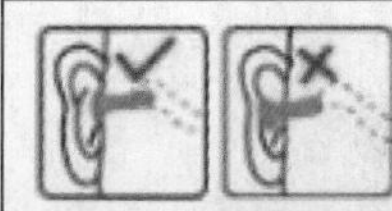

注意：将耳塞完全深入耳道方可获得最佳隔音效果，如果初次使用胀痛感明显，将耳塞往外拉少许即可。

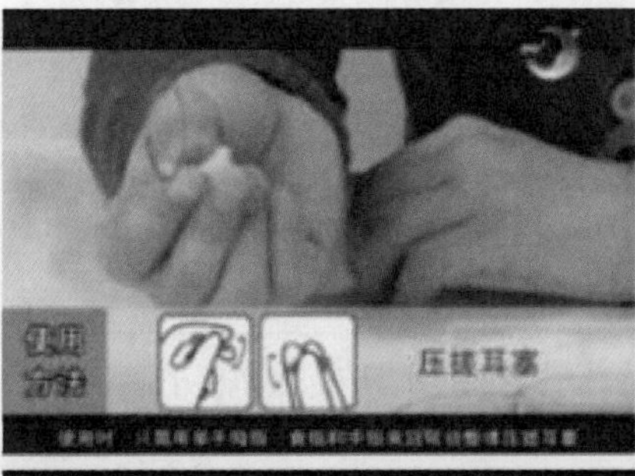

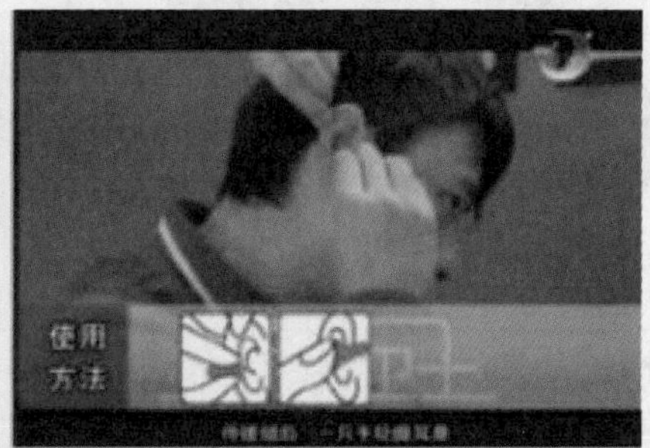

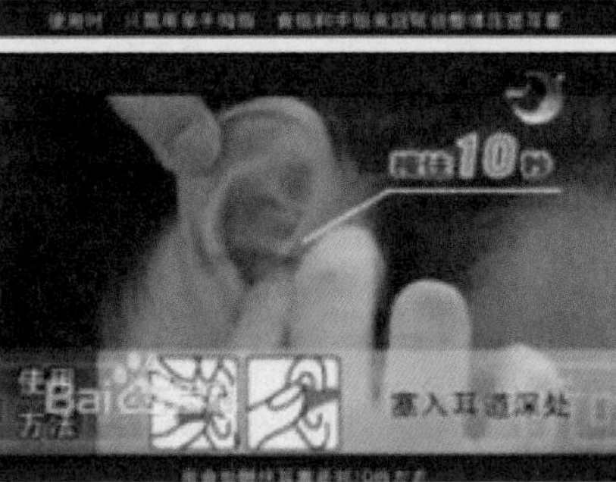

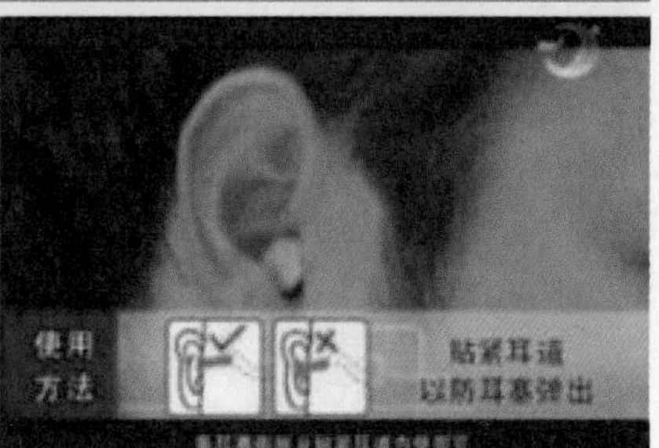

鸭舌帽：帮助选手遮挡光线，提升选手的专注力。 	安全帽：保护选手头部的安全，防碰撞、防砸伤。 
	高压绝缘手套：橡胶制成的五指手套，主要用于电工作业，具有保护手或人体的作用。可防电、防水、耐酸碱、防化和防油。

2.2 主要设备清点、核对与检查

	元器件核对及清点： 选手应根据赛题设备清单仔细核对（注明：以下元器件数量需根据具体赛题清单而定），并根据个人习惯对设备进行有序的摆放。 例：某工业控制项目赛题设备核对清点详单见附录 B 中 B.2 节。 注意事项：选手在准备设备及工具材料时，应保持设备的原始状态，不能将组合的器件拆开成若干部分，也不能将原分离的部件组合成整体。
配电箱（大）、配电箱（小）：进行电气元器件安装接线。 	3 孔塑料防护外壳和 2 孔塑料防护外壳。 

	缓动触头限位开关、快速触头限位开关：又称行程开关，利用生产机械运动部件的碰撞使其触头动作来实现接通或分断控制电路，达到一定的控制目的。
防爆灯：指示灯，可通过调节电压进行亮度调节。 	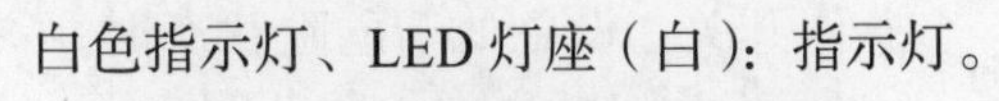白色指示灯、LED 灯座（白）：指示灯。 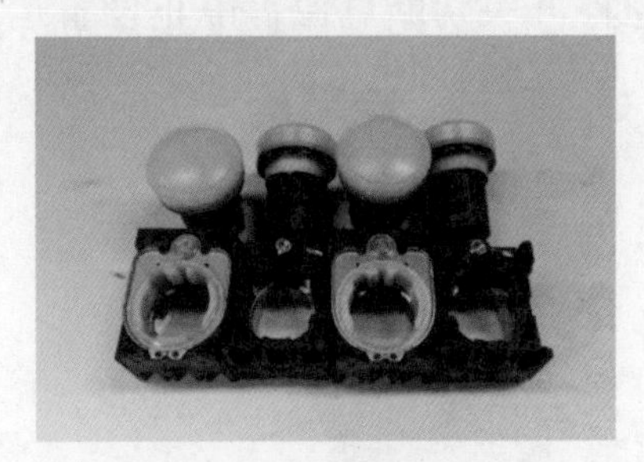
完整指示灯（红） 完整指示灯（黄） 完整指示灯（绿） 	三相异步电动机同时接入 380V 三相交流电流（相位差 120°）供电，将电能转换成机械能。 
转换开关：以旋转手柄来控制主触点通断的一种开关。 	按钮（黑）：启动或停止设备。 

<table>
<tr><td>安全继电器：发生故障时做出有规则的动作，它具有强制导向接点结构，万一发生接点熔结现象时也能确保安全，这一点同一般继电器完全不同。用在带有确认机器安全的输入，确认安全后，对接触器等的输入进行控制的安全电路的设计上。</td><td></td></tr>
<tr><td>急停开关：设备处于危险状态时，通过急停开关切断电源，停止设备运转，以保护人身和设备的安全。
</td><td>急停按钮：当发生紧急情况时，可以通过快速按下此按钮达到保护的目的。
</td></tr>
<tr><td></td><td>电机保护断路器：是异步电动机在起动、运行和运行分断不可缺少的保护电器之一。用于电动机保护，额定电流在630A及以下（即保护的电动机在315kW及以下）的用途是不频繁地起动和在运转中分断电动机，当电动机发生短路、欠电压等故障时，能予以保护（自动切断电路）。</td></tr>
<tr><td>3联断路器、2联断路器：起到短路或过载保护。</td><td>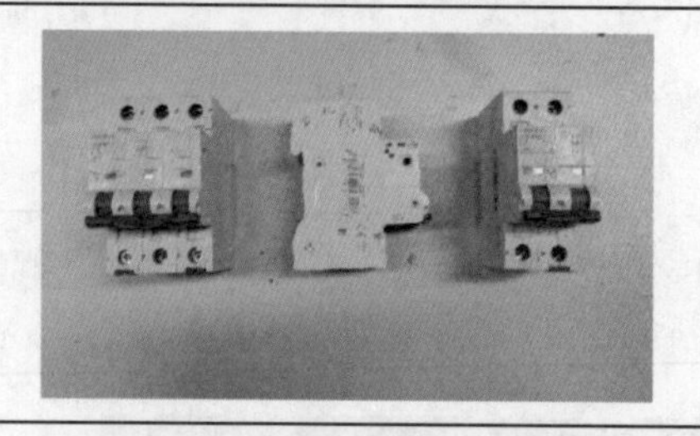</td></tr>
<tr><td>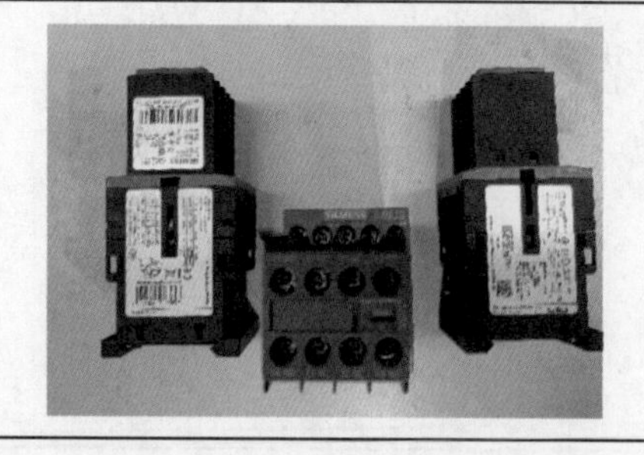</td><td>接触器：分为交流接触器（电压AC）和直流接触器（电压DC），用于电力、配电与用电场合。接触器广义上是指工业电中利用线圈流过电流产生磁场，使触头闭合，以达到控制负载的电器。</td></tr>
</table>

端子插入式跳线：在端子排上进行跳线功能使用。 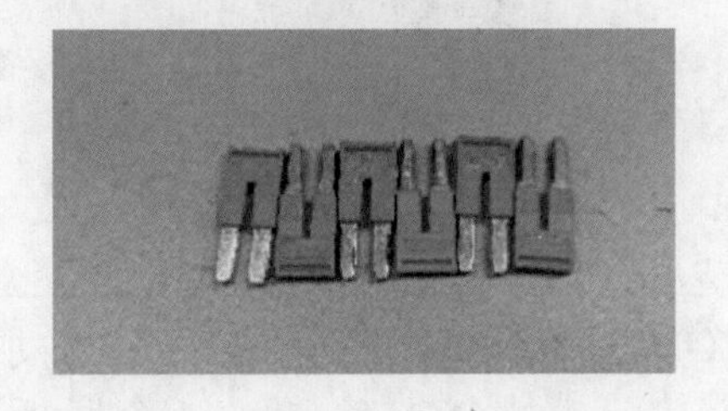	导体端子块为 2.5 规格、末端和中间板块为 2.5 规格。 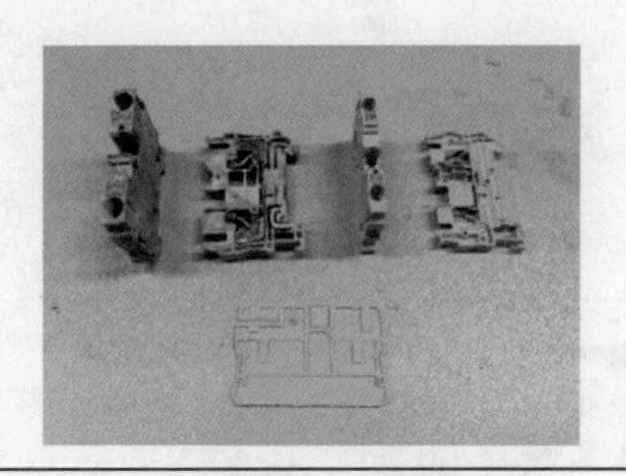
导体端子块为 4 规格、末端和中间板块为 4 规格。 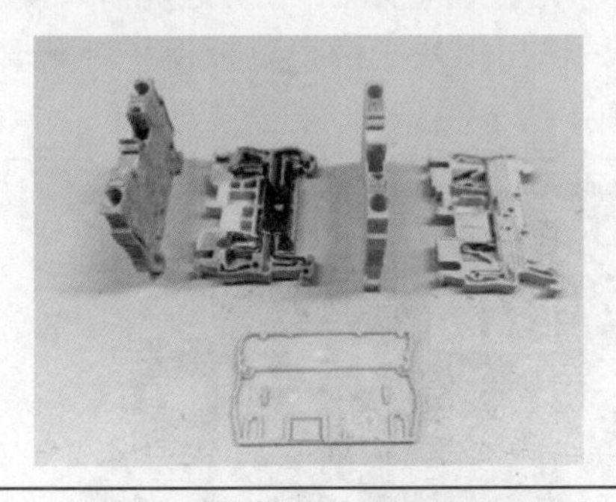	导体接地端子块为 6 规格、末端和中间板块为 6 规格。 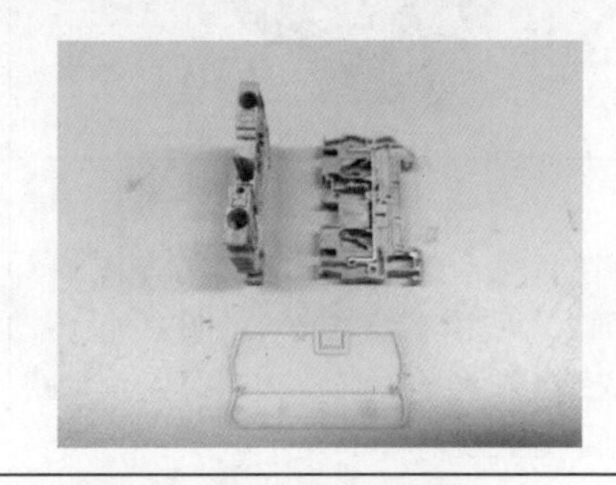
塑料端护板：端子排尾部挡板。 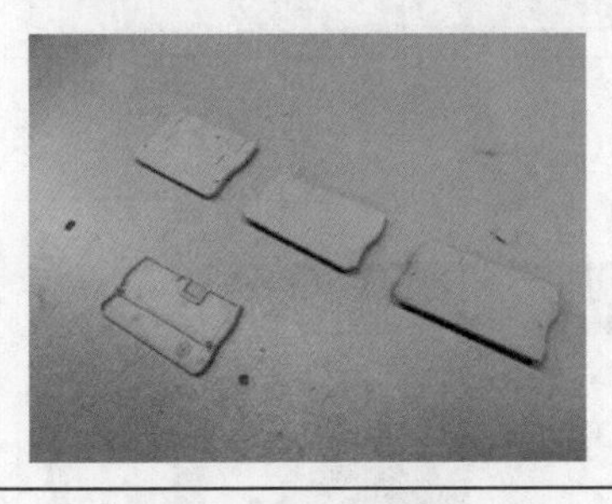	180° 网线头：进行网线制作。 
PLC 1 套（注明：包含 CPU 1516F-3 PN/DP1 台、PM 电源 1 块、DI/DO/AI/AO 模块 1 台、安装导轨。 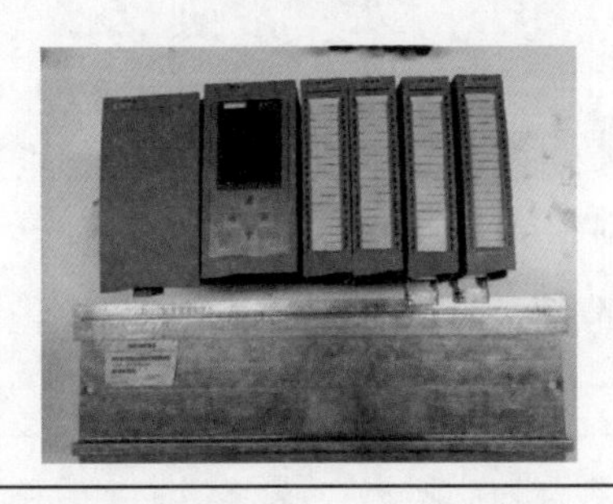	TP1500 工业级彩色触摸屏 1 台，触摸屏固定卡口为 8 个。 

工业以太网交换机：通过此设备对所有设备进行互联互通。	
	ET200SP IO-LINK 分布式 1 套（注明：包含 1 个接口模块 IM155-6PN、1 个底板模块两个 RJ45 接口、两个 DI 模块、两个 DQ 模块、1 个通信模块 4*IO-LINK、5 个底板、模块信号标记版标签条、1 个模拟量输入模块、1 个模拟量输出模块、两个背板模块屏蔽套件标签标记条）。
G120 变频器 1 套（注明：包含 G120 控制单元 1 个、G120 智能操作面板 1 块、G120 功率单元 1 个）。	
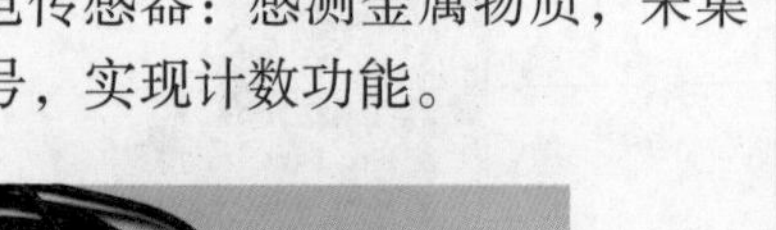 光电传感器：感测金属物质，采集开关信号，实现计数功能。 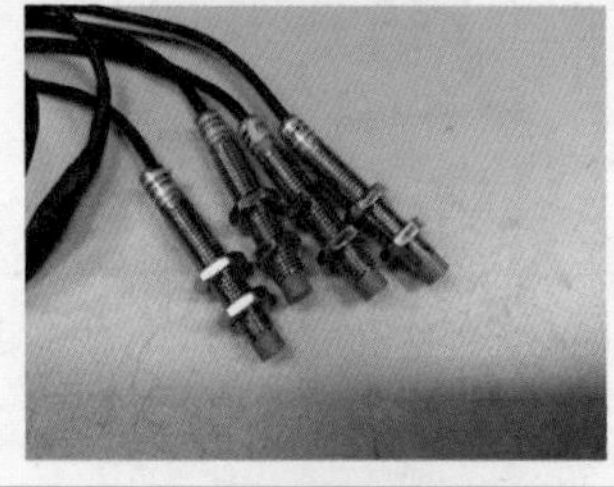	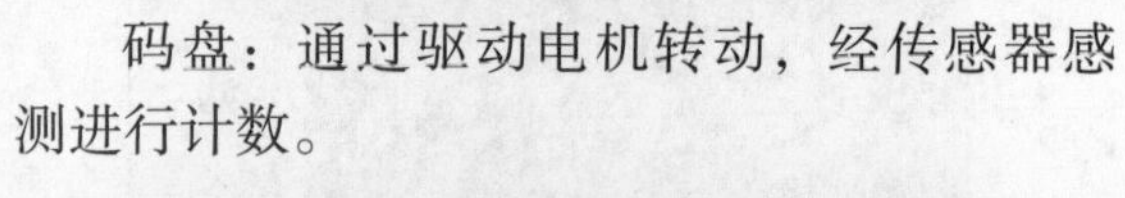 码盘：通过驱动电机转动，经传感器感测进行计数。 
	调压模块：通过内部晶闸管对电能进行有效的控制和变换，来改变电压数值等。

2.3　核心设备的通电检测

1）选手在进行元器件核对和检查完毕后，应对核心设备进行通电检查，检查设备状态是否正常，并清除核心设备内的参数、程序等内容，使之恢复出厂设置。

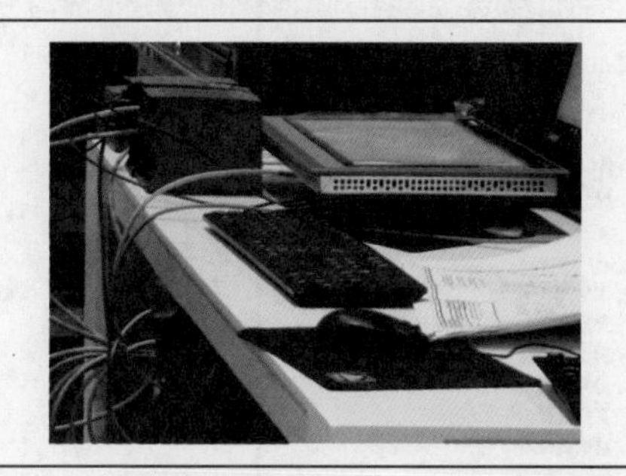

2）核心部件（PLC、触摸屏、变频器、ET200 从站、工控机等）通电通信测试。

温馨提示：准备工作——1 个三插插头、红 / 蓝软导线各 10m，有两个公共接点的端子排，网线 5 根、螺钉旋具（螺丝刀）一套。

首先准备 1 个 220V 三插插头，接入 PM 电源进线端，PM 电源有 4 个端口 [两个正（红线接）两个负（蓝线接）] 分别接到两个端子排上，1 个为 24V 另 1 个为 0V，分别接到 PLC 的进线 24V 电源端、TP1500 触摸屏的 24V 电源端、ET200 从站的 24V 电源端、变频器控制单元的 24V 电源端、交换机的 24V 电源端，给核心部件进行通电。

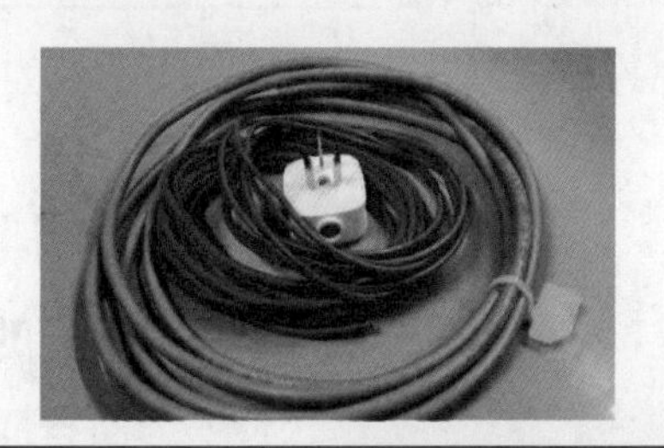

接线完成后打开 PLC，用准备好的以太网网线，分别接到 PLC、触摸屏 TP1500、变频器、ET200 从站的网络端口，另外一端插进交换机的网络端口，进行通信检测，确保所有核心部件互联互通正常可用。

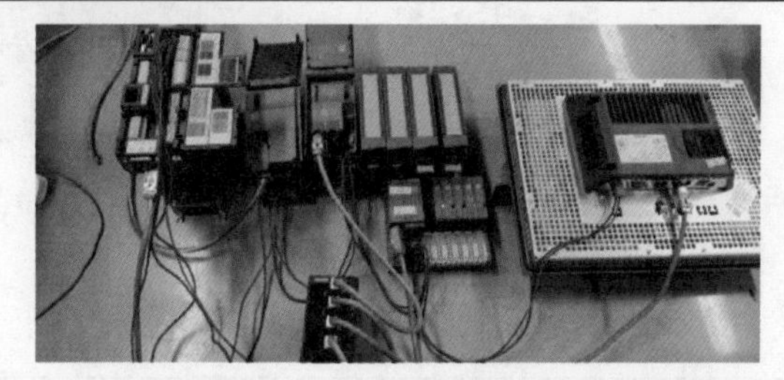

3）核心部件（PLC、触摸屏、变频器、ET200 从站、工控机等）恢复出厂设置。

首先组态检测完毕后，对核心部件（PLC、触摸屏 TP1500、变频器、ET200 从站）进行“恢复出厂设置”处理：

PLC 的恢复出厂设置：

① 打开驱动的文件夹，打开“在线访问”里第一个网卡（RealtekPcle）文件夹，找到 PLC 设备的“在线和诊断”；

② 打开任务树中“功能”里的“格式化存储卡”；

③ 单击格式化，然后打开“复位为出厂设置”；

④ 选择“删除 IP 地址”并单击“重置”，完成对 PLC 的恢复出厂设置。

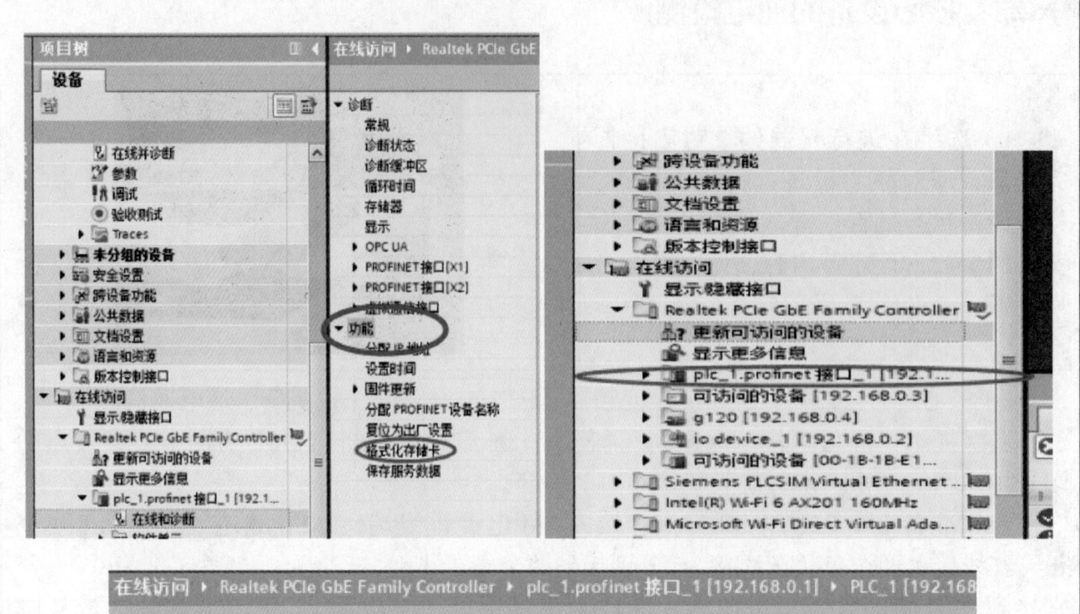

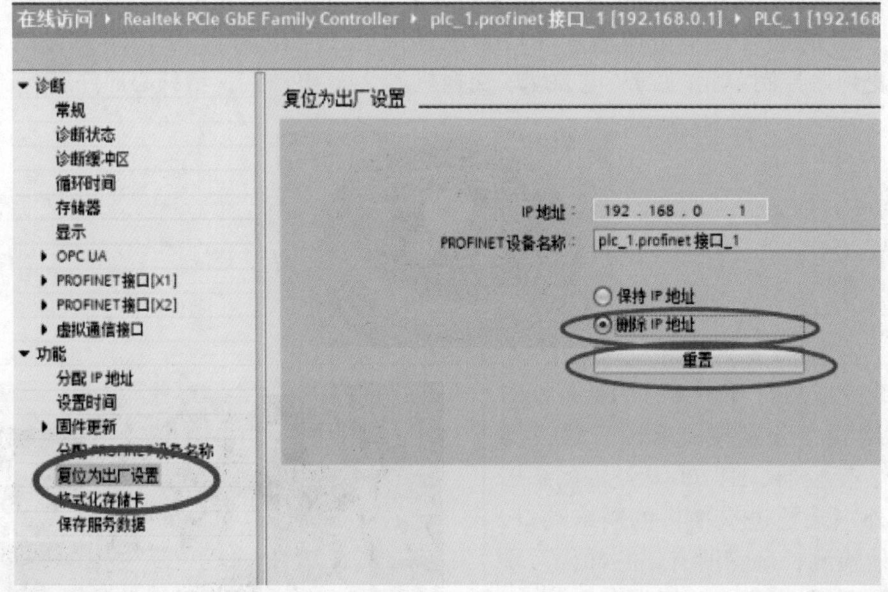

触摸屏的恢复出厂设置：

① 打开驱动的文件夹，打开“在线访问”里第一个网卡（RealtekPcle）文件夹，找到可访问的设备（触摸屏设备或触摸屏）的 IP 地址，选择“在线和诊断”；

② 看到模块名称写有触摸屏型号和制造商描述以及模块功能等信息，通过信息再次确定该模块为触摸屏模块；

③ 打开触摸屏中的“在线和诊断”，在左侧任务树功能下拉菜单中选择“复位为出厂设置”，可查复位为出厂设置的信息有“MAC 地址”“IP 地址”“PROFINET 设备名称”等信息，选择“重置”按钮即可复位为出厂设置。

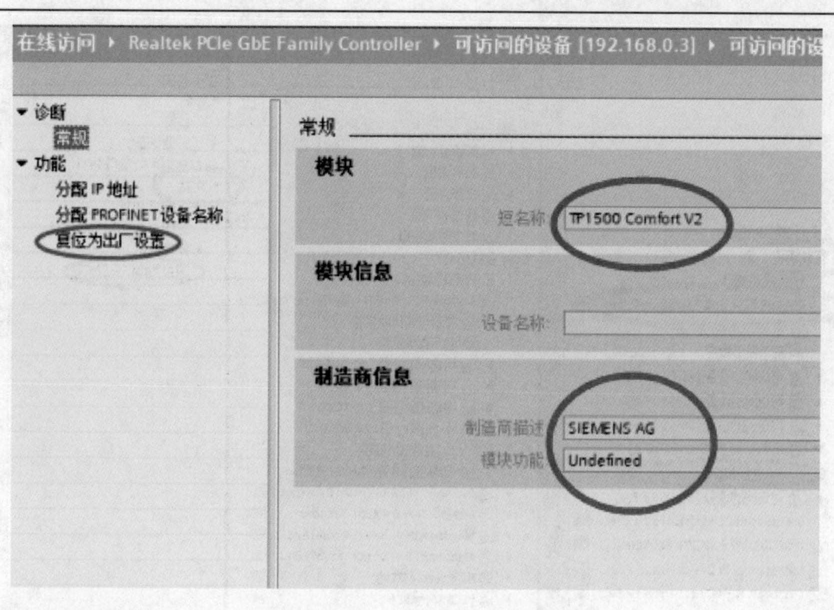
在线访问 ▸ Realtek PCIe GbE Family Controller ▸ 可访问的设备 [192.168.0.3] ▸ 可访问的设
诊断
常规
功能
分配 IP 地址
分配 PROFINET设备名称
复位为出厂设置
常规
模块
短名称
TP1500 Comfort V2
模块信息
设备名称:
制造商信息
制造商描述
SIEMENS AG
模块功能
Undefined

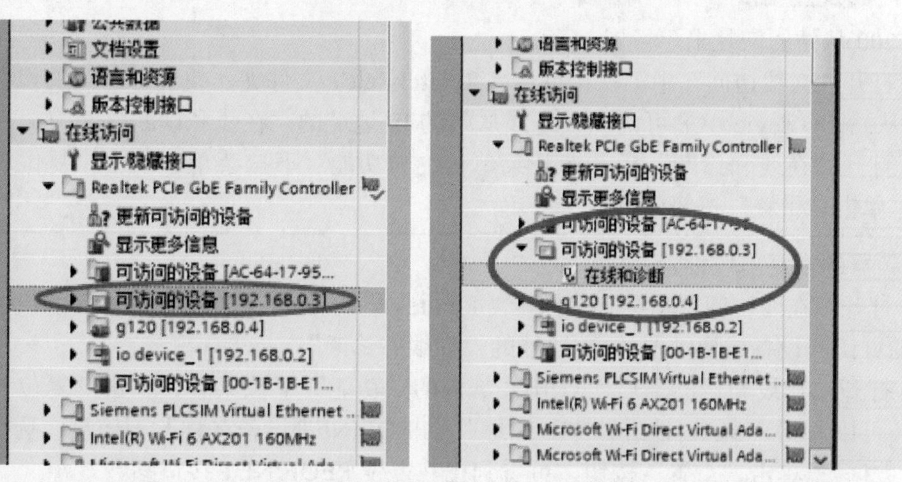
文档设置
语言和资源
版本控制接口
在线访问
显示隐藏接口
Realtek PCIe GbE Family Controller
更新可访问的设备
显示更多信息
可访问的设备 [AC-64-17-95...
可访问的设备 [192.168.0.3]
g120 [192.168.0.4]
io device_1 [192.168.0.2]
可访问的设备 [00-1B-1B-E1...
Siemens PLCSIM Virtual Ethernet ...
Intel(R) Wi-Fi 6 AX201 160MHz
在线和诊断
Microsoft Wi-Fi Direct Virtual Ada...

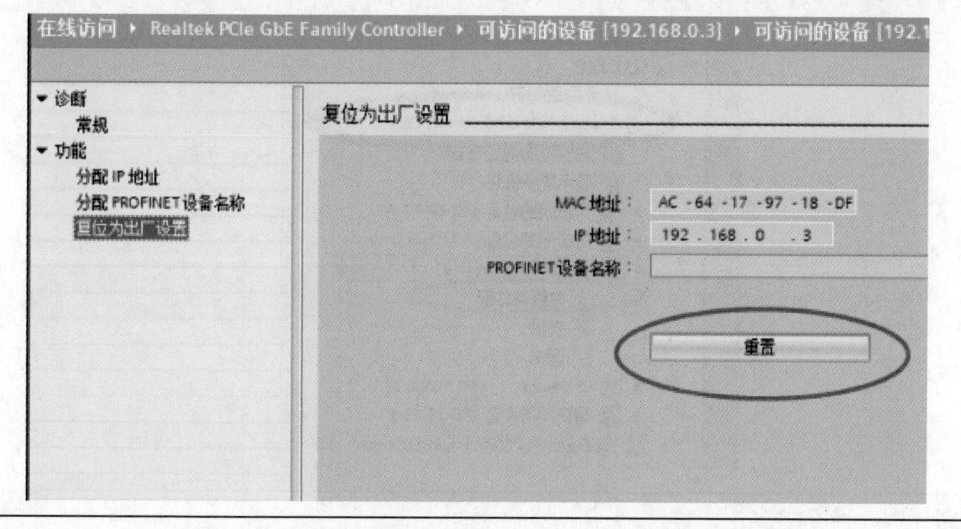
在线访问 ▸ Realtek PCIe GbE Family Controller ▸ 可访问的设备 [192.168.0.3] ▸ 可访问的设备 [192.1
诊断
常规
功能
分配 IP 地址
分配 PROFINET设备名称
复位为出厂设置
复位为出厂设置
MAC 地址：
AC -64 -17 -97 -18 -DF
IP 地址：
192 . 168 . 0 . 3
PROFINET设备名称：
重置

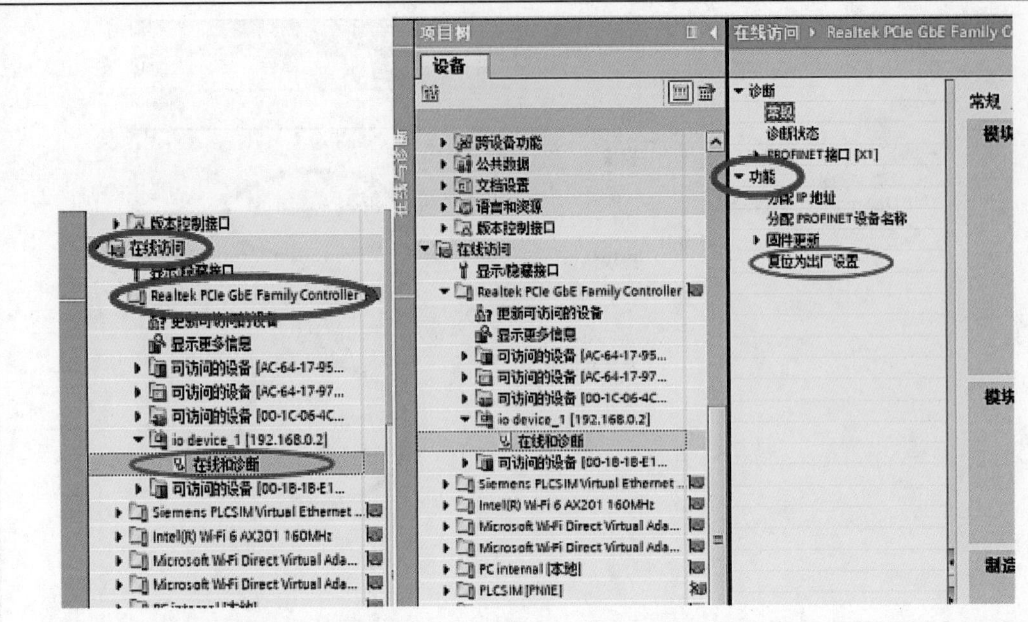

ET200 从站的恢复出厂设置：

① 打开“在线访问”中第一个网卡（RealtekPcle）文件夹，找到可访问的设备，即 ET200 从站（io device）的可访问设备或从站的 IP 地址的“在线和诊断”；

② 打开“在线和诊断”后，点开菜单树的“功能”下拉菜单，单击“复位为出厂设置”，单击“重置”按钮即可。

变频器的恢复出厂设置：

① 打开“在线访问”里第一个网卡（RealtekPcle）文件夹，找到可访问的设备，即 G120 的可访问设备或变频器的 IP 地址的“在线并诊断”；

② 打开“在线和诊断”后，点开菜单树的“功能”下拉菜单，单击“复位为出厂设置”，可以看到“MAC 地址”“IP 地址”“PEOFINET 设备名称”等信息，选择“删除 I/M 数据”，单击“重置”按钮，可看到正在复位 PEOFINET 接口参数。

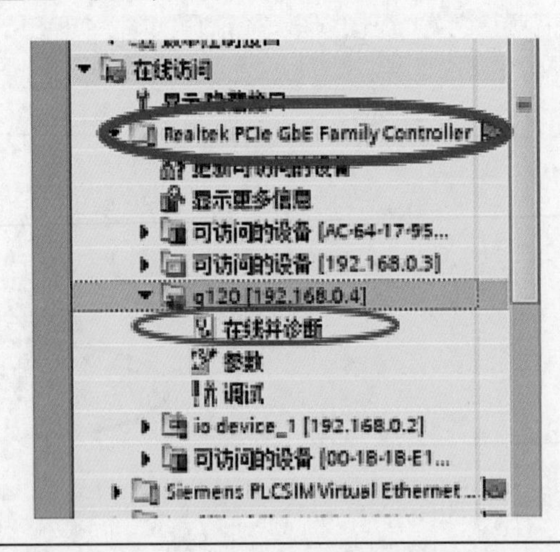

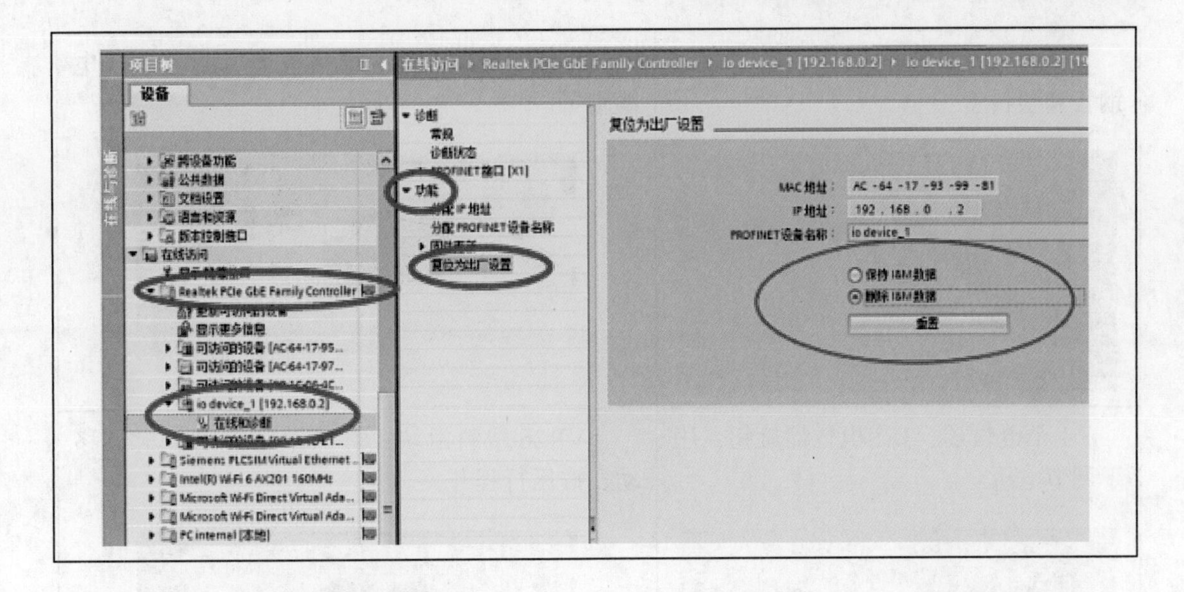

2.4　图样及耗材清单的检查

	1）选手应根据赛题所需耗材清单，仔细核对（注明：以下耗材数量应根据具体赛题而定，选手核对耗材数量、耗材完整度、所有器件开关是否关闭、接线器件螺钉是否松开等信息），并根据个人习惯对耗材进行有序的摆放。 2）耗材清单检查如下： 例：某工业控制项目赛题耗材清单见附录 A.3 节。 注意事项：若选手自带耗材，应提前向裁判长说明，征得裁判长的同意后方可带入比赛区域并使用。未规定可携带的耗材，禁止带入。
保护导体端子：公共接地端 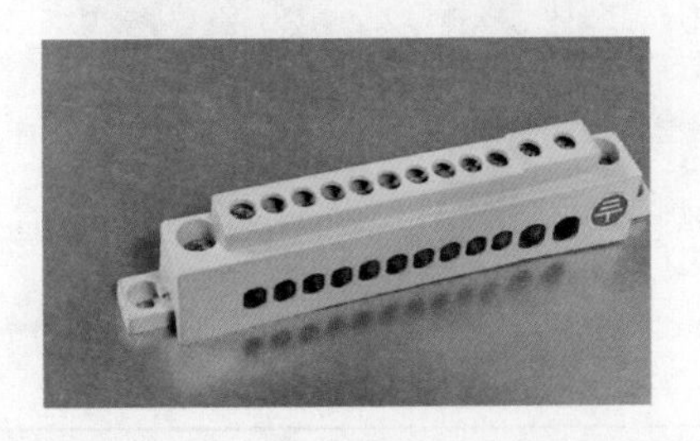	工业以太网 IE 电缆：采用 Profinet 通信将设备之间互联互通。 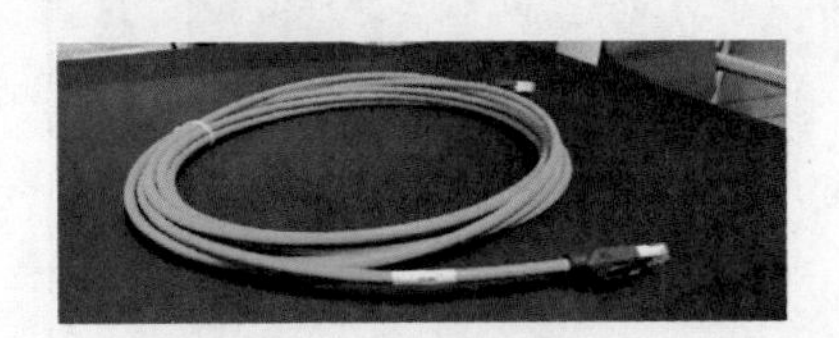

金属管夹、塑料管夹：用于固定钢管和塑料管。 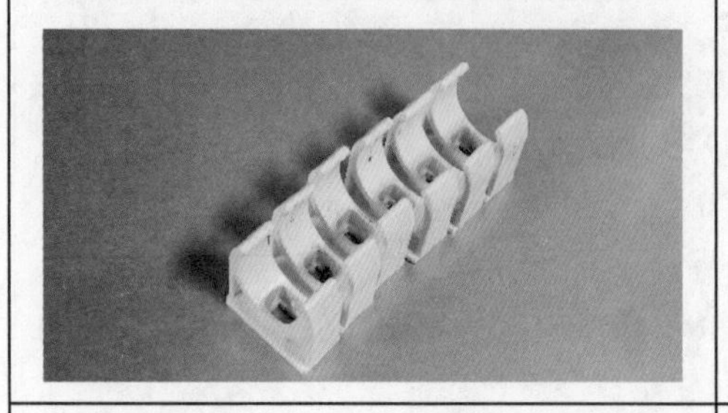	M16、M20、M25 规格电缆密封套用于电缆锁紧。 
1 个电位器、1 个电位器旋钮：用于调节电压。 	VR26 塑料滑块：套入钢管左右、上下移动，按压行程开关。 
CEE 插座插头 -4 极、CEE 插座插头 -5 极：工业用插头插座是防爆插座（温度限制在 32℃以下）。 	码盘套件：用于旋转计数。 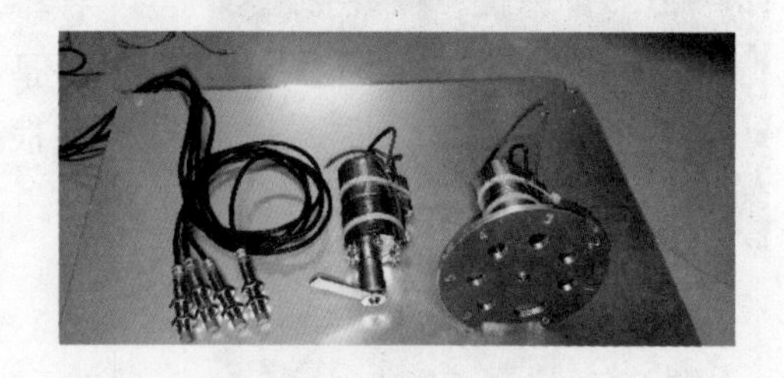
粘块：用于固定电缆、导线等耗材。 	尼龙扎带、尼龙标签带（标签纸）。 

热缩管：用于多股线束的密封防水、防腐保护。 	绕线管：一种螺旋状的胶管保护套。 
圆形预绝缘端头（O形线鼻）、欧式管形接线端子（针形线鼻）：用于导线压接。 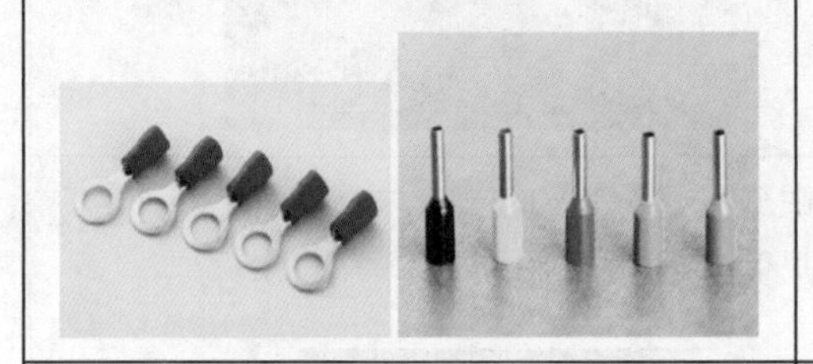	自攻螺钉、燕尾螺钉：用于固定威图柜安装底板。 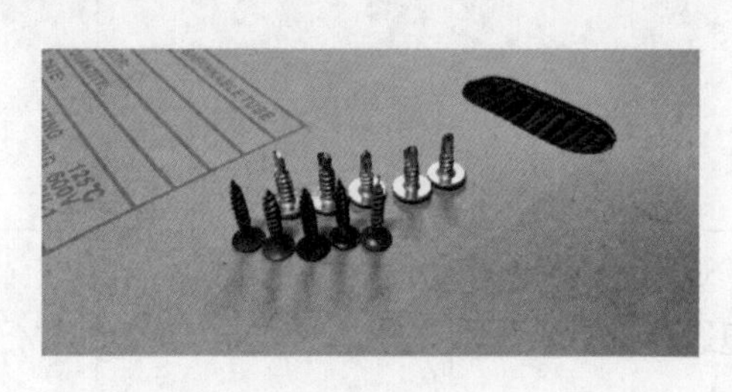
塑料行线槽（齿槽）：用于威图柜内导线走线。 	塑料墙槽 B60mm×H60mm×L2000mm 规格：用于墙板固定，电缆走线。 
金属导轨：用于固定威图柜内元器件。 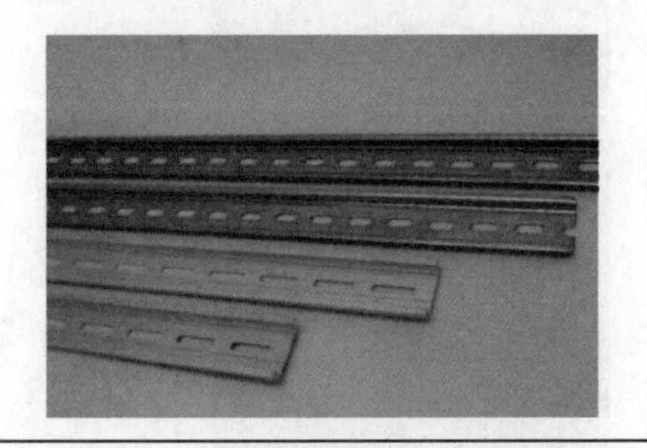	网格桥架：用于电力、通信电缆布线，作为传统桥架的延伸。 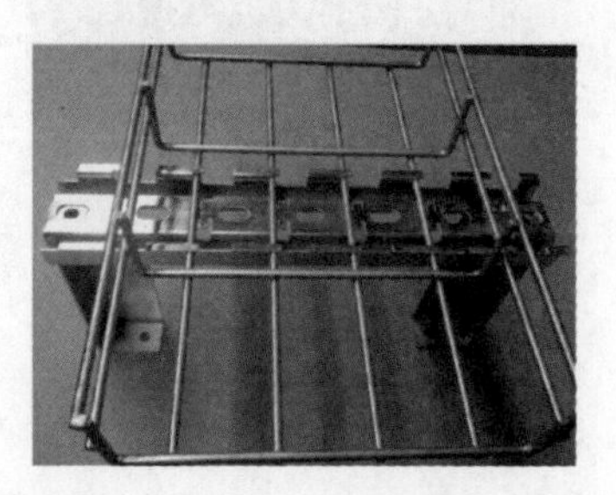

墙面L形支架：用于对网格桥架进行支撑和固定。 	圆头螺钉和螺母金属弯头与网格桥架的连接：用于对网格桥架进行连接。 
金属弯头：用于网格桥架拐弯处的连接。 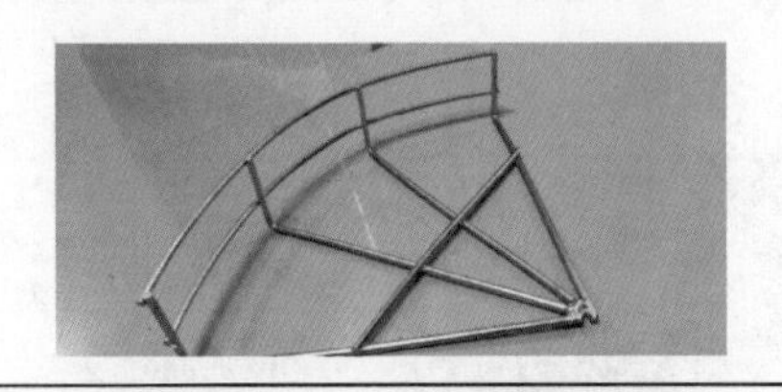	网格桥架接地螺钉：在网格桥架上进行接地固定。 
塑料管 VR25：用于电缆走线，对电缆进行保护，整体效果整齐、美观。 	无螺纹金属管 VR25：与塑料滑块连用，对行程开关起到按压作用。 
大威图柜安装板、小威图柜安装板：用于威图柜内固定元器件。 	大威图柜底板、大威图面板、小威图柜底板：用于威图柜内开孔，安装密封套电缆、开关、指示灯和急停等元器件。 

2.5 工具检查与准备

<table>
<tr><td colspan="2">1）所有工具必须置于稳定的工作台面上，不得有跌落或倾倒的安全隐患。
2）准备并检查各种工具能否使用和完好。</td></tr>
<tr><td></td><td>人字梯检查：使用前，应认真检查人字梯焊接部位有无裂纹和松动现象，捆扎处是否牢固；梯脚须有防滑皮，且检查防滑皮是否完好；螺钉等应无松动，无变形；保险装置应可靠，使用时不得翻开单面使用。</td></tr>
<tr><td>水平仪检查：测量前，应认真清洗测量面并擦干，检查测量表面是否有划伤、锈蚀、毛刺等缺陷。检查零位是否正确。如不准确，应对可调式水平仪进行调整，调整方法如下：将水平仪放在平板上，读出气泡管的刻度，这时在平板平面同一位置上，再将水平仪左右反转180°，读出气泡管的刻度。若两次读数相同，则表明水平仪的底面和气泡管平行；若读数不一致，则使用备用的调整针，插入调整孔后，进行上下调整。</td><td>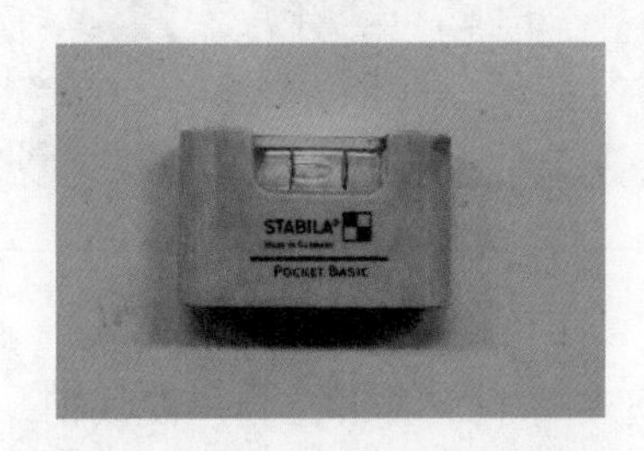</td></tr>
<tr><td></td><td>塑料切割机检查：使用前，必须认真检查设备的性能，确保各部件的完好性。应仔细检查电源闸刀开关、锯片的松紧度、锯片护罩或安全挡板，操作台必须稳固，夜间作业时应有足够的照明亮度。进行试切检查，找到废旧线槽，打开总开关，空载试转几圈，待确认安全无误后才允许起动。操作前必须查看电源是否与电动工具上的常规额定220V电压相符，以免错接到380V的电源上。</td></tr>
</table>

曲线锯检查：使用前，应认真检查曲线锯外观的完好性，锯条磨损程度均确认无误后再进行试锯检查。首先接通电源，使锯平贴于工件表面，按下开关，待锯条全速运动后靠近工件，然后平稳匀速前进。曲线在材料中间时，先用手电钻钻一个能插进曲线锯条的洞，然后再锯割（温馨提示：锯割过程中不可随意将曲线锯提起，遇特殊情况应先切断电源再进行处理。为保证所锯割曲线的平滑，最好不要把曲线锯从所锯割的锯缝中拿开。锯割薄板时，工件有反跳现象是因为锯条齿距过大，应更换刃齿锯条。）	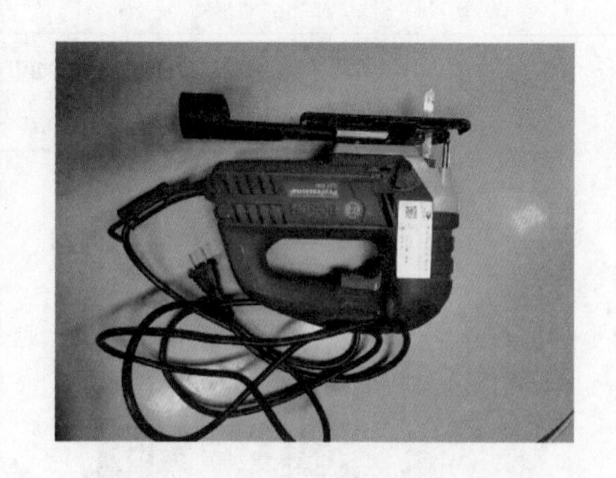
	手电钻检查：使用前，应认真检查手电钻外观的完好性，确认现场所接电源的电压与电钻铭牌是否相符？是否接有漏电保护器。钻头与夹持器应适配，并妥善安装。确认电钻上开关接通锁扣状态，否则插头插入电源插座时电钻将会出其不意地立刻转动，从而可能招致人员伤害的危险。若作业场所远离电源，需延伸电缆时，应使电缆长度足够用，使用前确保电池容量充足。
欧式端子压线钳检查：使用前，确认力矩合适，检查被压端子与电线规格是否适配。模具装入活塞与模具固定座中是否牢固，规格是否正确；按压是否正常，弹簧是否损坏。	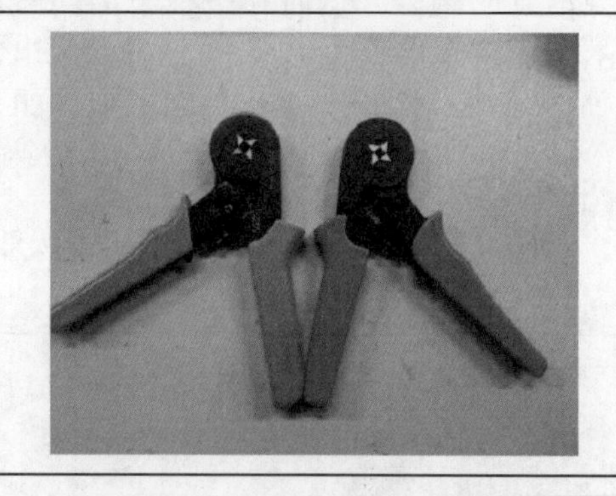
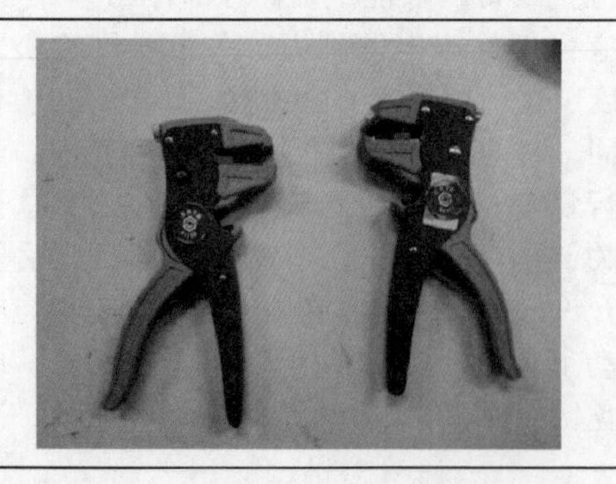	剥线钳检查：使用前，检查剥线钳把手胶柄是否完好，粉体是否破损、变形，钳口开关动作是否灵活，确定要剥削的绝缘长度后，调节卡位到合适长度，用废旧导线进行测试，剥线完成后进行线耳压接并查看线耳效果。

强力压着绝缘端子钳检查：使用前，认真检查被压端子与电线规格是否匹配。模具装入活塞与模具固定座中是否牢固、规格是否正确。按压应正常，弹簧应没有损坏。	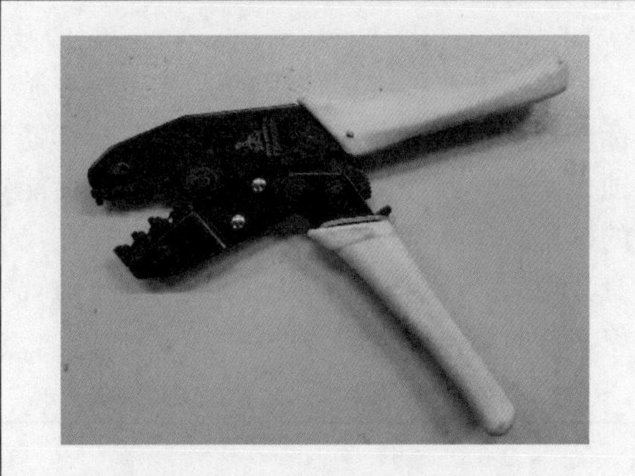
	水口钳检查：使用前，认真检查刃刀口有无缺口，弹簧有无损坏、松动，用一根轧带进行剪切测试，轧带应光滑不刺手。
贴尺的检查：使用前，检查贴尺是否全新，如果是新贴尺应进行黏度处理，在衣服上进行粘贴几遍，防止胶性太强，使用过程中避免损伤墙板或墙板流胶。	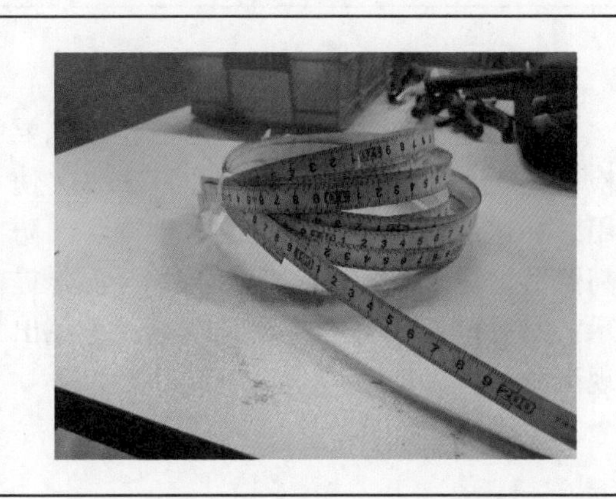
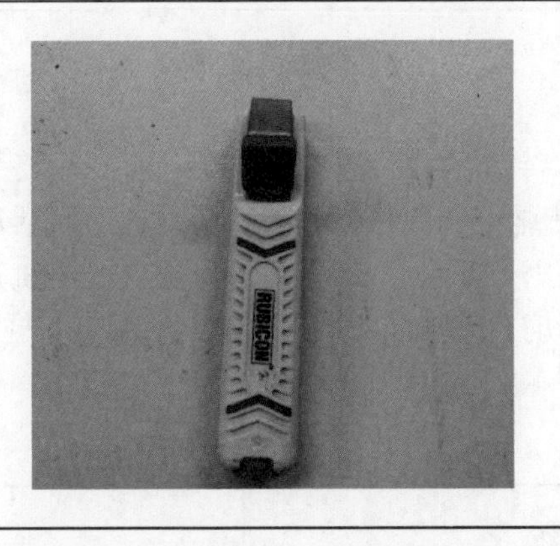	电缆旋转剥皮器检查：使用前应首先检查刀刃长度，根据电缆铠甲层的厚度使用调节螺钉，调节剥切的深度，刀刃调节合适位置，找到废旧电缆按住刀片用拇指导向，以便在任何方向进行剥切，进行电缆试剥，查看剥好的电缆是否将铠甲层剥掉，对内软导线有无损伤。

游标卡尺检查：使用前，首先检查游标卡尺的刻度和数字应清晰，不应有锈蚀、磕碰、断裂、划痕或影响其使用性能的缺陷。用手轻轻地推动尺框，尺框在尺身上移动应平稳，不应有阻滞或松动现象，紧固螺钉的作用要可靠。	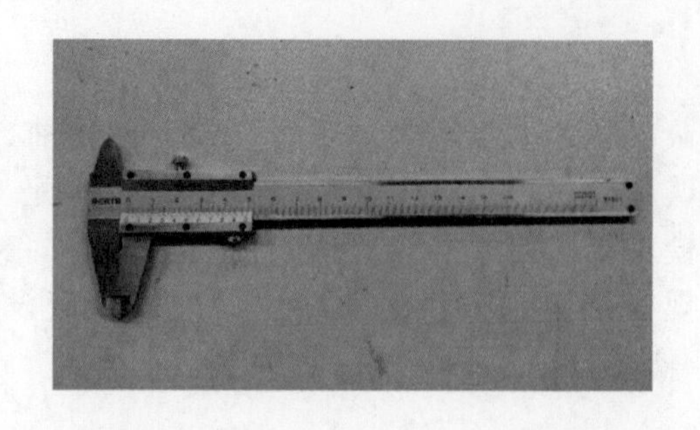
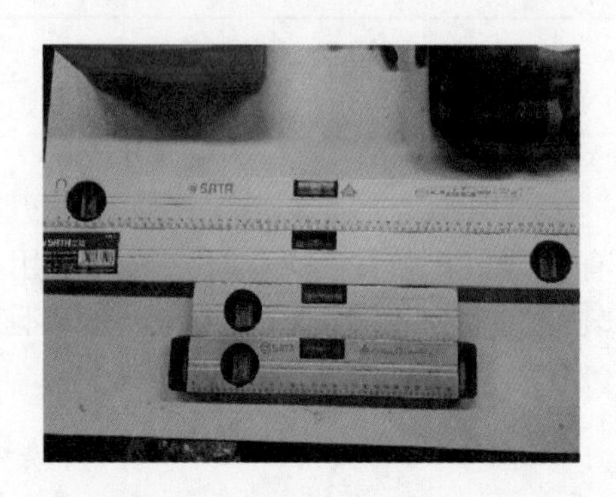	水平尺检查：使用前，首先检查水平尺的可用性，看看水平尺表面是否有裂纹、气泡等缺陷，水准器中的液体是否清洁透明等，然后进行水平尺的校准，将水平尺放在平整的墙上，沿着齿的边缘在墙上画一根线，再把水平尺左右两头互换放到原来画好的线上，如果尺与线重合，水平尺的水准管里的水还是平的，说明水平尺是准确的。
热风枪检查：使用热风枪前，首先要检查各连接的螺钉是否拧紧。第一次使用，在达到熔锡温度时应及时上锡，以防高温氧化烧死，影响热风枪寿命。（温馨提示：热风枪使用完毕应及时断电，避免出现事故）。	
	导轨切断器检查：使用前，应将导轨切断器的底座放置牢固，固定板与活动板按压流畅，不卡顿，对现场金属导轨进行试切，观察切口是否平齐、无变形。

不锈钢升降台检查：使用前，应对升降台进行检查，检查升降是否正常，有没有卡壳的现象，平台固定是否牢固和水平。	
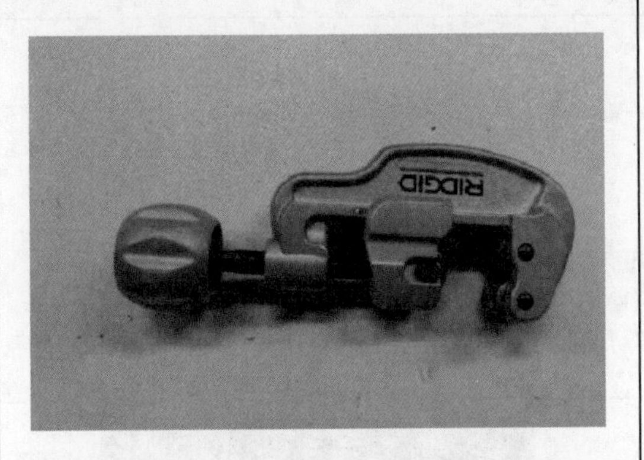	不锈钢管切管器检查：使用前应检查切管器的刀片是否完整，没有缺口，握把是否顺畅无卡顿或有没有拧不动的现象。找一钢管进行试切，查看钢管切口是否平齐。
数字式万用表检查：测量前应校对量程开关位置及两表笔所插的插孔，无误后再进行测量。若无法估计被测量大小，应先用最高量程测量，再视测量结果选择合适的量程。（温馨提示：严禁测量高压或大电流时拨动量程开关，以防止产生电弧，烧毁开关触点）。使用数字式万用表电阻档测量晶体管、电解电容等元器件时，应注意，红表笔接“V·”插孔，带正电；黑表笔接“COM”插孔，带负电。若将电源开关拨至“ON”位置，液晶屏无显示，应检查电池是否失效，或熔丝管是否烧断。若显示欠电压信号“←”，需更换新电池，每次使用完毕应将电源开关拨至“OFF”位置。	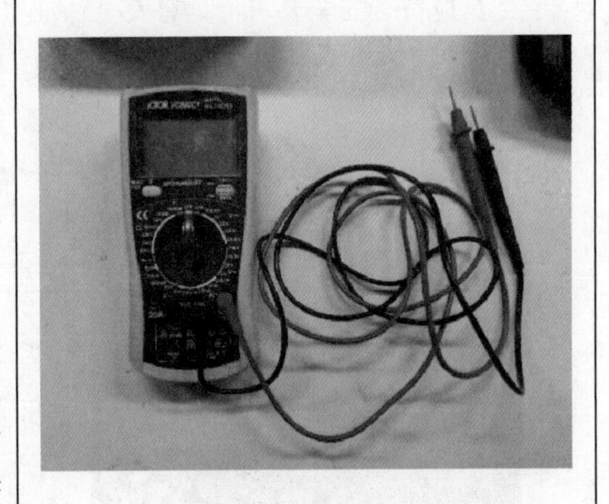

	开孔器检查：使用前，首先检查开孔器数量、型号是否正确，检查开孔器夹紧在电钻的钻夹头上是否牢固，应用定位冲子在需要开孔的材料上定好开孔的中心作为定位钻的圆心，将开孔器的定位钻对准设置好的圆心，利用定位钻头在材料上钻出中心孔，待开孔器锯齿与开孔材料接触后，再以稳定匀速施压，并不断地抬起以带出空槽中的切削杂质碎末，直到开孔器穿透开孔材料，即开孔完成。操作时必须要按照操作流程规范进行操作。
宝塔钻、三刃倒角钻的检查：使用前，首先观察刀刃是否锋利，有无缺口或卷刃等不良情况。检查主轴和弹簧夹头的同心度及弹簧夹头的夹紧力，应装在特制的包装盒里，避免振动相互碰撞。	
工具应符合安全要求（具有安全认证标志），提前交由裁判员进行检查，然后放置在合理的位置上。	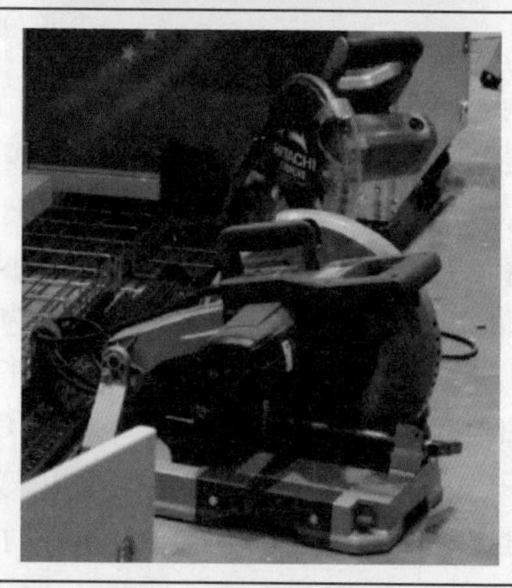
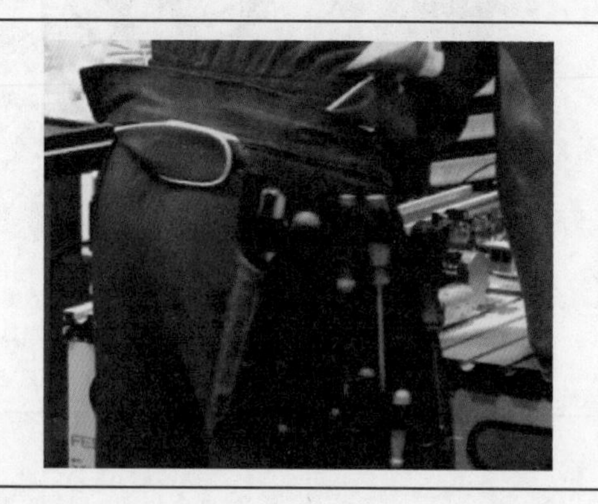	常用工具应当使用工具袋携带，并且位置固定，方便使用；工具摆放案例：（仅供参考）例如：批头的安装和力矩应调整合适，所有的工具应为工作状态。

切割机应摆放在正对着工位的右手边从外数第二块挡板中间或者放在四块挡板之中（挡板：工位和工位之间的挡板）。解开卡扣，摆放整齐；切割机底盘上的角度应调至0°。插上电源。承装切割废料的垃圾折叠桶应放在切割机旁边（左边或者右边），方便切割废料的承装。

扫把和垃圾铲应挂在切割机左边挡板上。

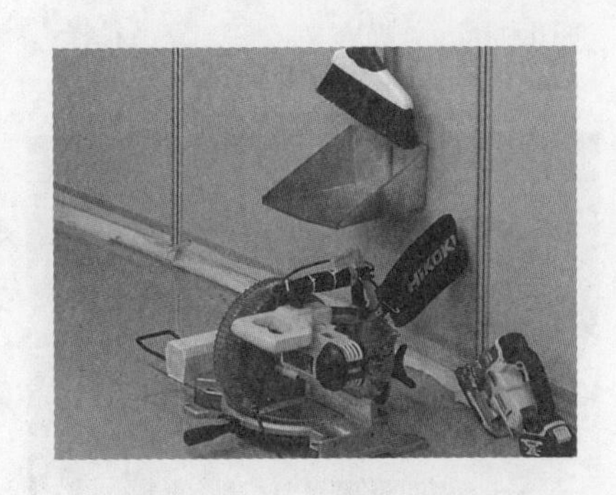

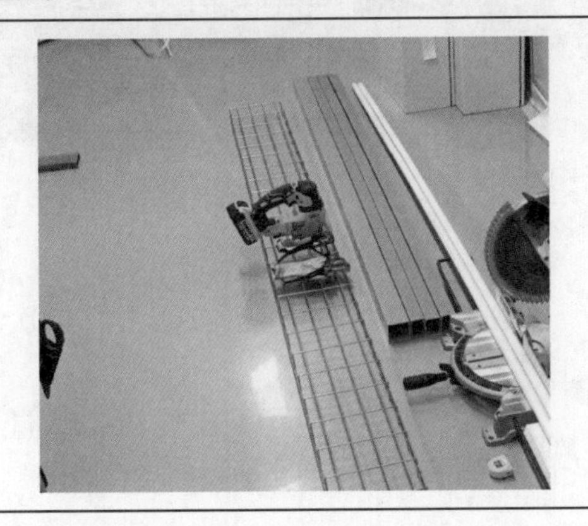

曲线锯应放在网格桥架上方。

在护板上放一、两把电钻，用一个小盒子装开孔批头（25口径、20口径、16口径）和宝塔钻，摆放在大小箱右上角。

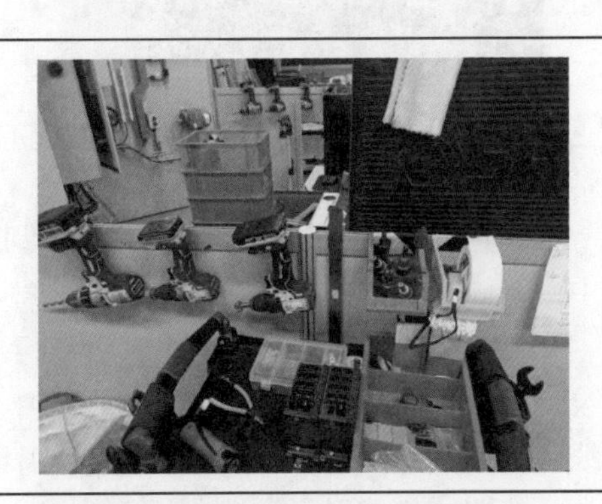

人字梯应牢固放置在安装墙板前方。

万用表应放置在工具车里的左上角。

<table>
<tr>
<td>鼓风机应放置在右手边靠边位。

</td>
<td>线槽剪刀应放在 TP1500 触摸屏底下。

</td>
</tr>
<tr>
<td>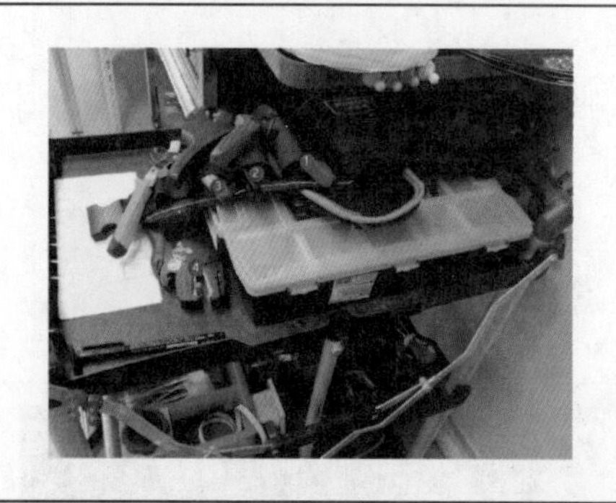</td>
<td>左图为工具车的最上方，工具依次放在工具包里。
工具包中分别为①是压线钳，②是剥线钳，③是剪线钳和④是剥线钳 2。</td>
</tr>
<tr>
<td>工具应放在小车最上方的侧面自制支架中；
上面的工具分别是①孔位中为扳手和水泵钳，②孔位中为剪线钳，③孔位中为剥线钳，④孔位中为压线钳，⑤孔位中为强力压线钳。⑥孔位中为欧式压线钳。</td>
<td>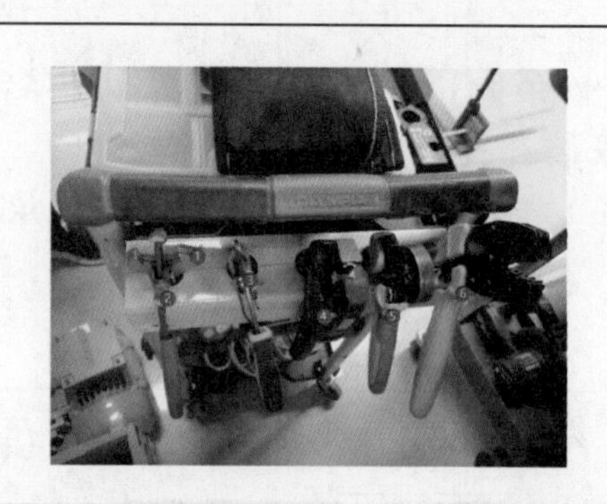</td>
</tr>
<tr>
<td></td>
<td>左图为工具车的第二层，以下工具摆放① 是长一字旋具和②是短一字旋具放在车子左手边对立摆放；旁边放着③是水口钳；往右边走是④是拔齿钳；⑤是网格束线器。</td>
</tr>
</table>

右图为工具车的第三层，以下工具摆放是工具箱靠左的①是电烙铁和旁边的②是焊锡丝。	
选手可以携带自制工具参加竞赛，但是不能够携带具有模具功能的辅助工具。 可以携带的自制工具如下： ① 威图柜底板安装支架：安装威图柜底板的元器件。	
② 轧带盒：方便存放轧带。 	③ 物品架：方便放入桌下，存放物品。 
④ 垫木：在进行较长的物品切割时，使物品保持水平位置。 	⑤ 行线槽塞：方便威图柜中安装元器件的走线。 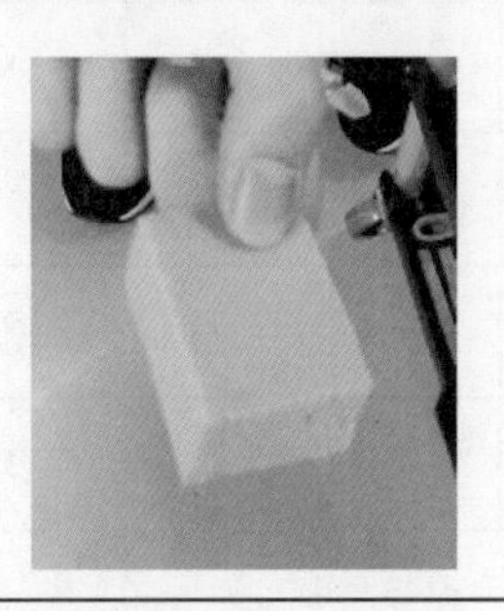

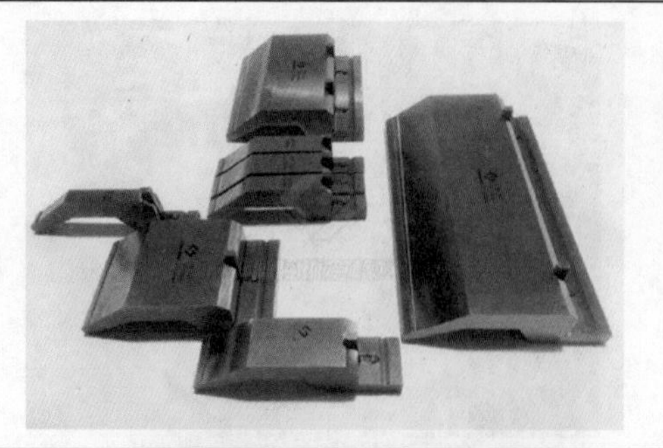	禁带自制的工具： 例如带有具体长度的模具和带有具体角度的模具。
	⑥ 选手可以携带鼠标垫、USB 连接的键盘和鼠标，但是键盘和鼠标不得带有可编程功能键以及可以调整 dpi 功能。 选手不可以携带无线鼠标和键盘。

2.6 图样解读

图样符号认知			
⎓	直流：电压可标注在符号右边，系统类型可标注在左边		等电位
∼	交流：频率值或频率范围可标注在符号的左边	↯	故障
≂	交直流		导线的连接
+	正极	┼	导线跨越而不连接
−	负极		电阻器的一般符号
→	运动方向或力		电容器的一般符号
→	能量、信号传输方向		电感器、线圈、绕组、扼流圈
⏚	接地符号		

符号	说明
	原电池或蓄电池
	动合（常开）触点
	动断（常闭）触点
	延时闭合的动合（常开）触点 带时限的继电器和接触器触点
	延时断开的动合（常开）触点
	延时闭合的动断（常闭）触点
	延时断开的动断（常闭）触点
	手动开关的一般符号
	按钮开关
	位置开关，动合触点 限制开关，动合触点
	位置开关，动断触点 限制开关，动断触点
	多极开关的一般符号，单线表示
	多极开关的一般符号，多线表示
	隔离开关的动合（常开）触点
	负荷开关的动合（常开）触点
	断路器（自动开关）的动合（常开）触点
	接触器动合（常开）触点
	接触器动断（常闭）触点
	继电器、接触器等的线圈一般符号
	缓慢吸合继电器的线圈
	缓慢释放电器线圈
	热继电器的驱动器件
	热继电器的触点
	熔断器的一般符号
	电机的一般符号 C- 同步变流机 G- 发电机 GS- 同步发电机 M- 电动机 MG- 能作为发电机或电动机使用的电机 MS- 同步电动机 SM- 伺服电动机 TG- 测速发电机 TM- 力矩电动机 IS- 感应同步器
M ~	交流电动机
V	电压表

符号	名称	符号	名称
 A	电流表	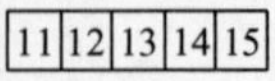 11 12 13 14 15	端子板
 COSφ	功率因数表		屏、台、箱、柜的一般符号
	电铃		动力或动力—照明配电箱
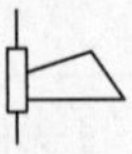	电喇叭		单项插座
	蜂鸣器		密闭（防水）
	导线、导线组、电线、电缆、电路、传输通路等线路母线一般符号		阀的一般符号
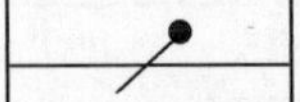	中性线	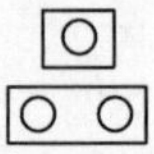	按钮盒
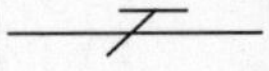	保护线		按钮的一般符号
⊗	灯的一般符号		扬声器的一般符号

图样解读：

主电路的接线图样

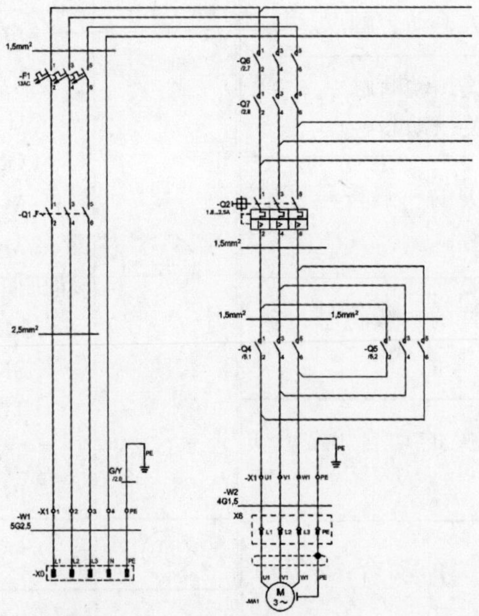

1,5mm²
-F1
13AC
-Q1
2,5mm²
-Q6
/2,7
-Q7
/2,8
-Q2
1,8...2,5A
1,5mm²
1,5mm²
1,5mm²
-Q4
/5,1
-Q5
/5,2
PE
G/Y
/2,0
-X1 1 2 3 4 PE
-W1
5G2,5
L1 L2 L3 N PE
-X0
-X1 U1 V1 W1 PE
-W2
4G1,5
X6
L1 L2 L3 PE
U1 V1 W1 PE
-MA1
M
3~

power supply
3X380V+N+PE/50Hz

Motor MA1

–X0 端子排为起始点，利用一根 5 芯 2.5 线径的电缆连接至急停开关 –Q1（2,4,6）进线端和急停开关 –Q1（1，3，5）出线端，利用一根 4 芯 1.5 线径的电缆连接至三联断路器 F1 进线端（2，4，6）–F1 出线端（1，3，5）分别接有两条主电路分支，主电路分支 1 分别串联 –Q6、–Q7 交流接触器常开主触头（1，3，5 为进线端，2，4，6 为出线端），串联接入电机保护断路器 –Q2（1，3，5 为进线端，2，4，6 为出线端），并联 –Q4、–Q5 常开主触头（1，3，5 为进线端，2，4，6 为出线端），X1 端子排经电缆接入电机 MA1 上。

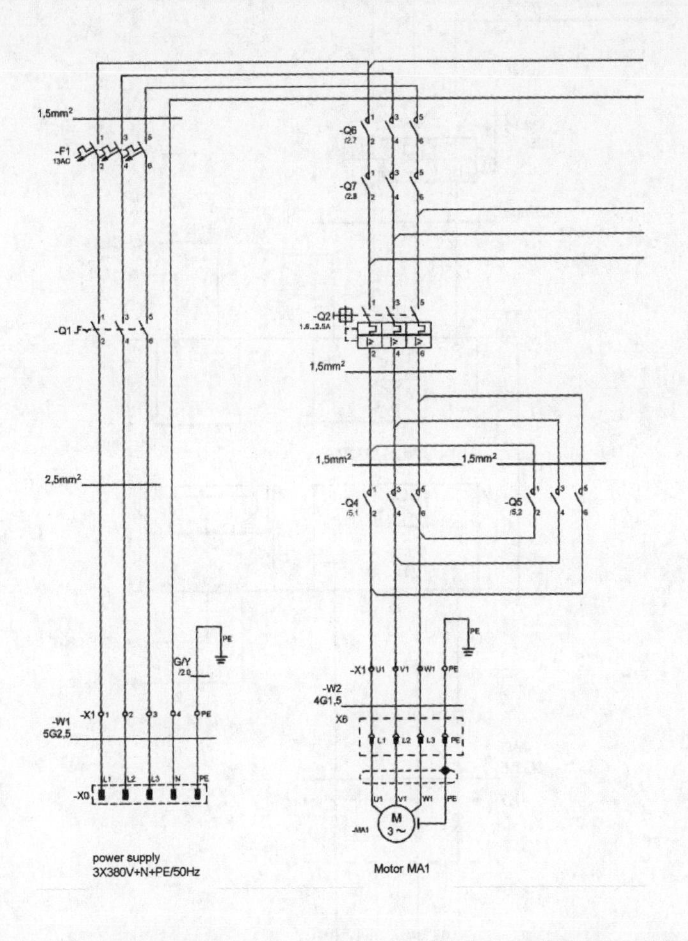

主电路支路 2 从三联断路器 –F1 出线端接入 Q3 电机保护器上（1，3，5 为进线端，2、4、6 为出线端），–Q3 出线端子 2、4、6 接入 –T1、G120 变频器进线端（L1，L2，L3），同时对变频器 PE 端接地保护，G120 变频器出线端 U2、V2、W2、PE 接入 –X1 端子排，–X1 端子排经电缆接入电机 MA2 上，对电机 MA2 进行变频器控制。

控制电路分支进行 G120 控制模块接线，首先 24V 电源 1L1+ 及 1M 1 分别接入变频器 31、32 端，19 端接入 PLC 信号端 K2：DI-BIT 1，20 端接入电源 24V、–1L7+/2.2

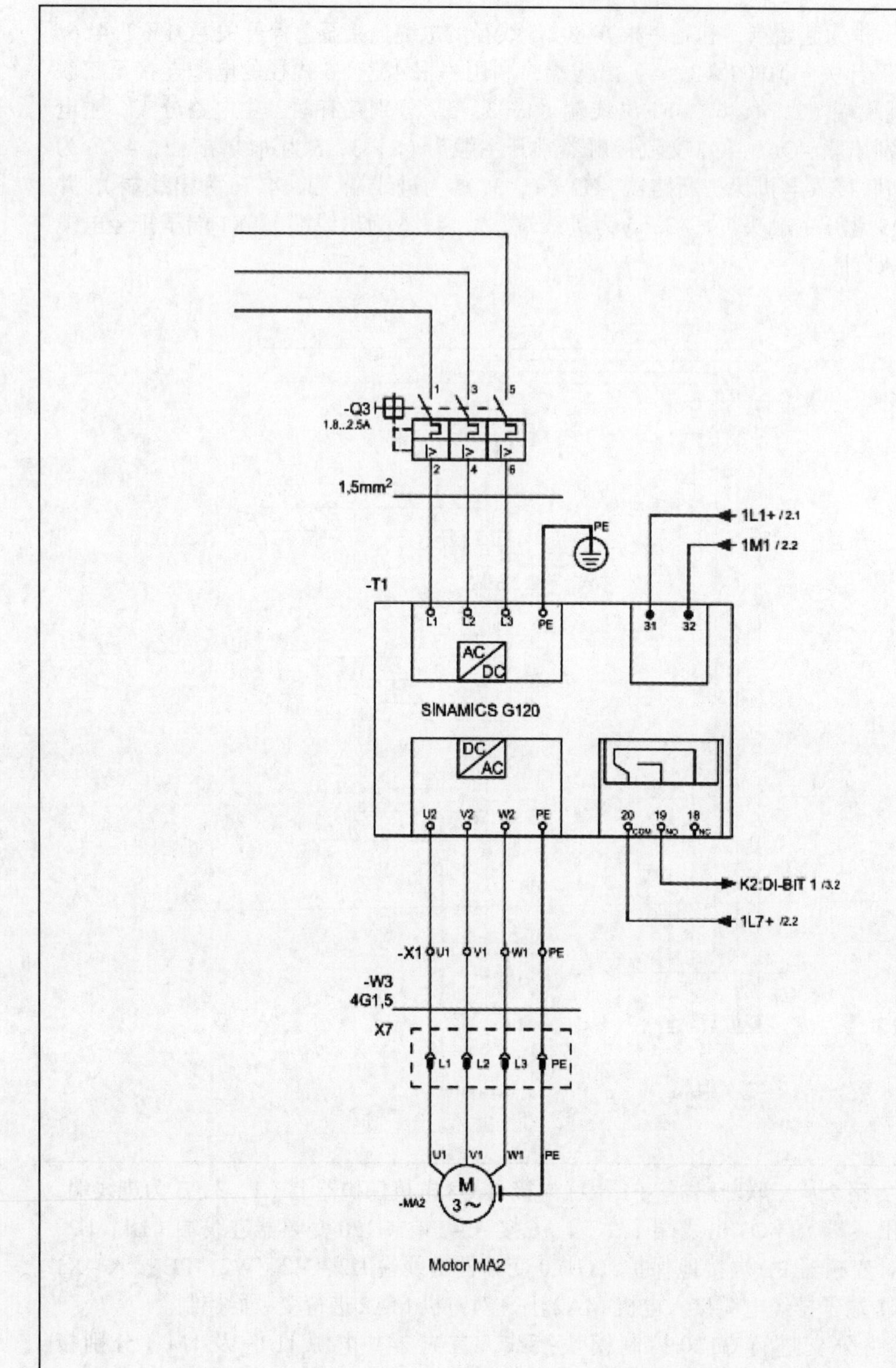

-Q3
1.8...2.5A
1,5mm²
PE
1L1+ /2.1
1M1 /2.2
-T1
L1 L2 L3 PE
31 32
AC
DC
SINAMICS G120
DC
AC
U2 V2 W2 PE
20 19 18
K2:DI-BIT 1 /3.2
1L7+ /2.2
-X1 U1 V1 W1 PE
-W3
4G1,5
X7
L1 L2 L3 PE
U1 V1 W1 PE
M
3~
-MA2
Motor MA2

安全继电器控制电路的接线图样

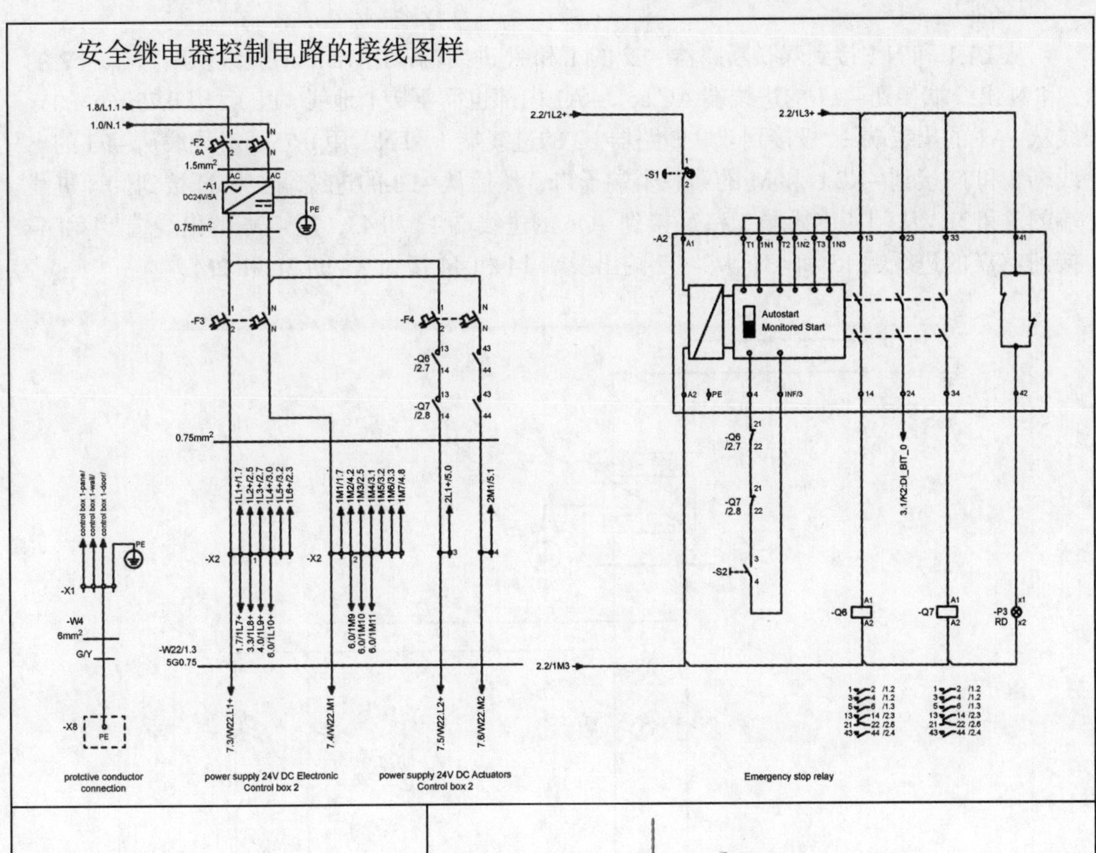

首先用一根 6mm^2 的地线从 X8 的 PE（地线）穿过 W4 的密封套，到 X1 下端从左往右数的第三个端子口，接入 control box 1（控制箱 1），然后 X1 的 1～4 的端子口分别插入控制箱 1 的面板、墙面、门板、地线上。

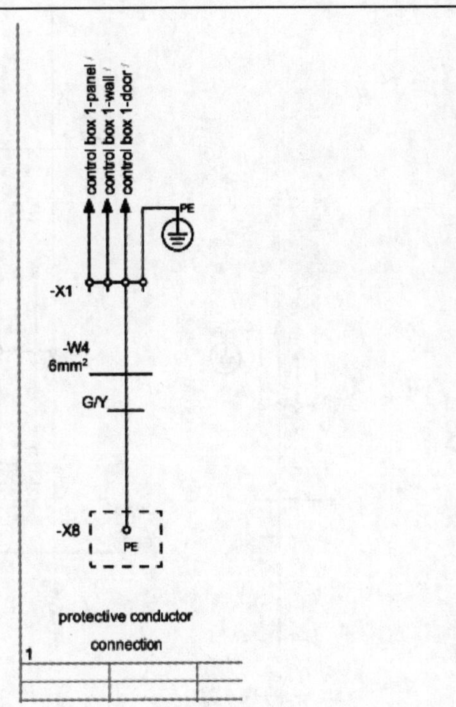

从 L1.1 和 N.1 接到双联断路器 –F2 的 1 和 N 进线端，用 1.5mm² 导线从断路器 –F2 的 2 和 N 出线端接到 –A1 的进线端 AC.ac，–A1 内部也需要接上地线（PE），用 0.75mm² 的导线从 –A1 的出线端 ± 极接到双联断路器 F3 的进线端 1 和 N，用 0.75mm² 导线从 –F3 的出线端 2 和 N 接到 –X2.L 和 M 的第一个端子口，然后从 –F3 的进线端 1 和 N 接到 –F4 进线端的 1 和 N，从 –F4 出线端 2 和 N 接到 –Q6 的进线端 13 和 43，从 –Q6 的出线端 14 和 44 接到 –Q7 的进线端 13 和 43，从 –Q7 的出线端 14 和 44 接到 X2 的 2L 和 2M 端。

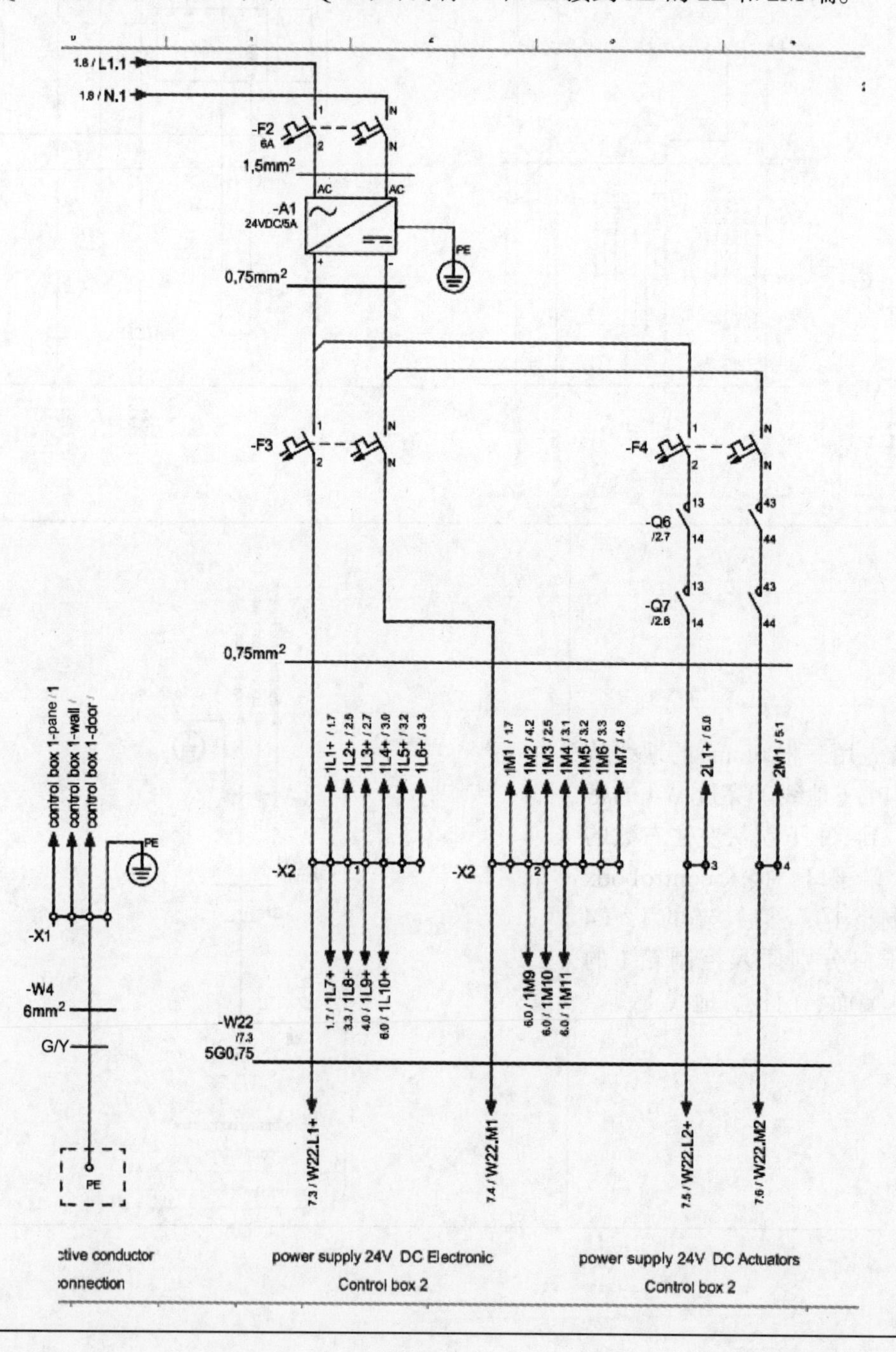

安全继电器接线图，首先 1L2+ 接到急停按钮 –S1 的进线端 1，再从急停按钮 –S1 的出线端 2 接到安全继电器 –A2 的进线端 A1，–A2 的进线端 T1、T2、T3 串联到 –A2 的进线端 IN1、IN2、IN3，1L3+ 接到 –A2 的进线端 13，再和 –A2 的进线端 23、33、41 串联到一起，–A2 的出线端 T4 接到 –Q6 的进线端 21，再从 –Q6 的出线端 22 接到 –Q7 的进线端 21，然后从 –Q7 的出线端 22 接到 –S2 的进线端 3，从 Q7 的出线端 4 接到 –A2 的出线端 INF/S，–A2 的出线端 14 接到 –Q6 的线圈进线端 A1，–A2 的出线端 24 接到 K2:DI_BIT_0，–A2 的出线端 34 接到 –Q7 的线圈进线端 A1，–A2 的出线端 42 接到 P3 灯的进线端 x1：1M3 接到 –A2 的出线端 A2 上，–Q6 的出线端 –A2，–Q7 的出线端 –A2，–P3 的出线端 x2。

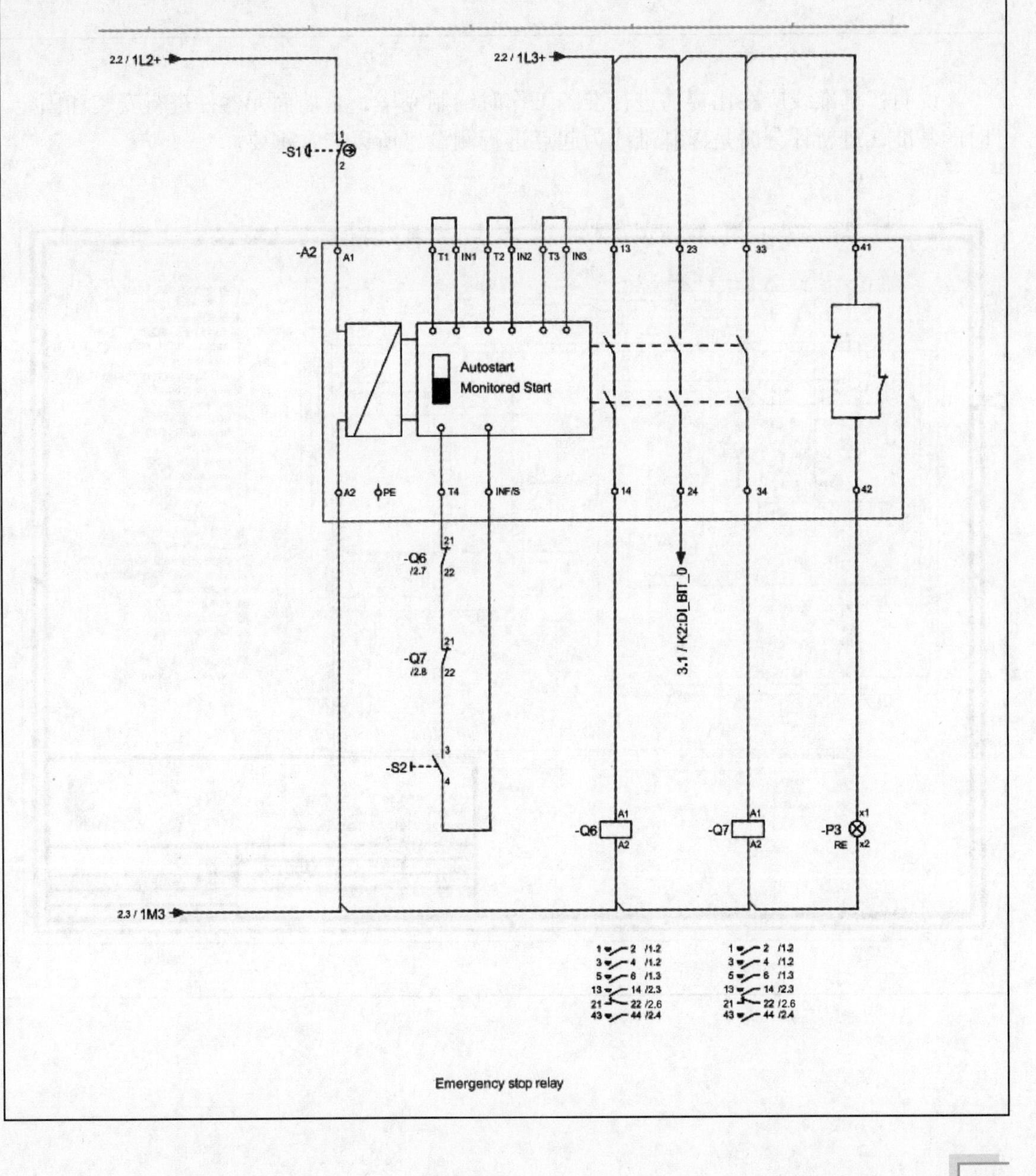

第 3 章 定位与划线

3.1 基准线绘制

说明：基准线应在比赛前进行准备工作时绘制完毕，是墙面元器件进行安装和固定时的基准，进行评分时是以基准线为起点进行测量，所以非常重要。

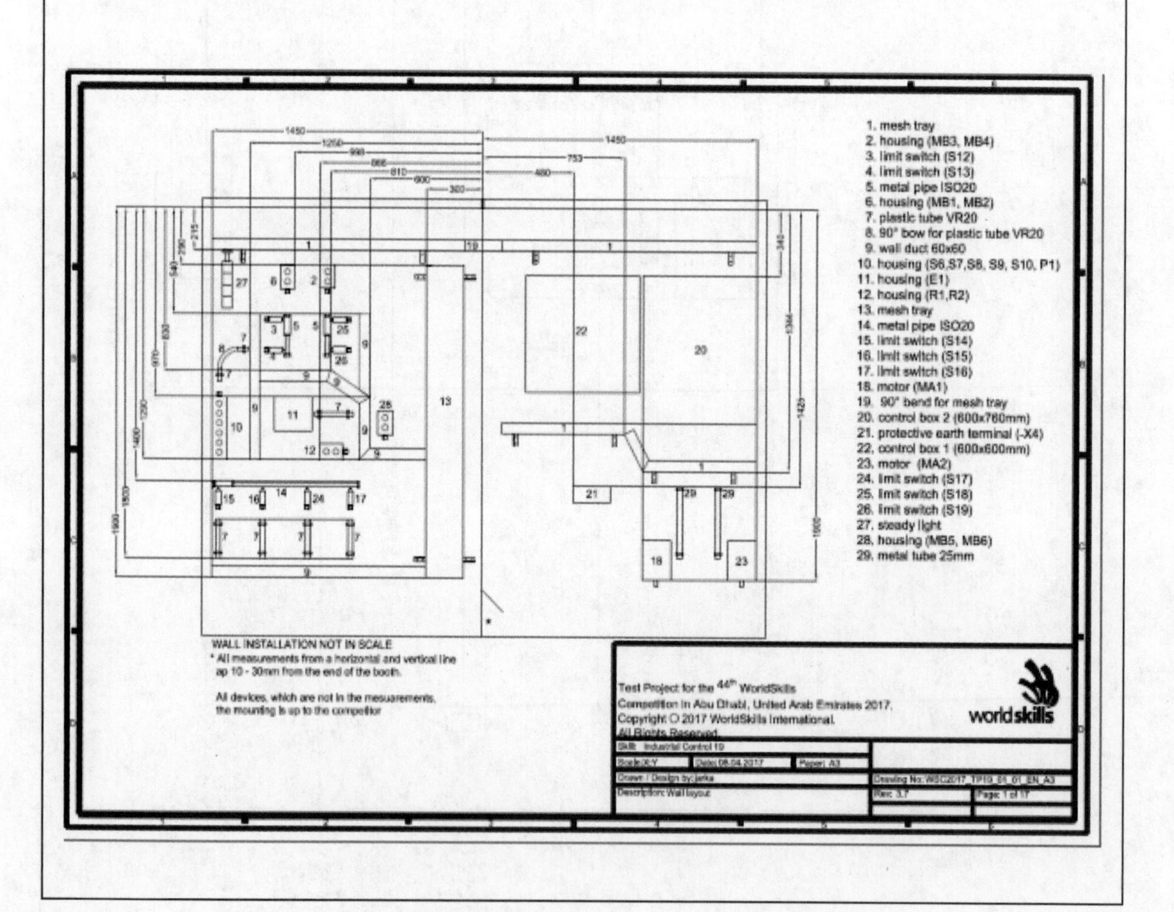

<table>
<tr><td>1）基准线共有 4 条，左边和右边两个安装墙板各有一条横向基准线和一条竖向基准线。
2）基准线的位置在题目中有规定要求，横向基准线从安装平台上部边缘开始往下，150 ～ 300mm 处，竖向基准线从两块安装墙板拼缝处向两边 8 ～ 15mm 处。
3）基准线的绘制应保持连续、清晰，线型尽可能地细，不能有虚影或重线。</td><td>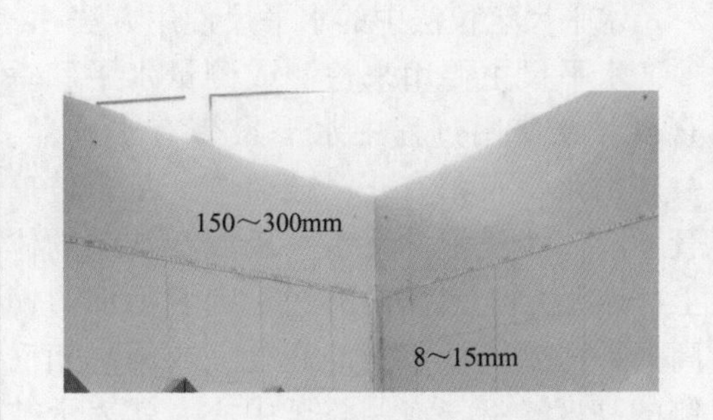</td></tr>
<tr><td>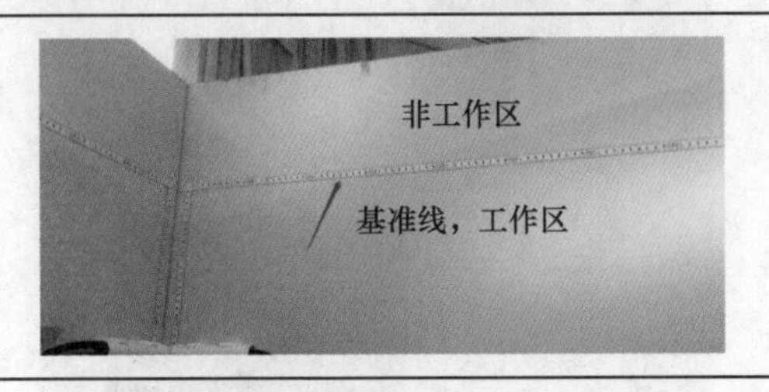</td><td>4）选手可以使用贴尺在基准线上进行标记，但是贴尺只能贴在工作面以外区域，不得贴在工作面以内区域。
5）工作面基准线以外的贴尺在工作结束后可以保留。</td></tr>
<tr><td>贴尺使用方法简述如下：
常用贴尺为单面数值尺寸，另一面为双面胶，（温馨提示：胶水黏度不可太大，且使用完毕后应尽可能早点撕下来，防止胶水留在墙面上，使用贴尺之前，应使用自己常用的卷尺校对，看是否有偏差）。</td><td></td></tr>
<tr><td>
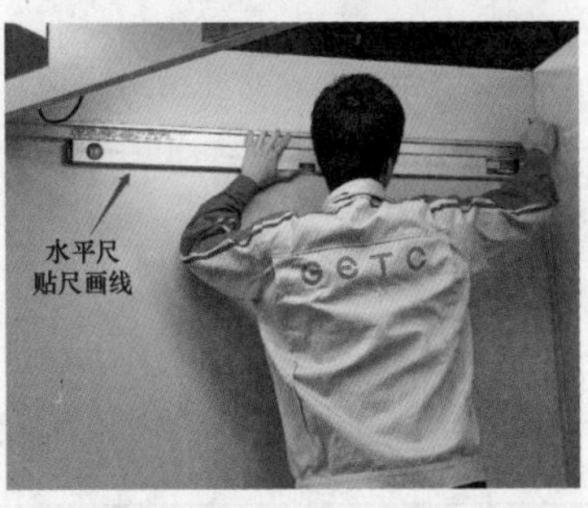</td><td>两种贴尺方法如下：
其一：激光水平尺定位法；
其二：水平尺定位法。
绘制过程：首先沿着打好的激光或水平尺画好的基准线，延上方两处贴尺由拼缝处向外延伸贴，中间两处贴尺自上而下延伸粘贴，这里注意，两个贴尺重合处必须为 0 点。
贴尺只适用于画线辅助作用，不用于测量评分工作。</td></tr>
</table>

水平尺定位法中的水平尺使用方法：

水平尺主要用来检测或测量水平和垂直度。在使用过程中水平尺带有水准器，一般的水平尺都有三个玻璃管，每个玻璃管中有一个气泡。将水平尺放在被测物体上，水平尺气泡偏向哪边，则表示那边偏高，即需要降低该侧的高度，或调高相反侧的高度，将气泡调整至中心，就表示被测物体在该方向是水平的了。

水平尺长度建议使用100cm/250cm/750cm/1200cm等规格。

100cm的水平尺用于测量限位开关器件。

250cm的水平尺用于测量按钮盒或者钢管、塑料管、线槽、电动机（安装在墙面上）、网格桥架、接地端子排、小威图柜、CEE插头。

750cm的水平尺用于测量网格桥架、大威图柜等器件。

1200cm的水平尺用于绘制基准线等较长的工作。

评分前，应对评分水平尺进行校准。

校准方法：先把水平尺靠在墙上，水平在墙上画了根线（假设是水平线），然后把水平尺左右两头互换，再放到原来画好的线上查看，如果尺和线重合，水平尺水准器中的气泡居中，说明水平尺是准确的。

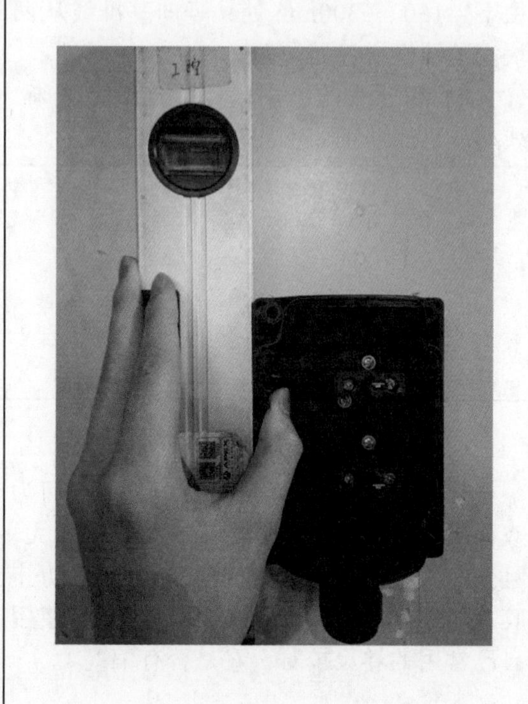

激光水平尺自身可发射出相互垂直的水平激光线和垂直激光线，为元件放样和校准提供了精确的水平或垂直基准。在工控赛项中，激光水平尺主要用于绘制水平、垂直基准线。

基本操作步骤：安置仪器、整平自检、开机工作。

温馨提示：激光水平尺大多有两种模式，一种是自动水平调节，另一种是手动水平调节。手动水平调节是调节三脚架高度且横向和纵向激光处于锁死状态，这种情况会导致激光水平尺错误，检查方法为倾斜水平尺，查看激光是否会跟着移动，此时激光随倾斜角移动，即为手动模式，需要调节自动模式，如果激光不动，且倾斜角度过大时会发出“滴滴滴”的报警声音，即为自动模式。

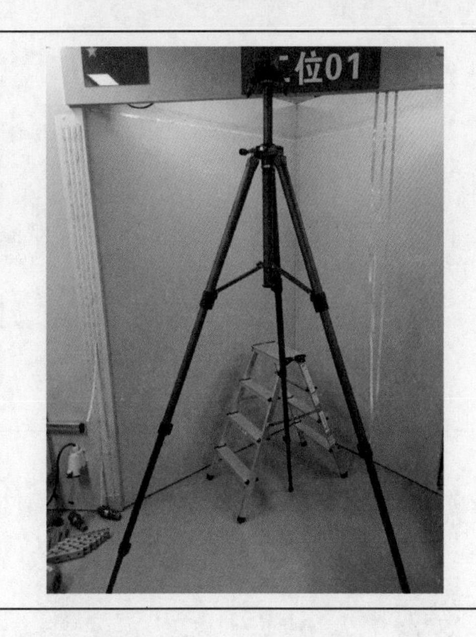

安置仪器：

首先，松开三脚架架腿上的三个紧固旋钮，抽出下边一节使其高度适中。再旋紧三个紧固旋钮，张开三个架腿，支于地面上，使架头大致水平，将三个铁架置于地面。如距离地面很近，则不用三脚架。

打开仪器箱，双手取出激光水平尺主机并安装好 3 节 5 号电池，置于架头，一只手扶稳激光水平尺，另一只手将三脚架中心旋钮旋入仪器底座的螺母中，旋紧即可，不可用力过猛。取出主机一定要轻拿轻放，防止破坏激光水平尺的精确度。一般不用的激光水平尺应取出电池。

整平自检：

整平是通过调节仪器的三个可微调小脚上的螺母，使原水准器气泡居中，以达到仪器水平的目的。在整平过程中，气泡的移动方向与左手大拇指的运动方向一致。一般情况下，先用左右手同时旋转两个脚旋钮，再用左手旋转第三个脚旋钮，使气泡居中。

温馨提示：测量时，应尽量避免温度的影响，水准器内液体对温度影响变化较大，因此应注意手热、阳光直射等因素对水平仪的影响。使用中，应在垂直水准器的位置上进行读数，以减少视差对测量结果的影响。

<table>
<tr>
<td>划线笔选用及使用方法。
划线笔选用类型：
1）铅笔（建议初学者可用）。
优点：方便携带，笔画较重，易观察，可以重复利用，价格较低。
缺点：需要携带多支铅笔，且容易折断，不容易擦除。</td>
<td></td>
</tr>
<tr>
<td>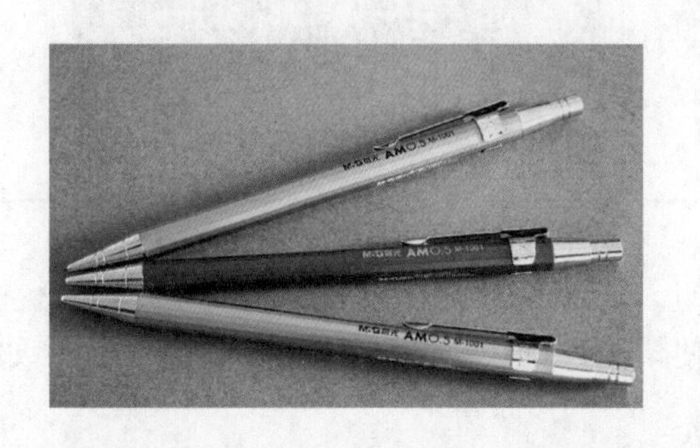</td>
<td>2）自动铅笔。
优点：方便携带，笔画轻重可根据笔芯选择，容易擦除，可以重复利用。
缺点：容易断铅。
3）可擦水性笔（推荐使用）。
优点：方便携带，笔画细且可清洗，容易擦除。
缺点：价格较高，一场次使用 1 ～ 2 支，容易损坏。</td>
</tr>
<tr>
<td>弹墨线。
选手使用该方法较少，不推荐使用，但其思路可以借鉴，以下是其使用方法及注意事项：
弹墨线是木工找水平线时用的一种专门工具，即墨斗。墨斗里装有一卷线和一些蘸有墨汁的棉花类物质，盒子上有一滚轮，收放尼龙线用，从盒孔伸出的线系在一根安装在一个小木棒一端的钻子上，用于固定需弹线的一端。
弹墨线时，当拉出尼龙线时，尼龙线通过蘸有墨汁的棉花类物质，自然就带上了墨汁，因此称为墨线。
注意事项：
墨线应使用棉细线，棉线吸墨多会减少卷线次数，用细线弹墨线迹清晰。
墨料用书写墨，墨线不易褪色。
提线用力要均匀，线两端点与提线点必须在一直线，这样墨线才无偏差。</td>
<td>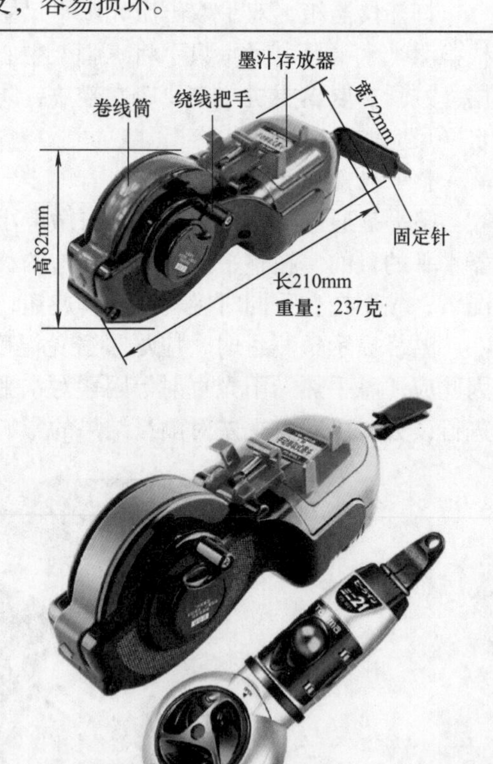
</td>
</tr>
</table>

木匠用墨斗弹线依据的是二点成一线的道理，两点间直线最短和最直，这也是一种比较简单的画线方式。另外，依据的是物理的惯性定理，墨水蘸在线上，当线运动时，和墨水一起运动，撞击在木头上，由于惯性，墨水会离开线，停留在木头上。

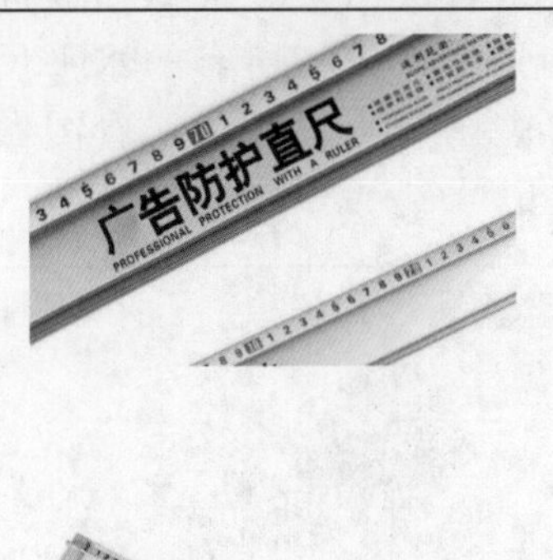

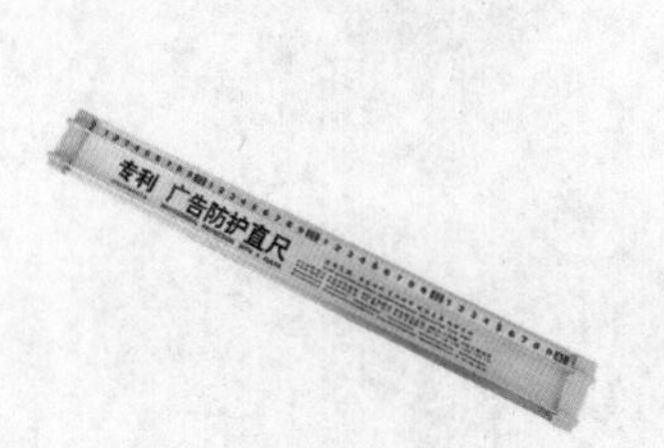

广告防护尺的使用方法。

广告防护尺刻度精准，不仅正面有防护，背面还带防滑条，能有效地防止手指受伤。

专业性用尺，实用性极强，材料为特制工业铝，结实而耐用，防走刀凹槽，防裁刀走偏，防裁刀伤手，设防侧滑带，有标准刻度条，尺寸规格全，可根据行业用途特制尺子长度。

用途：用于绘制较长的线段。

人字梯使用方法。

首先，应对人字梯进行自检：人字梯焊接部位无裂纹、无松动，捆扎处应牢固，梯脚必须有防滑皮；人字梯螺钉等无松动，无变形，保险装置可靠，梯脚防滑皮完好，人字梯不得翻开单面使用。

使用注意事项如下：

在每次工作前选用合适的梯子，人字梯的最高三层不得站人（操作人违规了），工作时不得一只脚站在人字梯上，另一只脚站在它处；使用人字梯时，操作人不得站在人字梯最上面的三层，不得双脚跨在人字梯的两侧，只允许站在一侧工作；人字梯不得有两人同时在一张梯子上工作。同时上、下梯子应面部朝内，梯子在使用时梯脚与地面应接触平稳，梯身稳定可靠，不得有晃动。

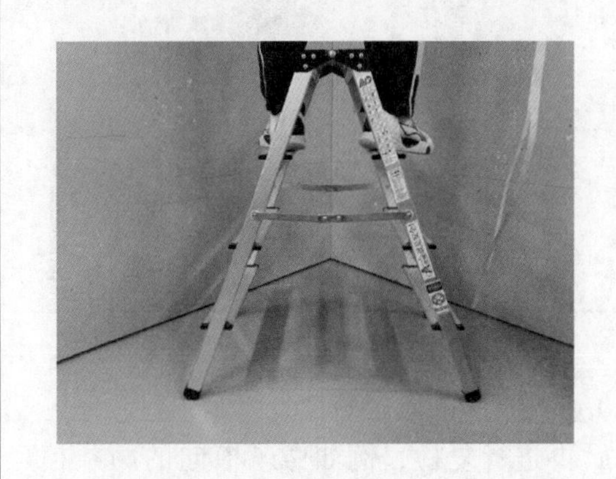

重要提示：不管是否使用激光或者水平尺，必须二次复检，并且用与之前对不同的水平尺进行复检。

3.2 定位线绘制

<table>
<tr><td></td><td>选手应根据图样安装的要求，合理地选择需要定位的器件位置（边、顶点等），然后绘制定位线。贴尺一共八根，一边四根，组合成田字。根据图样进行所有尺寸的划线，先将所有的水平尺寸线画完，再去画竖直尺寸线，看图做元器件的位置记号。</td></tr>
<tr><td>步骤一贴尺：横辅助线、竖辅助线。
在画好基准线的基础上画尺寸线。
首先贴定位尺，定位尺左墙面两根，右墙面两根，根据两点确定一条直线的方法来贴尺。</td><td>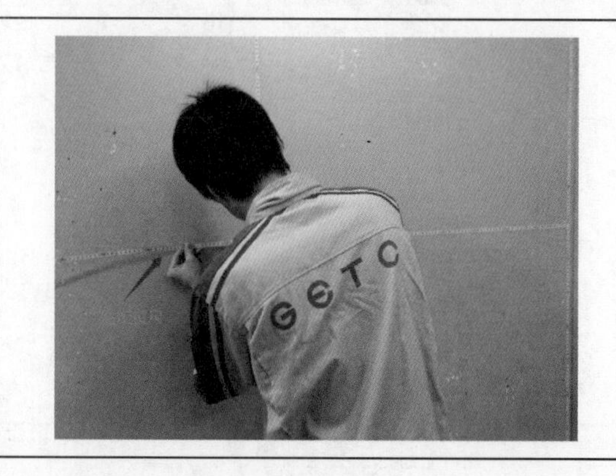</td></tr>
<tr><td></td><td>使用激光水平尺画一条辅助线，辅助线必须是水平或者垂直的。</td></tr>
<tr><td>确定辅助线后，用粘尺从基础线开始0点粘贴，可先画横向或纵向，粘完一端后再进行复检，例如做了横向的两条粘尺辅助线，那么要用激光水平尺或水平尺看看纵向是否是在一个尺寸上，相差 ±1mm 以内即为合格，如果相差过大，要确认是哪一条线有问题了。同理，左右墙面粘贴方法一致。</td><td>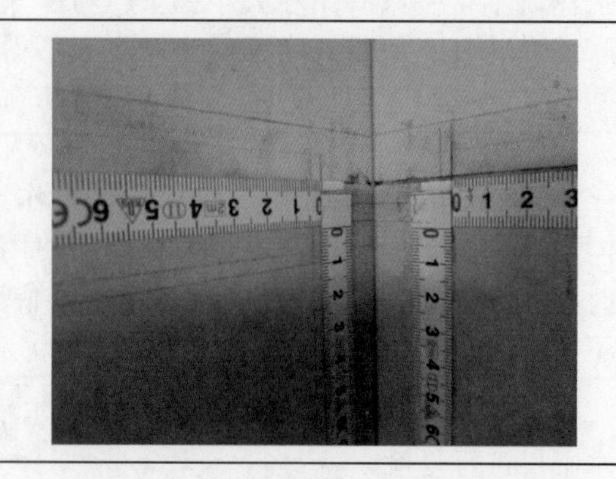</td></tr>
</table>

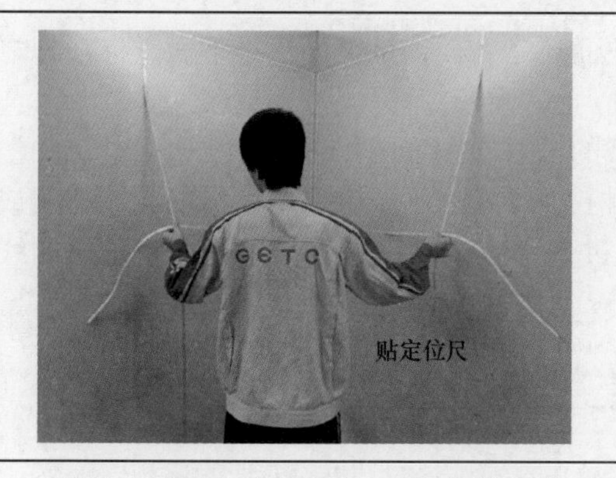

步骤二画线：左墙竖尺→右墙竖尺→右墙横尺→左墙横尺→标点→撕掉辅助贴尺。

首先，使用两点确定一条直线的方法绘制图样上的辅助线，例如 135mm，使用广告尺找到横向两条粘尺的 135mm，从上到下画好基准线，如熟练之后，找到元器件大概位置，只画元器件位置的尺寸线即可，后面依次绘制 335mm、550mm、765mm、1270mm 尺寸线。

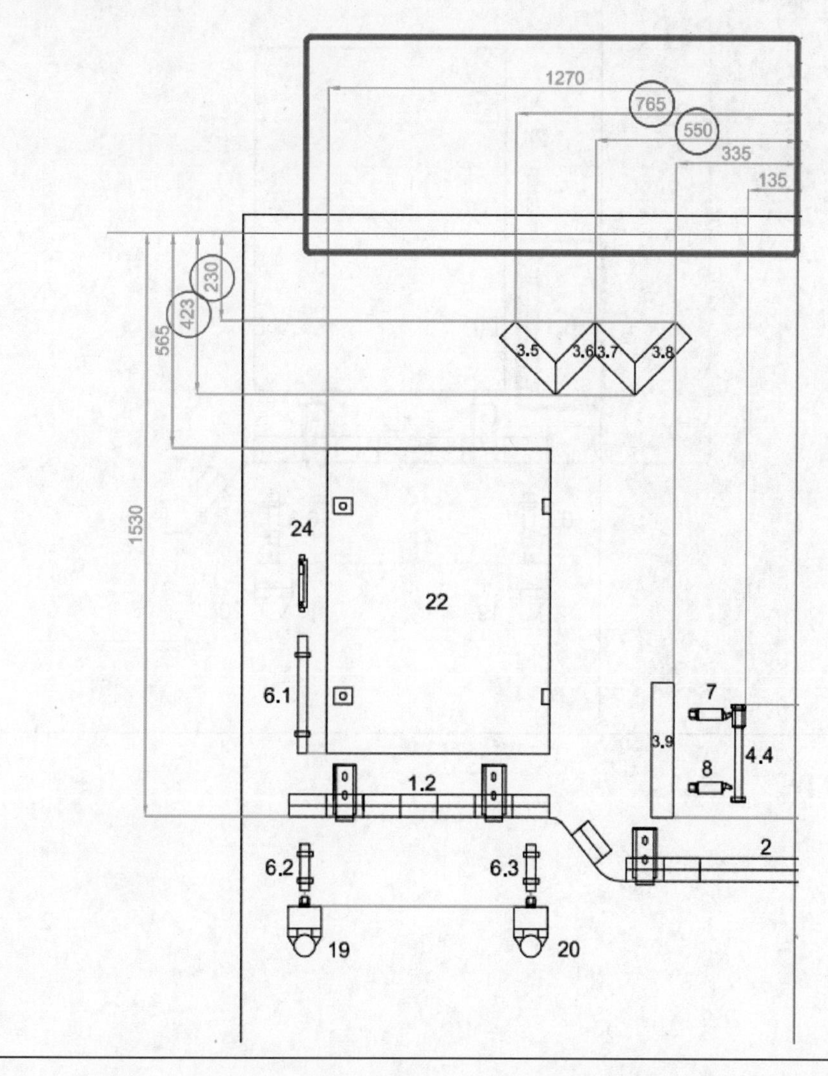

绘制的过程中标注好元器件的位置，是左面还是右面，是上面还是下面，标注好之后，安装就可以避免出现错误。

温馨提示：应注意，有一些尺寸线是隐藏的，需要在看图样过程中找出来，例如塑料管 6.1 虽然没有尺寸，但是 6.1 有和大威图柜 22 下端水平要求，所以需要绘制好线或者 CEE 插座 19 和 20 也是相对水平的，安装过程中应注意水平，如果提前把这里的线绘制好，就可以达到事半功倍的效果。

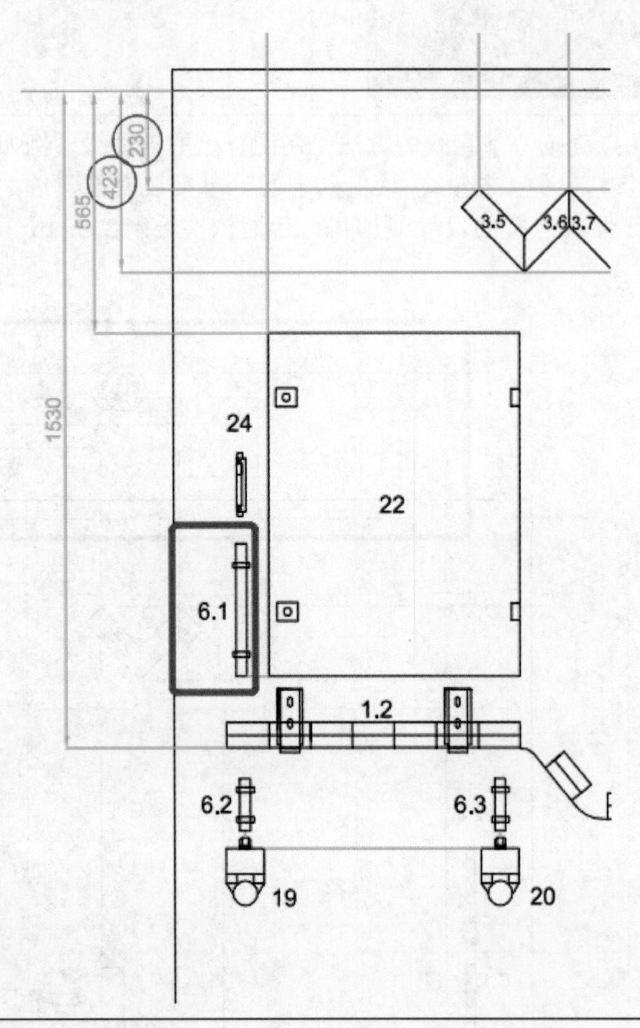

第 4 章

分材料制备

4.1 图样尺寸计算

所有用到的工具：格尺、计算器、铅笔、橡皮。

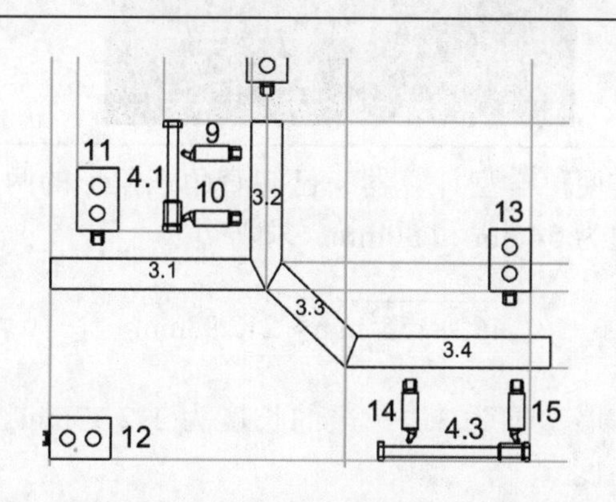

1. 墙壁槽长度、角度计算

根据三角函数计算墙壁槽长度、角度。

（1）墙壁槽 3.1 ～ 3.4（安装位号）的计算具体操作步骤

首先计算每一段槽的长度和角度，识图得知这里有一个已知条件即墙壁槽宽度为 60mm，其次需要找到几个直接三角形通过三角函数计算长度，通过反函数计算角度。将计算结果标记在图样上。

墙壁槽 3.1 的长度通过水平尺寸为 370mm、尺寸为 765mm 可以计算出短边长度为 395mm。首先定义墙壁槽为 3.2 的居中，已知墙壁槽宽度为 60mm，那么墙壁槽 3.1 的长边长度为 425mm。计算角度需要用到科学型计算器，已知直角三角形的两个边为 60mm 和 30mm

$$\theta = \tan^{-1}\frac{30}{60} \approx 26.56°$$

在切割的过程中可以近似的看作 26.56°。

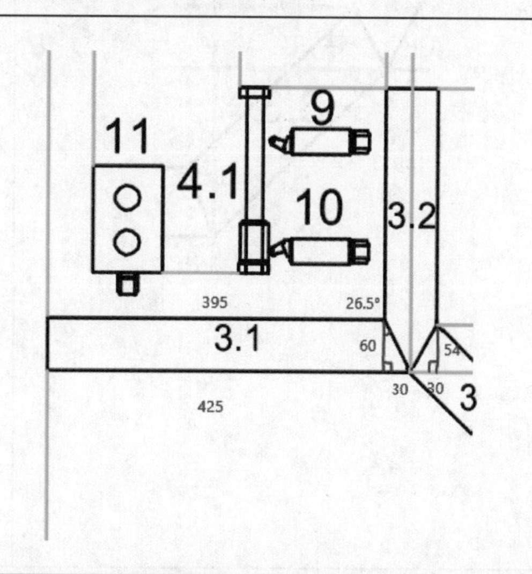

<table>
<tr>
<td>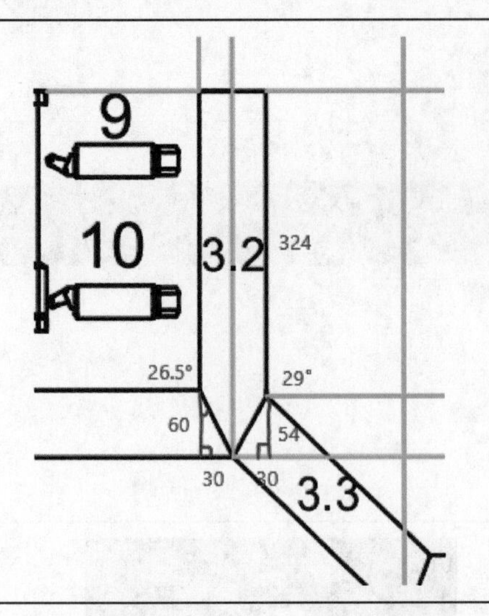
</td>
<td>墙壁槽为 3.2 的长度通过垂直尺寸为 360mm、尺寸为 684mm 可以计算出总长度为 324mm。再通过垂直尺寸为 630mm、尺寸为 684mm 可以计算出右侧小三角形高为 54mm。用科学型计算器，已知直角三角形的两个边为 54mm 和 30mm
$$\theta=\tan^{-1}\frac{30}{54}\approx 29°$$
在切割的过程中右侧切割 29°。</td>
</tr>
<tr>
<td>墙壁槽为 3.3 的长度通过勾股定理计算，一个直角边通过垂直尺寸为 684mm、尺寸为 830mm 可以计算出长度为 146mm，另一个直角边通过水平尺寸为 765mm（加上线槽的一半宽度为 30mm）、尺寸为 950mm 可以计算长度为 155mm。</td>
<td></td>
</tr>
<tr>
<td>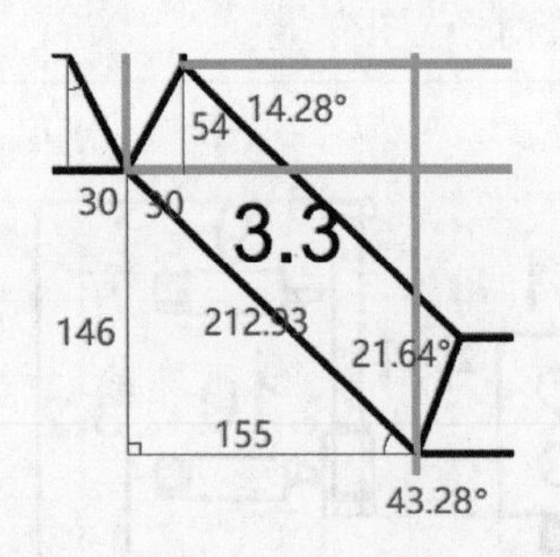
</td>
<td>用科学型计算器，已知直角三角形的两个边为 54mm 和 30mm，求斜边
$$\sqrt{146^2+155^2}\text{mm}\approx 212.93\text{mm}$$
墙壁槽为 3.3 一边的长度为 212.93mm。求角度
$$\theta=\tan^{-1}\frac{146}{155}\approx 43.28°$$
在切割的过程中左侧切割角度为
43.28°+（90°−29°）−90°=14.28°
左侧切割角度为 14.28°。
用反函数求右侧切割角度为
$$\theta=\tan^{-1}\frac{146}{155}\approx 21.64°$$
右侧切割角度为 21.64°。</td>
</tr>
</table>

墙壁槽 3.4 的长度通过水平尺寸为 950mm、尺寸为 1310mm 估算出长边长度约 390mm。在切割的过程中左侧切割为 21.64°。

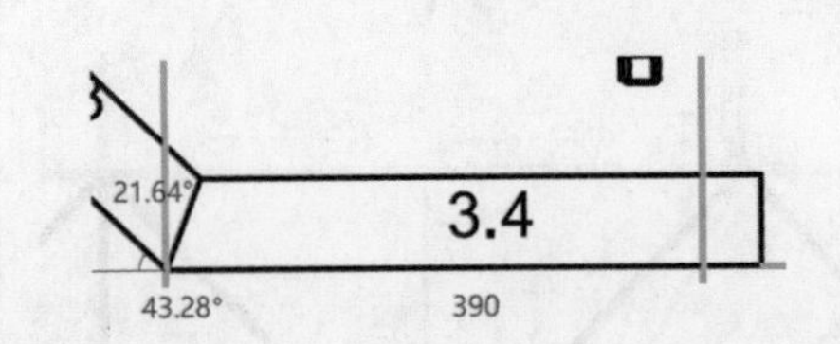

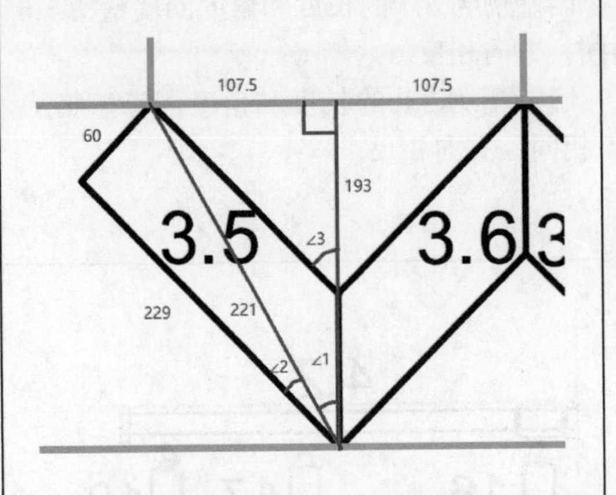

（2）墙壁槽为 3.5～3.8 的计算具体操作步骤

首先需要绘制辅助线，通过勾股定理计算，通过垂直尺寸为 230mm、尺寸为 423mm 可以计算出垂直高度为 193mm，另一个直角边通过水平尺寸为 550mm、尺寸为 765mm 可以计算出总长度为 215mm，所以一个直角边为 107.5mm。

用科学型计算器，已知直角三角形的两个边为 107.5mm 和 193mm，求斜边

$$\sqrt{107.5^2+193^2}\text{mm}\approx 220.92\text{mm}$$

已知墙壁槽宽为 60mm，斜边的长度为 220.92mm。求墙壁槽 3.5 长边的长度

$$\sqrt{60^2+220.92^2}\text{mm}\approx 228.92\text{mm}$$

求出∠ 3 的角度

$$\angle 3=\angle 1+\angle 2$$

$$\angle 3=\tan^{-1}\frac{107.5}{193}+\tan^{-1}\frac{60}{228.92}\approx 43.7°$$

通过∠ 3 求出 3.6 上边的长度

$$107.5\text{mm}\div\sin 43.7°\approx 155.6\text{mm}$$

<table>
<tr><td>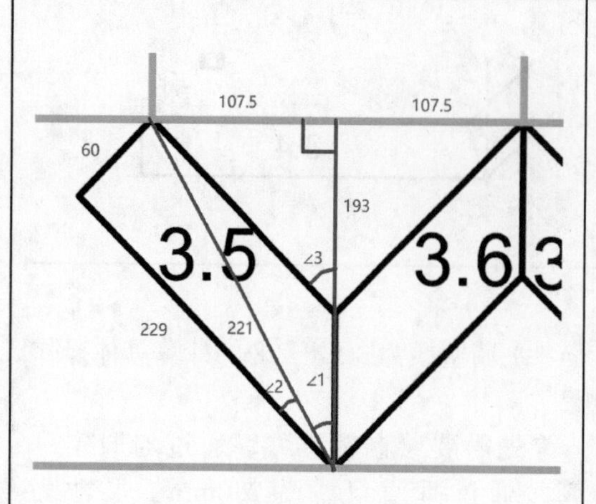
</td><td>墙壁槽为 3.5 在切割的过程中，右侧切割角度为 43.7°。
墙壁槽为 3.6 在切割的过程两侧的角度均为 43.7°，长度为 155.6mm。
墙壁槽为 3.7 的长度和角度同墙壁槽 3.6 相同，方向相反。
墙壁槽为 3.8 的长度和角度同墙壁槽为 3.5 相同，方向相反。</td></tr>
<tr><td>墙壁槽为 3.0、3.9 的计算和操作步骤：
墙壁槽为 3.0 的长度略短于金属管为 4.2，金属管为 4.2 的长度为 455mm，故此估算墙壁槽为 3.0 的长度为 440mm。</td><td>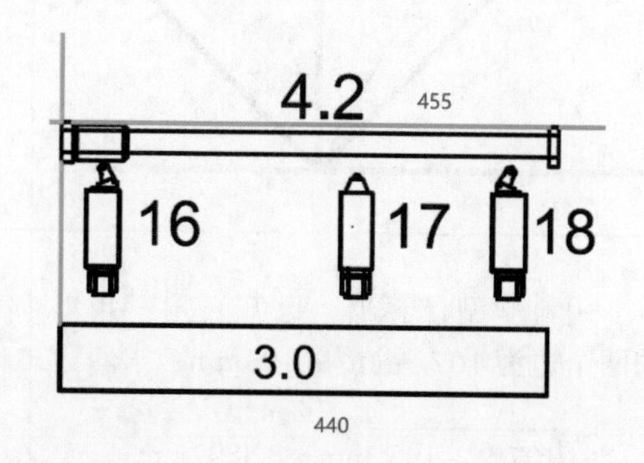
</td></tr>
<tr><td>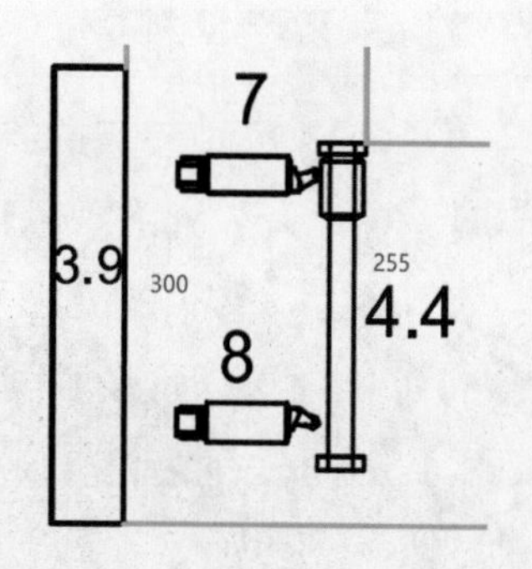
</td><td>墙壁槽为 3.9 的长度略长于金属管 4.4，金属管 4.2 的长度为 255mm，估算墙壁槽为 3.9 的长度为 300mm。</td></tr>
<tr><td colspan="2">2. 钢槽长度、角度（网格槽格数）的计算
通过看图得知图样中绘制的是金属网格桥架，金属网格桥架一个为 10mm。左侧水平金属网格桥架一共 12 格，右侧水平金属网格桥架一共 12 格，右侧垂直金属网格桥架一共 12 格。</td></tr>
</table>

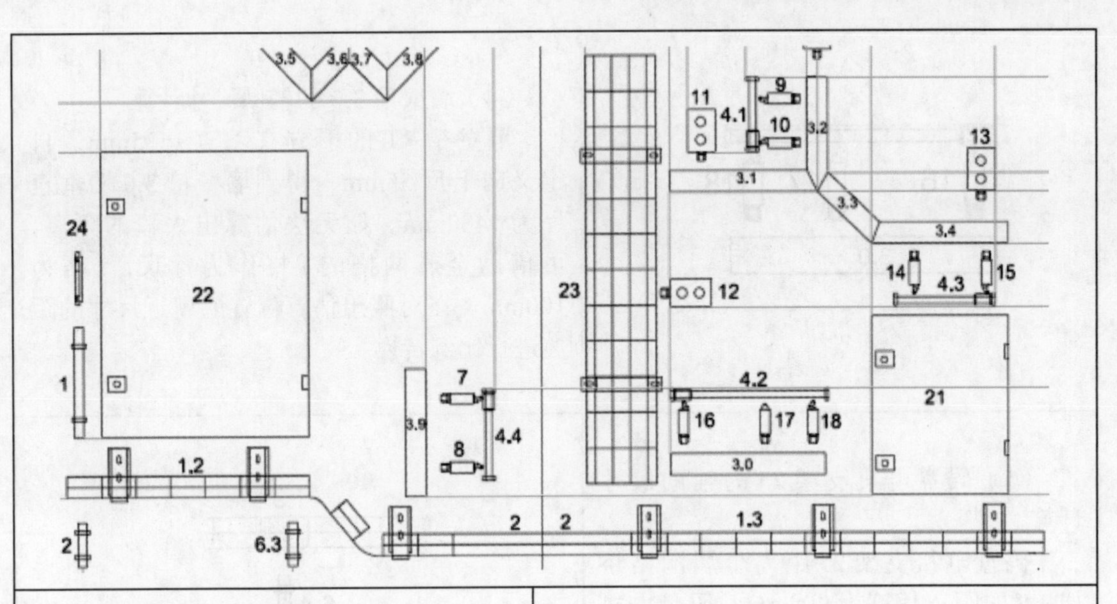

3. 辅助尺寸的计算

（1）大小威图柜安装的辅助尺寸计算

威图柜由 4 个安装孔固定，为方便安装大小威图柜，应计算上边两个安装孔的位置。

在柜上也沿垂直向下 17mm，然后在柜内左边沿向右 20mm 处定出的交点处打入自攻钉，很容易将威图柜临时挂在墙面上。

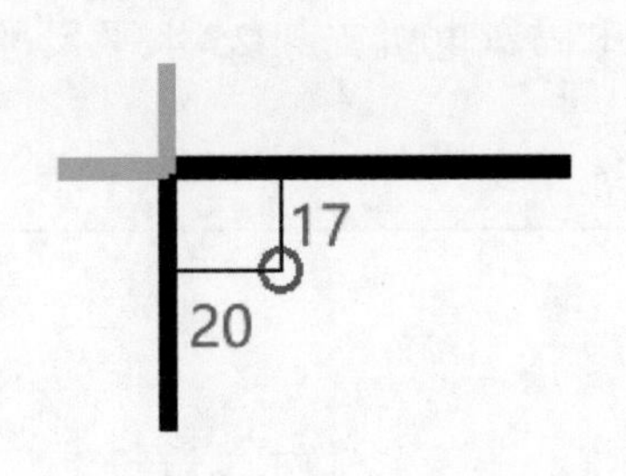

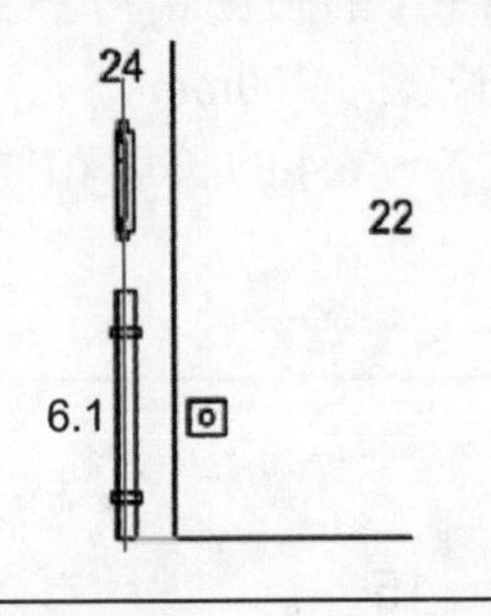

（2）接地保护端子 24 和塑料管 6.1 的辅助尺寸计算

接地保护端子 24 和塑料管 6.1 在大威图柜 22 左侧，大威图柜 22 左侧的水平尺寸为 1270mm，自定义加 70mm 得到接地保护端子 24 和塑料管 6.1 的水平辅助尺寸为 1340mm。

（3）CEE 插座 19 和 CEE 插座 20 的辅助尺寸计算

CEE 插座 19 和 CEE 插座 20 在网格桥架 1.2 下端，通过网格桥架 1.2 下端垂直尺寸 1700mm，自定义向下增加 50mm，得到 CEE 插座 19 和 CEE 插座 20 的垂直尺寸为 1750mm。

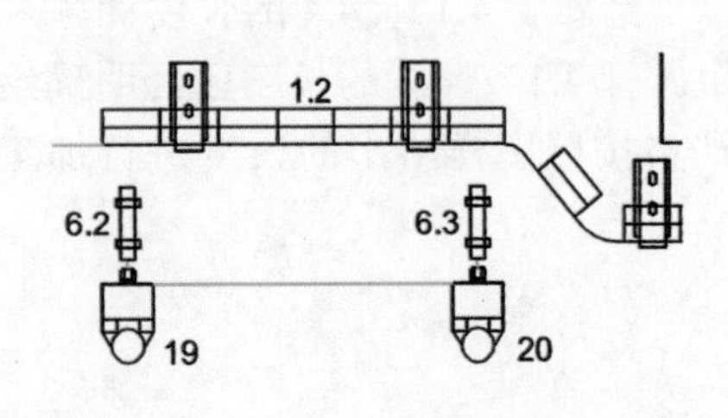

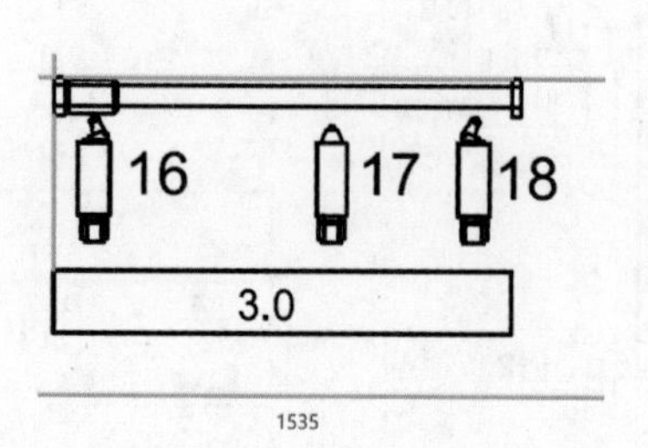

（4）墙壁槽 3.0 的辅助尺寸计算

墙壁槽 3.0 的下方有垂直 1535mm，自定义向上反 55mm，得到墙壁槽 3.0 端垂直尺为 1480mm。如无法估算出大概的距离，可借助金属网格的 1 格作为标尺，1 格为 100mm。在对照想估算位置的就近尺寸的距离进行比例转换。

（5）码盘电机支架 25 的辅助尺寸计算

码盘电机支架 25 距离金属网格桥架 1.3 的距离估算为 200mm，码盘电机支架 25 的垂直尺寸为 1900mm；对照比例得出码盘电机支架 25 水平尺寸为 550mm。

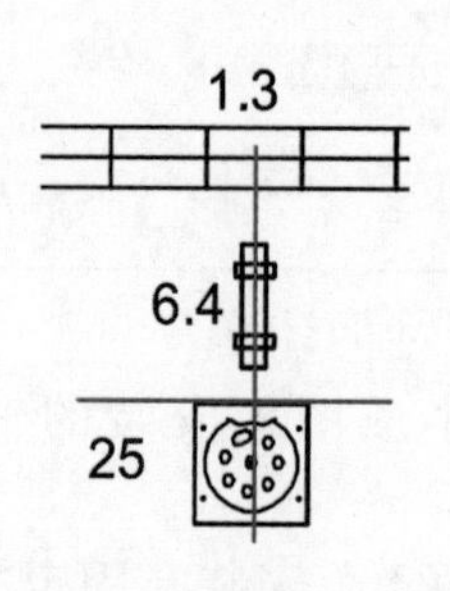

6.2　6.4

6.1

6.3

4. 无规定尺寸塑料管、金属管长度的计算

（1）塑料管 6.1 ～ 6.4 的长度计算

塑料管 6.1 的长度使用网格桥架比例的方法，塑料管 6.1 的长度相当于 3 格，所以塑料管 6.1 的长度为 300mm。

塑料管 6.2 ～ 6.4 的长度相同，定义长度为 120mm。

（2）金属管 4.1 ～ 4.4 的长度计算

金属管 4.1 ～ 4.4 的长度已经明确给出，严格按照图样给出的长度进行加工制作。

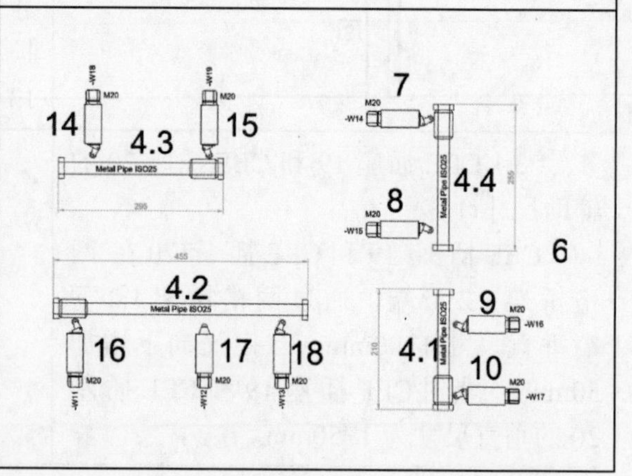

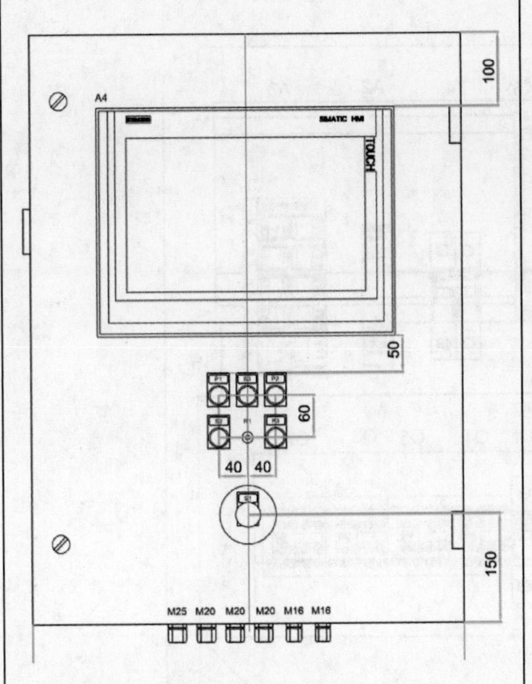

5. 大柜门板尺寸计算

触摸屏的后部尺寸为 394mm×289mm，为了能顺利地安装，可以在上下左右各加 1mm。触摸屏后部上边缘到屏幕上边缘的尺寸为 10mm，所以触摸屏的安装孔尺寸应为大柜上边缘向下 109mm 的位置。屏幕尺寸为 415mm×310mm，所以大柜上边缘到标签支架的距离为 460mm。

根据现场提供的标签支架确定指示灯或按钮的中心点。

6. 底板孔间隔计算

大威图柜电缆出线孔 W1 ～ W5 的距离约为大柜宽度的 1/3，大柜宽 600mm。每个防水头的间距为 40mm。

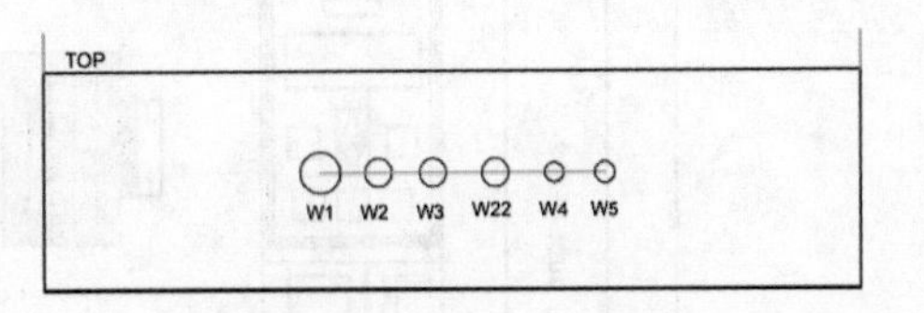

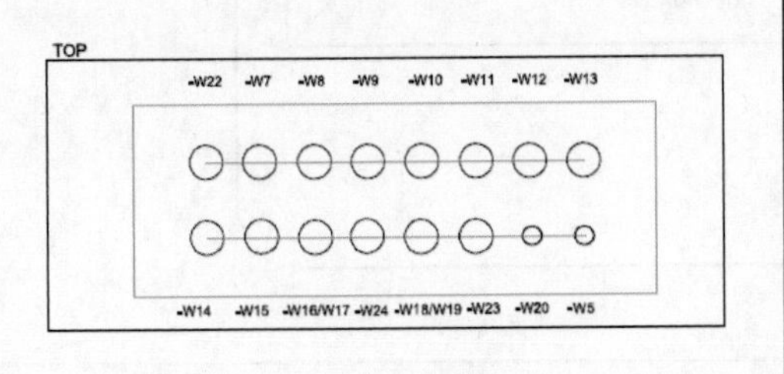

小威图柜电缆出线孔较为密集，减小每个防水头的间距为 35mm。

7. 柜内元器件、行线齿槽和导轨长度计算

（1）大威图柜柜内行线齿槽和导轨长度计算

使用比例法和参照物法两种方法进行所有尺寸的计算。使用比例法，用格尺测量图样上威图柜的高度，威图柜的实际高度为 600mm，用格尺测量图样每一段槽的长度，进行比例换算即可。较长段导轨上端的槽要减去两个齿槽的宽度，齿槽的宽度为 40mm，得出较长段导轨长度为 430mm，较短段导轨通过比例法求得长度为 290mm。

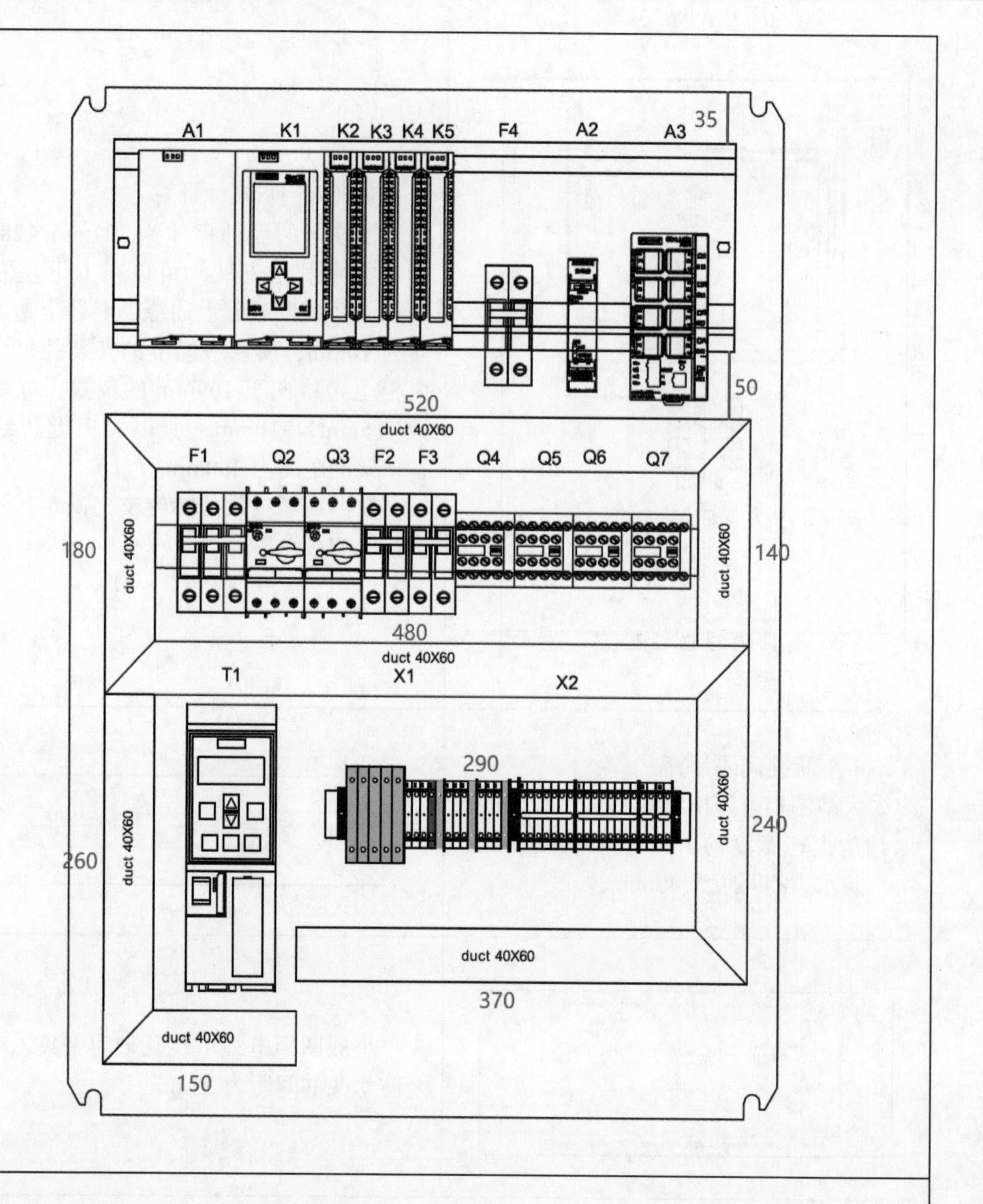

（2）小威图柜柜内行线齿槽和导轨长度计算

使用参照物法，小柜背板宽度为 350mm，上下两段槽的长度也就为 350mm，中间的槽要减去两个齿槽的宽度，齿槽的宽度为 40mm，得出中间的槽长度为 270mm。左右两段槽的长度比上下两段槽要长出一点，我们直接加 40mm，得出左右两段槽长度均为 390mm。两端导轨的长度相同，大致为 250mm。

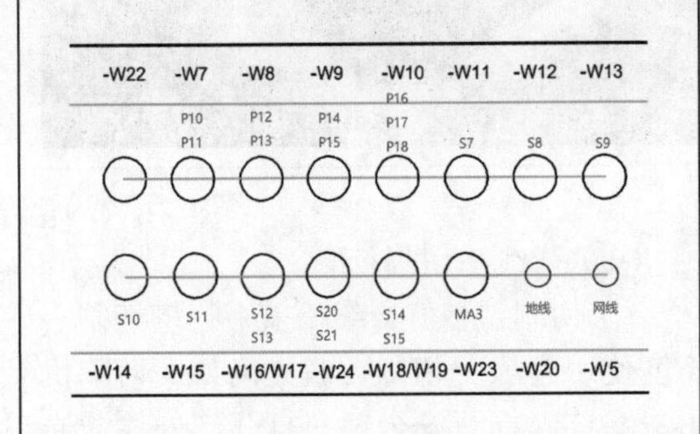

8. 电缆走线和长度的计算

通过查看接线图和电缆表初步了解电缆走线和电缆穿孔位置情况，在安装图样上对照记录，方便穿电缆时快速找到位置。电缆长度可以通过安装完成一次后的经验对电缆的长度进行收集，拆下电缆长度的基础上增加一段长度，在训练的过程中进行测试，牢记每根电缆的长度。

4.2 塑料材料制备

1. 塑料墙槽切割打磨

1）切割：盖好墙槽盖→塑料槽切割→长度使用卷尺 + 切割机激光确认，切割过程中应注意安全。

2）切割机用法：首先打开安全锁→打开红外线激光→找到尺寸后左手按压住墙槽，右手大拇指按压安全锁，其余手指按压开关，等切割机匀速转动后，向下切割；切割完成后，首先将锯片离开切割区域，恢复到开始前的状态后再松开开关，切割完成。

3）切割机对准方法：首先打开红外线激光，会出现两道激光，将线槽放置切割区域，找好角度，切割线应在两道激光中间，对准完成。

2. 打磨

墙槽底部开孔（根据长度决定开孔多少）→墙槽底与盖分开，放至桌面→墙槽底（砂纸块去除）→墙槽底去除完放入工具车→墙槽盖毛刺用磨砂器倒角，再用砂纸块打磨。

（1）行线槽切割打磨

1）切割：盖好行线槽盖→行槽切割→长度使用卷尺 + 切割锯激光确认；切割机用法：首先打开安全锁→打开红外线激光→找到尺寸后左手按压住墙槽，右手大拇指按压安全锁，其余手指按压开关，等切割机匀速转动后，向下切割；切割完成后，首先将锯片离开切割区域，恢复到开始前的状态后再松开开关，切割完成。

2）打磨：墙槽底部开孔（根据长度决定开孔多少）→墙槽底与盖分开，放至桌面→墙槽底（砂纸块去除）→墙槽底去除完放入工具车→墙槽盖（用磨砂器倒角，在用砂纸块打磨）。

	（2）塑料管切割打磨 1）切割：塑料管切割→根据计算结果使用卷尺 + 切割据激光确认； 切割机用法：首先打开安全锁→打开红外线激光→找到尺寸后，左手按压住墙槽，右手大拇指按压安全锁，其余手指按压开关，等切割机匀速转动后，向下切割；切割完成后，首先将锯片离开切割区域，恢复到开始前的状态后再松开开关，切割完成。
2）打磨：塑料管（先用羊毛圈打磨再用砂纸片磨外圈）→塑料管打磨后放置到工具车上。 打磨技巧：切割完成后，首先将羊毛磨头安装到电钻上，接着将切割的一端对准羊毛磨头，进行顺时针转动，转两三圈即可，另一端的步骤也是一样，最后要将两端用软的磨砂块进行打磨，顺时针转动两三圈即可。	

4.3　金属材料制备

	1. 金属管切割及打磨 （1）切割 角磨机切割→注意切割角度→注意力度大小；角磨机用法：左手握住辅助握把，右手按下开关（起动时有一定的后坐力），等磨砂片匀速转动时，再向下切割（切割时一定要佩戴手套、眼镜，不可穿短裤或半截袖衣服，避免皮肤裸露），切割完成后首先将锯片离开切割区域再松开开关，切割完成。

割管刀切割→注意力度大小→切割姿势应正确；切割时力度不能太大，例如要切割长度为200mm的金属管，应向要切割位置下方使劲，如出现阻挡感，不可蛮力地继续向下用力切割，应该查看锯片大小是否合适，如果锯片太小，应及时更换，如果过旧，应及时更换新的锯片。	
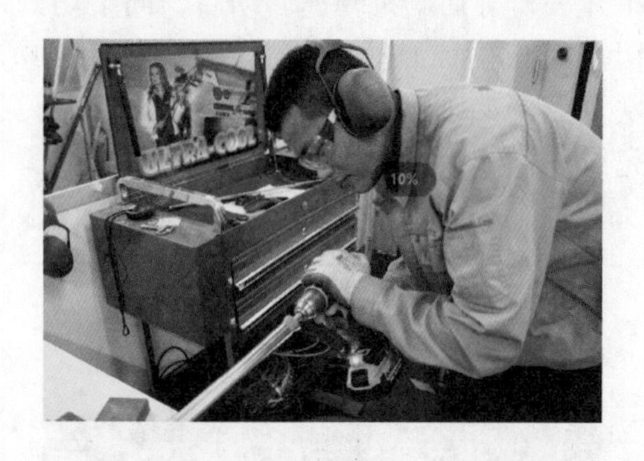	（2）打磨 金属管打磨→先用管子绞刀去掉大毛刺→再使用磨砂头打磨→用砂纸块进行细磨，直至切割面光滑圆润，无尖锐部分，用手触摸无刮伤感。 打磨时应将磨砂头安装在电钻上，顺时针转动，转上两三圈，换另一个方向继续做相同的动作，最后用磨砂块打磨金属管两旁，前后用力，打磨至光滑为止。
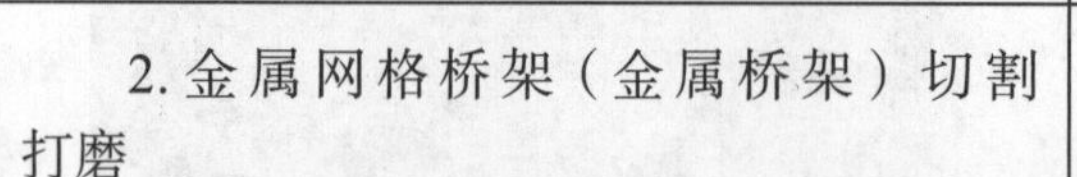 2. 金属网格桥架（金属桥架）切割打磨 （1）切割 曲线锯切割；首先找到要切割的位置→按下开关，使曲线锯启动（应有一个向前的力，不能是左右倾斜的力）→切割结束时应先让曲线锯退出工作区域后，再松开开关。	
	（2）打磨 首先使用板锉打磨，再用磨砂器打磨，最后用打磨块打磨，直至网格桥架断面光滑圆润，不伤手为止。 打磨技巧1：用三角形锉刀将网络桥架切割面的角从上到下用力将毛刺去除，再用磨砂块将切割面从上到下打磨至光滑即可。 打磨技巧2：使用打磨机将切割面打磨平整，打磨时不能一直在一个位置上，否则会将另一端面突起，打磨时手腕要灵活转动，并且一处要转上两三圈，确保打磨平滑。

3. 金属导轨切割打磨 （1）切割 从短到长依次切段导轨；使用导轨切割器切割，首先导轨切割器应确定切割部位，确定好切割部位再向下按压，切割完成（温馨提示：导轨切割不可出现断孔现象，打磨平滑，无尖锐部分，不扎手）。	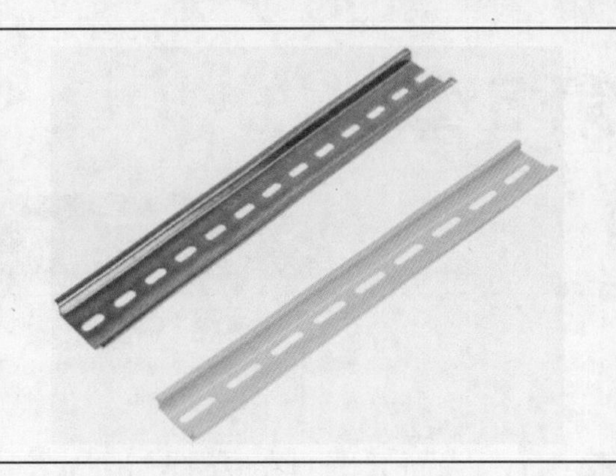
	（2）打磨 导轨（板锉打磨加倒角），再用磨砂器打磨平滑。 打磨技巧：首先用三角形锉刀将导轨切割面的角从上到下用力将毛刺去除，另一端也是同样的方法，再用磨砂块将切割面从上到下打磨至光滑即可，两端的打磨方法应一致。

第 5 章

安装工作

5.1 墙面元器件的安装与固定

1. 元器件安装前的准备工作 在进行墙面元器件安装之前，应将元器件按照图样要求组装在一起，指示灯按照图样颜色顺序进行预置安装。 安装所使用的主要工具：手电钻、十字批头、活口扳手、螺钉旋具（螺丝刀）。	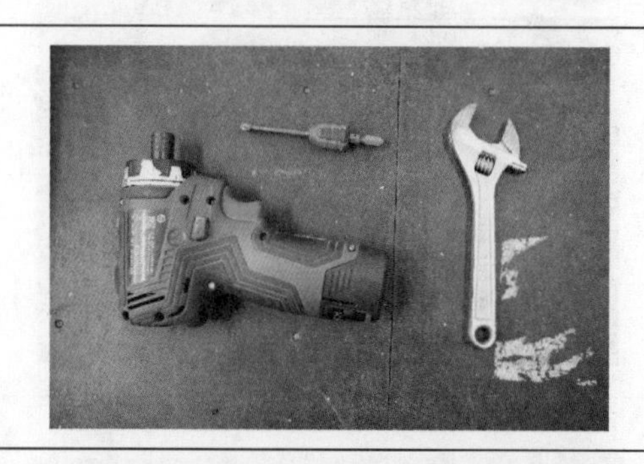
安装前的操作步骤： 将防水胶头拧到行程开关底部。 	将行程开关盖子卸掉（盖子放入盒子）。 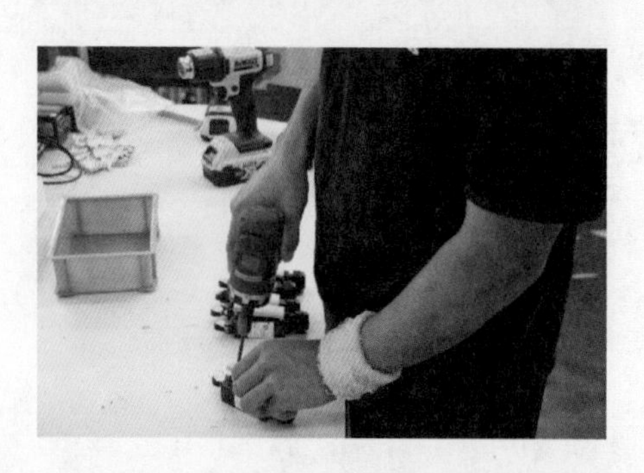
将行程开关底座放入工具车。 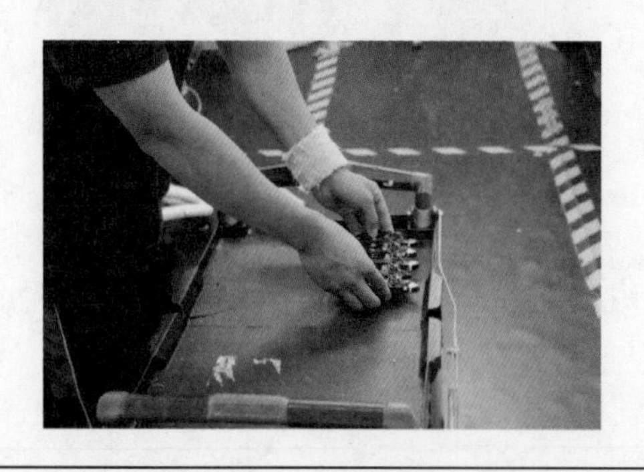	在可调电阻盖安装电阻及电阻帽。 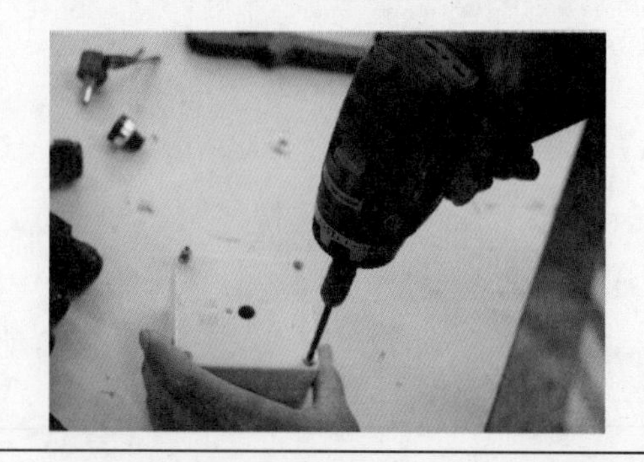

<table>
<tr><td>将可调电阻盖装入盒（卸掉螺钉）。
</td><td>在可调电阻底部放防水胶头并放入工具车。
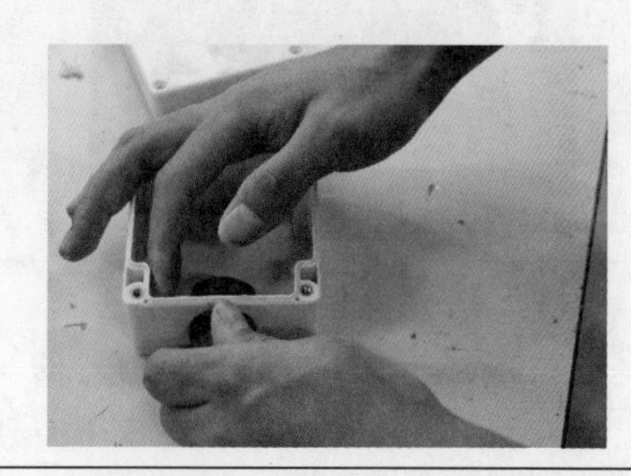</td></tr>
<tr><td>在灯盒底部安装防水胶头、按钮开关和指示灯。
</td><td>将灯盒放入工具车上并做安装前的准备工作。
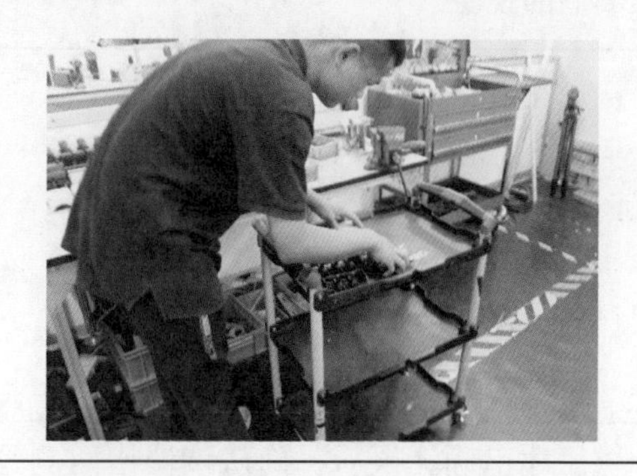</td></tr>
<tr><td></td><td>将灯盒盖安装灯罩和按钮并整体翻面固定，将灯盒盖装入盒子。</td></tr>
<tr><td>2. 检查工作
检查防水头方向、指示灯颜色和行程开关的方向是否正确。
注意事项：
安装前应将安装到墙面的元器件放在工具车上，接线后应将安装的盖子和螺钉放在盒子中备用。勿手忙脚乱，电阻盒和卸下的螺钉收集好并放置专门的地方，用完的扳手和螺钉旋具应放回原位。</td><td>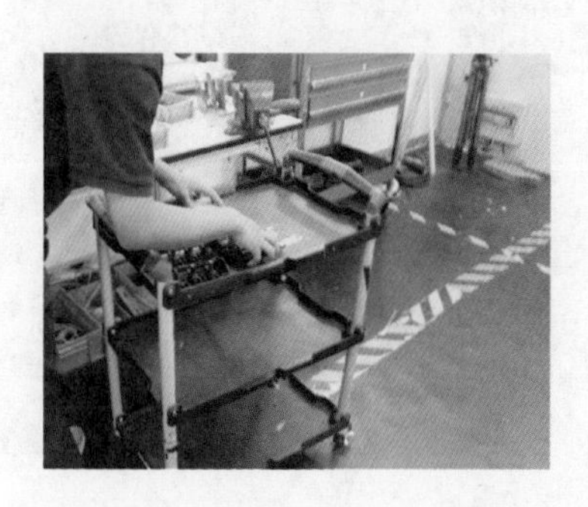</td></tr>
</table>

<table>
<tr><td>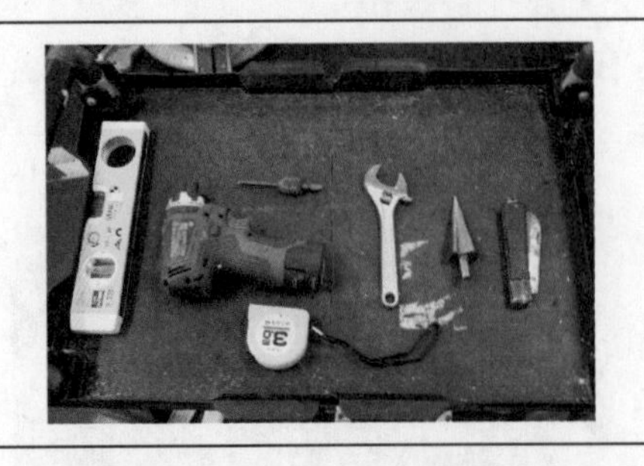</td><td>3. 墙面线槽的安装
安装墙面线槽所使用的主要工具如下：手电钻、水平尺、卷尺、修边刀、十字批头、活口扳手、宝塔钻（4 ～ 12mm）电工刀。</td></tr>
<tr><td>操作步骤：
穿戴好防护装备，在已确定尺寸的一端开始进行安装；用 3.5mm×20mm 的自攻螺钉配 M5×20mm 垫片进行安装，手电钻调节至正确扭矩，避免出现滑丝和安装不牢固的现象。</td><td></td></tr>
<tr><td>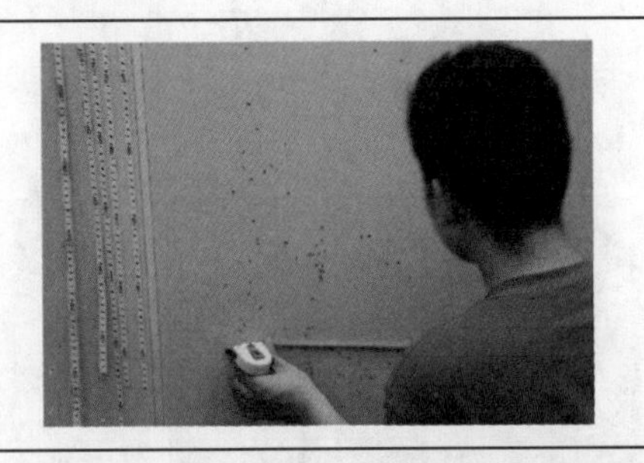</td><td>首先比对尺寸是否正确，如果尺寸不正确，应先测量墙槽长度，与图样一致时，再测量板上的线，确保正确无误。</td></tr>
<tr><td>尺寸正确无误后，确认该墙槽两侧是否有元器件需要安装，有元器件安装的位置应进行开孔，开孔位置应使元器件进线方向水平垂直。用宝塔钻开电缆孔，开孔的直径为电缆外径的 1.2 倍，开完的孔用修边刀去毛刺，直至开孔光滑无毛刺、不扎手。</td><td></td></tr>
<tr><td>
</td><td>安装墙槽时应注意尺寸和水平度，按照尺寸线将线槽固定在墙面上，用一个自攻螺钉安装上墙后，用水平尺确定是否水平垂直后再将其他自攻螺钉安装固定，小于 300mm 的线槽分别在两端顶点位置用双螺钉固定，大于 300mm 的线槽分别在两端顶点和中间位置用双螺钉固定，两短线槽在拼接过程中应注意不要出现缝隙。安装完成后，用卷尺测量尺寸进行确认。</td></tr>
</table>

4. 墙面管类元器件的安装 安装墙面管类元器件所使用的主要工具：水平尺、手电钻、橡胶安装锤、尖嘴钳、卷尺和十字批头。	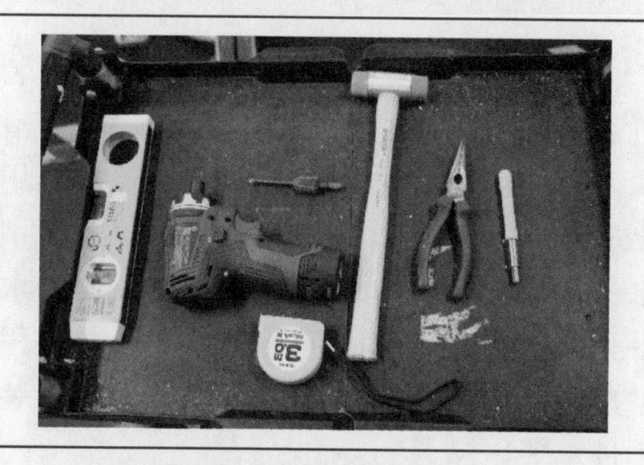
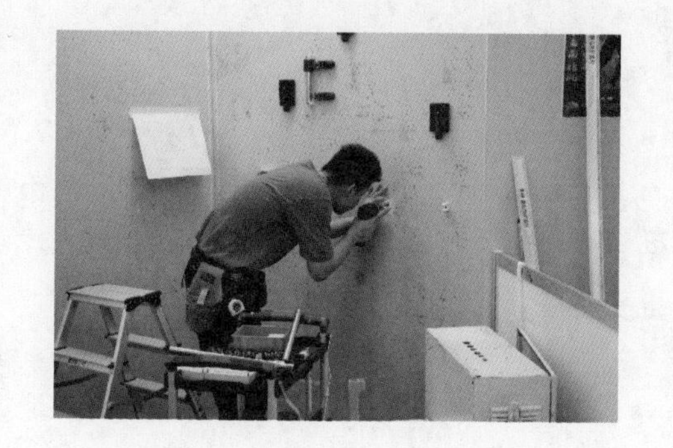	金属管或塑料管的安装： 操作步骤：穿戴好防护装备，在确定尺寸的一端开始进行安装；用 3.5mm×20mm 的自攻螺钉进行安装，手电钻调节到正确扭矩，避免出现滑牙和安装不牢固的现象。在安装好第一个管夹后，用管件和水平尺确定另一端管夹的位置并进行安装。管夹安装完成后，用卷尺和水平尺测量是否水平和垂直，如有微弱偏差可用橡胶安装锤进行微调。将管件安装到管夹上，金属管应安装滑块，金属管的两端应与管夹平齐。
5. 接地端子和码盘电机的安装 操作步骤：接地端子和码盘电机用 3.5mm×20mm 的自攻螺钉固定，有尺寸的应对照尺寸进行预固定，然后将水平尺控制为水平状态再进行完全固定。	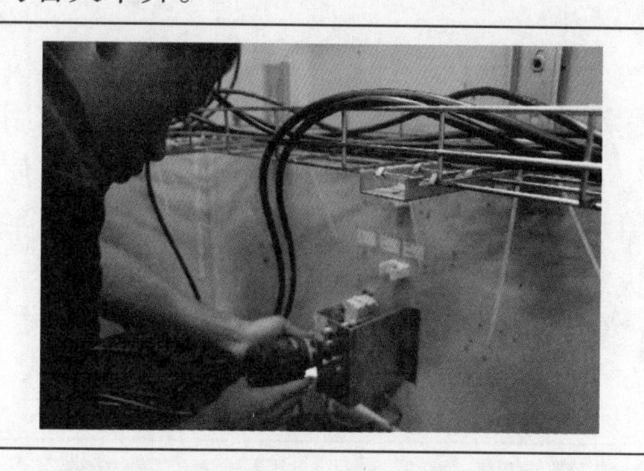
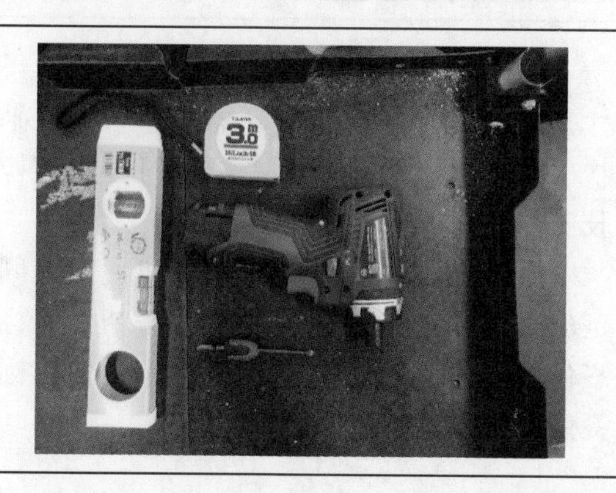	6. 行程开关的安装 安装行程开关所使用的主要工具：手电钻、水平尺、十字批头。

操作步骤：首先将滑块滑至要安装行程开关的位置上，将行程开关顶住滑块，保证滑块能触发到限位开关，用3.5mm×45mm的自攻螺钉固定。再使用水平尺紧靠器件边缘，确保所安装器件水平达标，对角安装固定螺钉；在安装过程中应用水平尺时时地进行效验，确保安装元件水平达标。	
	7. 按钮盒的安装 安装按钮盒所使用的主要工具：手电钻、橡胶安装锤、水平尺、卷尺、十字批头。
操作步骤：首先根据十字顶点进行位置定位，确定器件的第一个螺钉位置，用3.5mm×20mm自攻螺钉进行安装，再使用水平尺靠紧器件一边，保持器件为水平状态，然后对角安装第二个螺钉。最后，将另外两颗螺钉安装固定。	
	安装完成后，用卷尺和水平尺测量尺寸是否正确，再次效验元器件是否为水平状态，如果有细微地偏差，此时可以用橡胶安装锤进行微调。 温馨提示：此时应注意按钮盒安装固定的方向，原则是竖向安装的按钮盒，标签位置应在左边；横向安装的按钮盒，标签位置应在上边。

<table>
<tr><td>8. 网格桥架的安装
安装网格桥架所使用的主要工具：手电钻、橡胶安装锤、水平尺、卷尺、直角尺、尖嘴钳、十字批头、M10 套筒。</td><td>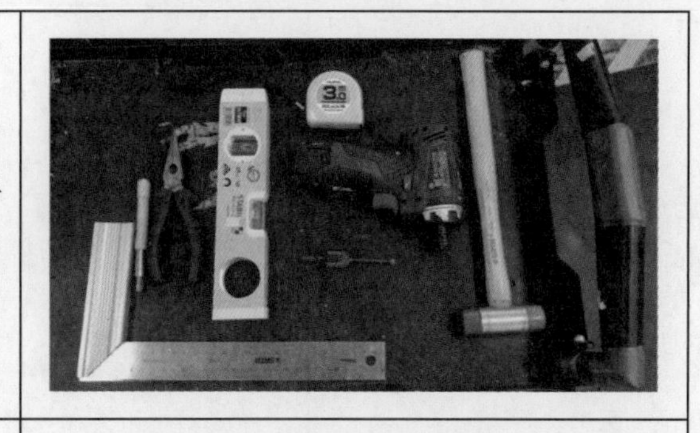</td></tr>
<tr><td></td><td>操作步骤：首先安装墙面支架。方法一：先用支架固定墙板，再安装网格桥架；方法二：将支架和网格桥架在地板上先安装好，再上墙固定，两种方法均可，选手可根据自己的习惯选择；此时安装墙面支架用 3.5mm×20mm 的自攻螺钉配 M5×20mm 垫片进行安装。墙面支架的安装位置应与图样绘制的位置一致，按照画线的高度和托架在第几个格的位置，不可出错，同时查看安装是否居中。可以先测量左墙网格桥架右侧端到右墙的距离，再按照每格加 100mm 进行安装。</td></tr>
<tr><td>水平网格桥架的组装：
首先，在手电钻安装 M10 套筒，调整合适的扭矩，将网格桥架正确与弯头进行对接，用连接螺钉进行固定，安装时螺杆方向朝外，保持接口处基本平齐，再进行固定。</td><td></td></tr>
<tr><td>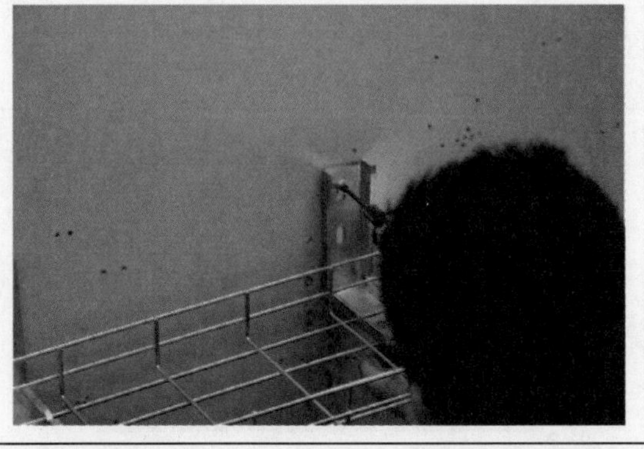</td><td>安装网格桥架上墙：
先将组合好的网格桥架放入托架，用尖嘴钳将卡扣锁紧。再用水平尺进行水平确认，如果水平存在偏差可用橡胶锤调节水平垂直，再用直角尺配合卷尺检测尺寸是否正确。</td></tr>
</table>

9. 电气威图柜的安装 安装电气威图柜所使用的主要工具：手电钻、水平尺、卷尺、十字批头。	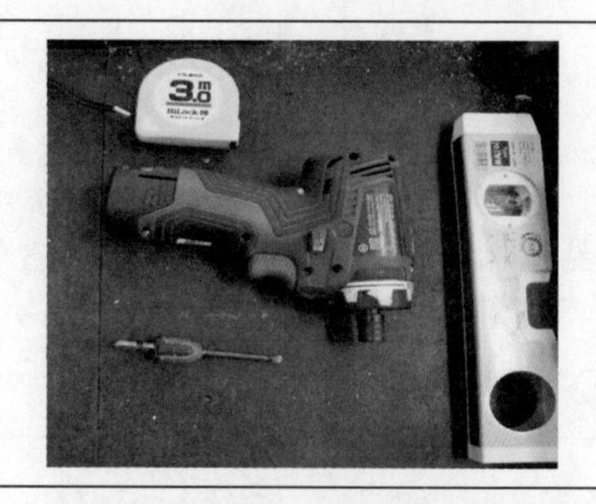
	首先，在墙板上的威图柜安装辅助线位置固定两颗3.5mm×20mm的自攻螺钉，留长5mm将威图柜挂墙，再用水平尺调整水平，用3.5mm×20mm的自攻螺钉配M5×20mm垫片进行安装固定。 根据图样逐个安装电缆防水接头，并用活口扳手进行固定。
10. 电气威图柜前面板元器件的安装 安装电气威图柜前面板元器件所使用的主要工具：手电钻、卷尺、十字批头、活口扳手。	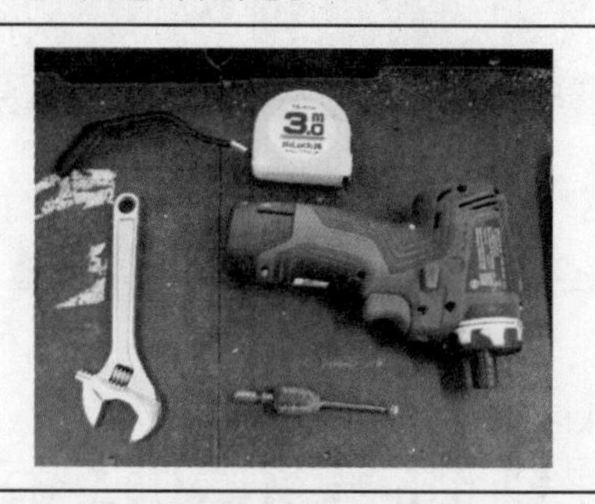
	首先，将触摸屏装入已开好方孔的柜门上，用卷尺测量验证尺寸是否正确，并用固定螺钉将触摸屏固定在门板上，再用手电钻调节合适的扭矩并将螺钉固定；其次按图样要求安装按钮和指示灯，将灯和按钮插入圆孔，在柜门后部用固定件进行固定，但无需固定死。用卷尺测量验证尺寸是否正确后再进行灯和按钮的锁死。
首先，对照图样检测按钮和指示灯安装是否正确，其次安装按钮和灯接线座，将灯和按钮安装在固定件中间位置，将旋钮安装在固定件左、右位置。测试按钮和旋钮在按下或旋转时能否触发触点。	

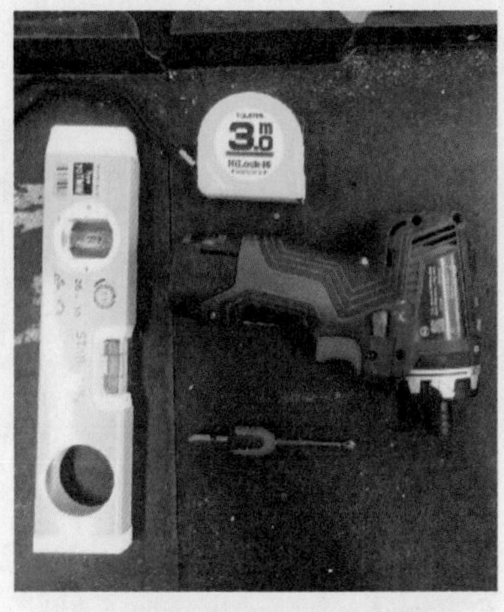

11. 墙面电机的安装方法

安装墙面电机所使用的主要工具：手电钻、水平尺、卷尺、十字批头、液压升降台。

电机上墙的步骤：首先根据图样调节可调升降平台至合适高度，将电机放置上面，用 3.5mm×45mm 自攻螺钉配 M5×20mm 垫片进行电机的安装固定工作，同时将水平尺放置在电机上，边固定边调节水平垂直，确保电机安装的水平面正确，用卷尺检测电机安装尺寸是否正确。

12. 工位的清洁

清洁工位所使用的主要工具：吸尘器、鼓风机、抹布、扫帚、垃圾桶。

1）先用吸尘器、鼓风机对柜内和墙面上安装的元器件、墙面线槽、网格桥架进行清洁，再用抹布对柜内、柜门、墙面线槽进行擦拭。

2）在清洁地面工作时，先用鼓风机将自己身上的碎屑吹掉，再用扫帚大致将地面杂物扫到一起并装入垃圾桶，再用吸尘器将地面彻底清洁。

	3）将工具进行清洁，整理归位。

5.2 威图柜内元器件的安装与固定

1. 安装大威图柜板的线槽和导轨步骤 1）安装大威图柜板的线槽和导轨所使用的主要工具：手电钻、批头（根据燕尾螺钉决定）、钢板尺、直角尺、自制托架。	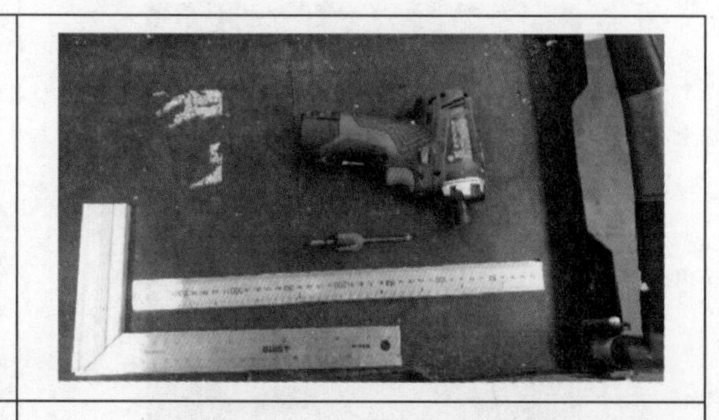
	2）安装前的准备工作：首先将手电钻安装好 M4mm×16mm 燕尾螺钉的十字批头，调节好扭矩大小，（温馨提示：扭矩过小燕尾螺钉会卡在一边无法安装，扭矩过大会将燕尾螺钉扭断）。在打燕尾螺钉时，燕尾螺钉部分穿过安装板后适当地减小手电钻转速，能有效地避免燕尾螺钉扭断和安装的线槽变形。
3）安装步骤：将安装板放置托架上，保证安装稳定不滑动。用钢板尺找好 S7 导轨横尺位置，距上端 35mm 固定好。 最上方的横槽距 S7 导轨约 50mm 居中进行固定，每段槽上至少需要两个固定点，线槽长度较长的应适当增加固定点。	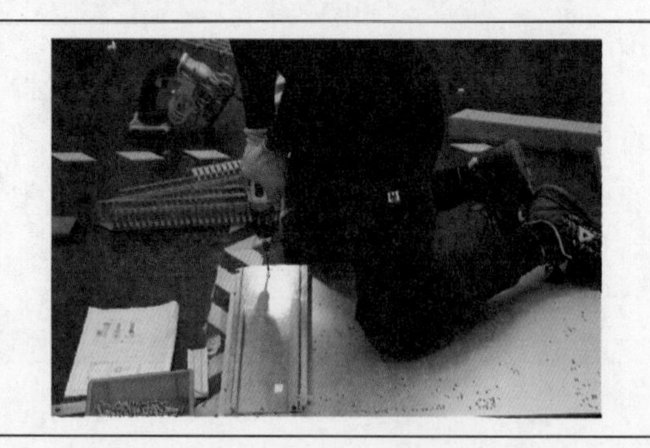

<table>
<tr><td></td><td>用直角尺卡好行线槽再固定竖直的两根行线槽，用钢板尺测量好行线槽内部横槽的位置再进行安装固定。用同样的方法确定位置后，按照图样所绘制的元器件依次进行固定；
根据器件的高度或摆放情况估算导轨的安装位置，并对导轨进行固定。安装过程同行线槽相同，每段导轨应至少有两个固定点，导轨长度较长时应适当地增加固定点。</td></tr>
<tr><td>首先，将变频器放置在安装位置，用记号笔标记出变频器安装燕尾螺钉孔的位置并取走变频器，在标记孔位处打入燕尾螺钉并留有合适的长度将变频器固定。</td><td></td></tr>
<tr><td>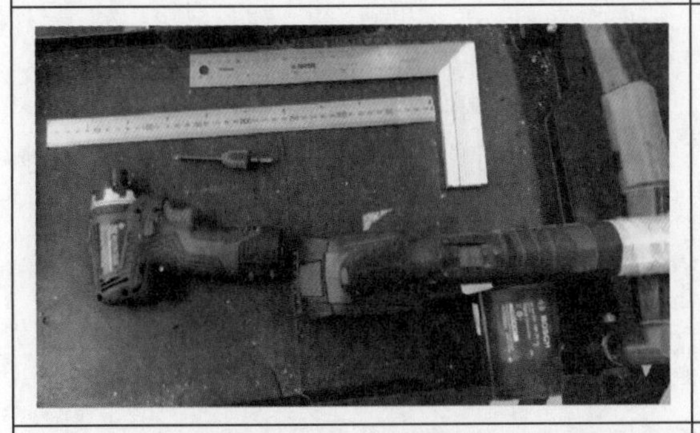</td><td>安装小威图柜的板线槽和导轨的步骤：
安装小威图柜的板线槽和导轨所使用的主要工具：手电钻、批头（根据燕尾螺钉决定）、钢板尺、直角尺、自制托架、鼓风机。</td></tr>
<tr><td>将行线槽放置在小威图柜安装板上，根据图样正确摆放各元器件线槽位置，同时确认行线槽到安装板上下左右的距离，用燕尾螺钉对上下其中一根行线槽进行固定；
在安装行线槽时，先用直角尺卡好，再进行固定左右的两根行线槽，用钢板尺测量好行线槽内部横槽的位置再进行安装固定。最后将剩余的一段行线槽拼接并固定正确。</td><td></td></tr>
</table>

<table>
<tr><td></td><td>根据器件的高度或摆放情况估算导轨所需的安装位置，并对导轨进行固定。
使用鼓风机清理大小安装板上的铁屑和塑料屑，防止铁屑进入元器件造成短路等故障。
将所有线槽盖盖好，并检测拼缝是否合格。</td></tr>
<tr><td>2. 大威图柜元器件的安装
安装大威图柜元器件所使用的主要工具：一字螺钉旋具（螺丝刀）。
根据图样依次挂器件：将变频器挂入燕尾螺钉并紧固。将电源、PLC 装在 S7 导轨上，用一字螺钉旋具固定螺钉。</td><td></td></tr>
<tr><td>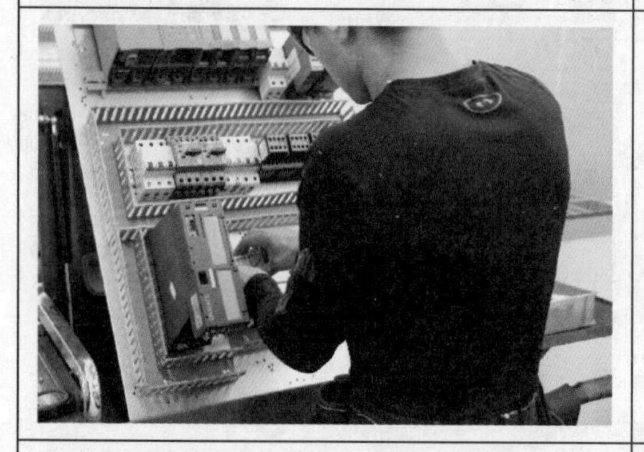</td><td>将安全继电器、交换机固定，安装空气开关、固定端子排、接触器时向上仰起一定角度，卡口上部挂入导轨，再向下将卡口完全卡入导轨。根据图样将跳线器插入端子排。</td></tr>
<tr><td>3. 小威图柜元器件的安装
根据图样依次挂器件：
1）将 ET200、接触器、端子排依次安装固定，注意 ET200 要一条一条地卡入导轨，在导轨中进行拼接；向上仰起一定角度，卡口上部挂入导轨，再向下将卡口完全卡入导轨。
2）根据图样将跳线器插入端子排。</td><td></td></tr>
</table>

<table>
<tr>
<td>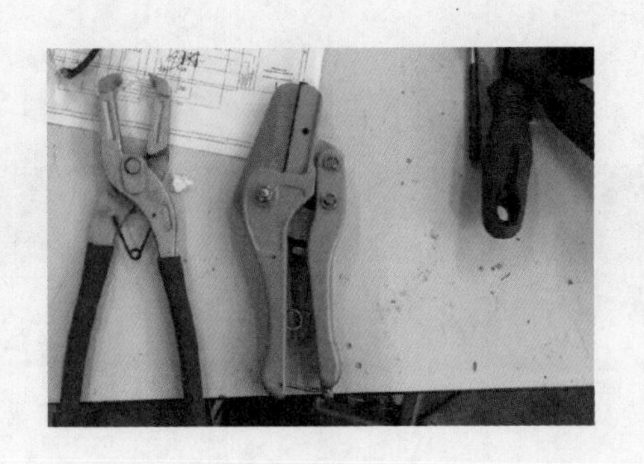</td>
<td>4. 大小柜配线盘接线前的处理
大小柜配线盘接线前应准备的工具：线槽剪、拔齿钳。
操作步骤：
1）在 T 字形交叉的位置，应剪掉塑料行线槽多余的齿，沿 T 字形交叉的位置用线槽剪刀剪开线槽，用拔齿钳钳口紧贴线槽底部进行切断，保证线槽底部平齐没有尖锐突起。</td>
</tr>
<tr>
<td>2）将大柜配线盘放到接线工具车上。
3）将小柜配线盘暂时放在一边，将大柜配线盘接线完成后再进行小柜配线盘的接线。</td>
<td>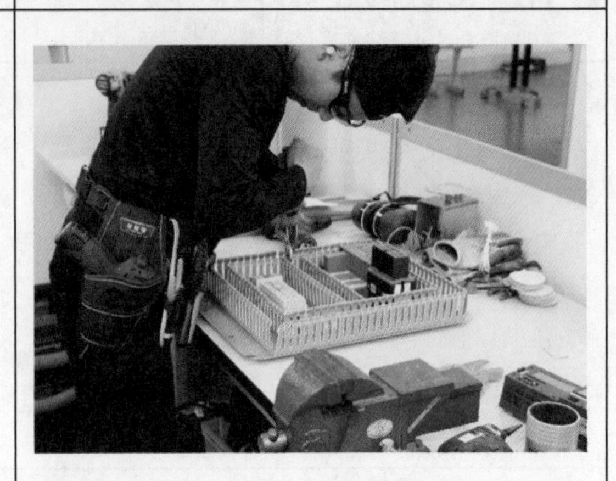</td>
</tr>
</table>

第 6 章 配线工作

6.1 导线的连接

1. 大柜安装板的配线 大柜安装板的配线所使用的主要工具：手电钻、十字批头、起子机、一字披头、针形压线钳、O 形压线钳、剥线钳、电缆剪、水口钳、小一字螺钉旋具（螺丝刀）、活动扳手、西门子网线配线工具和工具包。	
	2. 操作步骤 （1）主电路的配线 穿戴工具包，养成每个工具都有固定位置的好习惯。根据图样进行主电路配线；从电源进线方向开始进行接线，接线时应注意每根导线接到哪个器件的哪个接线端了，以确保正确。
用 2.5mm^2 的线测量 X1 端子上端到急停开关 Q1 下端的距离，并留线无迂回打圈、拉扯，留长合理有余量。用这个长度的导线再量出两根线一起用电缆剪剪断，将 3 根线的两端即 6 根线头拿在手上，另一只手用剥线钳进行剥线。	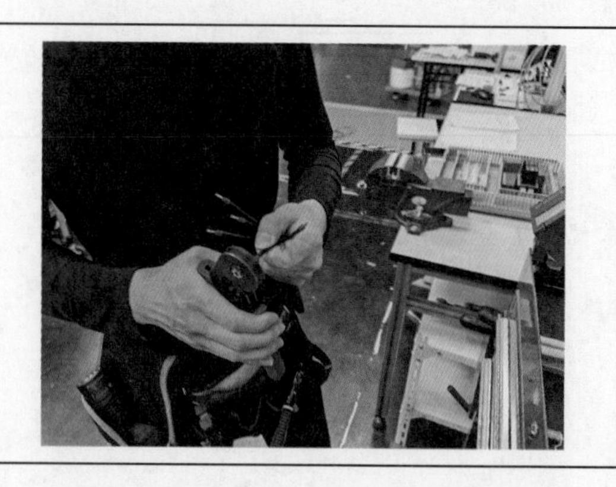

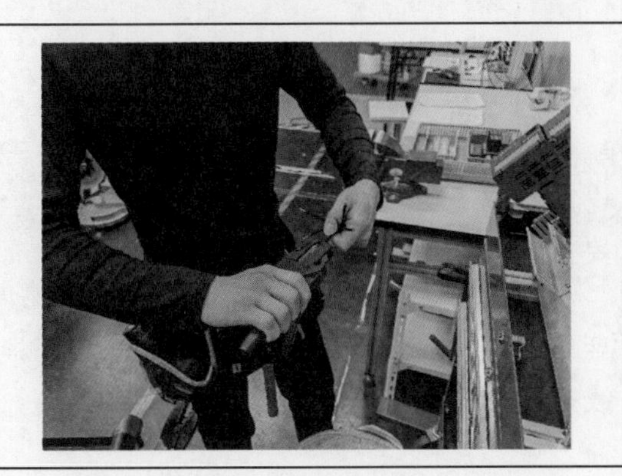	剥出铜丝的长度应根据线鼻子的长度对剥线钳进行调整，铜丝完全插入线鼻子，刚好与线鼻子顶端平齐，不超出 1mm 为最佳，线鼻子后端不能露出铜丝，导线插入线鼻子后用针形压线钳进行压接牢固，超出的铜丝用水口钳修剪平齐。
用螺钉旋具（螺丝刀）顶住直插式端子助拔按钮，将导线加入接线孔后松开。另一端暂时悬空，待安装板进威图柜后，安装急停开关 Q1 时再进行连接。	
	按照测量长度并剪出急停开关 Q1 到 3 联断路器 F1 下端的导线剥离绝缘皮压接端子，将导线插入断路器接线口（图样中断路器 F1 接线口 2、4、6 为进线），线鼻子的插入深度不宜过深或过浅，因过深在拧紧的过程中会压到线鼻子的塑料部分，导致接触不良；过浅会使线鼻子插入拧紧后不牢固。用手电钻拧紧断路器的螺丝，手电钻的扭矩应控制好，扭矩过小会使线头松动，过大则会使螺丝拧花或滑丝。
截面积为 $1.5mm^2$ 的导线，按照测量的长度并剪出断路器 F1 到接触器 Q6 的导线，剥离绝缘皮压接端子，将导线正确地插入断路器接线口，若接线口是单根的应将导线压接在螺丝拧紧方向的一端，若接线口是两根的应将导线压接在螺钉的两端。	

<table>
<tr><td></td><td>接触器Q6接线端1上应向断路器F2再接一根导线，根据图样Q6接线端1上要接的两根导线，断路器F2接线端1只有一根。从端子排X1的4端子上接一根线到断路器F2接线端N。断路器F2出两根线接到24V开关电源A1的交流输入上。</td></tr>
<tr><td>按照从一个电机保护器到另一个电机的顺序进行接线，思路更加清晰，接到端子排上端这一路在柜内的电路就完成了。在接变频器时应注意电源进出的方向，变频器接线应用小一字螺钉旋具拧紧接线端子。线槽距离元器件较远的多股导线用扎带绑扎，用水口钳贴紧扎带卡扣进线修剪，扎带与卡扣处平齐。</td><td>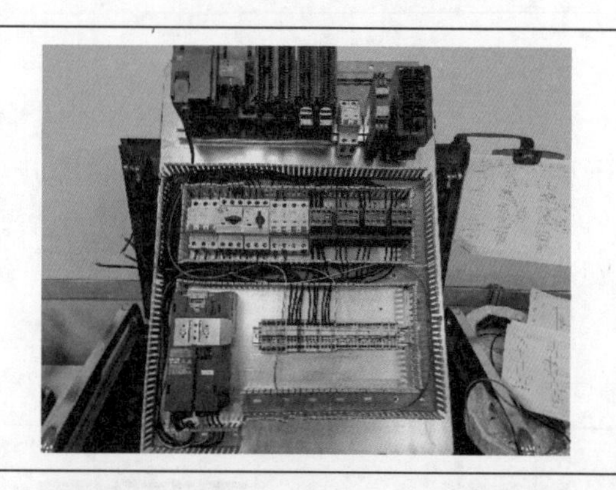</td></tr>
<tr><td>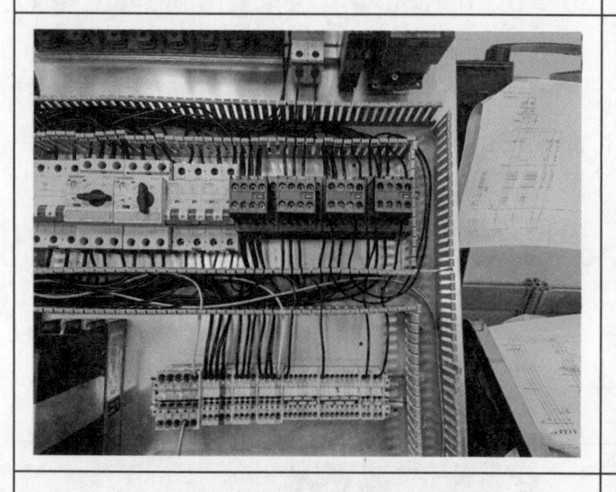</td><td>（2）控制电路配线
从24V开关电源到A1出线的所有控制回路的线径为0.75mm。从24V电源接出后分为两路，一路经过断路器F3后直接接到端子排，另一路经过断路器F4再经过安全继电器控制的接触器Q6、Q7后接到端子排上，这路电源会在安全继电器启动后供电。接好端子排的每一路供电，电缆和接到柜门的导线暂时不接。</td></tr>
<tr><td>安全继电器为直插式的，可以将压好线的端子直接插入，注意不要漏线。PLC上的线用起子机配一字披头接线，起子机要控制好扭矩。</td><td></td></tr>
</table>

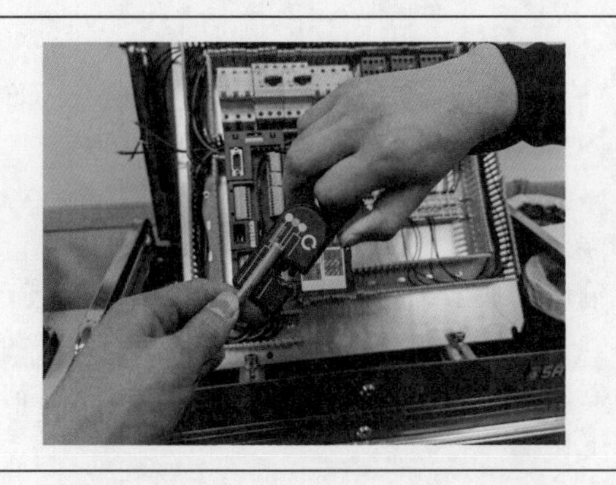	（3）网线的制作、接线 确定好网线的长度后，使用西门子网线配线工具对西门子网线进行剥线，制作过程：首先调整好切割的深度，将电缆靠在配线工具侧面的测量模板上，测量电缆长度，用左手食指作为限位，将电缆的测量端插入剥离工具，完全拧紧剥离工具沿工具上箭头所指示方向转动工具4～8圈后，向外拉出铠甲层。
切割深度过深会破坏绝缘性，过浅则不易剥离铠甲层。剥离铠甲层后去除填充物，按照芯线的颜色，对应并完全地插入网线头，电缆露出的屏蔽层部分刚好卡在网线头尾部固定装置区域，固定锁紧网线。将网线插入交换机进行PLC和变频器触摸屏等设备的互联、互通工作。	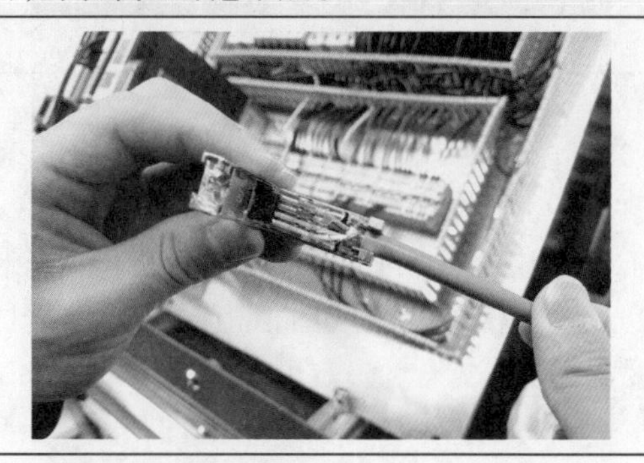
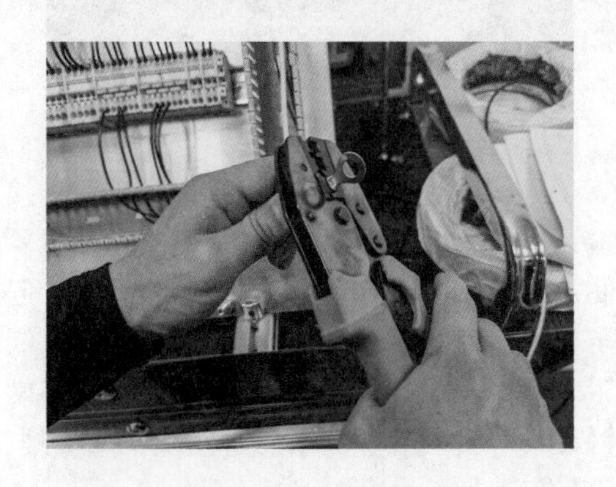	（4）接地线的制作、接线 螺柱接地的导线应压接O形端子，先截出适当长度的黄绿色导线，剥去绝缘皮露出铜线的长度应适合O形端子线耳长度，铜线应露出1mm。用O形压线钳压接端子，确保紧固。再用活动扳手将O形端子固定到接地螺柱，确保固定好的端子不松动。按照图样将安装板、威图柜侧壁、威图柜柜门的接地线制作好、S7导轨、开关电源A1、变频器T1的接地线逐一制作并连接好。
小柜安装板配线 小柜安装板配线所使用的主要工具：手电钻、十字批头、起子机、一字披头、针形压线钳、O形压线钳、剥线钳、电缆剪、水口钳、小一字螺钉旋具、活口扳手、工具包。 操作步骤： 1）ET200SP分布式IO电源线的接线：从小威图柜端子排X3开始，按照图样分别将DC24V电源接到ET200SP分布式IO的每一个子模块上。	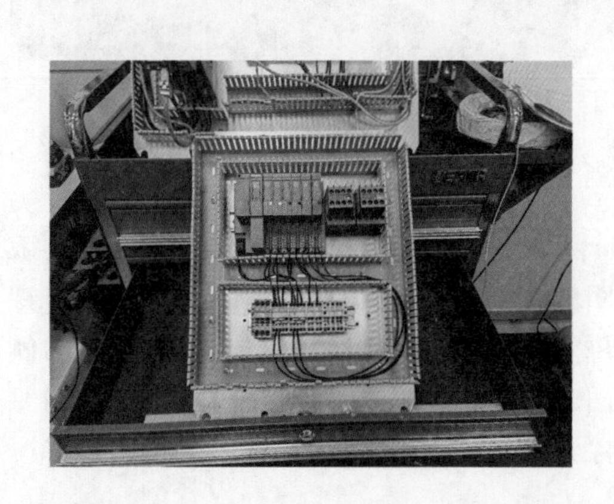

	2）码盘电机MA3线的接线：将DC24V电源接到接触器Q8和Q9常开主触头上，经过接触器Q8和Q9后接到X3端子排上。ET200SP分布式IO的数字量输出模块K9的通道Bit3和Bit4分别经互锁后接到接触器Q8和Q9的A1上，接触器Q8和Q9的A2再并接回模块K9的M电位端。
3）接地线的接线：按照图样将安装板、威图柜侧壁、威图柜柜门的接地端的接地线制作好。	
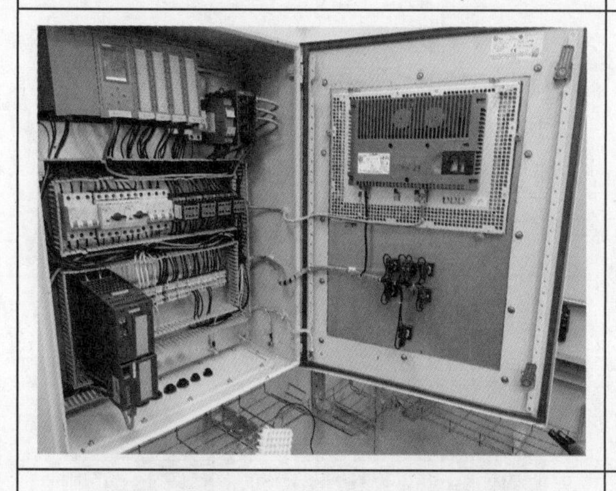	4）大小柜安装板进柜及大柜柜门的接线：大小柜安装板进柜及大柜柜门接线所使用的主要工具：手电钻、十字批头、起子机、一字披头、针形压线钳、O形压线钳、剥线钳、电缆剪、水口钳、小一字螺钉旋具、活动扳手、西门子网线配线工具、工具包、加长套筒。
操作步骤： 1）大小柜安装板的安装和急停开关Q1的安装接线：将大小柜的安装板装入威图柜中，用手电钻配加长套筒安装固定螺母。将急停开关Q1安装在大威图柜的侧面，直插式端子接出2.5mm^{2}导线接到急停开关Q1的2、4、6进线端。	

<table>
<tr><td>5）接地线的裁剪、制作：裁剪出从各个接地点到接地排 X8 长度的地线。
6）接地线网格桥架内的走线：接地线两头都应预留一定长度，用扎带进行绑扎，一直绑扎到接地排 X8，每隔 20cm 处进行绑扎固定，每个分支处应独立绑扎，扎带的间隔应均匀。接地排 X8 在网格桥架内应理顺，不能出现交叉扭转的现象。</td><td>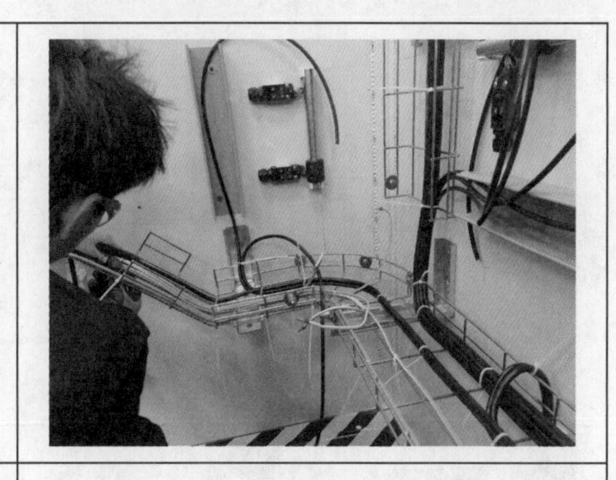</td></tr>
<tr><td></td><td>2. 电缆、网线、接地线的接线
电缆、网线、接地线接线所使用的主要工具：手电钻、十字批头、起子机、一字披头、针形压线钳、O 形压线钳、剥线钳、电缆剪、水口钳、小一字螺钉旋具、西门子网线配线工具、工具包。</td></tr>
<tr><td>操作步骤：
1）大威图柜电缆、网线、接地线长度的修剪：在剪切穿入大威图柜的电缆、网线、接地线之前，应测量好到端子排和元器件的距离，用电缆剪修剪合适的长度并留有余量。
2）大柜电缆、网线、接地线的接线：将电缆芯线和接地线接到端子排上，网线做好网线头，插在交换机上。</td><td></td></tr>
<tr><td>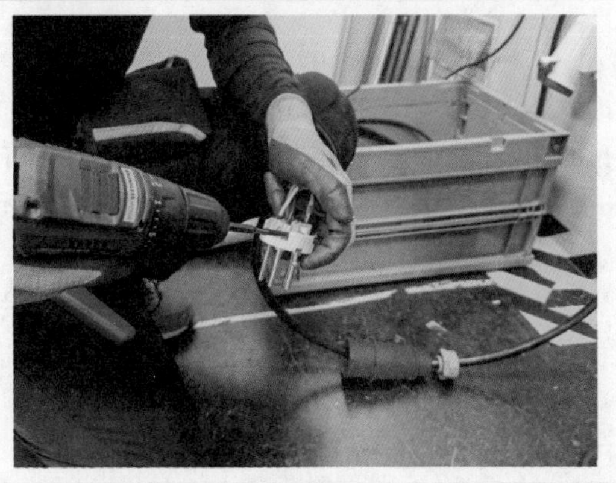</td><td>3）电源（X0）CEE 插头接线
将 CEE 插头穿入电缆，剥离电缆铠甲层一定的长度，露出导线部分，进行剥线压接线耳并拧紧锁紧装置，将电缆固定好，锁紧装置锁紧的部分应该为铠甲层而不是剥离出导线部分。</td></tr>
</table>

4）墙面电缆长度的修剪：按距离元器件最远接线点再加 5cm 的长度，对电缆进行修剪。	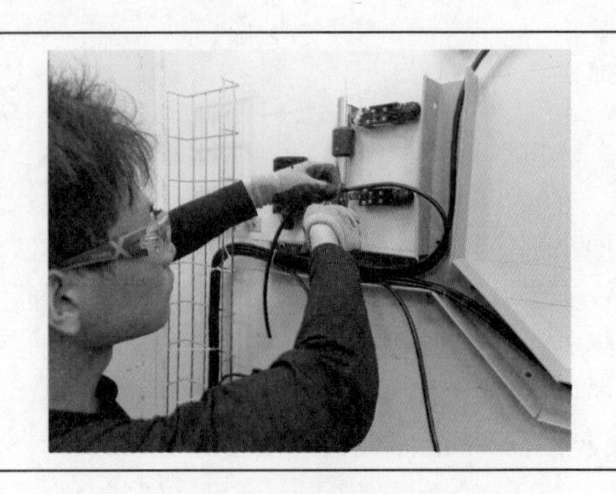
	5）剥除墙面电缆铠甲层并清理填充物：根据电缆铠甲层进入元器件防水头平面 1 ～ 2mm 的要求，确定剥除位置，剥离电缆铠甲层，将电缆填充物齐根剪断，露出导线。
6）电缆穿进防水头并接线：电缆穿进防水头并留好长度锁紧，导线按照到接线点的长度进行修剪并接线。电位器的接线：提前将导线套入热缩管，用电烙铁焊接电位器，用热风枪对热缩管进行热缩处理，要求电位器的焊点光滑、无毛刺，热缩管保护严密，不露金属部分。	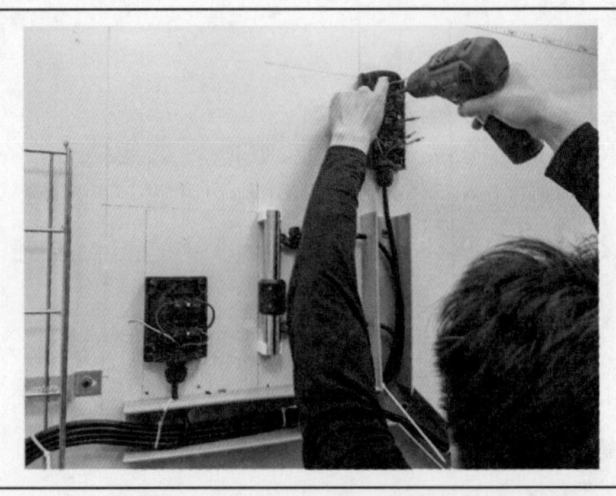
	7）小柜电缆、网线、接地线长度的修剪：在剪切穿入小威图柜的电缆、网线、接地线之前，应测量好到端子排和元器件的距离，用电缆剪修剪合适的长度并留有余量。 8）小柜电缆、网线、接地线的接线：将电缆芯线和接地线接到 ET200 和端子排上，网线应做好网线头，插在 ET200 网口上。

9）接地线的修剪和接线：在网格桥架上应正确地安装接地螺丝，接地线应留有一定的弧度并接到接地螺丝上。接地汇流排接线时，应整理美观。	
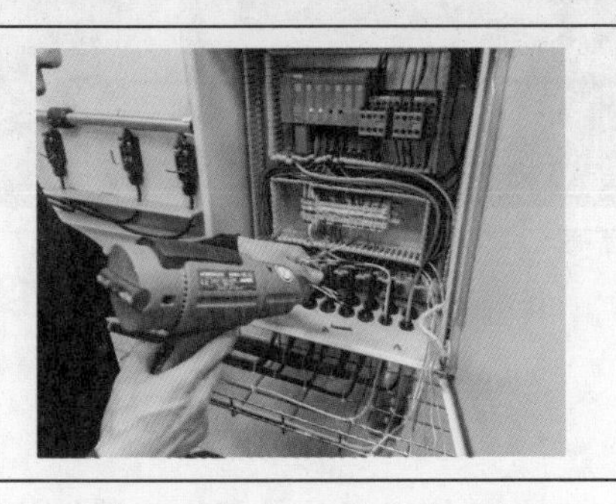	10）备用线绝缘处理：用热缩管或绝缘胶带对备用线进行绝缘处理。将热缩管套在导线末端，用热风枪进行热缩固定或绝缘胶带包裹导线末端，保证导线末端的绝缘性。

6.3　绑扎与标记

整体工艺的整理： 整体工艺的整理所使用的主要工具：水口钳、鼓风机、吸尘器、手电钻、十字批头、抹布、扫帚和垃圾桶。 （1）操作步骤 1）修剪扎带：用水口钳紧贴扎带卡扣进行修剪，修剪面应光滑，不突出，不扎手。	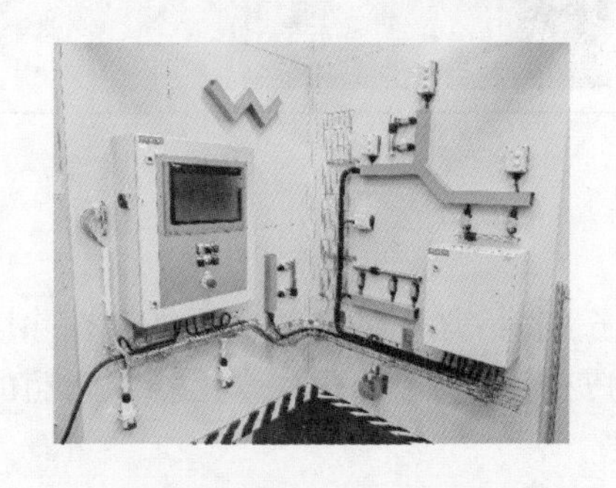
2）清理垃圾：清理墙面、柜内、墙槽中在工作中产生的大块垃圾并丢入垃圾桶。 	3）清理墙面器件、线槽、网格桥架卫生：用鼓风机对墙面的器件、线槽、网格桥架逐一地进行清理。 

<table>
<tr><td>4）盖好行程开关的盖子：将行程开关的盖子盖好并用手电钻固定所有的螺钉。</td><td></td></tr>
<tr><td></td><td>5）盖好按钮盒的盖子：将按钮盒的盖子盖好并用手电钻固定所有的螺钉。</td></tr>
<tr><td>6）擦除墙面的画线：用抹布擦除墙面上的安装线。可以不擦被元器件遮挡的安装线。</td><td></td></tr>
<tr><td>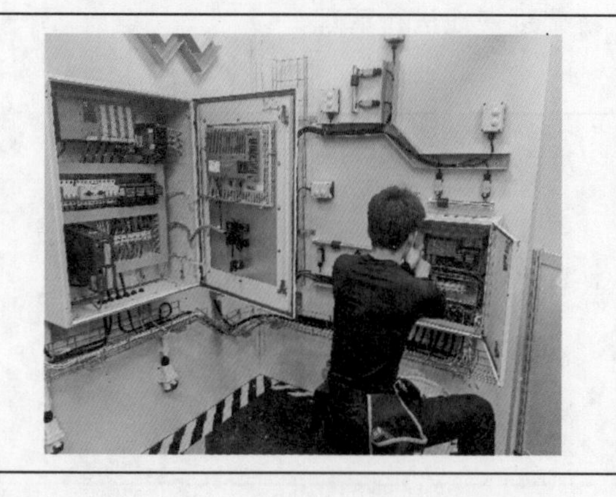</td><td>7）大小威图柜齿槽扣盖：用抹布擦除齿槽盖上的灰尘，将槽齿盖盖好，所有齿槽应全部扣在槽盖内。</td></tr>
</table>

8）捋直墙面电缆：墙面电缆到元器件存在水平、垂直的弯曲，应用手将电缆捋直。	
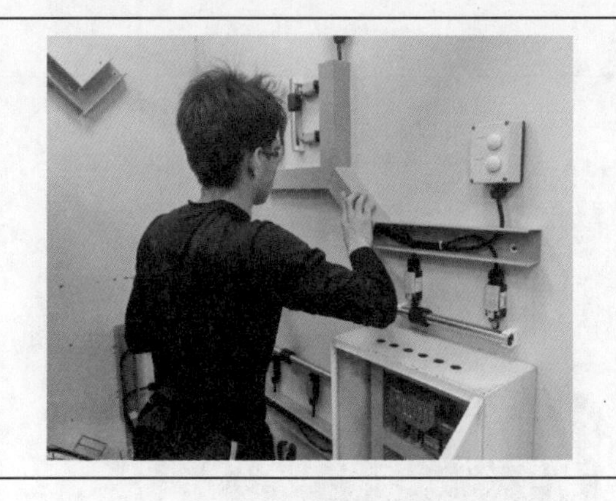	9）墙槽拼缝的处理：将墙槽槽盖盖好，对出现的大于一张信用厚度的拼缝应进行调整，通过调整使墙槽拼接更严密。
10）大小柜擦线及卫生的处理：用吸尘器、鼓风机对柜内柜门进行清洁，再用抹布对柜门进行擦拭。	
	11）整理柜内的 RV 线：将交叉的 RV 线理顺，RV 线进入行线槽的弧度应适合，不易过紧或过松。

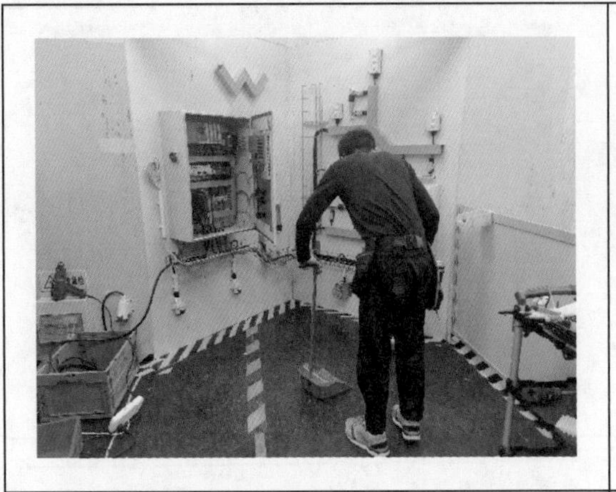	12）工位卫生的清理：清洁自己身上的碎屑，用扫帚大致将地面杂物清扫并装入垃圾桶，再用吸尘器将地面进行彻底清洁，确保工位内干净整洁；将工具进行清洁并整理归位。
（2）贴标签 贴标签所使用的主要工具：记号笔、水口钳。 1）纸质标签：纸质标签用于墙面、柜内、柜门上，墙面上的元器件的标签应有位号和功能描述，例如“S16”,16是位号，“Switch”是功能，在书写时位号在上、功能在下。柜内和柜门内的标签写位号即可，柜门外的标签应写功能描述。用记号笔在纸质标签上书写，字迹应清晰、整齐、信息完整。贴标签时，标签应该贴于元器件的左方或上方，标签应整齐，方向一致。水平排列的标签高度应一致。	
	2）带标签牌的扎带：带标签牌的扎带的电缆、地线、网线，进出威图柜的电缆，进入元器件的电缆都应有标签，标签上应书写电缆号，例如“W16”就是电缆号。地线两端都要有标签，标签标明接地点名称和电缆号，例如“controlbox1”是接地点名称。网线两端都应有标签，在进出威图柜时也应再次用标签标记，标签应标明电缆号。用记号笔在带标签牌的扎带上写好，字迹应清晰、整齐，信息完整。扎好标签的扎带，标签方向应一致、整齐，用水口钳修剪扎带。

（3）上电申请的准备工作

上电申请的准备工作和所使用的主工具：万用表、相序表、绝缘手套、护目镜。

1）按照上电测试表格检查上电信息并填写安全测试项目的第一页。

将所有元器件按图样安装固定，电路连接工作完成后才能进行安全测试。目视检查所有接地线是否全部正确并完全接好，检查标签是否贴好，威图柜内导线是否在行线槽内，行线槽槽齿都扣入槽盖。

用万用表欧姆档从 CEE 插头的接地铜柱测量每一个接地点的接地连续性，并按照数值进行填写，测试值应小于 0.5Ω。

2）穿戴绝缘手套、护目镜和长袖上衣。

完成上述工作就可以举手示意裁判进行上电测试。

SAFETY REPORT – COMMISSIONING

Competitor

Name, Province .... / ....

Booth No.: ....

1. VISUAL INSPECTION:

The visual inspection includes:

☐ Controlbox 1 ☐ Control box 2 ☐ Protective earth terminal ☐ Plant installation

2. MEASUREMENT:

2.1 LOW IMPEDANCE TESTING:

Control box 1:			
CEE- plug/PE	---	X1/PE	...................Ω
CEE- plug/PE	---	panel	...................Ω
CEE- plug/PE	---	side wall	...................Ω
CEE- plug/PE	---	door	...................Ω
CEE- plug/PE	---	S7-rack	...................Ω
CEE- plug/PE	---	T1/PE	...................Ω
CEE- plug/PE	---	A4/PE (HMI)	...................Ω
Control box 2:			
CEE- plug/PE	---	panel	...................Ω
CEE- plug/PE	---	side wall	...................Ω
CEE- plug/PE	---	door	...................Ω
Wall installation:			
CEE- plug/PE	---	90°bend for mesh tray	...................Ω
CEE- plug/PE	---	Mesh tray horizontal left	...................Ω
CEE- plug/PE	---	Mesh tray horizontal right	...................Ω
CEE- plug/PE	---	Mesh tray vertical	...................Ω
CEE- plug/PE	---	MOTOR MA1	...................Ω
CEE- plug/PE	---	MOTOR MA2	...................Ω
CEE- plug/PE	---	X8	...................Ω

WSC2021_TP19_AT_01_EN_A4　　Version:2.0 Date:2020

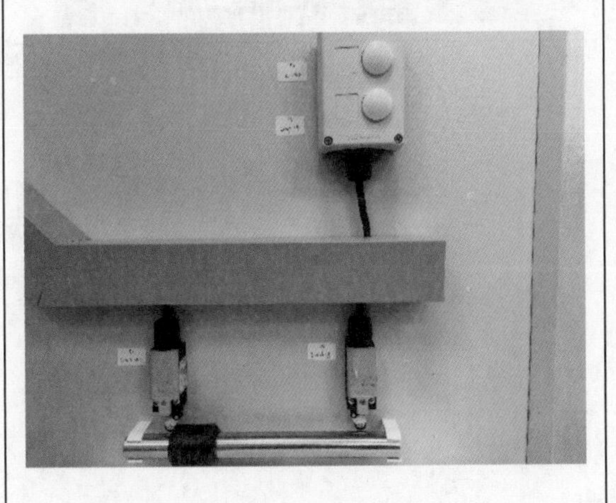

3）标签完整：完成安装墙面配线和设备安全测试前，应完成所有墙面上的元器件、威图柜内元器件和设备的标签工作，应标明该元器件或设备在图样上的编号。

注意：如果有主令器件、指示器件或执行器件，还应在标签上写明相应的功能。

<table>
<tr><td>4）标签书写规范：如果威图柜面板上有主令、指示元器件，应在威图柜柜门外标签上写明该元器件的功能并在威图柜内标明该元器件的编号。
注意：标签粘贴的正确位置是元器件的左方或上方。</td><td>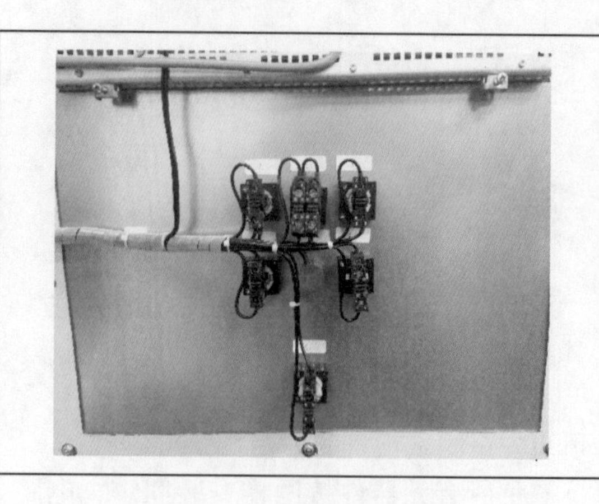</td></tr>
<tr><td>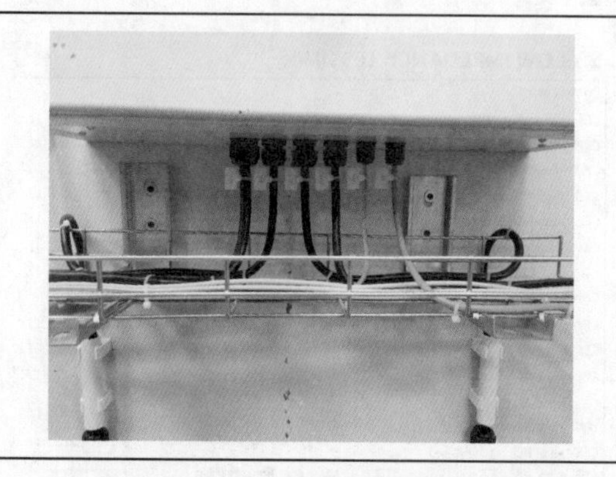</td><td>5）电缆标签规范：
① 接电线和电缆时，必须使用标签标明接地点的名称或电缆序号
② 电缆标签应使用专用的标签扎带进行标记，使用油墨笔直接写在标签上。</td></tr>
<tr><td>③ 标签书写应该标准规范，写上标号和功能的全称，不能简写。
④ 粘贴方向应一致、横平竖直、高度一致、整齐。</td><td>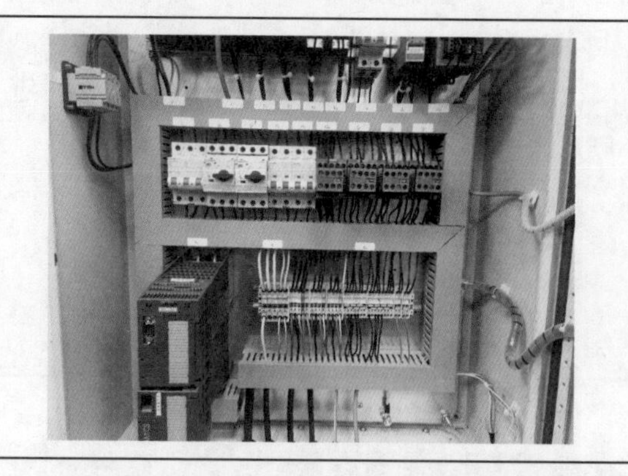</td></tr>
</table>

第 7 章 安全测试

7.1 接地连续性测试

1. 接地连续性测试仪表的使用 接地连续性测试是测试系统中安全接地信号是否良好，是系统安全的重要前提。接地连续性测试可以使用数字万用表的电阻档测试（要求其电阻档分辨率能够达到 0.1Ω）或专用电气测试仪测试。	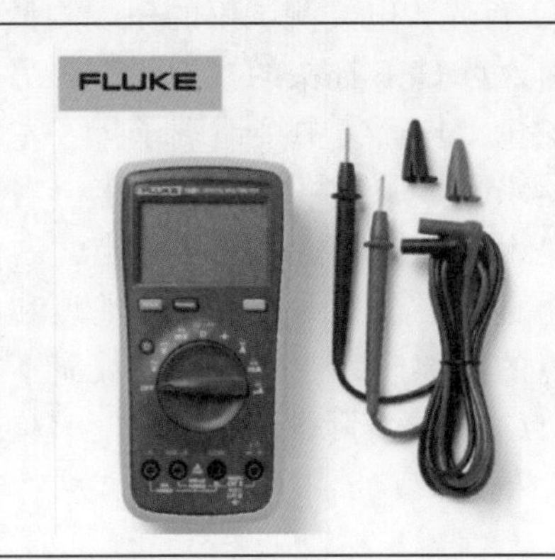
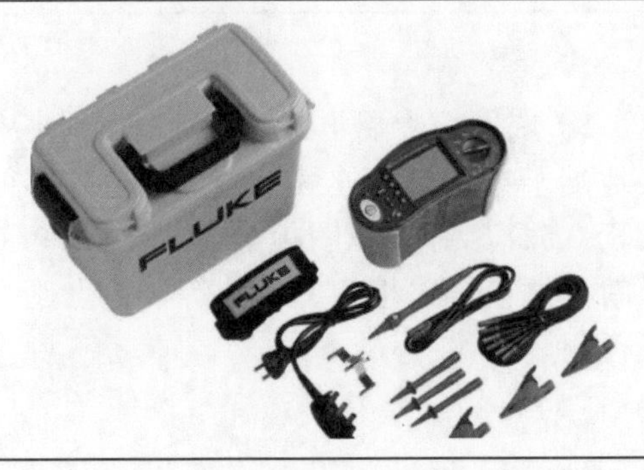	电气测试仪型号为 FLUKE 公司的 1663，功能强大，拥有电压和频率、接线极性检测器，检测 N 线是否断开、绝缘电阻、通断性和电阻，通过通断性测试测量电机绕组、回路电阻和线路电阻，潜在的接地故障电流（PEFC/IK）、RCD 切换时间等功能，能快速、高效地进行测试。
2. 测试仪调零 1）测试前应将测试仪打到通断性和电阻档位并将表针进行短接，测试仪表进行调零处理，短接表笔后长按 F2 键进行调零（如果没有调零功能的仪表，应记录此时的仪表读数，在后续的测量记录中，测得值应减去该读数作为接地连续性测量数值）。	

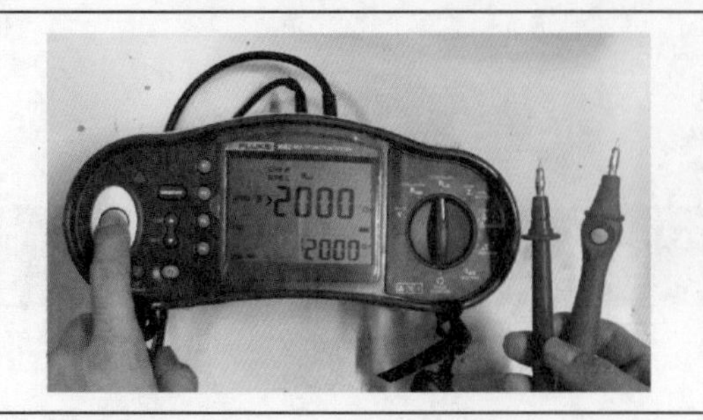	2）完成短接后还需要将仪表测试笔断开，检查测试仪表的读数是否处于无穷大状态，若是方可使用。显示 >2000Ω，指的是当前档位的最大量程。
3. 接地连续性测试： 1）首先，电气测试仪的一端测量电网接地引入点 CEE 插头的接地螺柱，另一端依次测量工作面集中接地端子排。左侧工作面是水平金属网格桥架接地点，右侧工作面是水平金属网格桥架接地点，右侧工作面垂直水平金属网格桥架接地点和电机接地点的接地连续性，其测试数值不得大于 0.5Ω。按照实际数值如实填写表格。	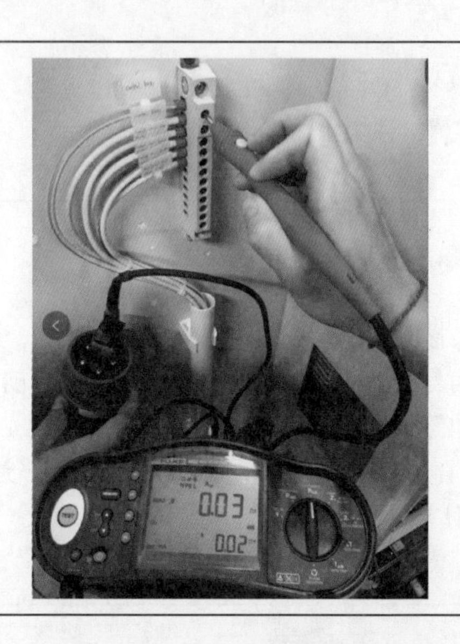
	2）威图柜中端子排任意接地点到集中接地端子排的接地连续性测量数值均不得大于 0.5Ω。对大威图柜 X1 端子排、PLC 导轨、触摸屏、柜门、柜体等接地点逐一进行测量。

7.2 绝缘测试

1）绝缘测试需要专用电气测试仪测试，将测试仪旋转到绝缘测试档位，其测试电压选用 500V 交流档。测试仪测试笔按照屏幕显示的指示进行连接。	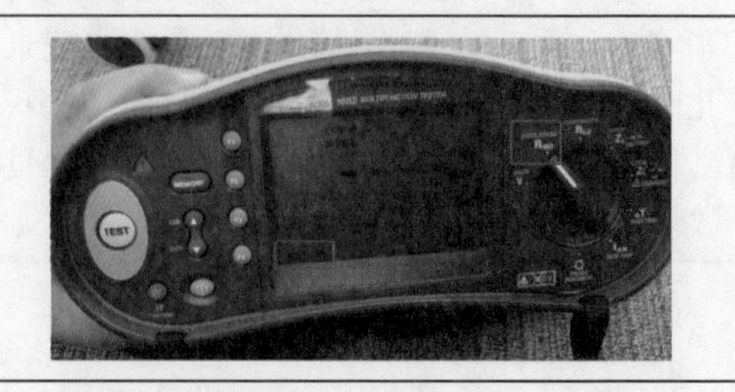

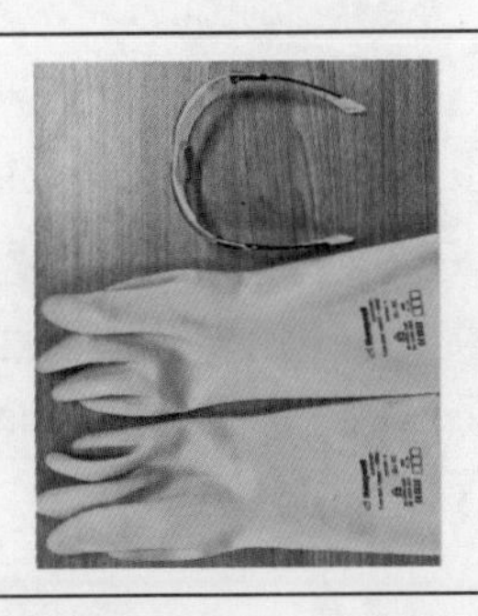	2）当绝缘测试时仪表会有高压电产生，应佩戴电气绝缘手套（耐电压交流为500V以上），佩戴安全防护眼镜，并穿着长袖工作服操作。
3）当绝缘测试时，应将含有电子器件的设备（PLC主机、远程IO模块、变频器、交换机等）与测试点断开，同时所有断路器应在断开状态。	4）拆除电动机短接片时，电动机绕组之间的连接线应断开，并将电动机连接到系统中进行绝缘测试。 
5）绝缘测试应从系统三相电源进线端进行测试，所有相线之间，相线与零线之间，相线与接地线之间的绝缘电阻值不得小于20MΩ。屏幕显示>500MΩ为500V档位的最大测量值。	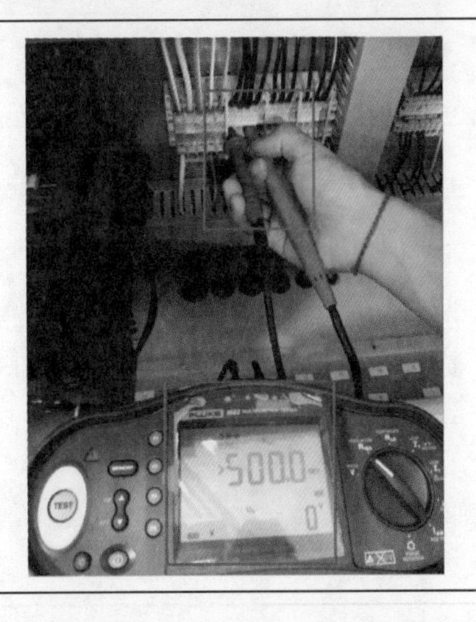

<table>
<tr><td>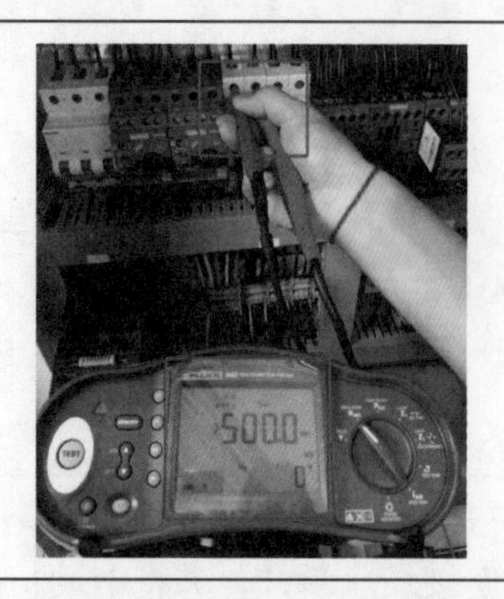</td><td>6）端子排上连接强电（相电压为220V以上）部分端子，其相线之间，相线与零线之间，相线与接地线之间的绝缘电阻值不得小于20MΩ。</td></tr>
<tr><td>7）绝缘测试完毕后应恢复断开的设备，将电动机的绕组连接恢复。检查所有断路器在断开状态。
</td><td>8）将拆下的电动机短接片接回，恢复电动机绕组之间的连接，并将电动机接线盒盖进行安装。
</td></tr>
</table>

7.3 通电测试

<table>
<tr><td>1）通电测试应佩戴防护用品，穿长衣、长裤，佩戴护目镜，穿绝缘鞋和戴绝缘手套，确保人身安全。</td><td></td></tr>
</table>

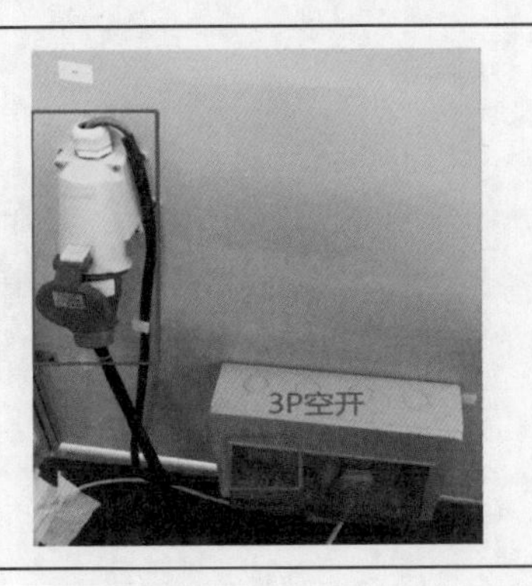	2）通电测试前，应确认工作区总的三相电源开关处于断开状态，控制箱内所有电气开关均处于断开状态，SITOP 电源输出端处于脱离状态，然后再连接工作站与电网三相电源。
3）将测试仪旋钮转至电压测量档位，在测量电压时测试仪为自动模式，可以检测直流电源或交流电源的电源大小进行自动调整。测试控制箱内进线端子相线与相线之间应为 380V。	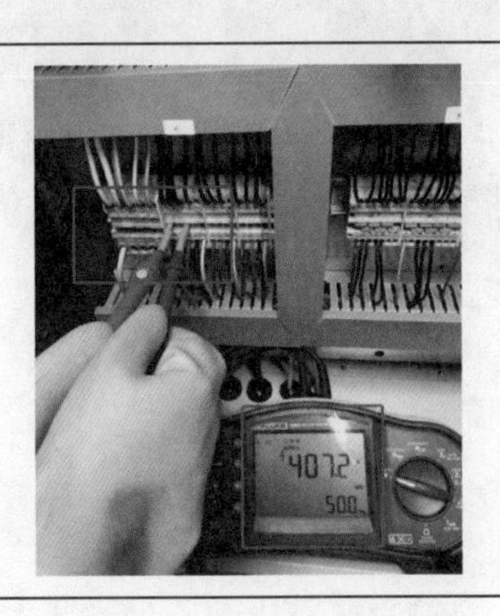
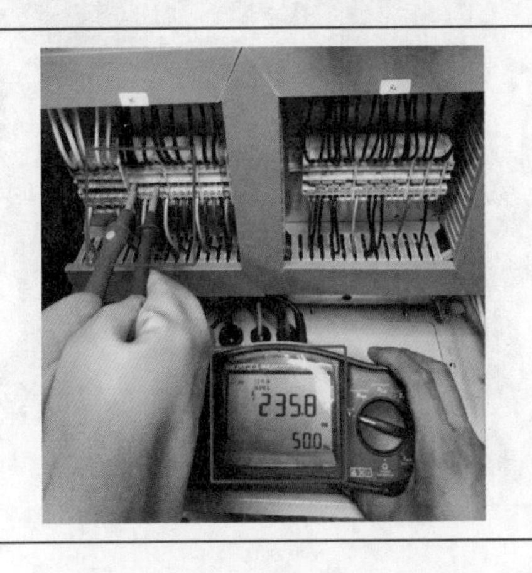	测量相线与零线之间的电压为 220V，相线与接地端子之间的电压为 220V，与标称值误差不超过 ±10% 为合格，将实际电压值填写到表格中。
4）将测试仪旋转钮至相序测量档位，进行进线端子三相电源相序的测试，以确认相序。对用电设备来说，不允许电动机反转的设备在安装后或更换电机后应核相，以免造成设备事故。测试仪屏幕显示 123 为正序，调换任意两只测试笔，屏幕显示 321 为倒序。	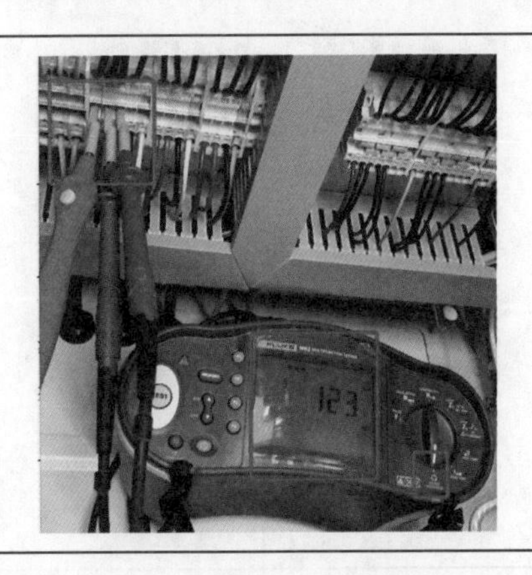

<table>
<tr>
<td></td>
<td>5）依次按图中序号闭合总开关，各分断开关，使用测试仪或数字万用表正确档位，测试相应的交流电压值和直流电压值，确保实测值和标称值误差不超过±10%。
6）所测电压值分别为1、2（380V）、3（220V）、4（24V）、5（24V），6、7无需测量电压。</td>
</tr>
<tr>
<td>7）直流电源电压确认符合要求后，进行如下操作：断开开关→连接STOP电源输出→重新闭合开关→直至PLC主机、触摸屏、交换机、远程IO模块、变频器通电→所有指示灯点亮。</td>
<td></td>
</tr>
<tr>
<td></td>
<td>8）测试系统急停按钮及复位功能正常。按下急停按钮观察安全继电器工作指示灯是否全部灭灯。松开急停按钮DECVCE灯亮起，按下启动按钮后OUT灯亮起，同时安全继电器连接的接触器得电吸合。</td>
</tr>
</table>

9）测试系统剩余电流动作正常，先将漏电保护开关合闸，按下漏电保护开关的测试按钮，漏电保护开关跳闸说明漏电保护开关正常动作。	

7.4　网络及IO测试

1）通电测试正常完成，选手可以在裁判员帮助下，将编程计算机放置与工作面就近处，方便后续的编程与调试工作。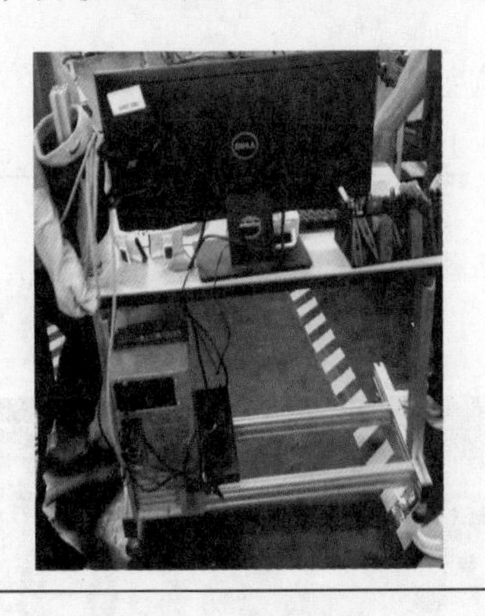	2）连接编程终端与网关，在线搜索所有在线设备。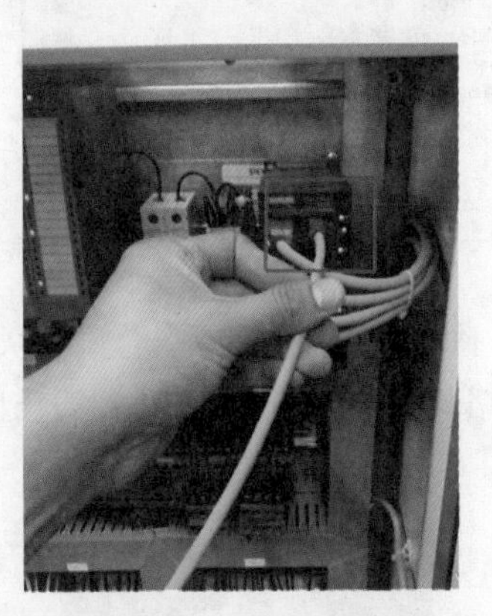
3）如果有设备无法在线搜索到，断开该设备与网关的连接，使用编程终端对该设备进行单独测试，以确认是通信电缆故障还是设备故障。	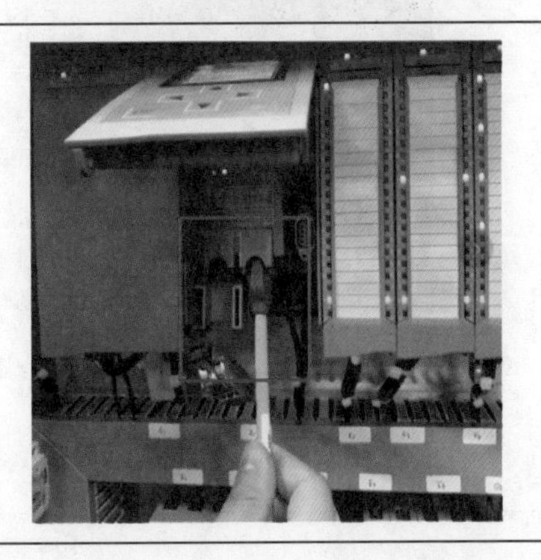

4）必要时可以对设备进行必要的重新配置，包括 IP 地址，组网方式。

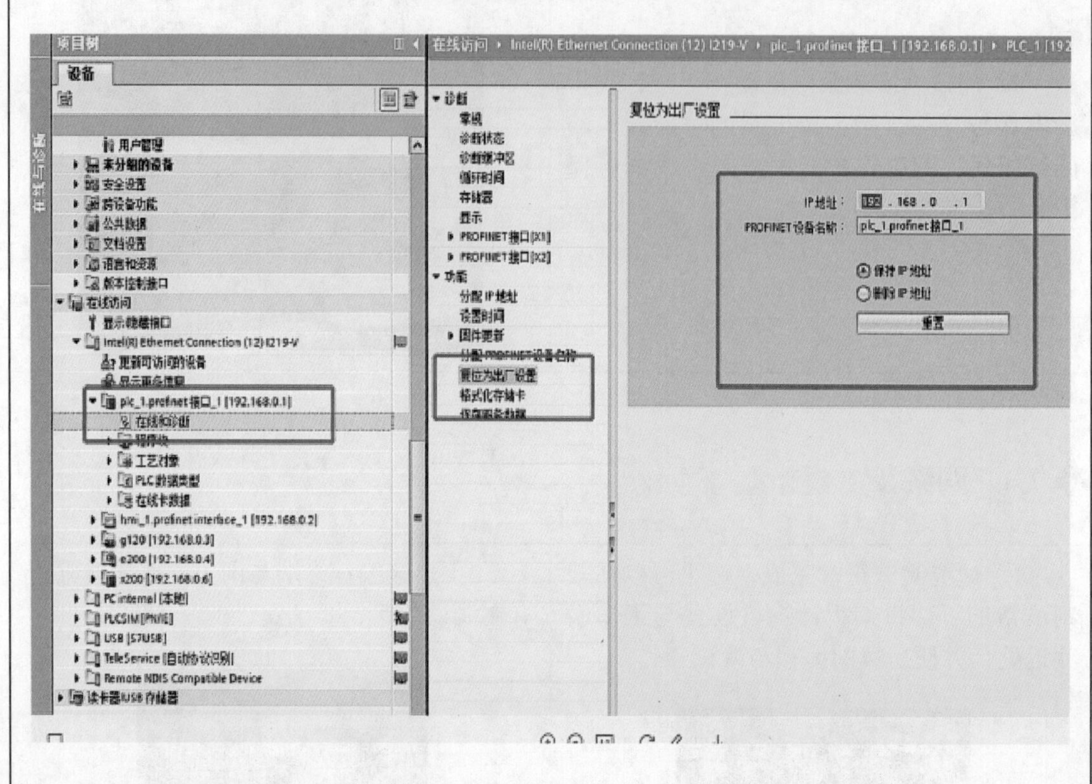

5）确保编程终端能够通过网关，对所有的网络设备进行正确、可靠地访问。

6）配置完成的各个模块，其指示灯应该处于正常状态，不能有报警。

7）配置网络完成后，还应配置必要的参数，确保触摸屏界面下载正常（一般下载一幅图片即可）。

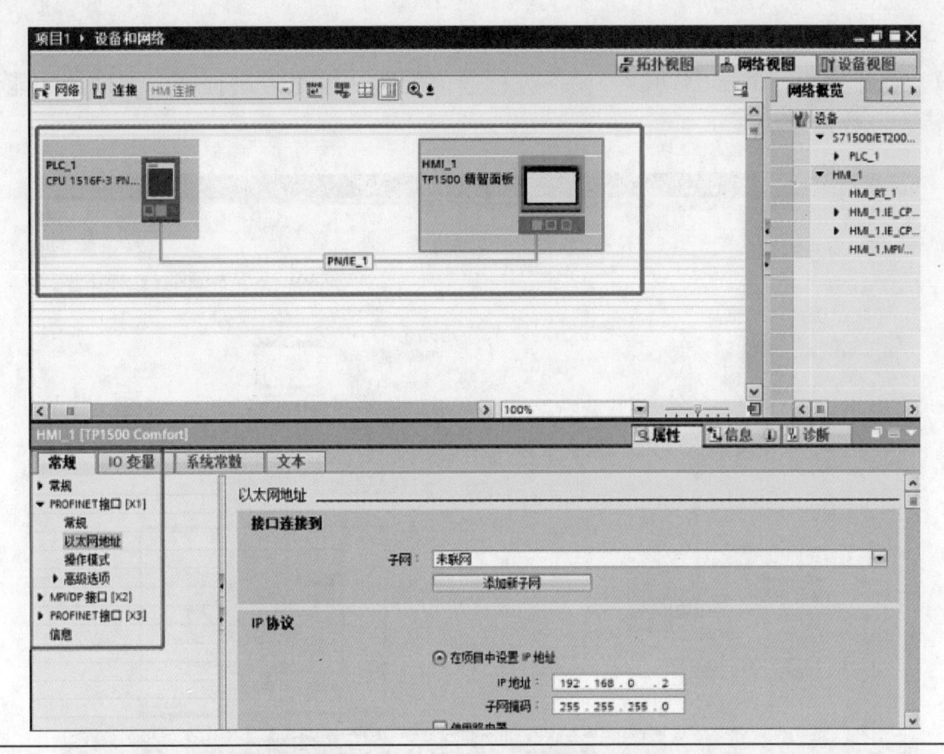

8）对 PLC 和远程 IO 模块进行网络测试，编写简单的 IO 程序，测试其输入按照图样正确接收外部信号，输出按照图样正确接线并驱动外部器件。

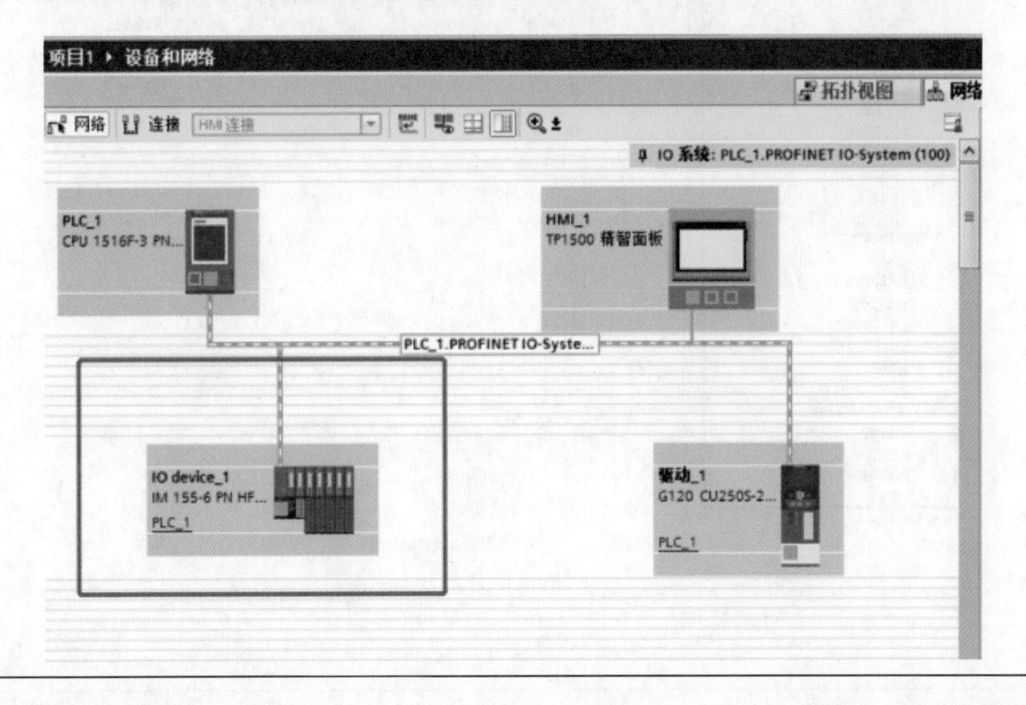

9）对变频器、伺服驱动器等设备进行通信配置，编写控制程序，测试其功能（转向、转速、数据输出等）。

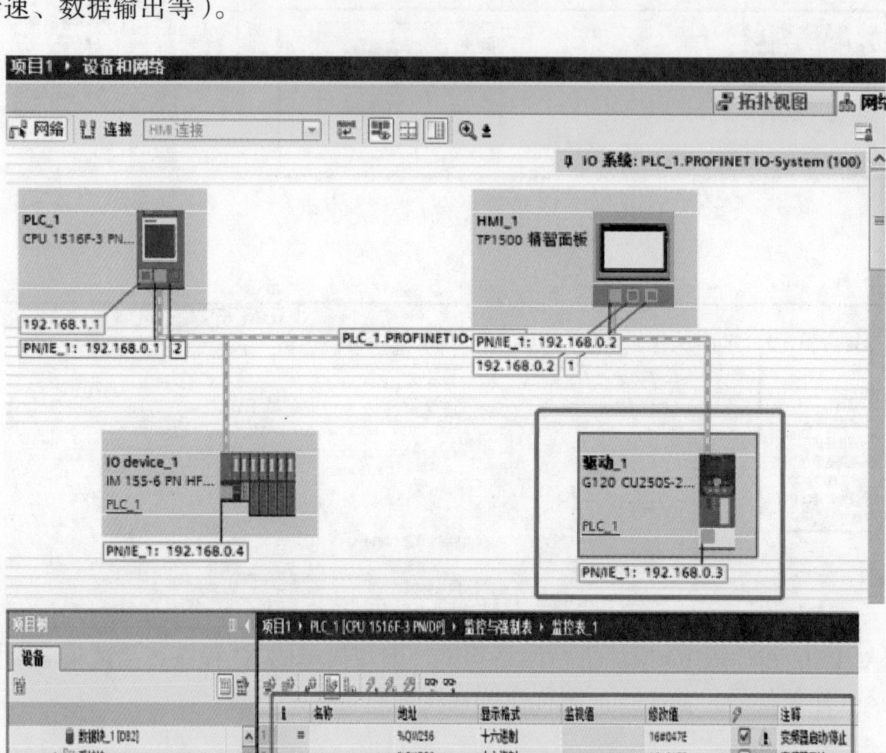

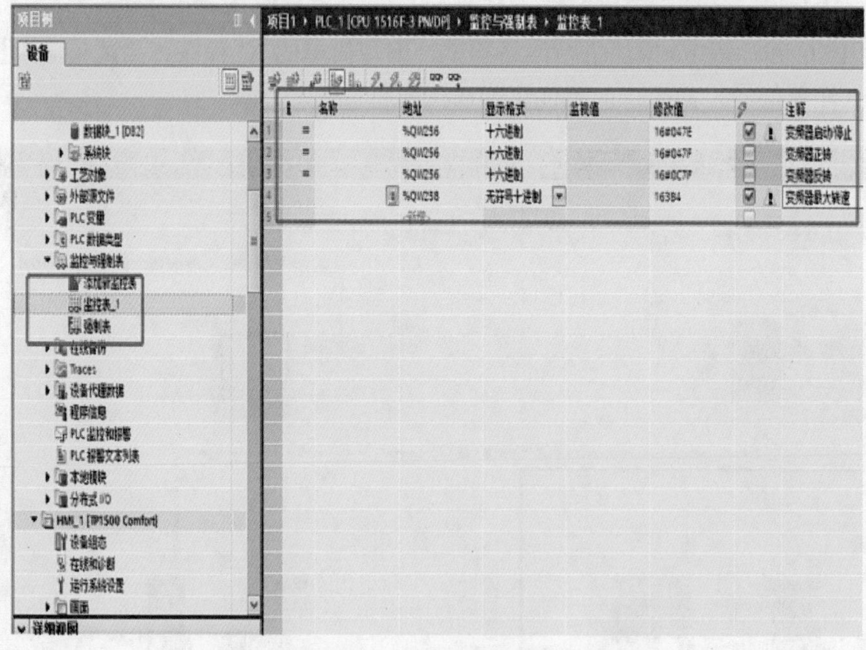

10）测试电位器等模拟量器件的信号是否正常输出到 PLC 模块，确保逆时针为数据变小，顺时针为数据变大，在最小和最大两端，电压（或电流）误差在许可范围内。如果有更高精度的控制要求，在电位器的两端需要对数据进行限制处理（电位器在旋转最小时数值不为零，要做封锁处理；电位器在旋转最大时数值达不到极大值，需要做线性化对齐处理）。

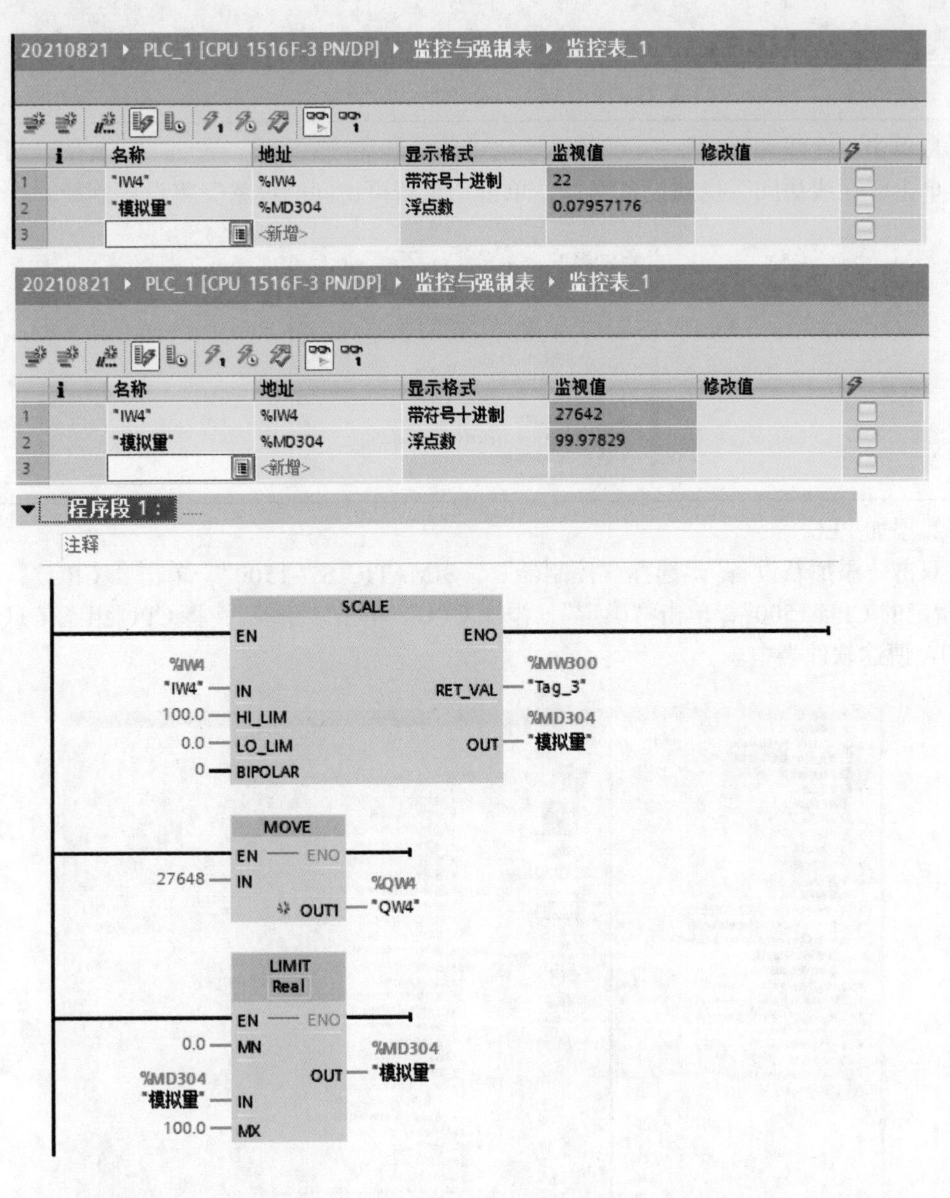

第 8 章

编程与调试

8.1 设备组态

1. 单击“在线和访问”

单击“在线访问”找到设备网口，单击“更新可访问的设备”将设备刷新。

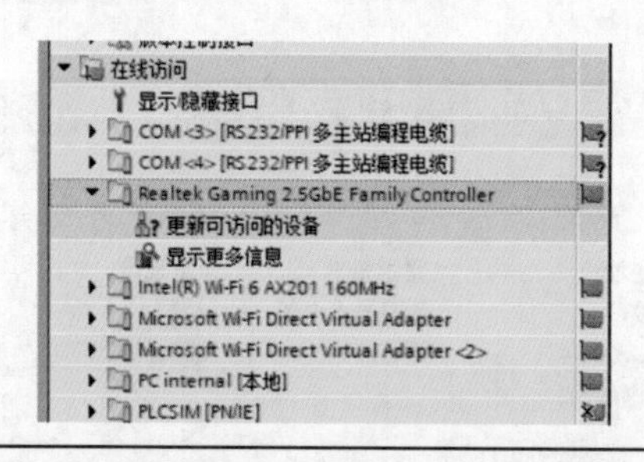

2. 添加 PLC

双击“添加新设备”，选择“控制器”“ SIMATIC S7-1500”，单击“ CPU”，打开“非指定的 CPU 1500”，单击“确定”，添加 CPU。单击“获取”，将 CPU 组态信息读取到 TIA 博途软件当中。

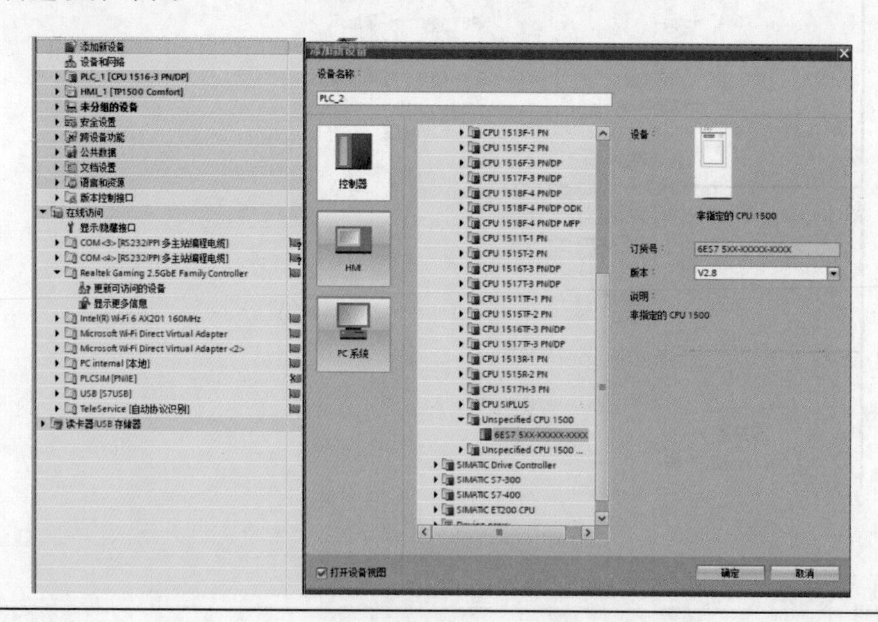

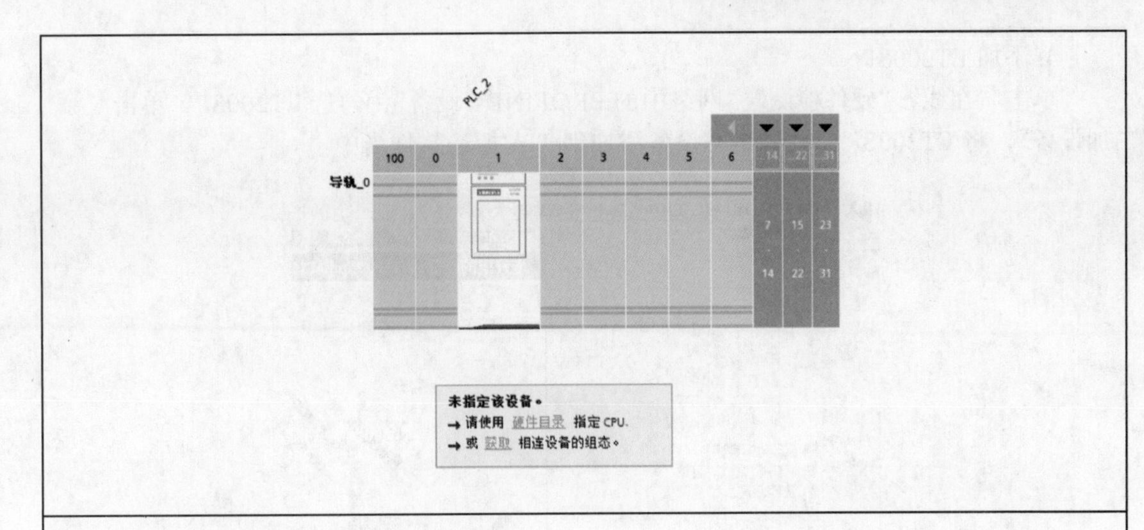

3. 添加触摸屏

双击“添加新设备”选择“HMI”“SIMATIC 精智面板”“15.4TFT" 显示屏”“TP1500 Comfort”“6AV2 124-0QC02-0AX1”，单击“确定”，添加 HMI。

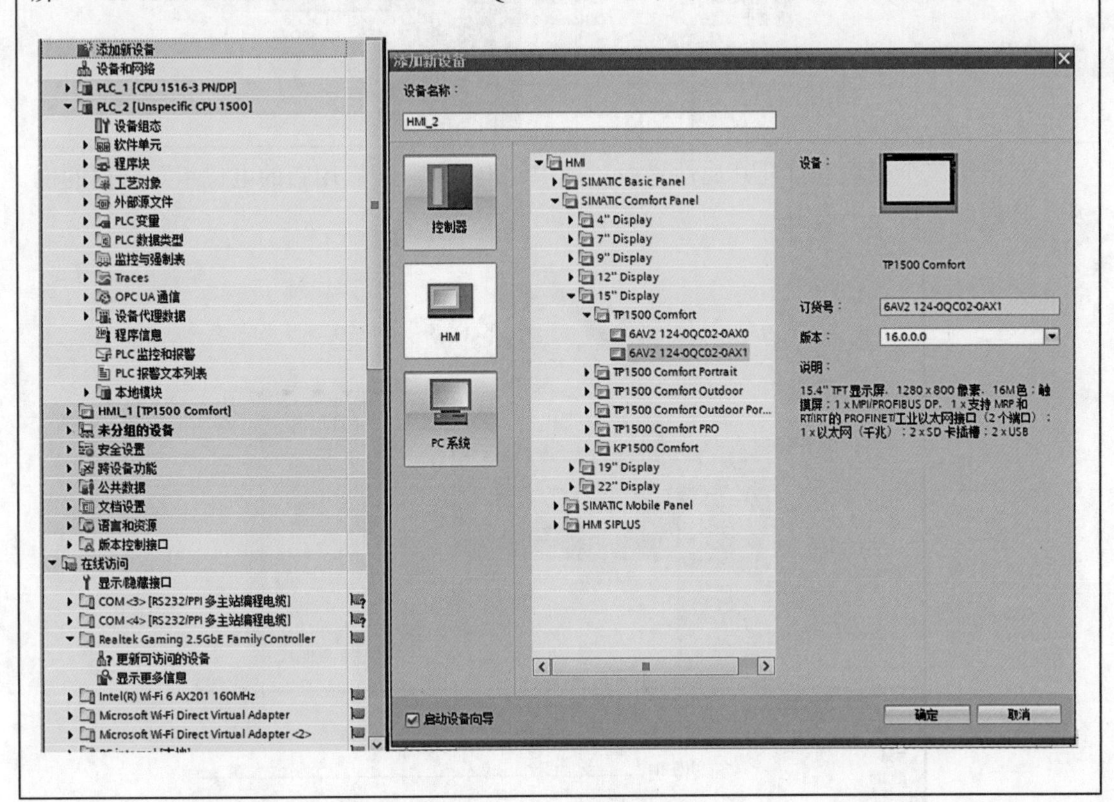

4. 添加 ET200SP

单击“在线”“硬件检测”“网络中的 PROFINET 设备”，勾选 ET200SP，单击“添加设备”，将 ET200SP 的硬件组态设备添加到 TIA 博途软件当中。

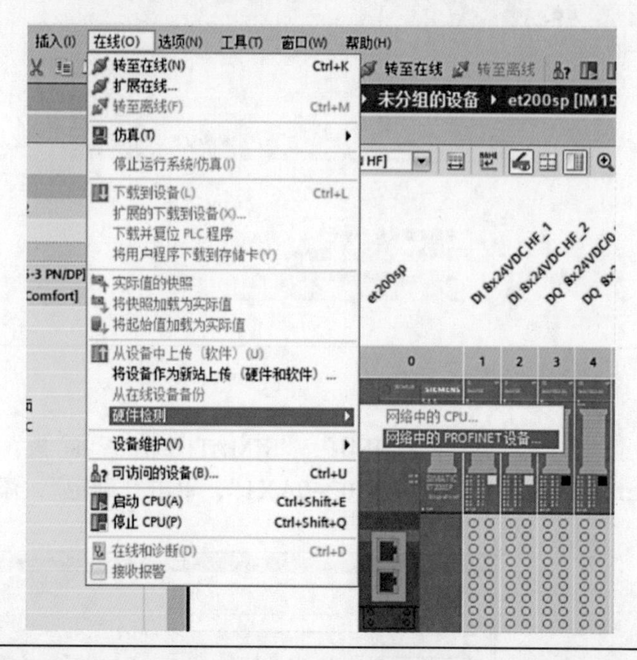

双击第二个模块并打开其属性界面，选中“电位组”“启用新的电位组”后面的模块，按照此方法一一启用。

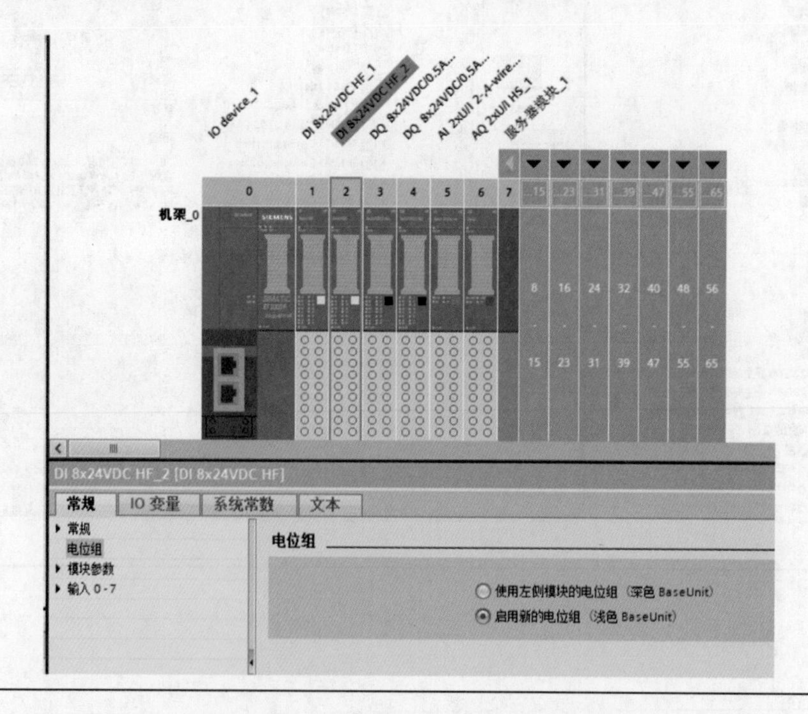

选中模拟量输入模块，打开其属性，打开“输入 0–1”，双击“通道 0”将“测量类型”改为“电压”，“测量范围”改为“0…10V”。“通道 1”也执行以上操作。

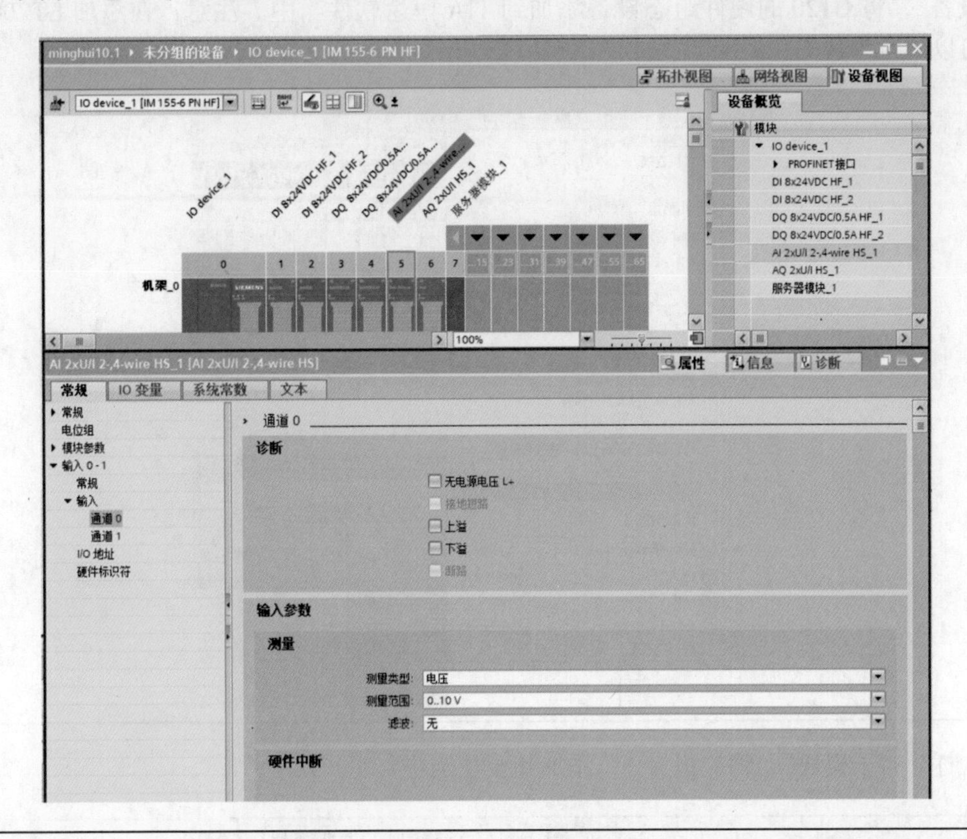

选中模拟量输出模块并打开其属性，打开“输出 0–1”，双击“通道 0”，将“输出类型”改为“电压”，“输出范围”改为“0 到 10V”。“通道 1”也执行以上操作。

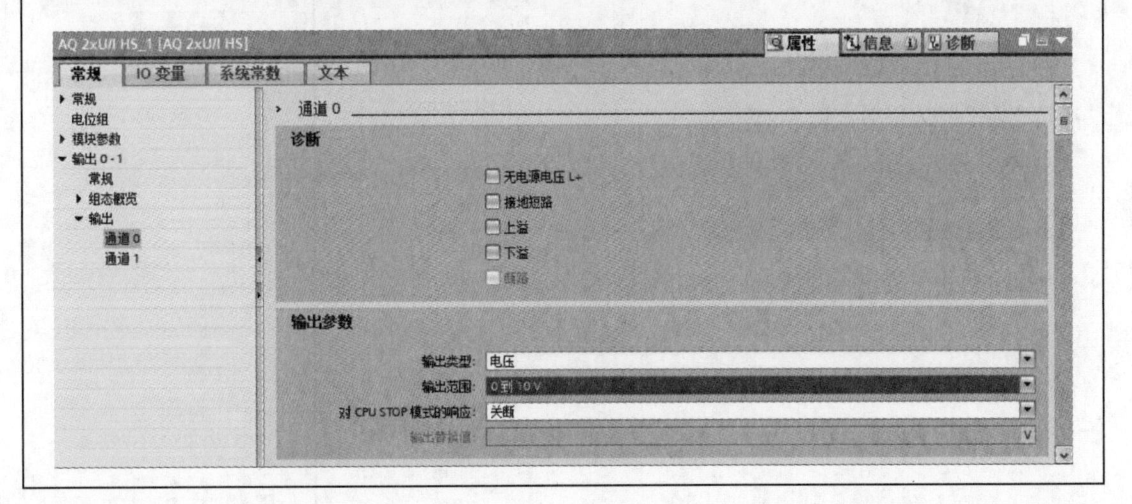

5. 添加变频器 G120

单击“在线”“硬件检测”“网络中的 PROFINET 设备”，勾选“G120”，单击“添加设备”，将 G120 的硬件组态设备添加到 TIA 博途软件当中。注意：在添加 ET200SP 时可以同时勾选 G120 一起添加。

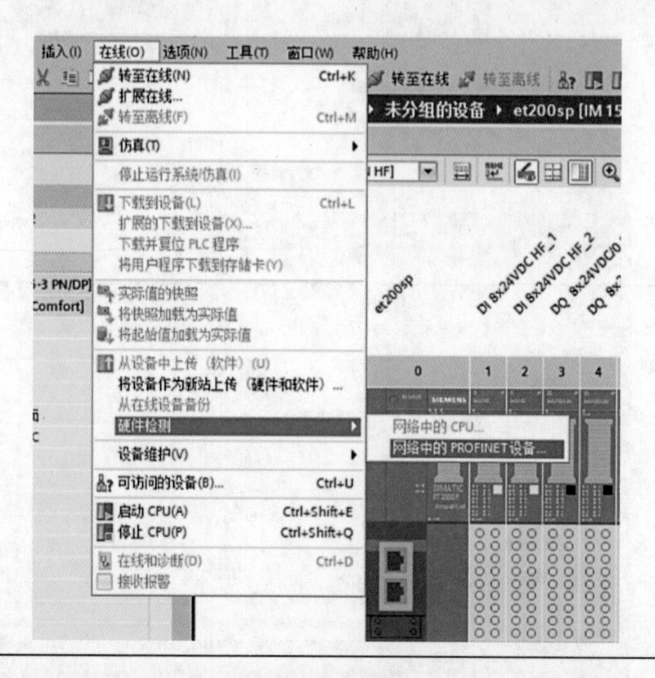

打开“子模块”，将“报文 1”添加到模块当中。

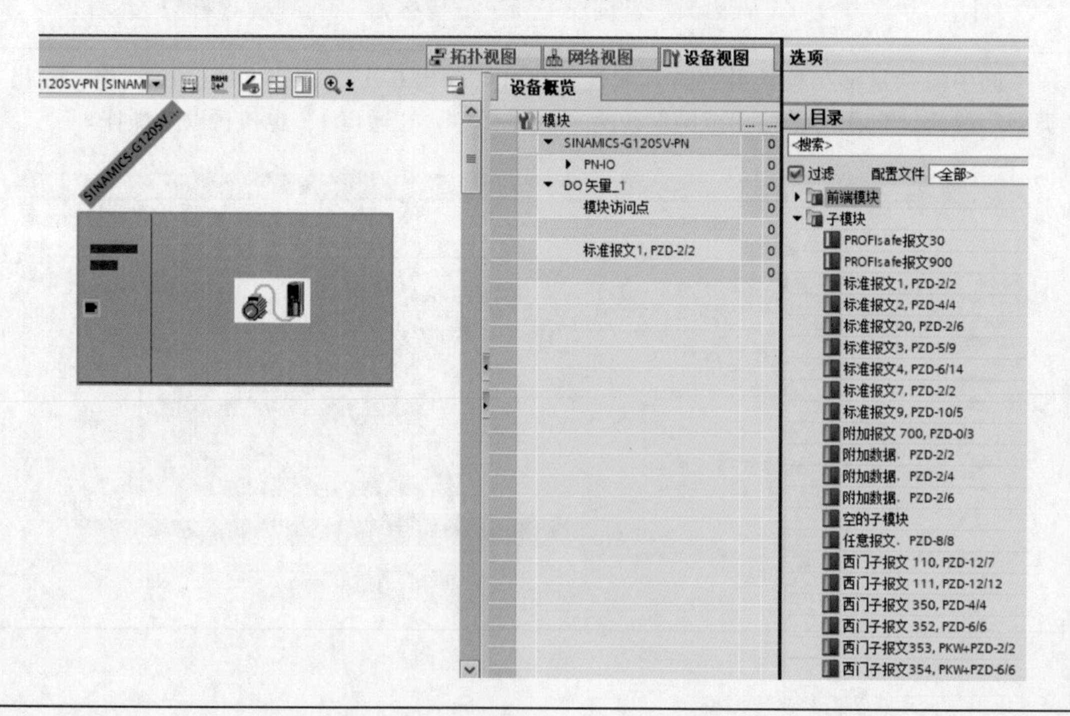

6. 设置网络并下载

单击 ET200SP 中的“未分配”，选择“ PLC_1.PROFINET 接口 _1”，G120 也是执行以上操作。

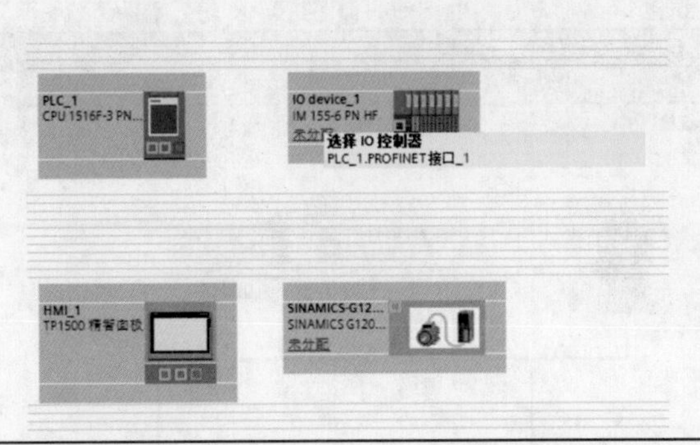

单击“连接”，将 HMI 与 PLC 连接。

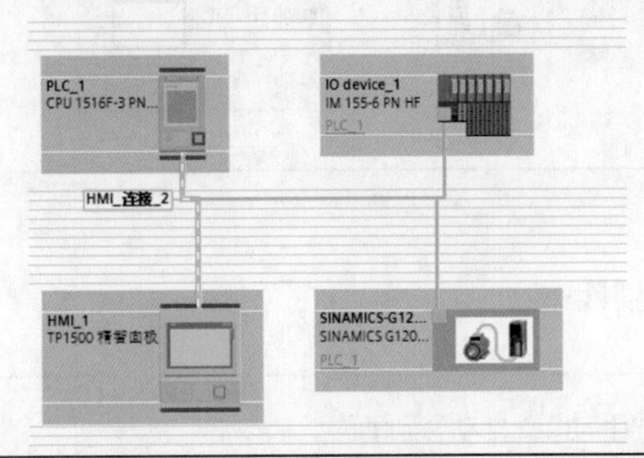

选中 ET200SP 设备，右键单击“分配设备名称”，G120 也是执行以上操作。
更改 HMI 网口名称、地址，选中 HMI 将其下载到设备当中。
单击 PLC，将设备组态下载到设备当中。

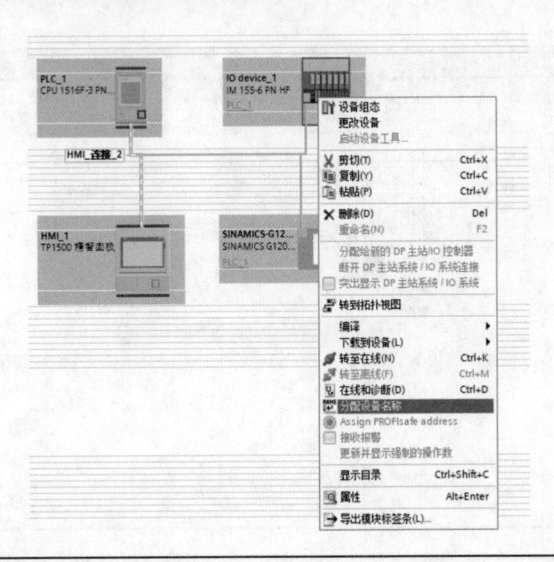

全部选中设备，单击上方“转至在线”按钮，此时设备的左上角会出现绿色勾，说明组态已经成功。

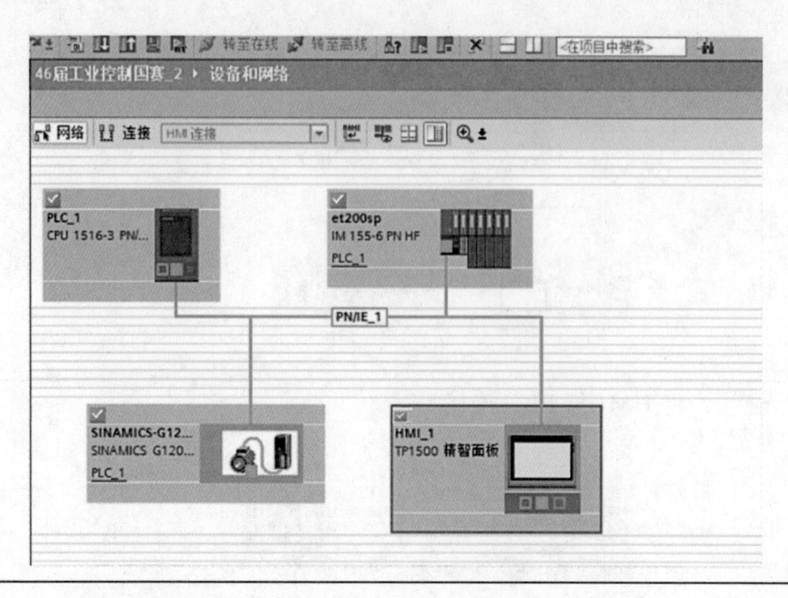

8.2 HMI 画面制作

1. 模式切换激活“手动”“自动”画面

创建两个画面，选择其中一个画面，右键“属性”，可以在属性页中看到其编号。

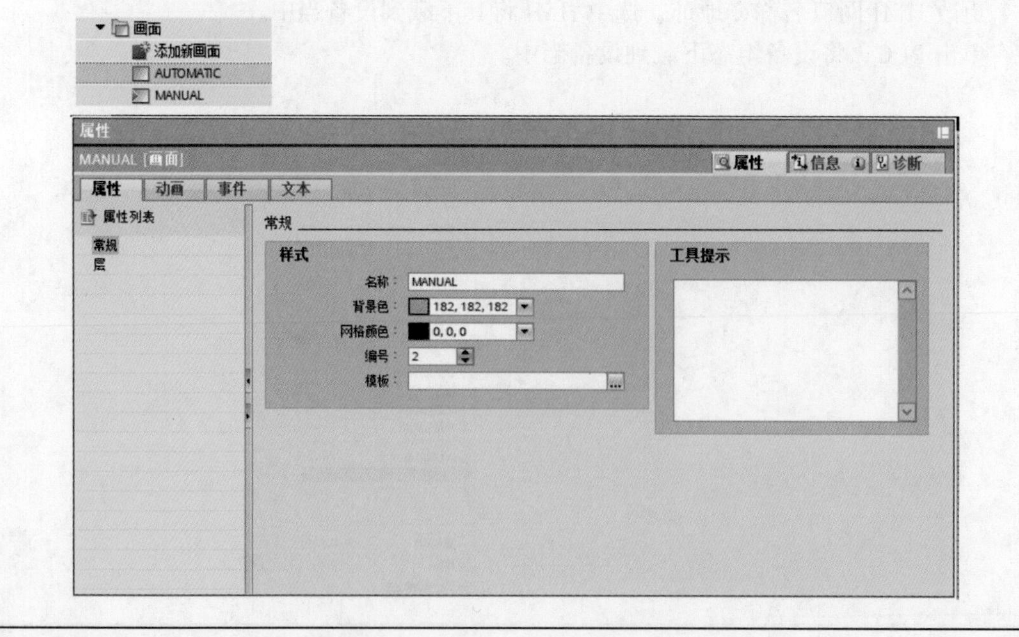

在“HMI 变量”“默认变量表”中添加一个变量，并将 PLC 用于画面切换的变量连接上。

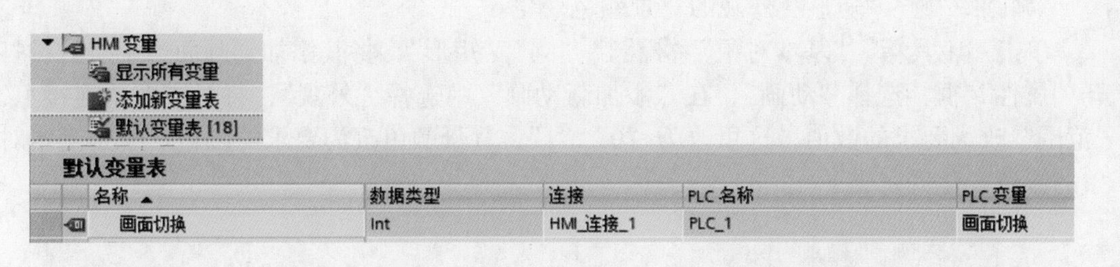

选中此变量右键“属性”，单击“事件”界面，在“数值更改”栏中，选择函数“根据编号激活屏幕”“画面号”，选择刚刚在 HMI 变量、默认变量表中添加的变量。

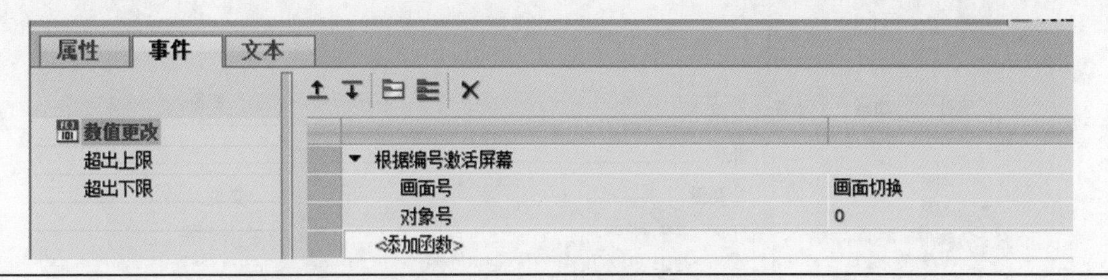

单击“属性”界面，选择“设置”，将“采集模式”更改为“循环连续”。

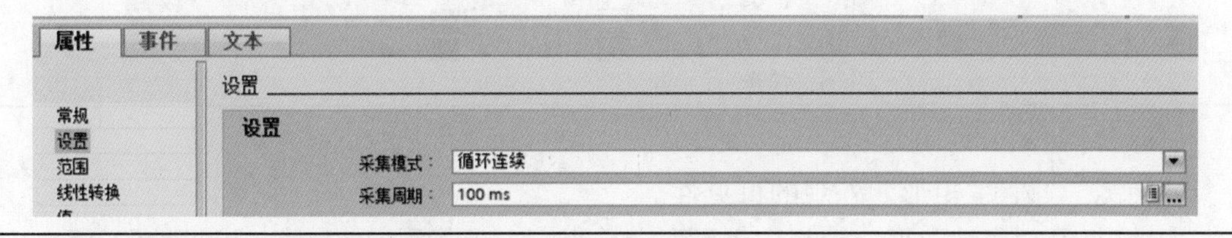

选中此变量，将其“采集周期”更改为“100ms”

此时变量：=1 时激活编号为 1 的画面。变量：=2 时激活编号为 2 的画面。

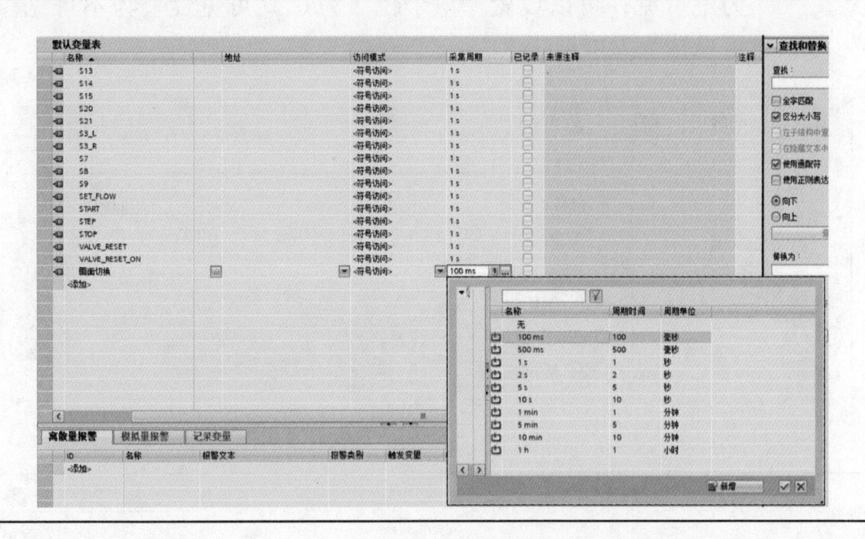

2. 基本对象的使用方法

“线”“折线”“多边形”。以上三种对象常用于一些自绘复杂图形。

“椭圆”“圆”“矩形”外观的背景颜色变化。

单击“工具箱”“基本对象”“椭圆”“圆”“矩形”，将其添加到画面当中。右键打开“属性”框，选择“动画”，在“添加新动画”中选择“外观”，将对应变量连接上，“范围”改为要求的数值，这里改为“0”“1”，背景颜色改为要求的颜色。于是基本对象的颜色变化就完成了。

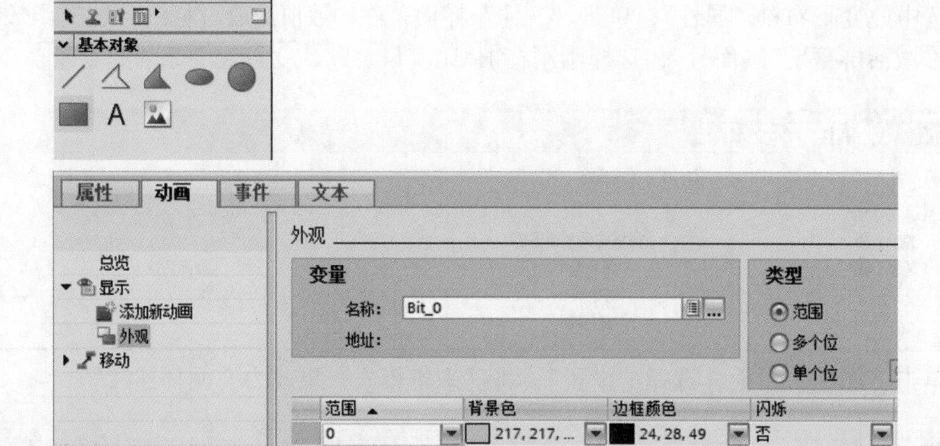

“椭圆”“圆”“矩形”外观的可见性。

右键打开“属性”框，选择“动画”，在“添加新动画”中选择“可见性”，将对应变量连接上。根据要求，如果只有两个状态，可以选择“单个位”一个状态进行设置；如要求状态“0”为不可见，可以设置“单个位”为0，“可见性”为不可见。或设置“单个位”为1，“可见性”为可见。

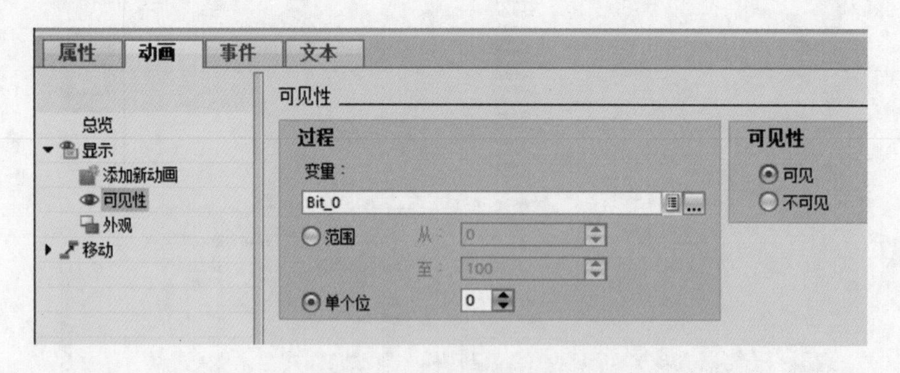

“文本”常用于描述。将“文本”添加到画面中，右键打开其“属性”，在“常规”界面中更改显示文本、字体大小等功能。

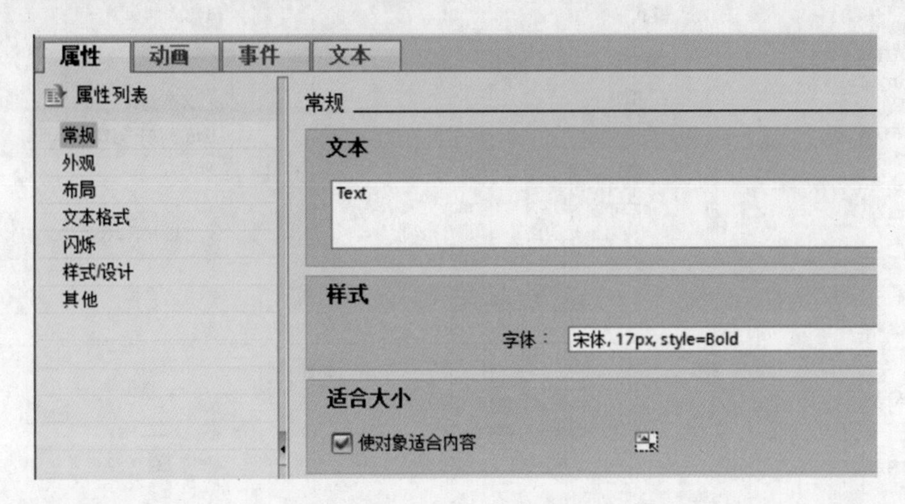

3. 元素的使用方法

单击“工具箱”“元素”“按钮”，将其添加到画面当中。右键打开“属性”框，单击“常规”，在“标签”框中输入要求的文本。单击“外观”可以在“文本”“颜色”更改输入的文本颜色。

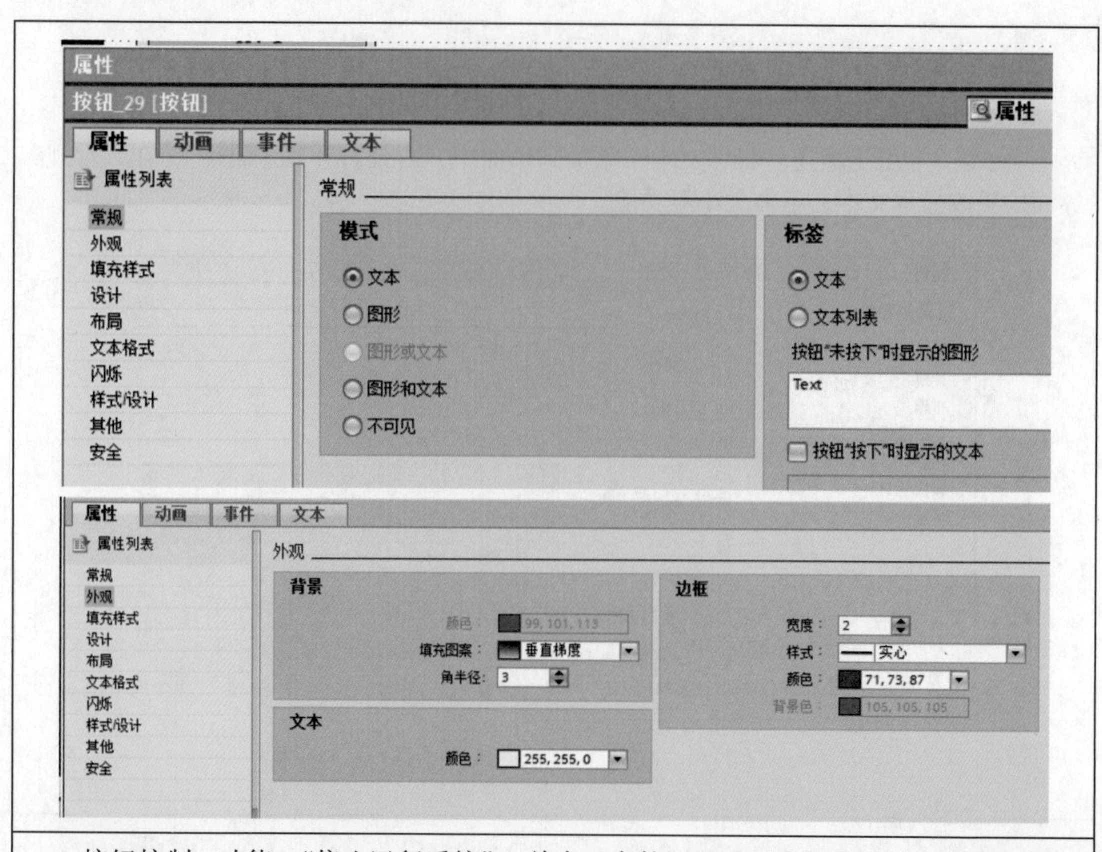

按钮控制，功能："停止运行系统"。单击"事件"界面，在"单击"栏中选择函数"停止运行系统""模式"选择为"运行系统"，于是单机按钮即可停止并退出运行系统。

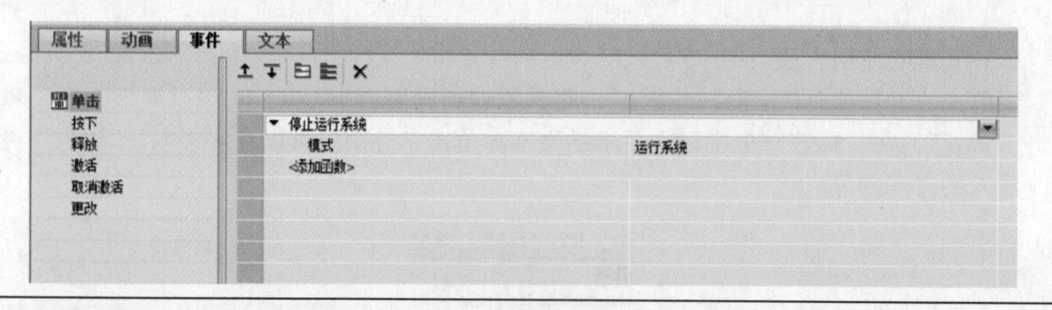

按钮控制，功能：按 1 松 0。单击"事件"界面，在"按下"栏中选择函数"按下按键时置位位"，连接对应的变量，即可实现按钮功能。

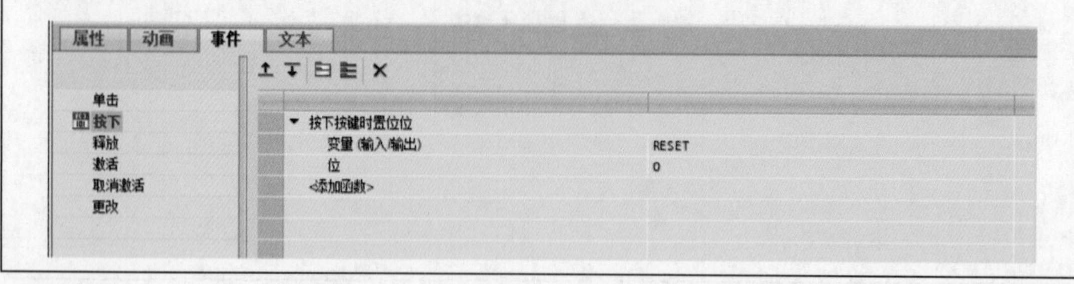

按钮控制，功能：开关控制，单击“事件”界面，在“单击”栏中选择函数“取反位”，连接对应的变量，即可实现开关功能，按一次为 1，再按一次为 0。

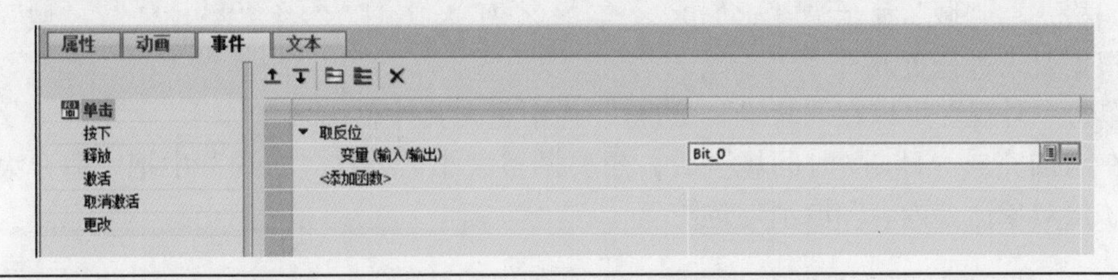

“I/O 域”的添加及设置。

单击“工具箱”“元素”“I/O 域”，将其添加到画面当中。

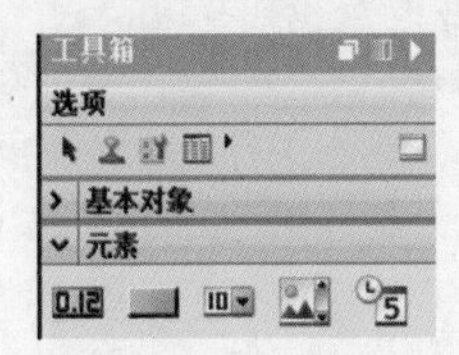

右键打开“属性”框，单击“常规”在“过程”框中连接对应的变量。

根据要求，选择“类型”中的“模式”，若要求“ I/O 域”只能输入设置参数，这里选择“输入”。若要求“I/O 域”只能输出显示参数，这里选择“输出”。若要求“I/O 域”既能输入设置参数又能输出显示参数，这里选择“输入输出”。

根据要求，选择合适的“显示格式”和“格式样式”。若要求为三位数带小数点后一位数的常数这里选择“S999.9”“S”即为 ±。

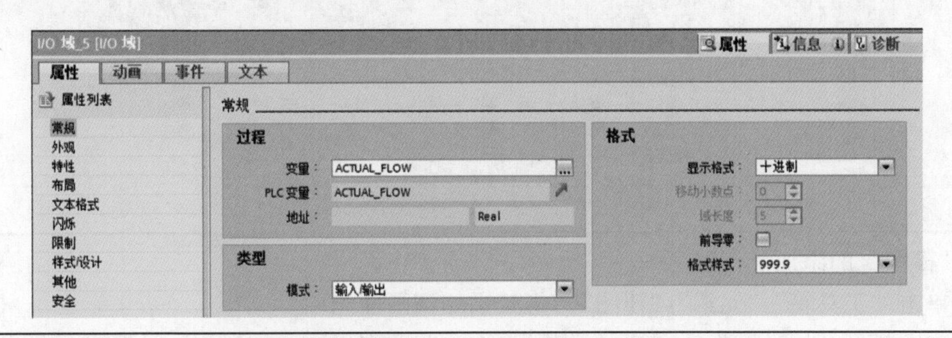

“日期 / 时间域”的添加及设置。

单击“工具箱”“元素”“日期 / 时间域”，将其添加到画面当中。

右键打开“属性”框，单击“常规”，根据要求在“格式”框中选择，这里不勾选“长日期时间格式”“域”显示为“××××/××/×× ××:××:××”，勾选“长日期时间格式”，“域”显示为“×××× 年 ×× 月 ×× 日 ××:××:××”。“域”“模型”根据要求进行更改。

单击“外观”可以在“背景”“边框”栏中更改其外观。

在添加完成“日期 / 时间域”后，想要调整大小需要在“布局”中把“适合大小”中的“使对象适合内容”取消勾选。

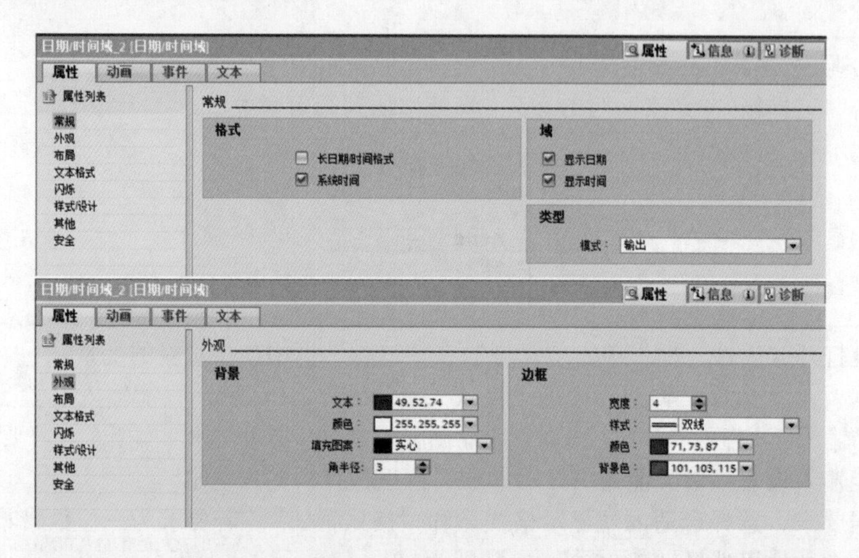

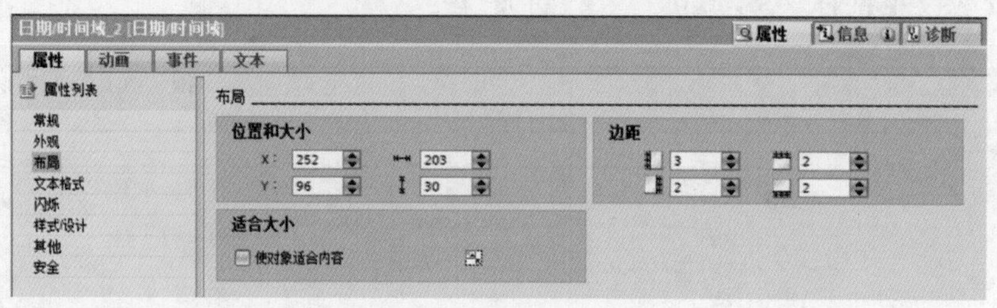

“棒图”的添加及设置。

单击“工具箱”“元素”“棒图”，将其添加到画面当中。

右键打开“属性”框，单击“常规”，在“过程”“最大刻度值”设置显示最大值，“最小刻度值”设置显示最小值。在“过程变量”中连接变量。

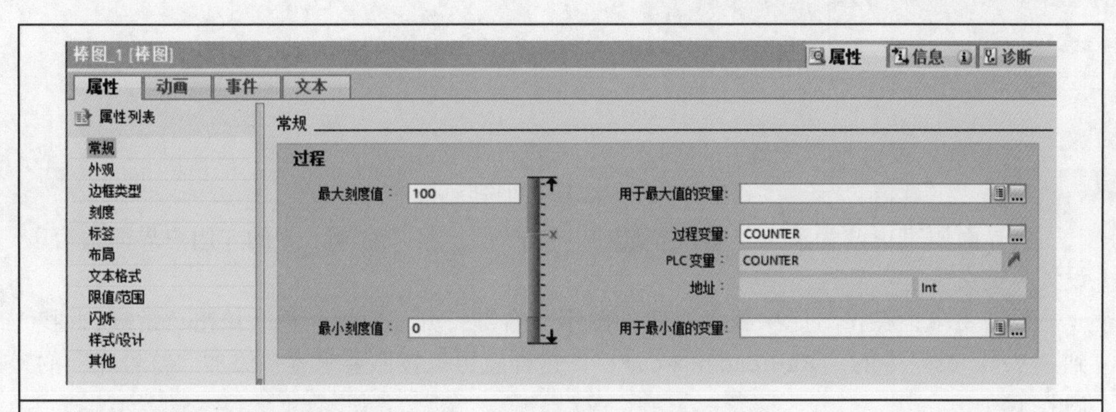

“量表”的添加及设置。

单击“工具箱”“元素”“量表”，将其添加到画面当中。

右键打开“属性”框，单击“常规”，在“过程”“最大刻度值”设置显示最大值，“最小刻度值”设置显示最小值。在“过程变量”中连接变量。在“标签”“标题”中设置“量表”最下面显示文字，在“标签”“单位”中设置“量表”中间的显示文字，在“标签”“分度数”中设置“量表”的显示刻度。

在“属性”“外观”设置其显示外观。

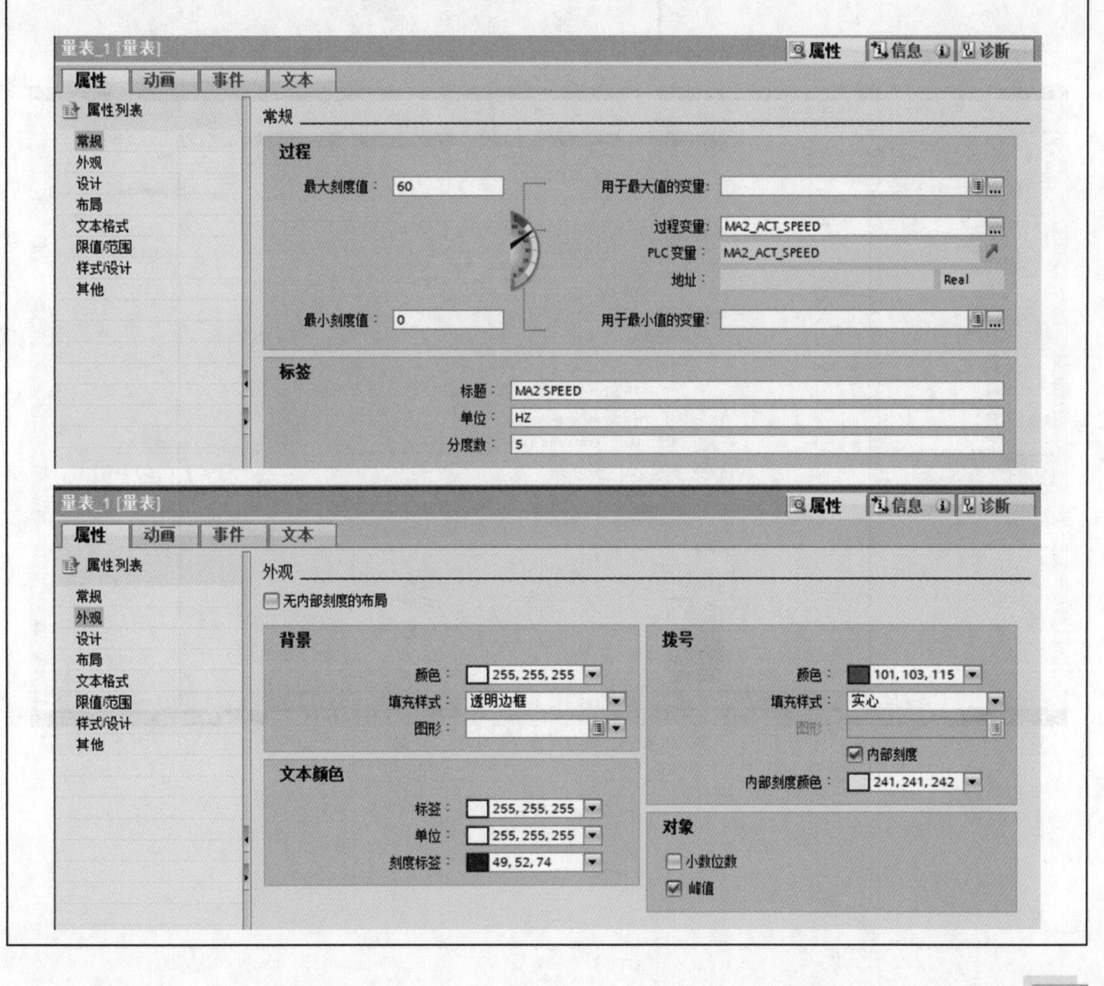

“符号库”的添加及设置。

单击“工具箱”“元素”“符号库”，将其添加到画面当中。

将界面语言更改为英文。单击“选项”“设置”，将“常规”中的“用户界面语言”设置为英文。

根据要求，在符号库中找到对应的图形。右键打开“属性”框，单击“常规”，找到“Vehicles”中的“Railroad box car 1”，这样就可以按照要求逐一添加“符号库”的内容了。

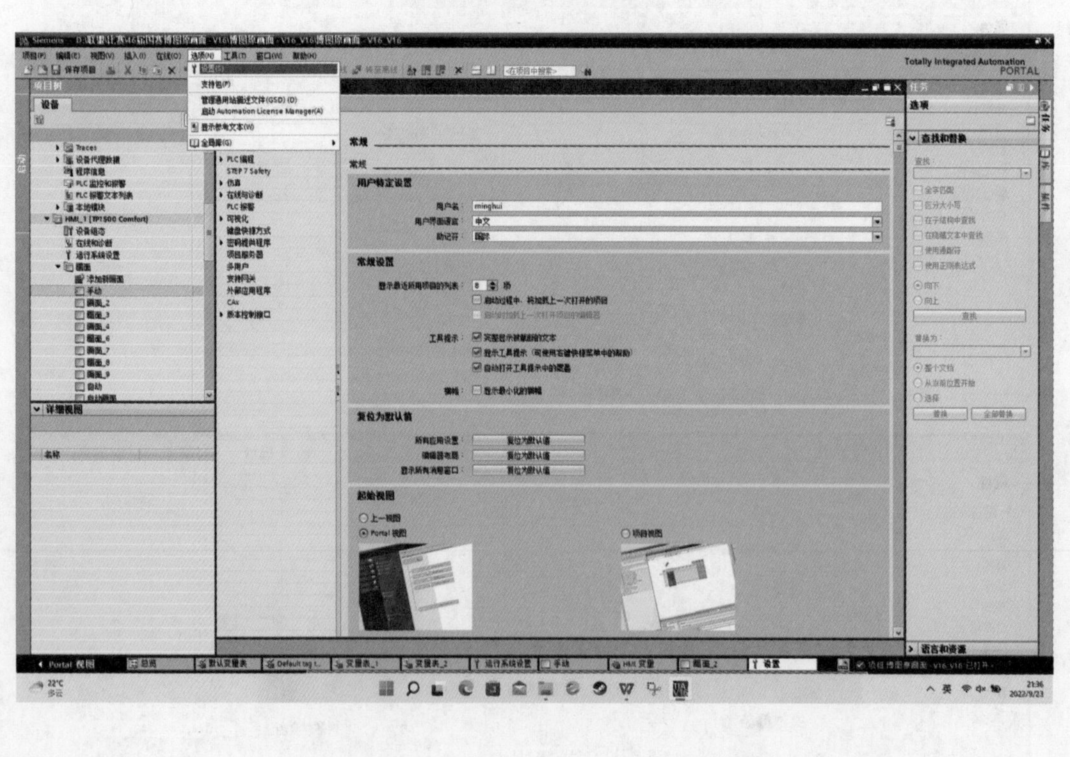

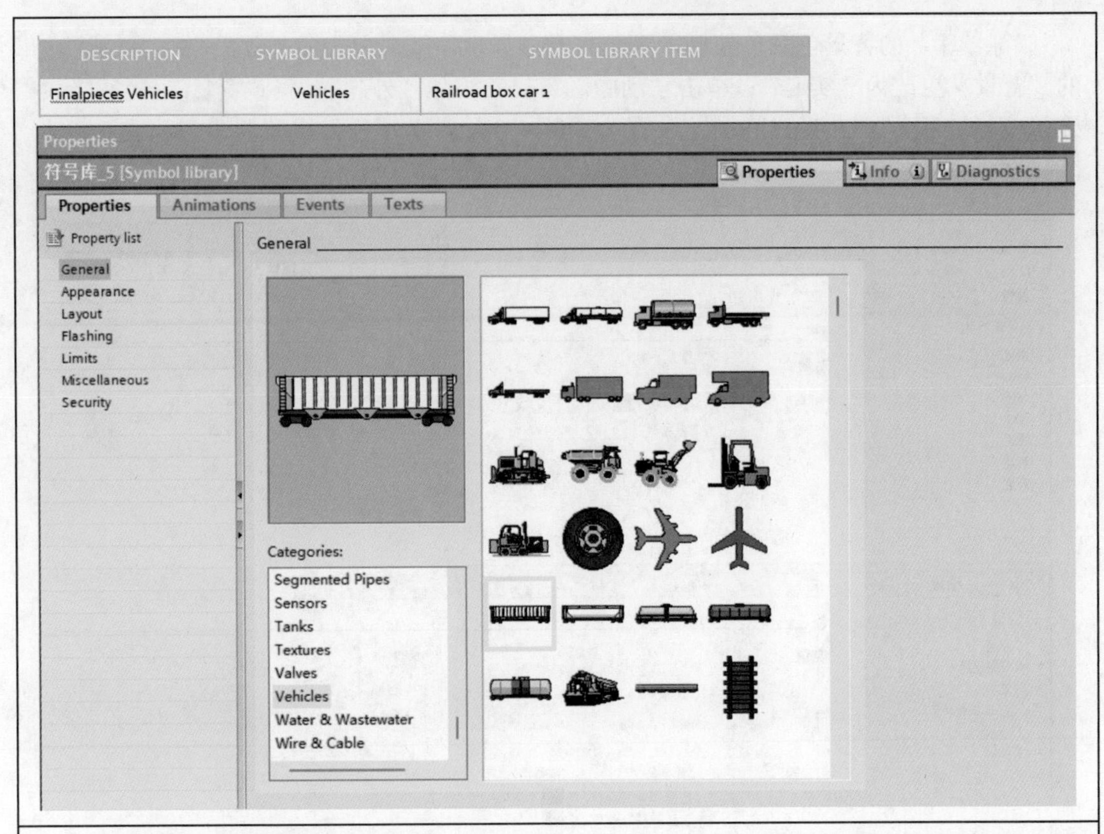

“符号库”的前景色颜色控制。右键打开“属性”框，单击“外观”，将“样式”中的“填充样式”更改为“阴影图”；单击“动画”窗口，添加“外观”，将“变量”“名称”中连接变量，根据要求将“范围”设置为“0”“1”“背景色”不做更改，将“前景色”按照要求进行更改。

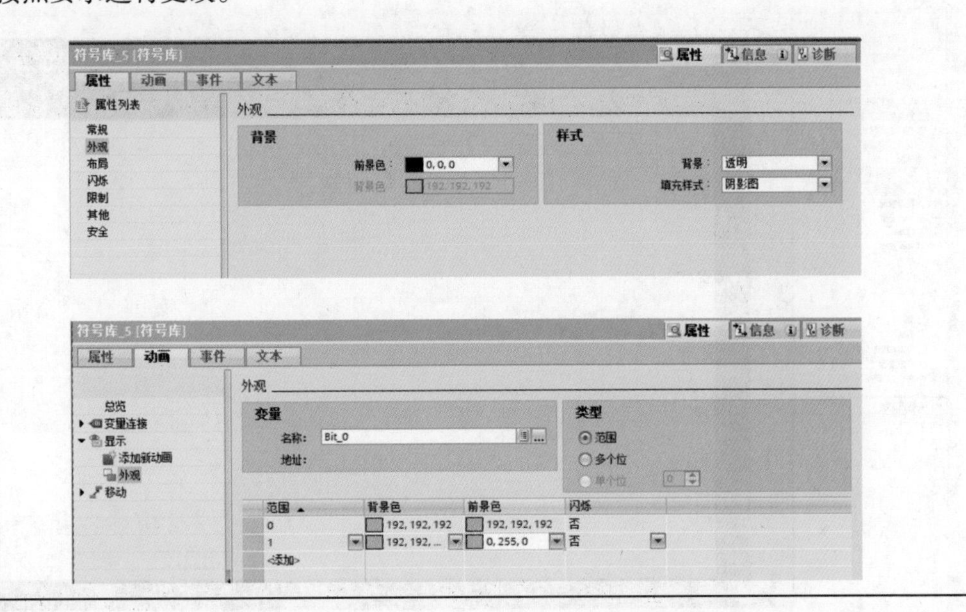

“符号库”的背景色颜色控制。右键打开“属性”框，单击“外观”，将“样式”中的“背景”更改为“实心”；单击“动画”窗口，添加“外观”，将“变量”“名称”中连接变量，根据要求将“范围”设置为“0”“1”，“背景色”按照要求进行更改，将“前景色”不做更改。

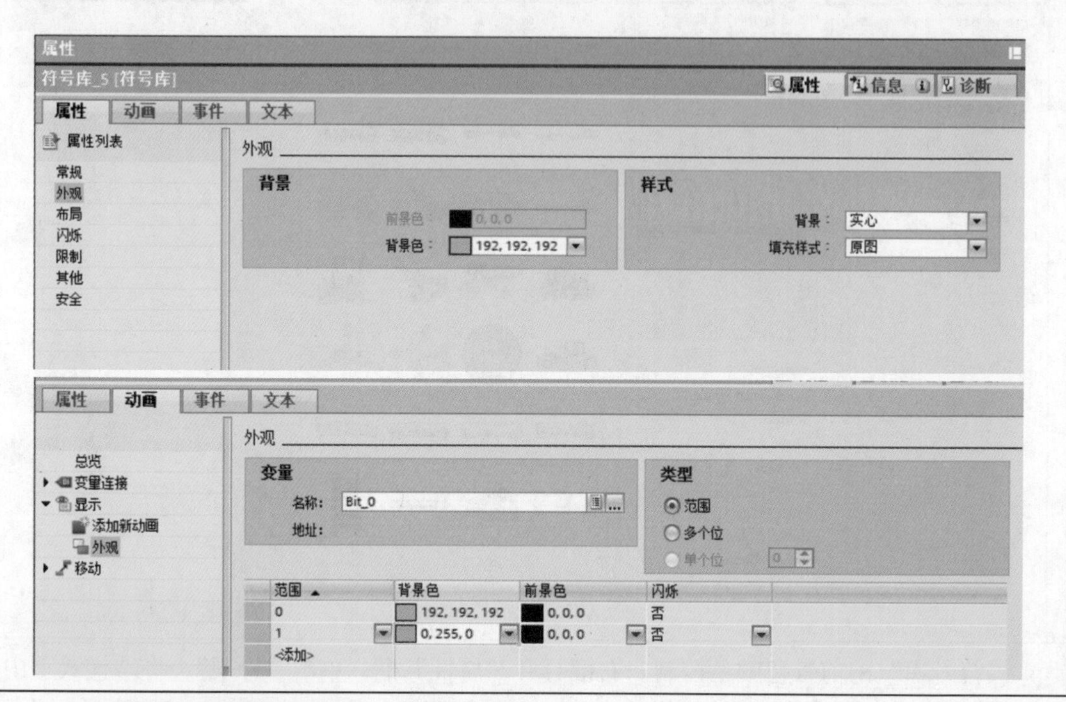

4. 根据题目要求制作画面

添加新的空白画面，查看图样将画面背景颜色调整为白色。

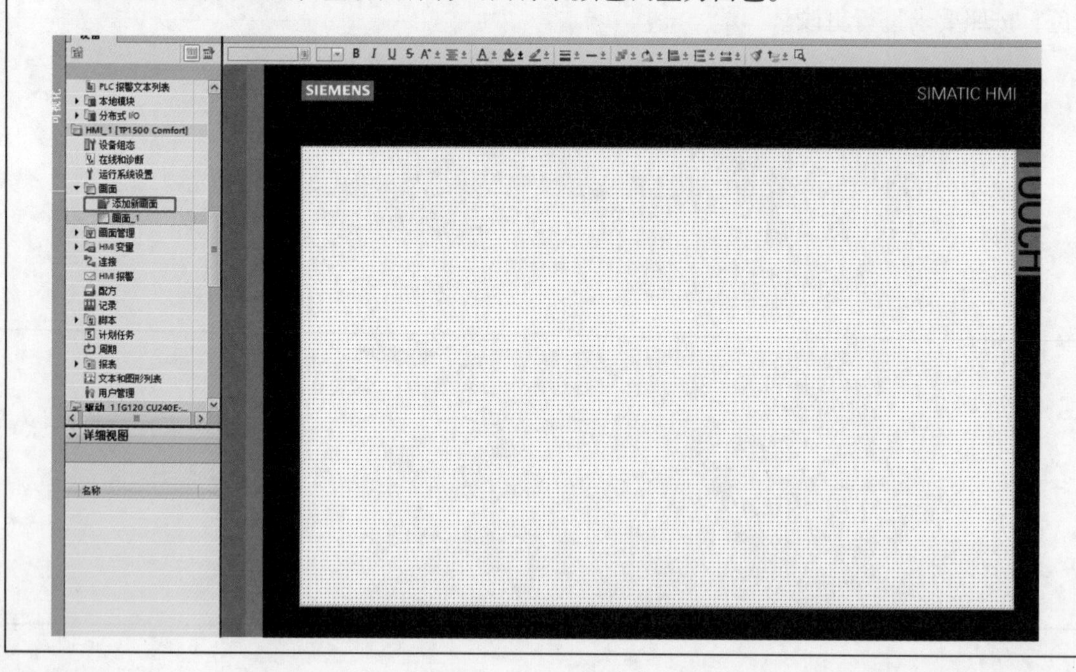

查看图样画面中给出的符号信息，方便在触摸屏符号库中找到所对应的符号。

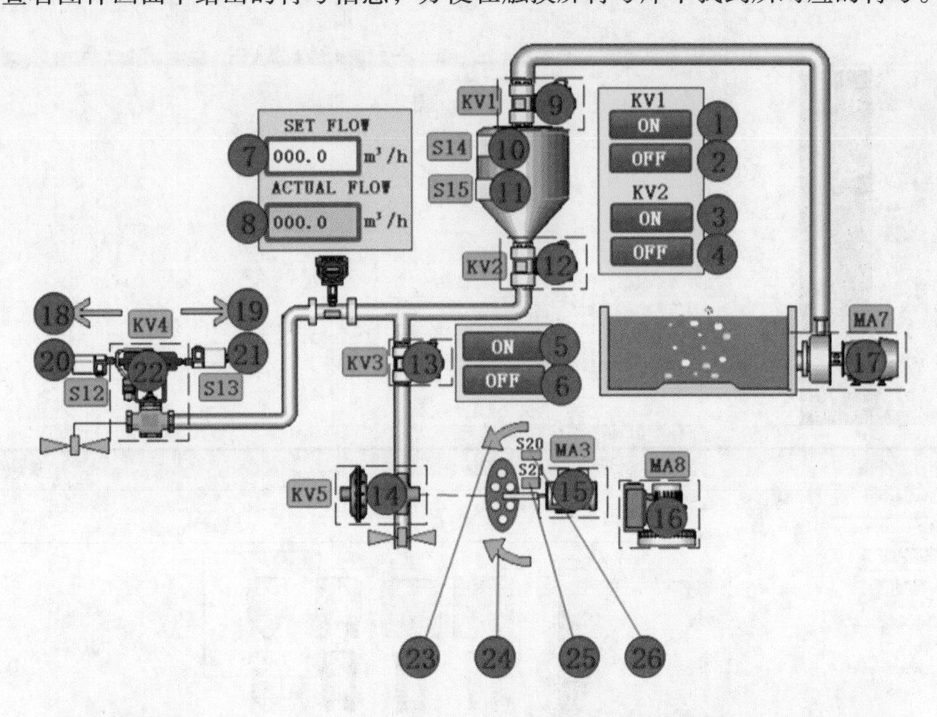

DESCRIPTION	SYMBOL LIBRARY	SYMBOL LIBRARY ITEM
Finalpieces_container	Tanks	Tanks 4
Finalpieces valve	Valves	Plastic control valve
Finalpieces valve	Valves	Control valve with diaphragm activator
Finalpieces valve	Valves	Motor valve
Finalpieces pipe	pipe	Tee 1
Finalpieces pipe	pipe	90° curve 1
Finalpieces pipe	pipe	Short horizontal pipe
Finalpieces Flow Meter	Flow Meter	Turbine meter 1
Finalpieces Motor	Motor	Smart motor

在设置中，将 TIA 博途软件修改为英文可以更容易地找到元件，根据图样给出信息依次寻找元件并放置在触摸屏上。

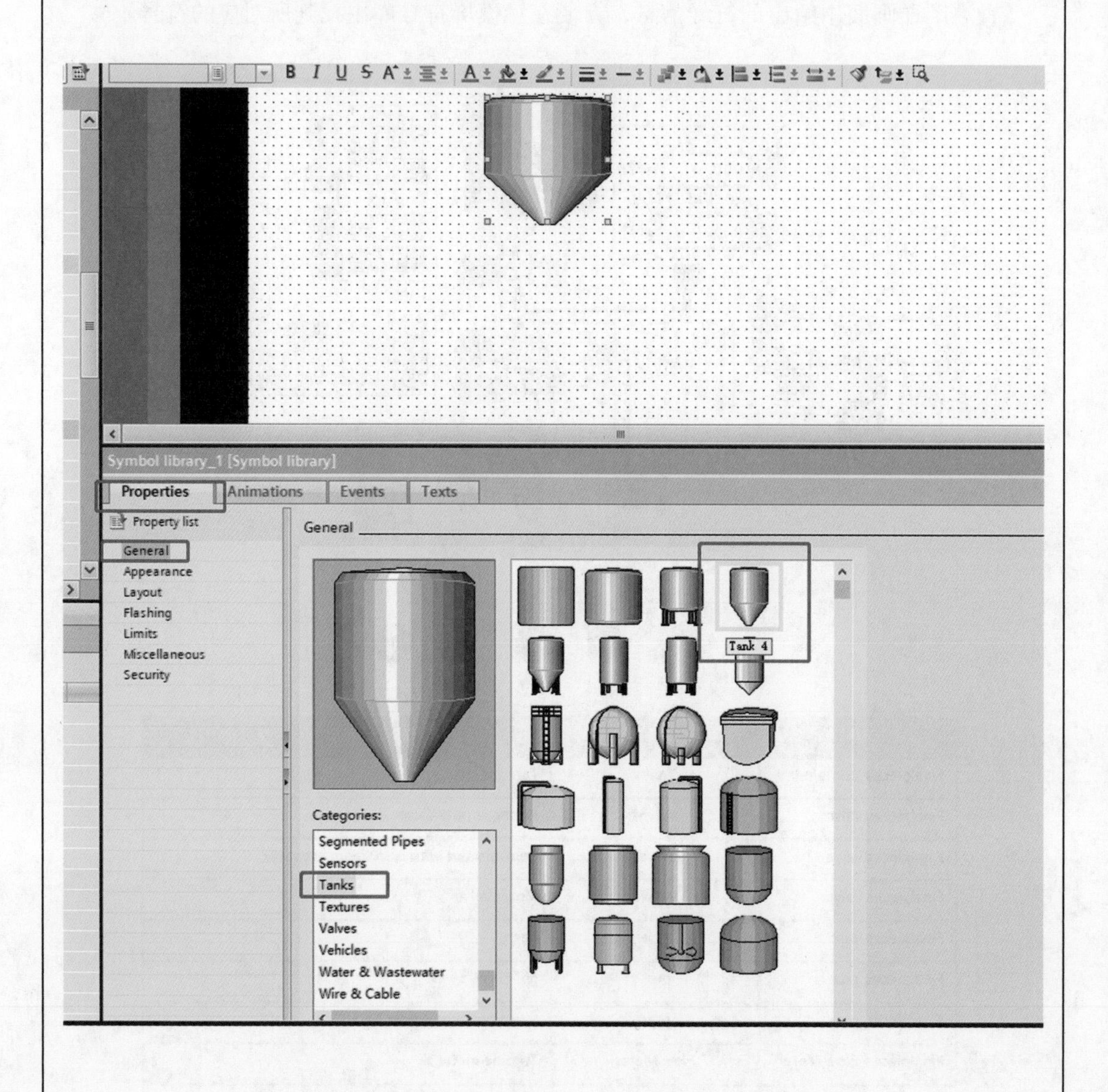

依次根据图样给出的位置找出每个符号的位置，将它们放置到触摸屏上。

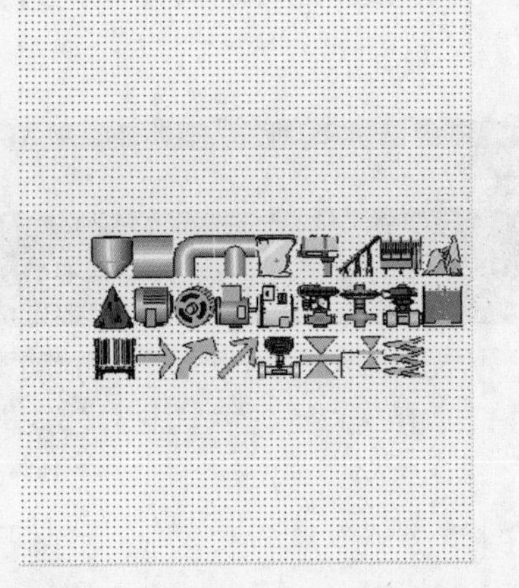

DESCRIPTION	SYMBOL LIBRARY	SYMBOL LIBRARY ITEM
Finalpieces Vehicles	Vehicles	Railroad box car 1
Finalpieces_motor	motor	Motor14
Finalpieces Sensors	Sensors	Level transmitter 1
Finalpieces Material Handling	Material Handling	Self-dumping hopper
Finalpieces Conveyors, Belt	Conveyors, Belt	Large weigh belt
Finalpieces Arrows	Arrows	Generic arrow ,diagonal

查看画面的布局，将找到的元件符号，通过拖拽和调整大小以及在上方工具栏中选择旋转方向，使其到达合适的位置和大小。

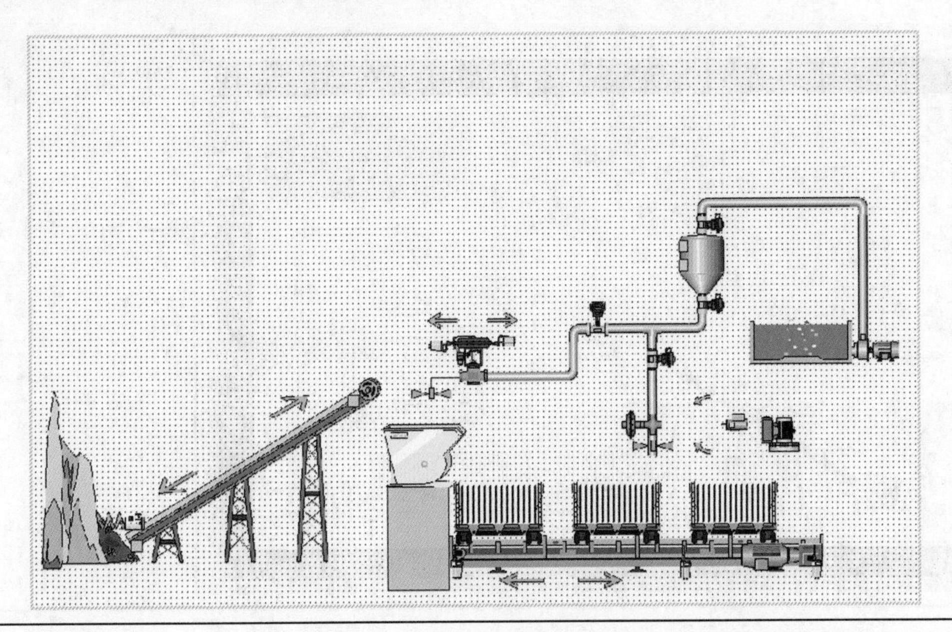

在“工具箱”找到基本图形，根据图样的尺寸调整到合适的大小，通过上方的工具栏可以修改颜色。

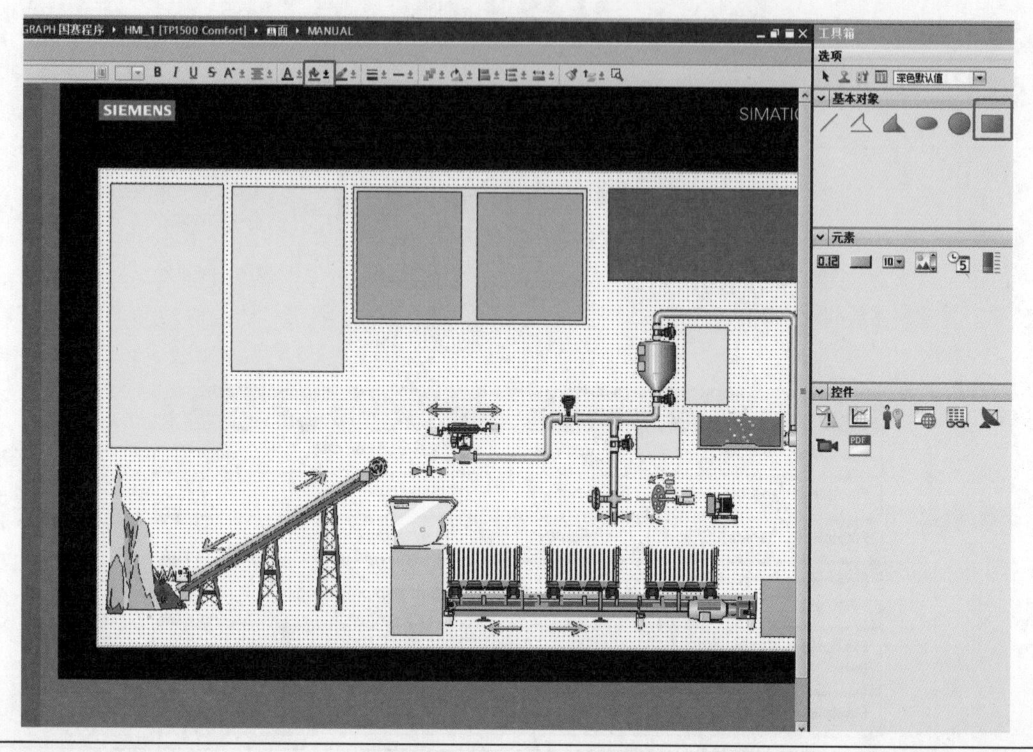

在工具箱里找到文字域，拖拽到画面中，双击修改文字域，根据图样修改为对应的单词

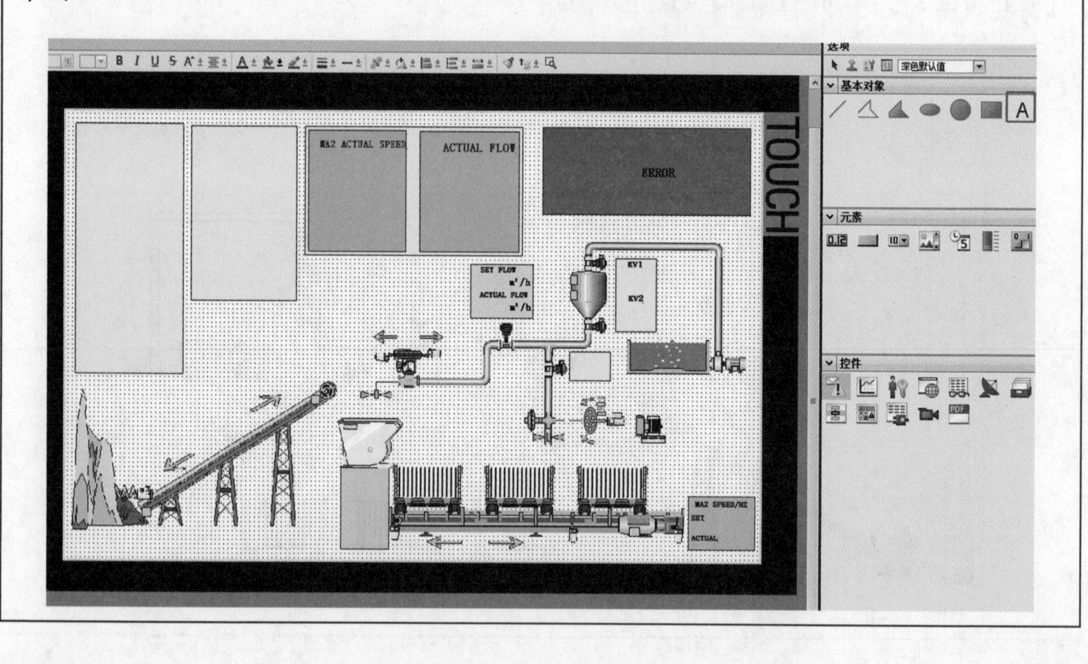

对于修改画面中有背景颜色的文字域，拖拽右侧工具箱里的文字域到合适的位置。
右击文字域的选择属性。
外观填充图案选择实心，边框宽度选择为 1，颜色选择为和图样相同的颜色。

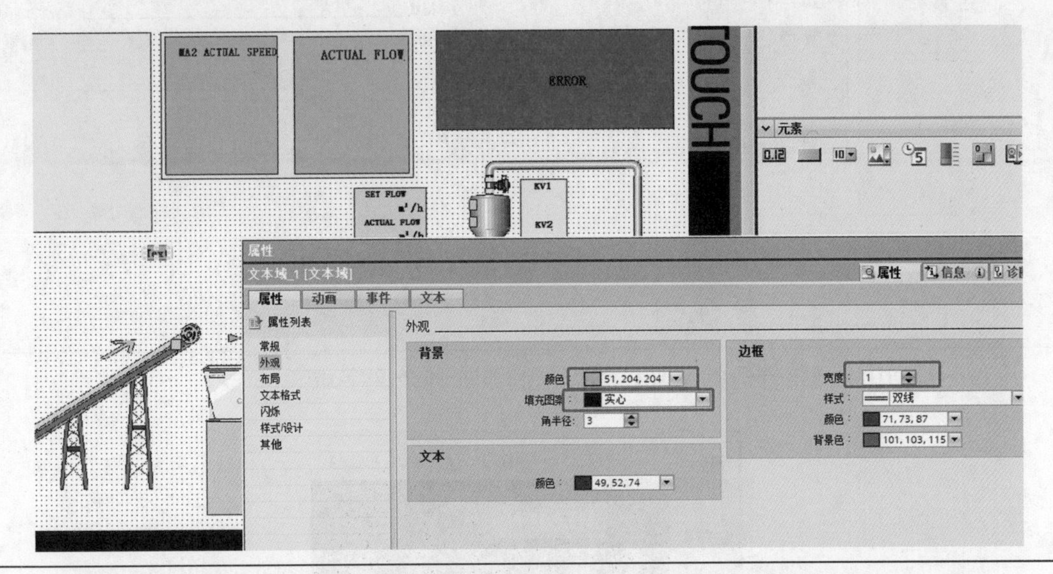

在属性界面布局中，取消使对象适合内容，可以更改文字域背景的大小。

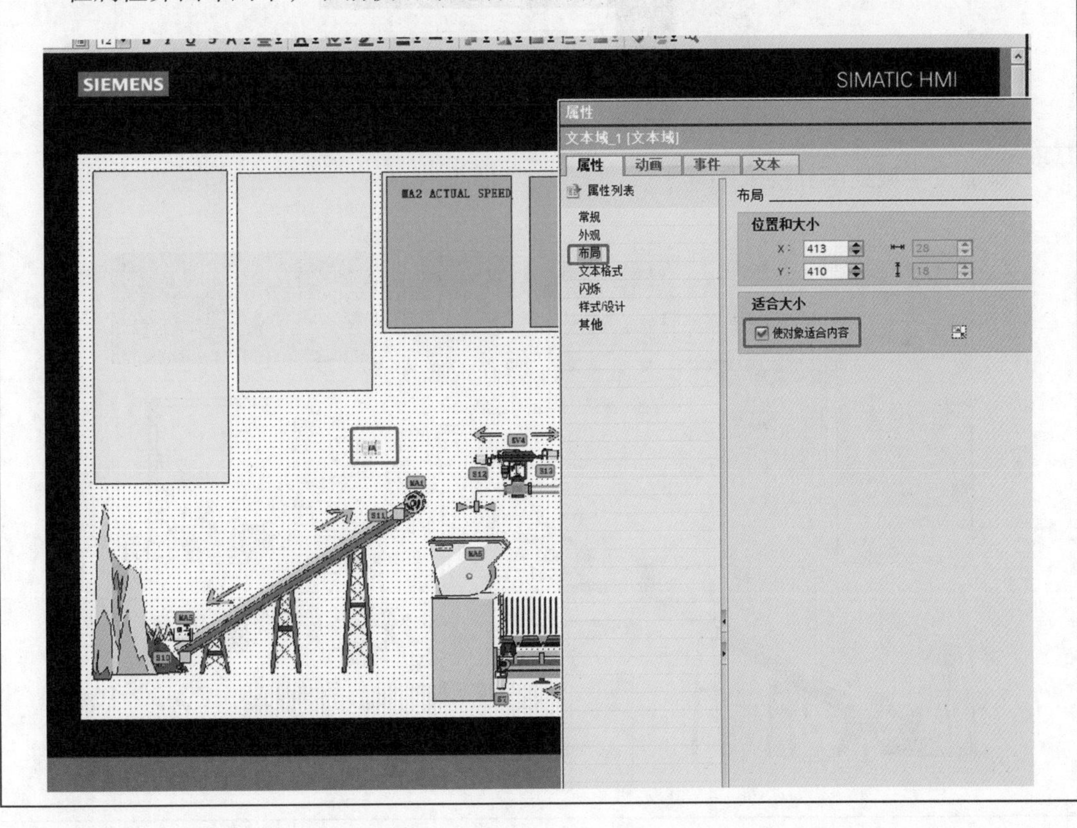

在属性界面文本格式中，选择水平对齐方式为居中，使文字在背景框中间。

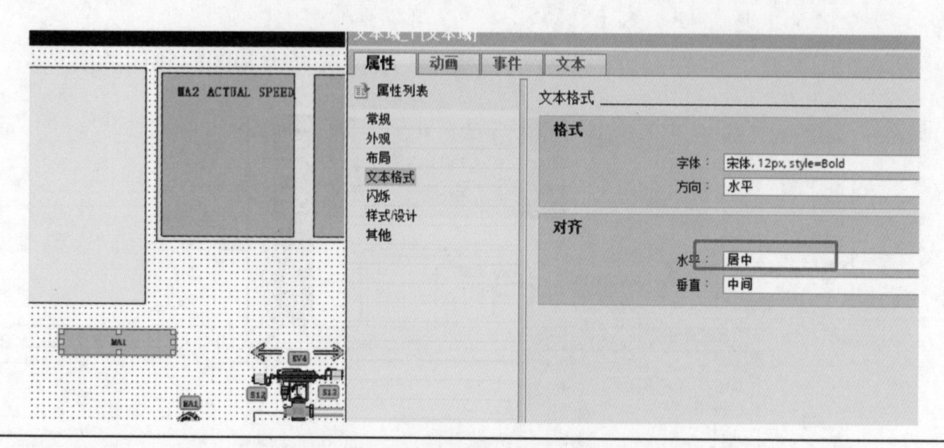

在工具栏中，调整合适的字号，然后复制添加其余文字域。

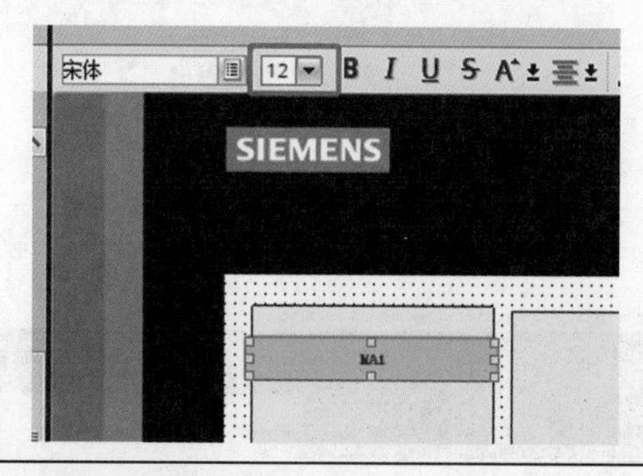

添加文字域到图样要求的样子。

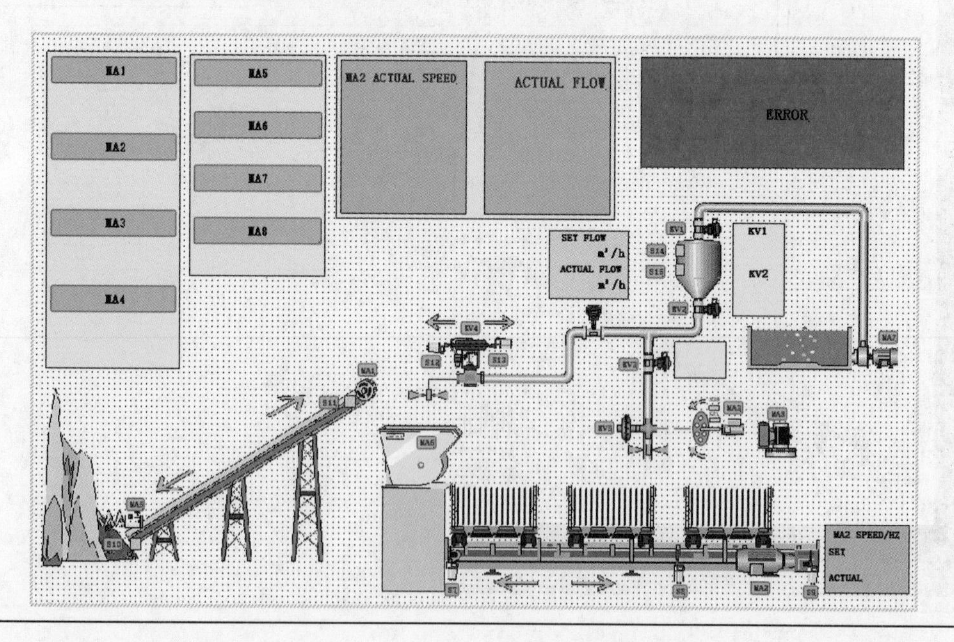

根据图样在工具箱元素里找到量表进行添加。

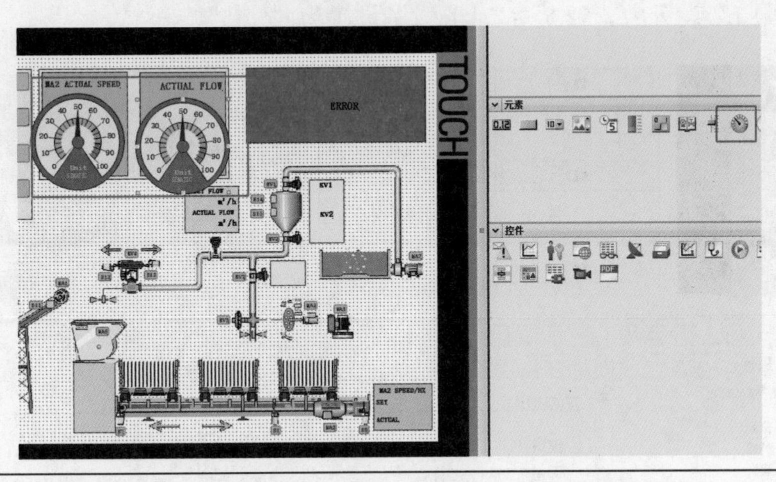

查看图样并找到关于量表的变量、量程、单位、标题等信息。

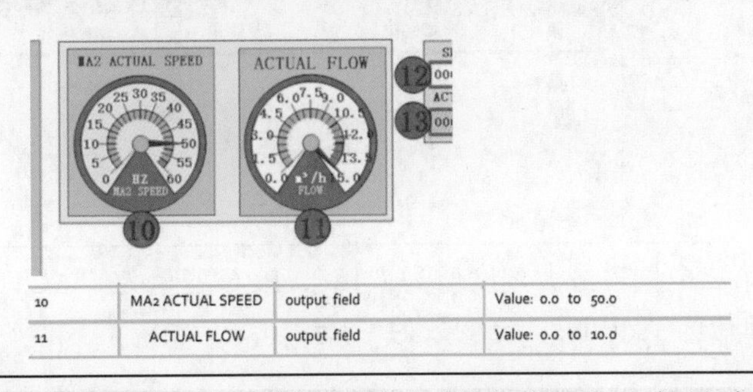

10	MA2 ACTUAL SPEED	output field	Value: 0.0 to 50.0
11	ACTUAL FLOW	output field	Value: 0.0 to 10.0

在第一个量表“属性”中，选择“最大刻度值 60”，变量为“MA2 ACTUAL SPEED”“标题 MA2 SPEED”，单位为 Hz，分度数为 5。

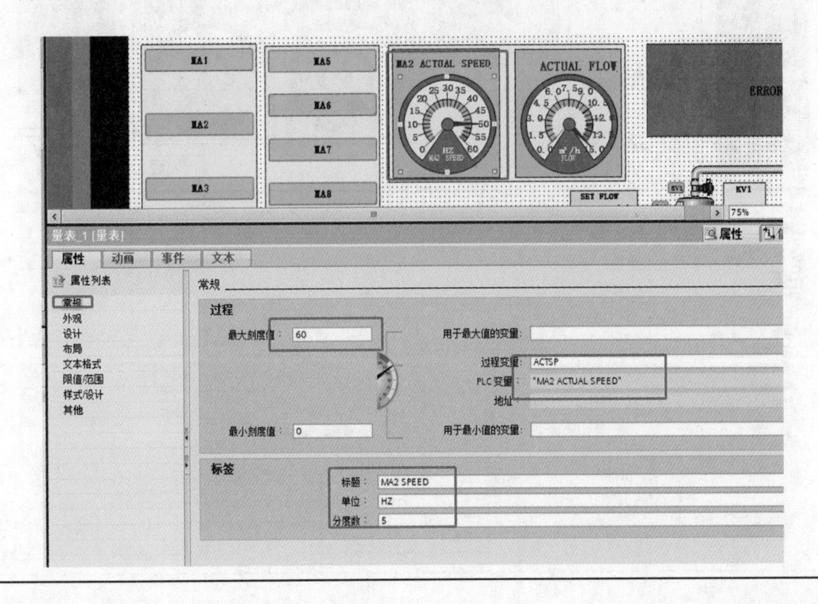

查看图样第一个量表“上限 1”和“上限 2”的区分点，将“属性”“限值 / 范围”量表的“上限 1”设置为“52.5”，“上限 2”设置为“57.5”。

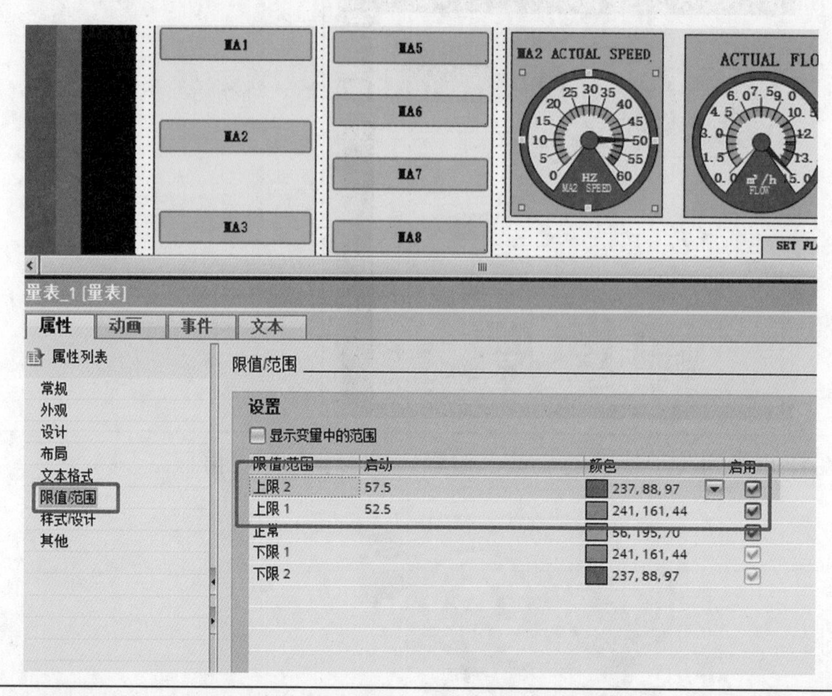

“属性”设置第二个量表最大刻度值为“15”，PLC 变量为“ACTUAL FLOW”，标题为“FLOL”，单位为“m^3/h”，分度数为“1.5”。

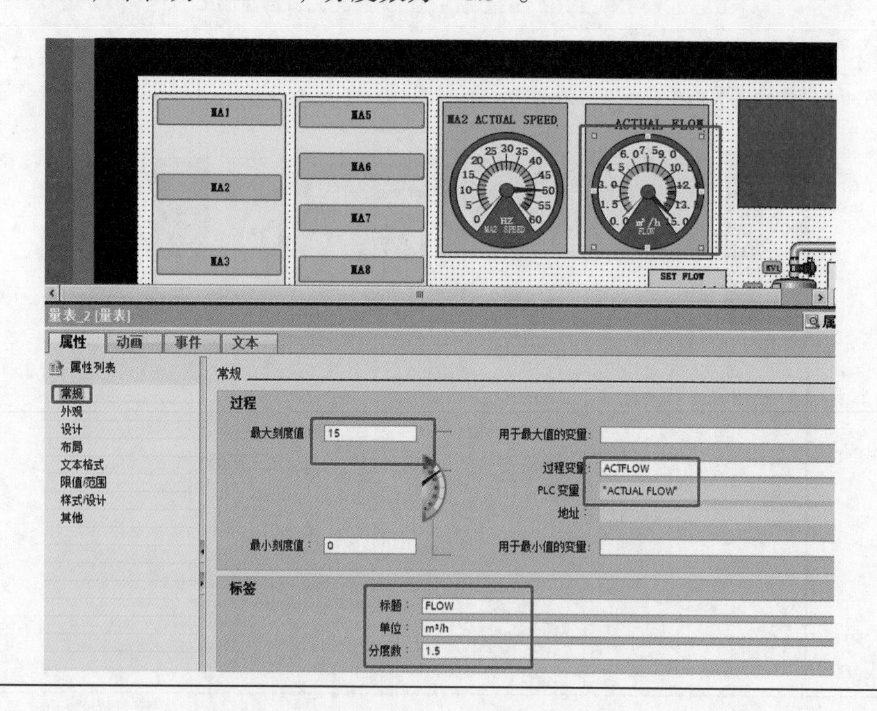

查看图样第二个量表上限 1 和上限 2 的区分点，将“属性”“限值 / 范围”量表的“上限 1”设置为“10.5”，“上限 2”设置为“12.5”。

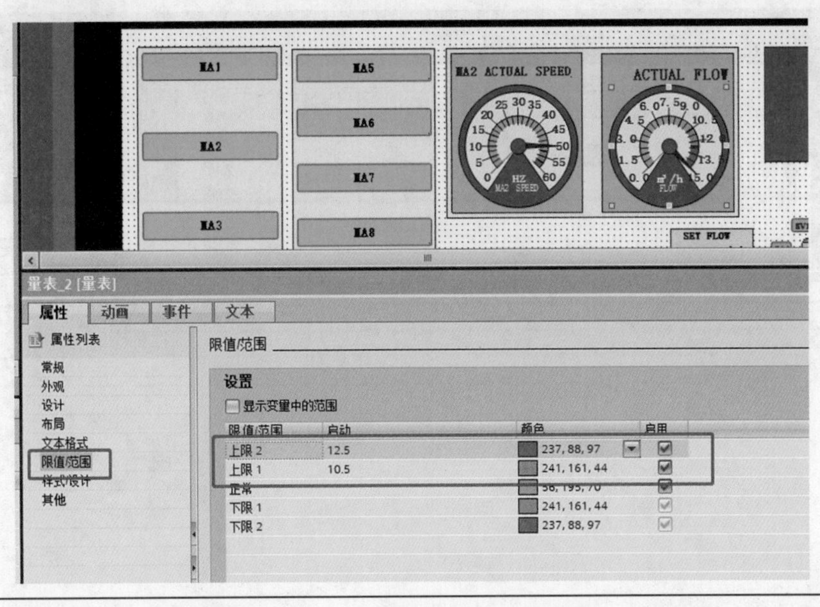

查看图样，在“工具箱”“元素”中找到日期 / 时间域，拖拽到指定和位置。

DETAILS MODE

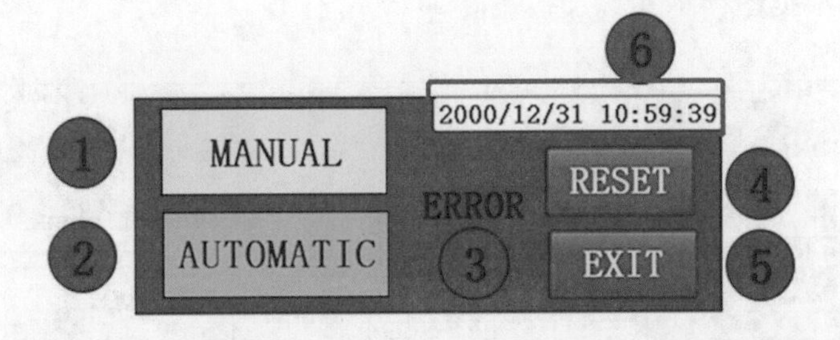

POSITION	VARIABLE	ACTION	COMMENT
1	MANUAL	Background Control Colour	not actuated colour = GRAY actuated colour = YELLOW actuated Activate Screen MANUAL
2	AUTOMATIC	Background Control Colour	not actuated colour = GRAY actuated colour = GREED actuated Activate Screen AUTOMATIC
3.	ERROR	Text field Visibility	not actuated INVISIBLE actuated VISIBLE
		Background Control Colour	not actuated colour = GRAY actuated colour = RED
4	RESET	Button control	"State 1" while button is pressed
5	EXIT	Button control	Exit the system
6		Date/time field	Show time as input/output field

根据图样样式，右键“属性”“外观”中，将“外观”“边框”“宽度”调整为“1”。

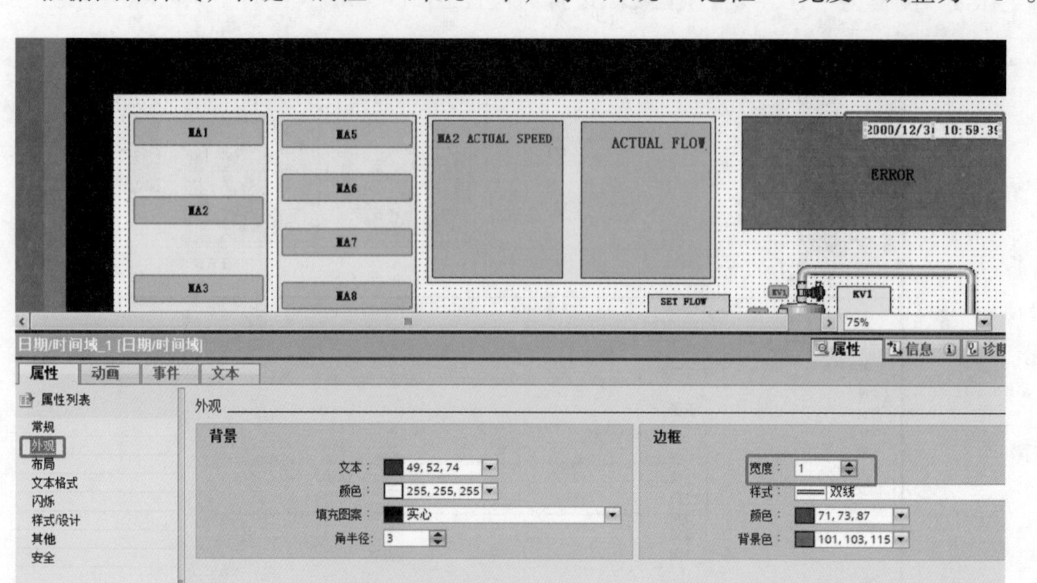

在“工具箱”“元素”中找到按钮进行拖拽到画面上，可以通过拉伸调整大小和双击进行修改文字，根据图样依次添加按钮。

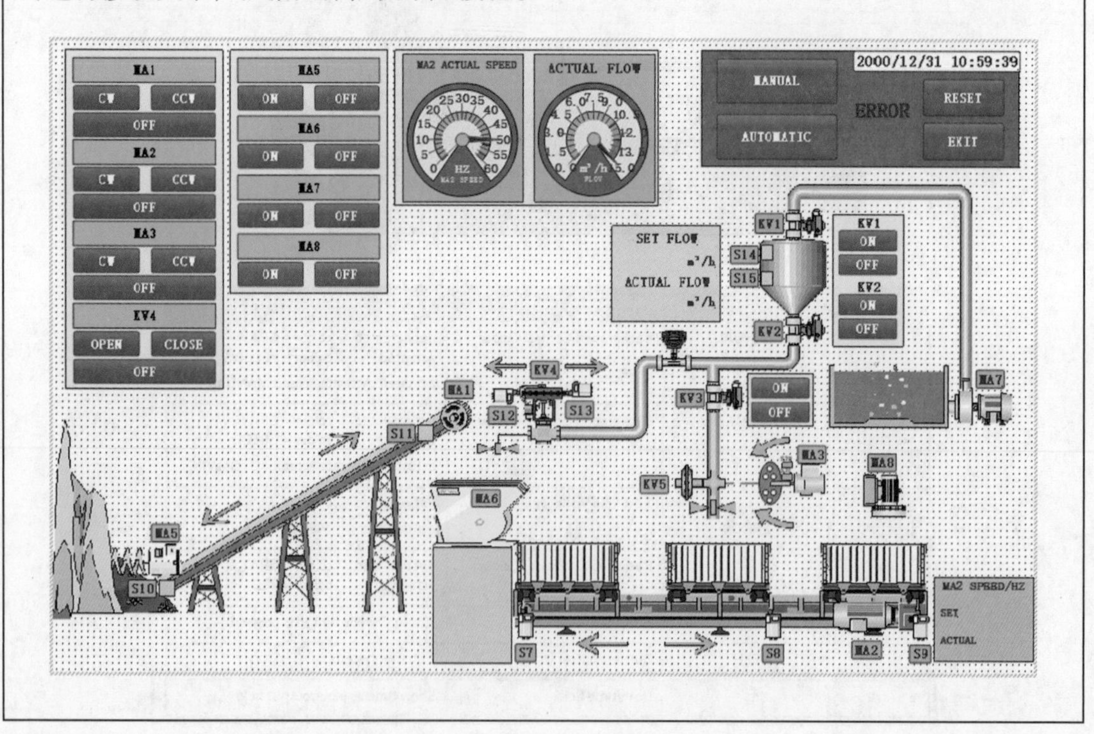

查看图样，根据序号找到按钮对应的变量，“POSITION”为序号，“VARIABLE”为每个按钮需要添加的变量，“ACTIVE”中“BUTTON control”为按钮控制，“COMMENT”中“State1”“while button is pressed”，为按下按钮时置位位。

DETAILS CONTROL BOARD

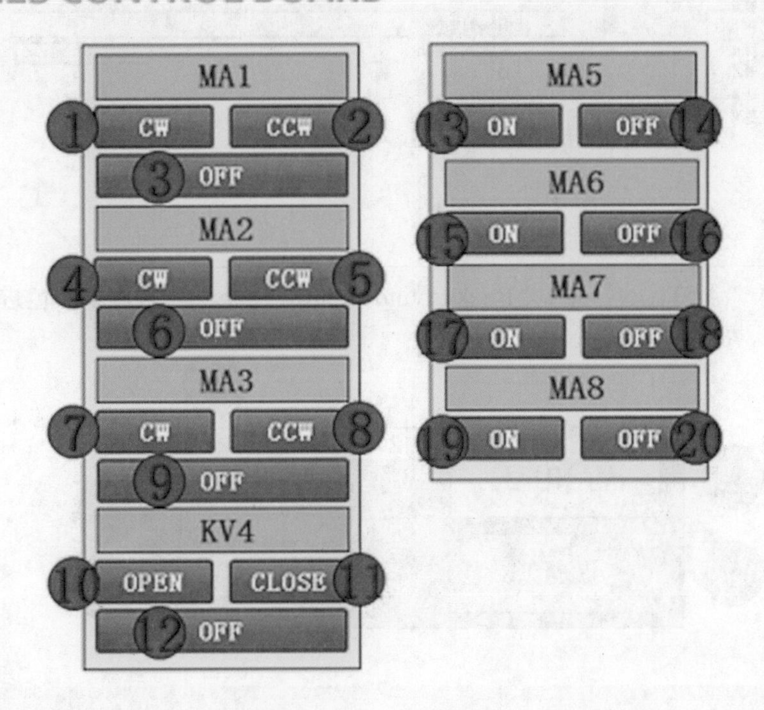

POSITION	VARIABLE	ACTION	COMMENT
1	MA1 CW	Button control	"State 1" while button is pressed
2	MA1 CCW	Button control	"State 1" while button is pressed
3	MA1 OFF	Button control	"State 1" while button is pressed
4	MA2 CW	Button control	"State 1" while button is pressed
5	MA2 CCW	Button control	"State 1" while button is pressed

右键“属性”，选择“事件”→“按下”→“添加函数”→“编辑位”→“按下按钮时置位位”，变量为第一个按钮序号“1–MA1 CW”其他。

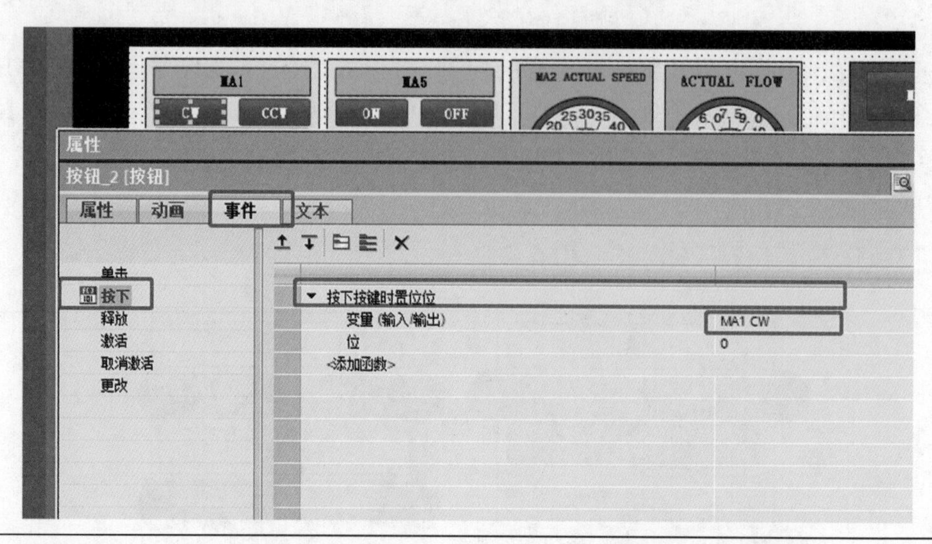

查看图样“ACTION”中，“Background Control Colour”为背景颜色进行控制。

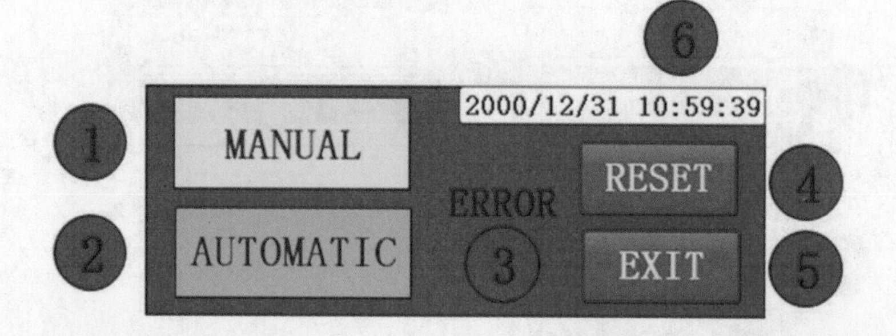

POSITION	VARIABLE	ACTION	COMMENT
1	MANUAL	Background Control Colour	not actuated colour = GRAY actuated colour = YELLOW actuated Activate Screen MANUAL
2	AUTOMATIC	Background Control Colour	not actuated colour = GRAY actuated colour = GREED actuated Activate Screen AUTOMATIC
3	ERROR	Text field Visibility	not actuated INVISIBLE actuated VISIBLE
		Background Control Colour	not actuated colour = GRAY actuated colour = RED
4	RESET	Button control	“State 1” while button is pressed
5	EXIT	Button control	Exit the system
6		Date/time field	Show time as input/output field

在“按钮”“属性”“外观”“填充图案”，选择“实心”就可以更改颜色，在下方还可以更改按钮“文本”的“颜色”，根据图样要求完成更改。

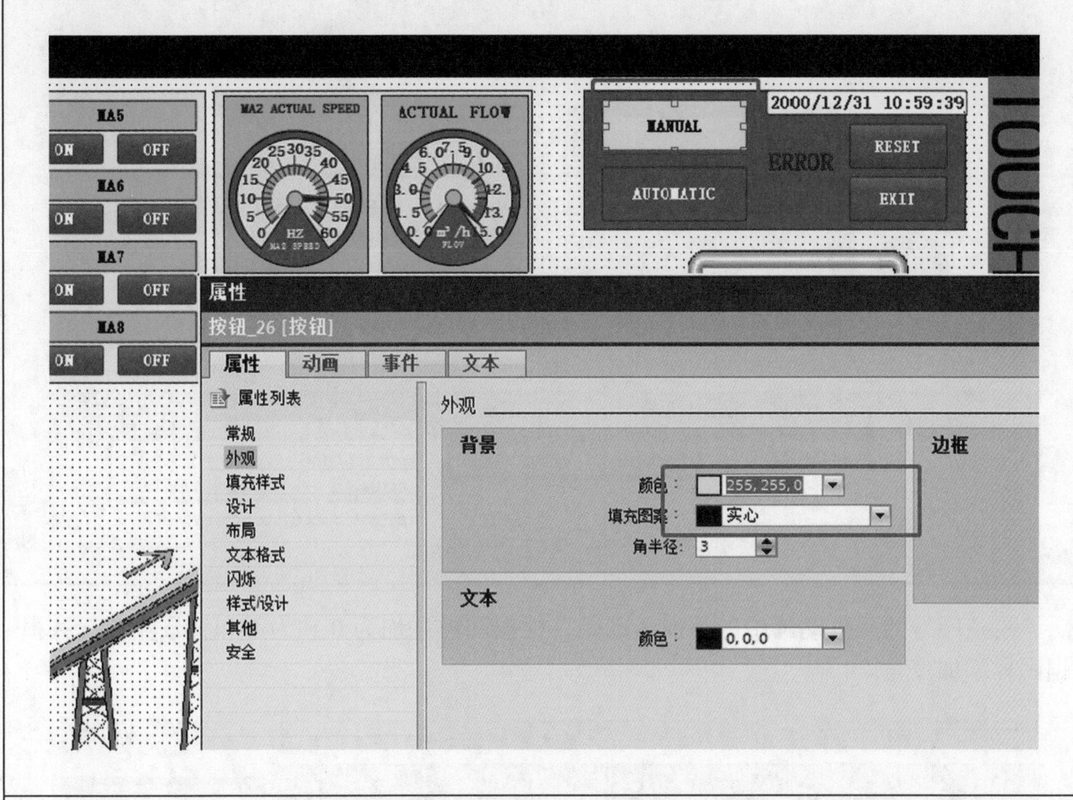

序号 5comment Exit the system 为停止运行系统，选择“单击”，添加函数选择停止运行系统。

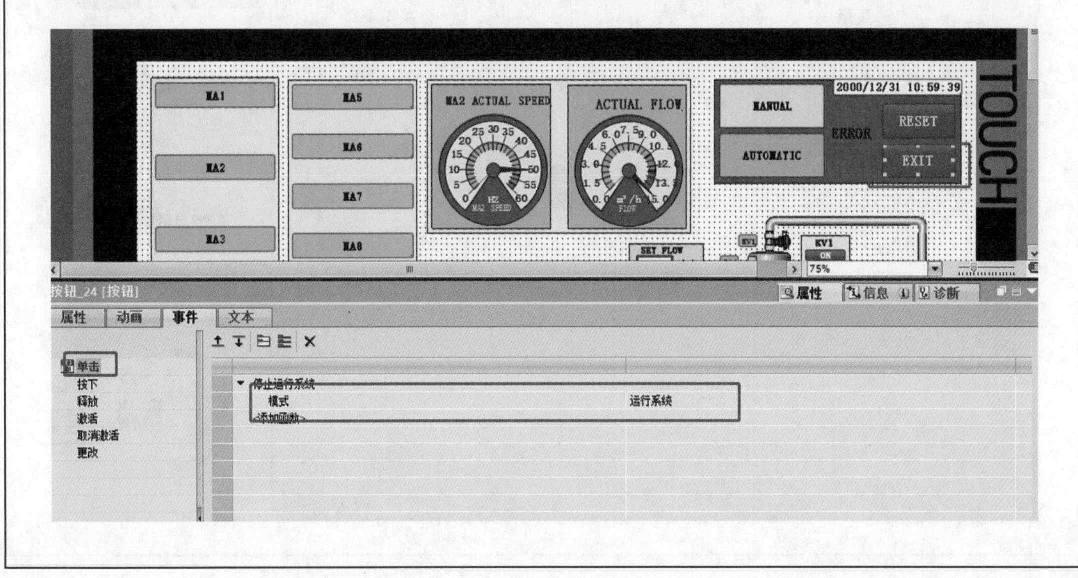

序号 1 还有背景颜色控制，not actuated colour=GRAY 表示变量为 FALSE 为灰色，actuated colour=YELLOW，表示变量为 TRUE 为黄色。

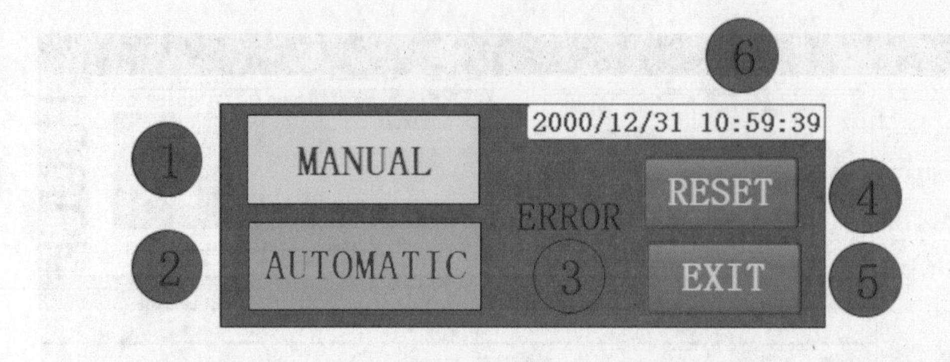

POSITION	VARIABLE	ACTION	COMMENT
1	MANUAL	Background Control Colour	not actuated colour = GRAY actuated colour = YELLOW actuated Activate Screen MANUAL

找到序号的元件动画中的添加新动画，根据图样添加为 0 和为 1 和背景颜色，并根据图样添加变量。

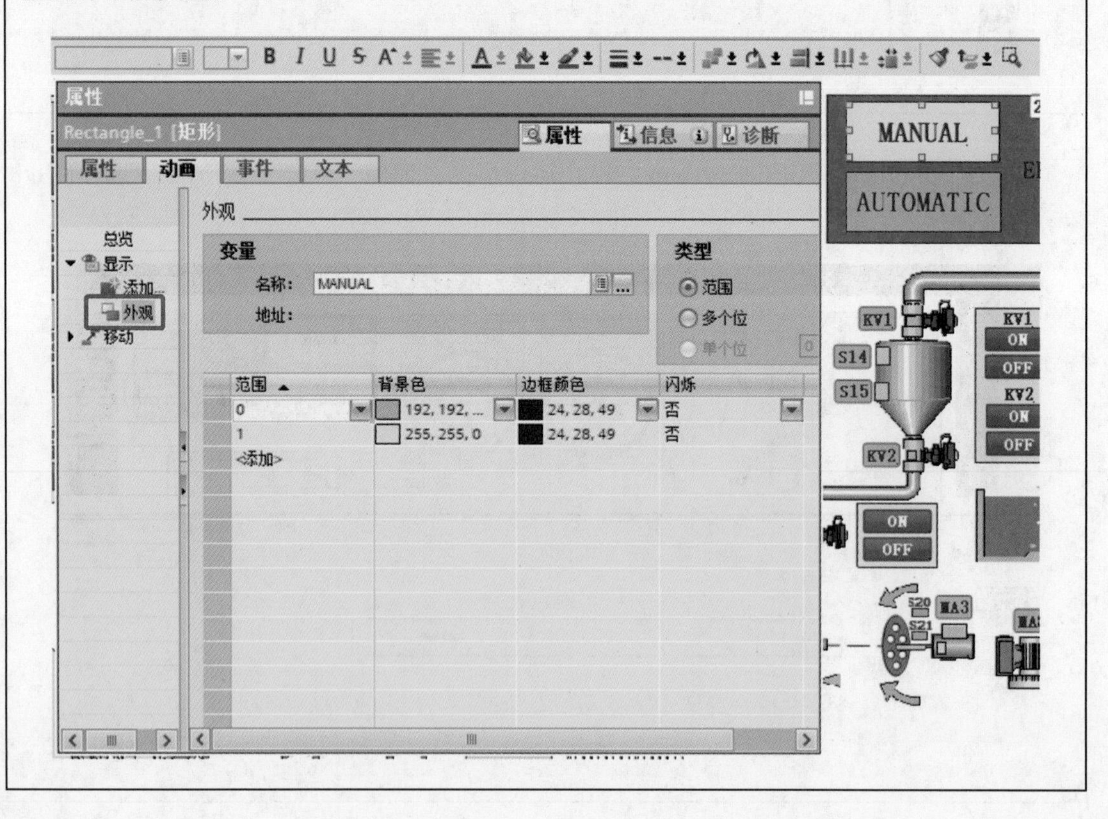

查看图样，符号库的元件为前景色点亮。

3	KV2 ON	Button control	“State 1” while button is pressed
4	KV2 OFF	Button control	“State 1” while button is pressed
5	KV3 ON	Button control	“State 1” while button is pressed
6	KV3 OFF	Button control	“State 1” while button is pressed
7	SET FLOW	Input/output field	Value: 0.0 to 10.0
8	ACTUAL FLOW	output field	Value: 0.0 to 10.0
9	KV1 IS ON	Foreground Control Colour	not actuated colour = GRAY actuated colour = GREEN
10	S14	Background Control Colour	not actuated colour = GRAY actuated colour = GREEN
11	S15	Background Control Colour	not actuated colour = GRAY actuated colour = GREEN
12	KV2 IS ON	Foreground Control Colour	not actuated colour = GRAY actuated colour = GREEN
13	KV3 IS ON	Foreground Control Colour	not actuated colour = GRAY actuated colour = GREEN
14	KV5 IS ON	Foreground Control Colour	not actuated colour = GRAY actuated colour = GREEN

根据序号找到元件。

在“外观”中，填充样式选择阴影图，背景色根据要求选择灰色，背景选择为透明。

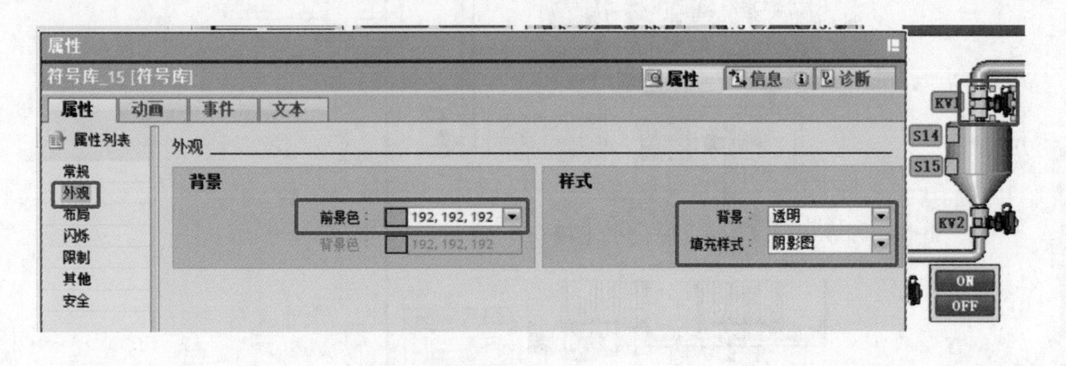

查看图样 ACTION 中 Visibility 为可见性，为 0 时不显示元件，为 1 时显示元件。

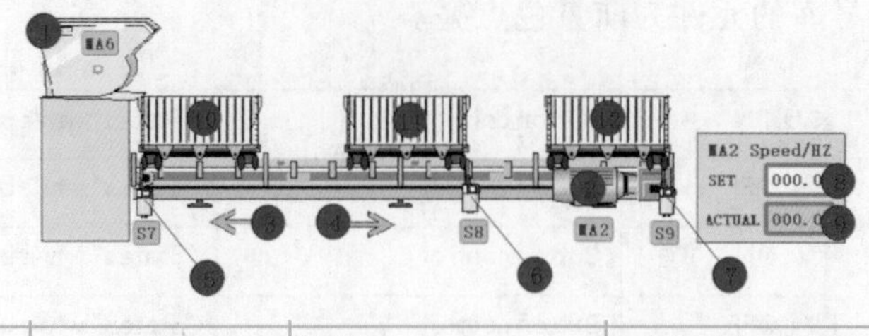

10	S7	Visibility	not actuated actuated	INVISIBLE VISIBLE
11	S8	Visibility	not actuated actuated	INVISIBLE VISIBLE
12	S9	Visibility	not actuated actuated	INVISIBLE VISIBLE

选择“动画”添加新“动画”“可见性”，根据序号添加变量范围从“1”到“1”、“可见性”选择“可见”。根据步骤完成其他“可见性”的选择。

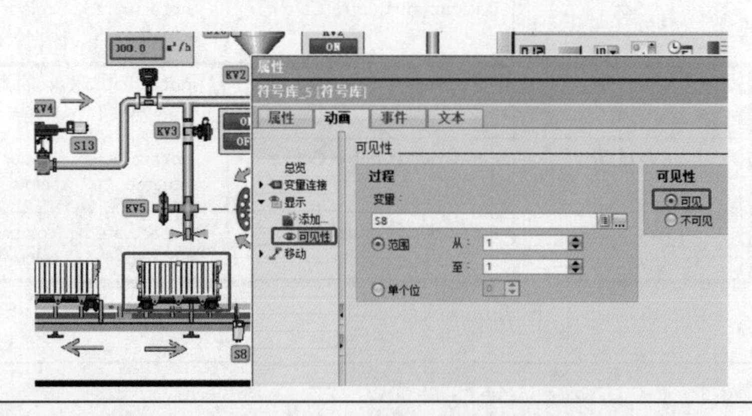

在“工具箱”“元素”中选择 I/O 域，根据图样拖拽到指定的位置，通过拉伸调整好指定的大小。

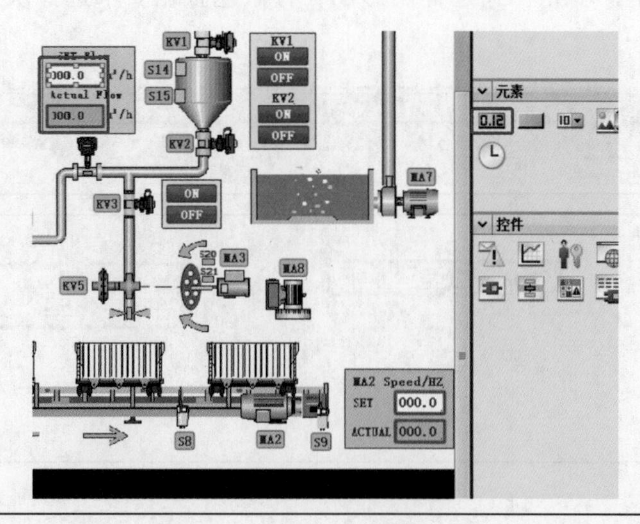

双击新添加的 I/O 域，根据序号在常规中添加变量，根据图样选择格式样式如：999 显示为 000，根据 I/O 域序号中的 ACTION output field，选择模式为输出。Input/output field 为输入输出。

根据图样完成其他的 I/O 域的创建，通过工具栏的可以对 I/O 域的背景颜色进行编辑。

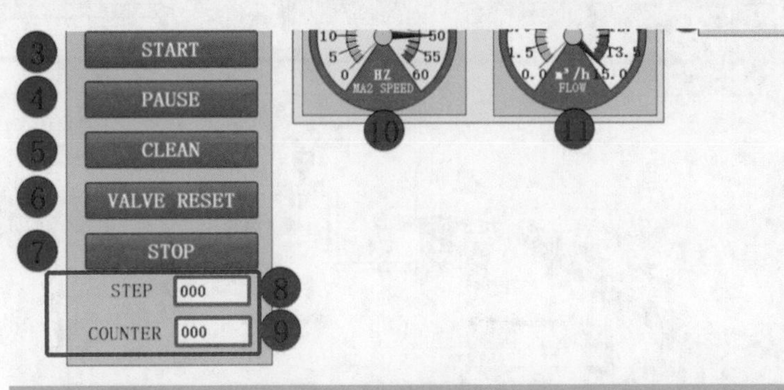

POSITION	VARIABLE	ACTION	COMMENT
1	REFERENCE	Background Control Colour	not actuated colour = GRAY actuated colour = GREEN
2	CYCLE ACTIVE	Background Control Colour	not actuated colour = GRAY actuated colour = GREEN
3	START	Button control	"State 1" while button is pressed
4	PAUSE	Button control	"State 1" while button is pressed
	PAUSE IS ON	Background Control Colour	not actuated colour = GRAY actuated colour = GREEN
5	CLEAN	Button control	"State 1" while button is pressed
	CLEAN IS ON	Background Control Colour	not actuated colour = GRAY actuated colour = GREEN
6	VALVE RESET	Button control	"State 1" while button is pressed
	VALVE RESET ON	Background Control Colour	not actuated colour = GRAY actuated colour = GREEN
7	STOP	Button control	"State 1" while button is pressed
8	STEP	output field	Value: 0 to 1000

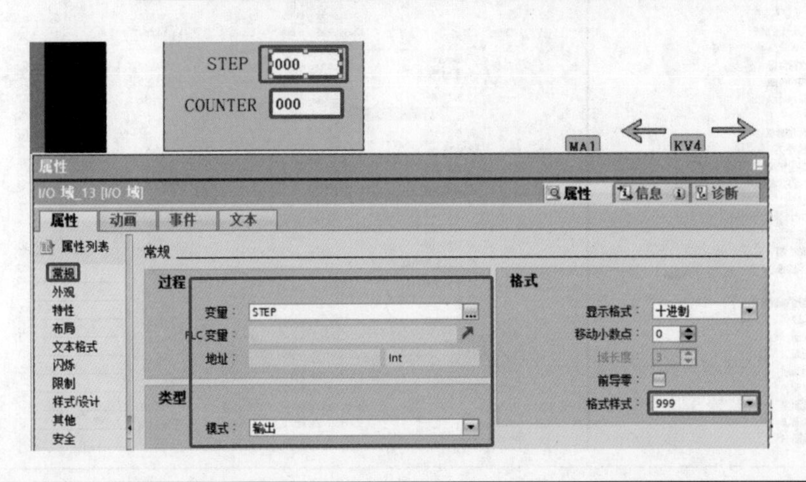

完成图样上的画面要求，可以复制到另一个画面上继续进行添加，直至画面完成。

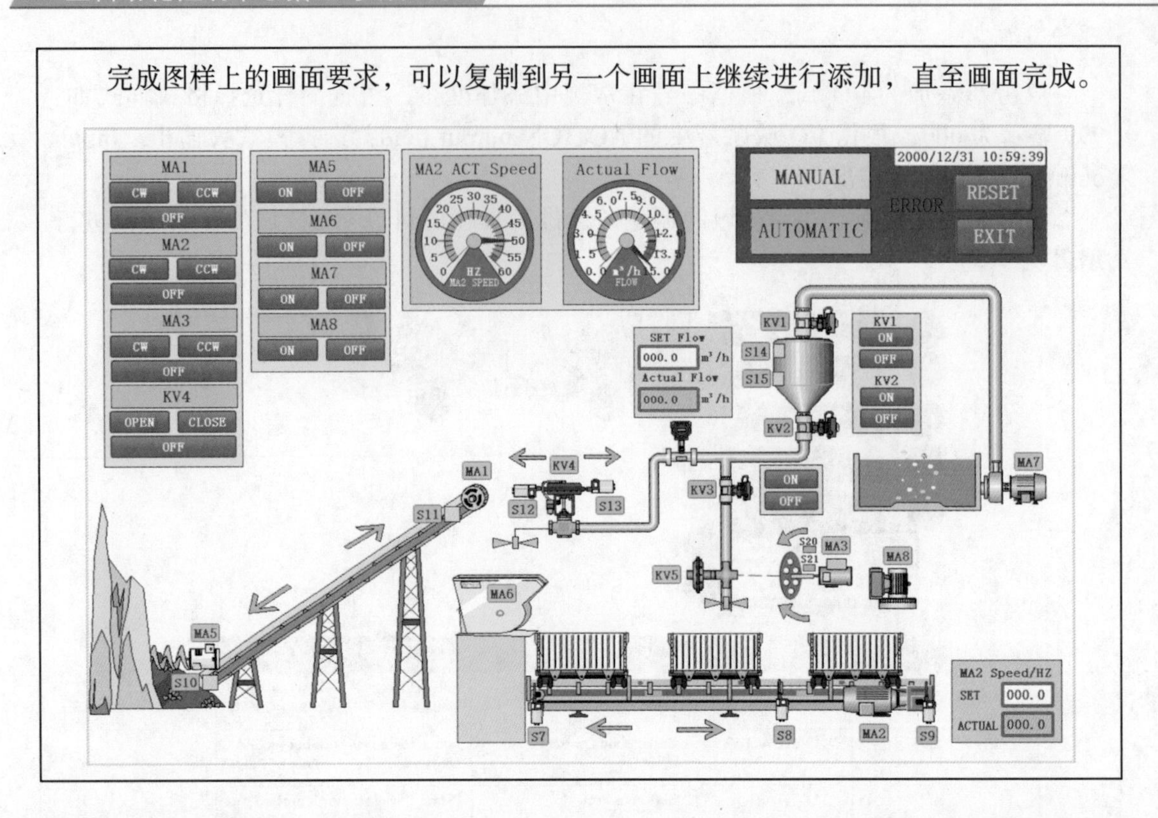

8.3 变量连接

首先打开“PLC 变量”→“显示所有变量”，将所有变量选中并复制。

打开组态的触摸屏，找到“HMI 变量”“显示所有变量”，将变量复制到这里。

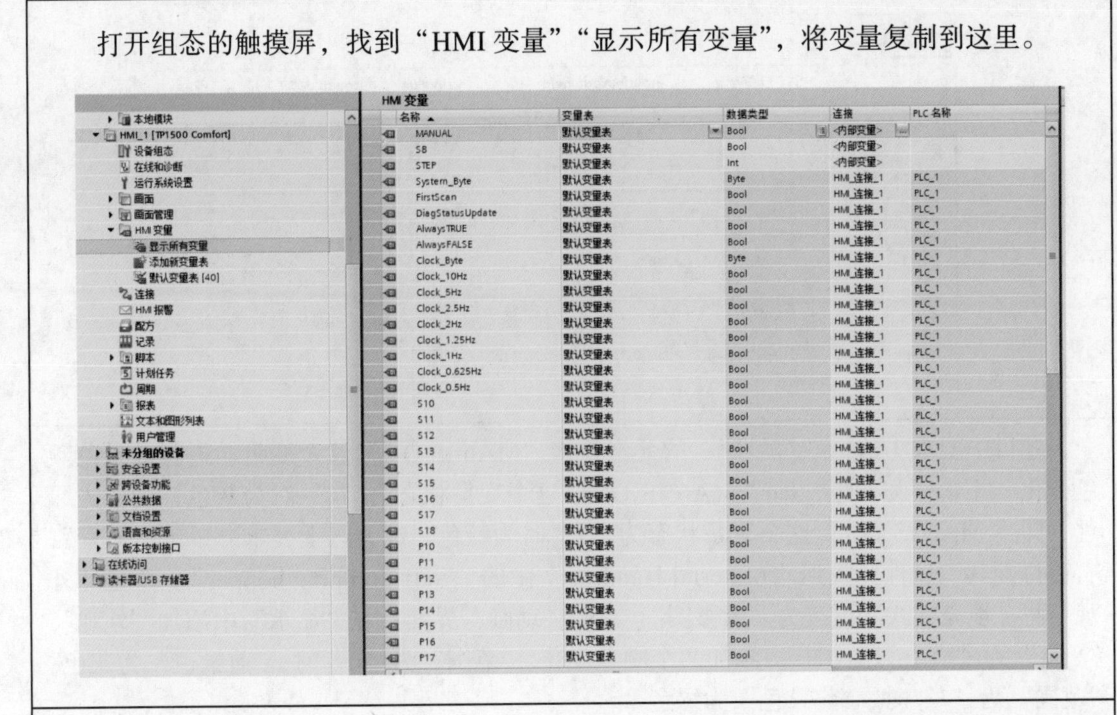

以这个按钮为例，题目要求“MA1 CW”这个按钮功能为按钮控制，按下按键时为 1，右键单击按钮打开其“属性”，单击“事件”，在“按下”界面创建函数“按下按键时置位位”，变量直接输入“MA1_CW”，单击回车按键，即可自动连接。

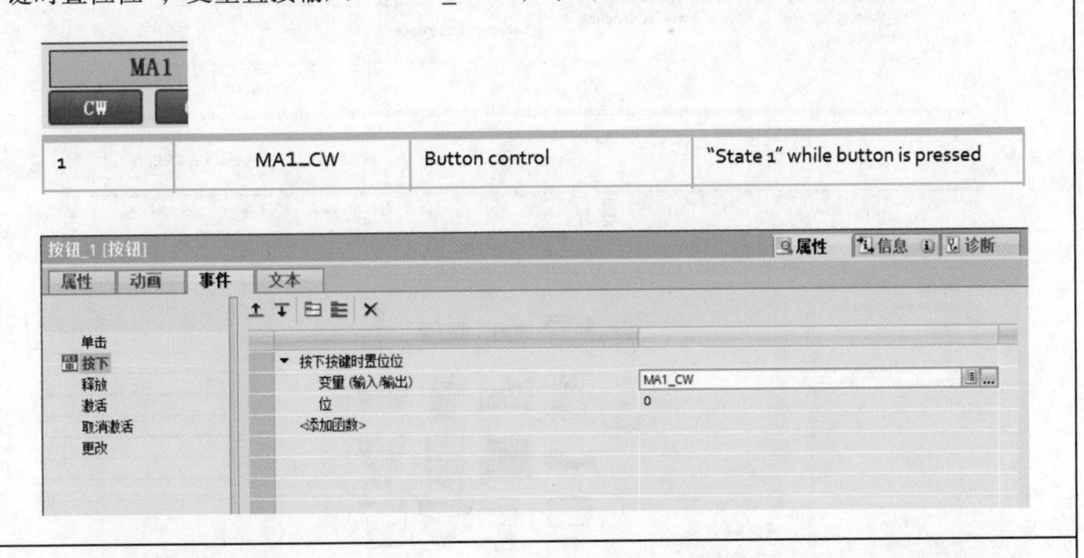

题目中要求“SET FLOW”这个 I/O 域模式为“Input/output field”，值为 0.0 to 10.0。根据以上要求，“变量”直接输入“SET_FLOW”，单击回车按键即可自动连接。模式设置为“输入 / 输出”，显示格式设置为“十进制”，格式样式设置为“99.9”。

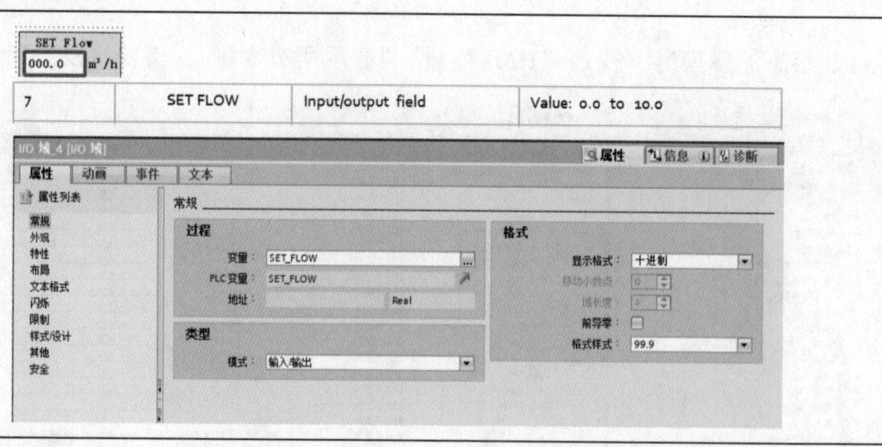

题目中要求①这个“符号库”的元素连接“MA6 IS ON”这个变量，进行前景色颜色变化。不动作为灰色，即“MA6 IS ON”这个变量状态为“0”时为灰色；动作为绿色，即“MA6 IS ON”这个变量状态为“1”时为绿色。综合以上要求，单击“元素”，右键打开其“属性”找到“Material Handing”中的“Self-dumping hopper”。单击“外观”将“填充样式”更改为“阴影图”，单击“动画”界面，在“显示”中添加“外观”，“变量”为“MA6_IS_ON”，添加两个颜色变化。“范围”为“0”时，“前景色”为灰色；“范围”为“1”时，“前景色”为绿色。

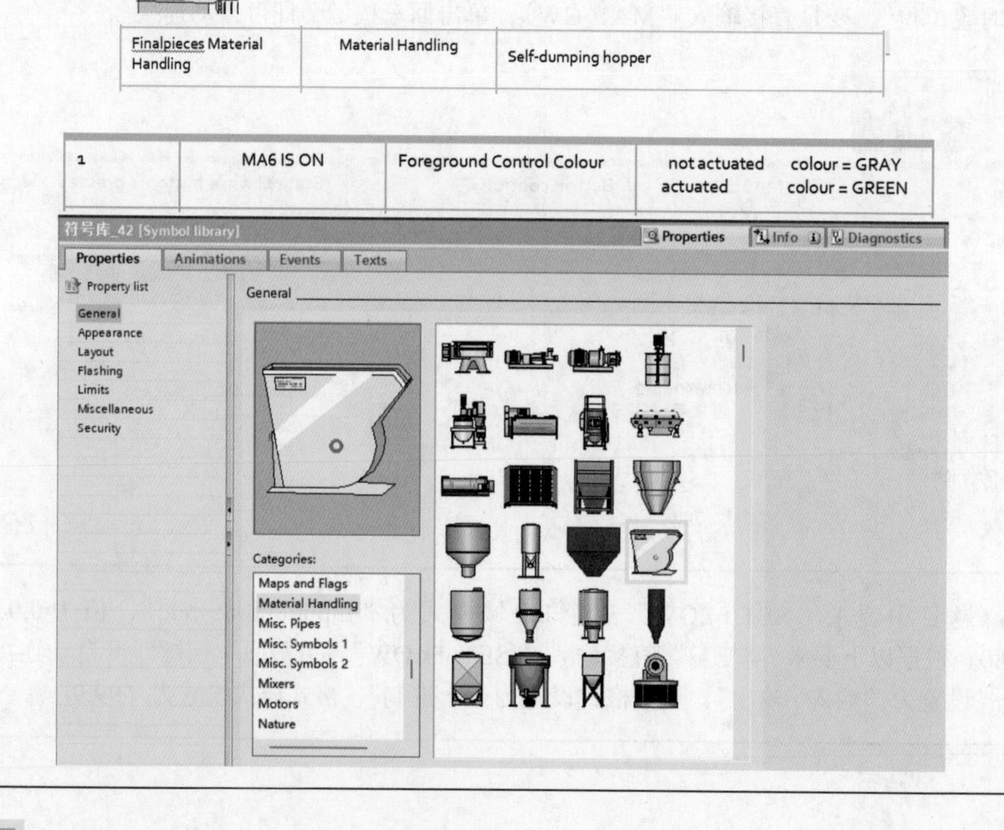

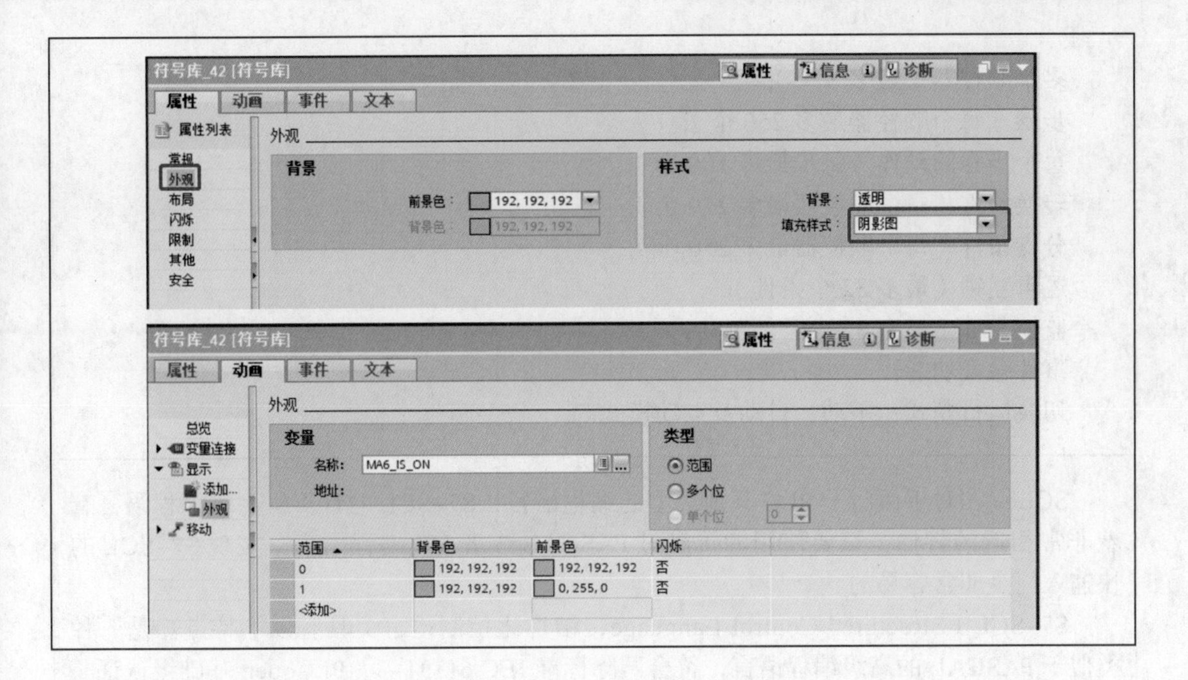

8.4 PLC 编程

1. 编程语言

LAD：梯形图（LAD，LadderLogic Programming Language）是 PLC 使用最多的图形编程语言，被称为 PLC 的第一编程语言。

梯形图语言沿袭了继电器控制电路的形式，梯形图是在常用的继电器与接触器逻辑控制基础上简化的符号演变而来，具有形象、直观和实用等特点，电气技术人员容易接受，是运用最多的 PLC 编程语言。

在 PLC 程序图中，左、右母线类似于继电器与接触器控制电源线，输出线圈类似于负载，输入触点类似于按钮。梯形图由若干阶级构成，自上而下地排列，每个阶级起于左母线，经过触点与线圈，止于右母线。

GRAPH：相对于西门子 PLC 其他类型的编程语言，S7-GRAPH 与计算机高级编程语言有着非常相近的特性，只要使用者接触过 PASCAL 或者 VB 编程语言，实现 S7-GRAPH 的快速入门是非常容易的。

S7-GRAPH 具有以下特点：适用于顺序控制程序、符合国际标准 IEC 61131-3、PLCopen 基础级认证，适用于 SIMATIC S7-300（推荐 CPU314 以上）、S7-400、S7-1500，C7 and WinAC S7-GRAPH 针对顺序控制程序做了优化处理，它不仅具有 PLC 典型的元素（例如输入 / 输出、定时器、计数器），而且还增加了如下概念：

<table>
<tr><td>
多个顺控器（最多 8 个）；
步骤（每个顺控器最多 250 个）；
每个步骤的动作（每步最多 100 个）；
转换条件（每个顺控器最多 250 个）；
分支条件（每个顺控器最多 250 个）；
逻辑互锁（最多 32 个条件）；
监控条件（最多 32 个条件）；
事件触发功能；
切换运行模式：手动、自动及点动模式。
</td></tr>
<tr><td>
SCL：相对于西门子 PLC 其他类型的编程语言，S7-SCL 与计算机高级编程语言有着非常相近的特性，只要使用者接触过 PASCAL 或者 VB 编程语言，实现 S7-SCL 的快速入门是非常容易的。
S7-SCL（Structured Control Language，结构化控制语言）具有以下特点：是一种类似于 PASCAL 的高级编程语言，符合国际标准 IEC 61131-3、PLCopen 基础级认证。
适用于 S7-300（推荐 CPU314 以上）、S7-400、S7-1200、S7-1500、C7 and WinAC。S7-SCL 为 PLC 做了优化处理，它不仅具有 PLC 典型的元素（例如输入 / 输出、定时器、计数器、符号表），而且还具有高级语言的特性，例如：循环、选择、分支、数组和高级函数。
S7-SCL 其非常适合于如下任务：复杂运算功能、复杂数学函数、数据管理和过程优化。
</td></tr>
</table>

2. LAD 编程

1）LAD MANUAL Program 手动程序说明。

程序注释
当“S7”和“MA2 OFF”不动作时，按下“MA2 CCW”时，“MA2 CCW ON”动作，“MA2 ACTUAL SPEED”（MA2 实际速度）等于“MA2 SET SPEED”（MA2 设定速度），“MA2 IS ON”动作；当按下“S7”和“MA2 OFF”时，“MA2 CCW ON”停止，“MA2 ACTUAL SPEED”（MA2 实际速度）等于 0，“MA2 IS ON”停止；当“S9”和“MA2 OFF”不动作时，“MA2 CW”按下时，“MA2 ACTUAL SPEED”（MA2 实际速度）等于“MA2 SET SPEED”（MA2 设定速度），“MA2 IS ON”动作；当按下“S9”和“MA2 OFF”时，“MA2 CW ON”停止，“MA2 ACTUAL SPEED”（MA2 实际速度）等于 0，“MA2 IS ON”停止。

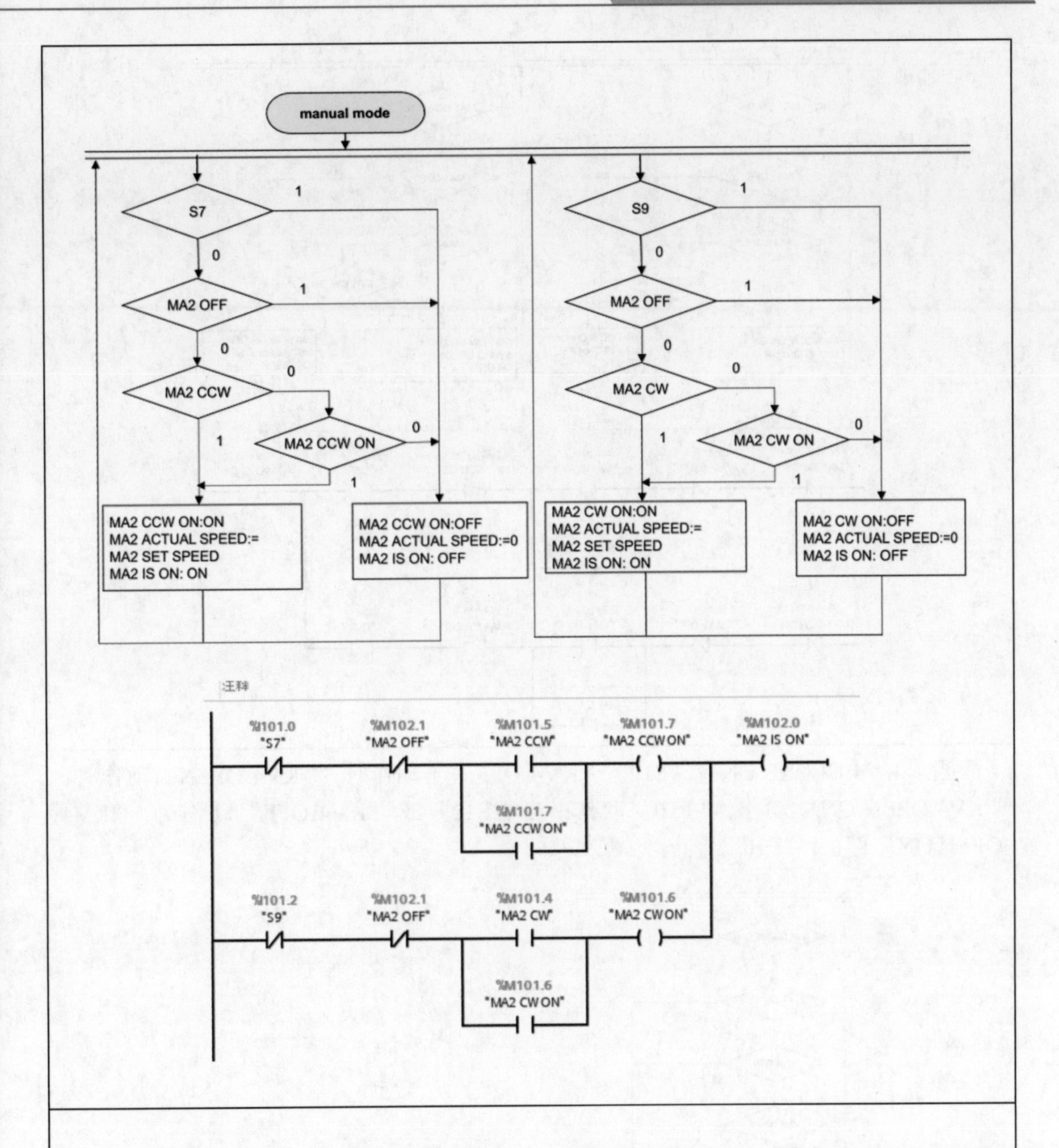

当“MA1 CW ON”和“MA1 OFF”不动作时，并且按下“MA1 CCW”，“MA1 CCW ON”动作，“MA1 IS ON”动作，“Q5”动作；当按下“MA1 OFF”时，“MA1CCW ON”停止，“MA1 IS ON”停止，“Q5”停止；当“MA1 CCW ON”和“MA1 OFF”不动作时，并且“MA1 CW”按下，“MA1 CW ON”动作，“MA1 SI ON”动作，“Q4”动作；当按下“MA1 OFF”时，“MA1 CW ON”停止，“MA1 IS ON”停止，“Q4”停止。

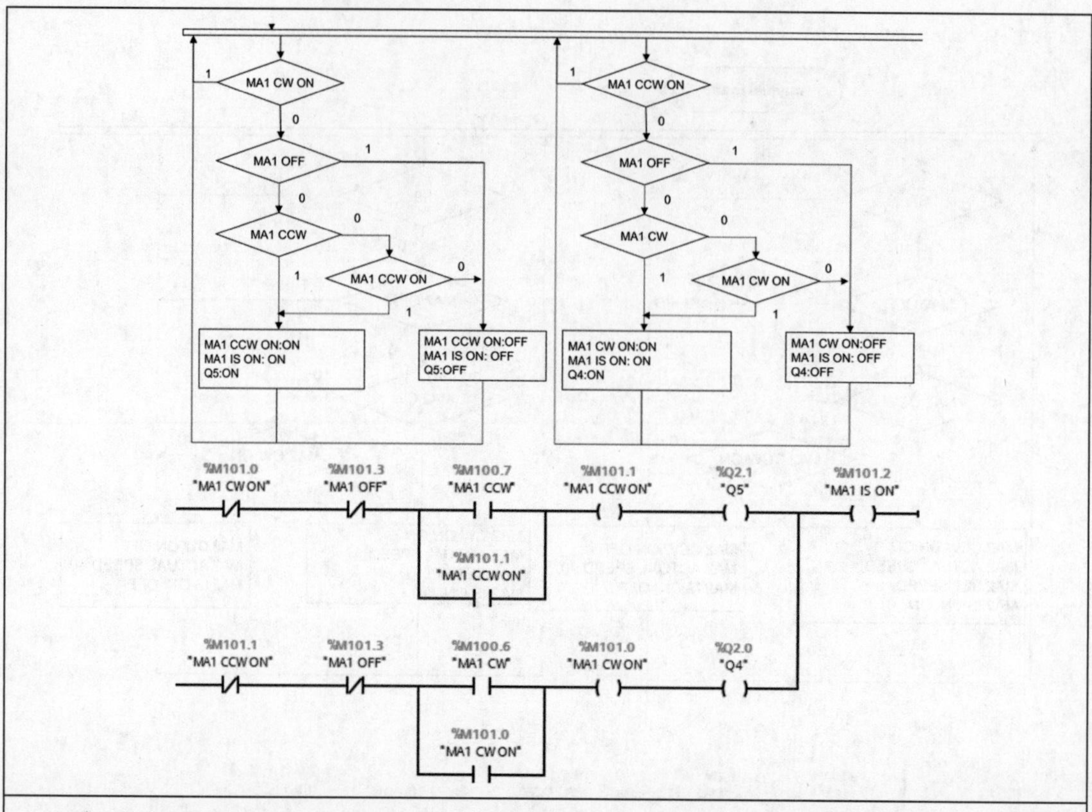

当“KV4 CLOSE ON”“S12”“KV4 OFF”不动作时，“KV4 OPEN”动作时，“KV4 OPEN ON”动作，“P10”动作；当“S12”或“KV4 OFF”动作时，“KV4 OPEN ON”停止，“P10”停止。

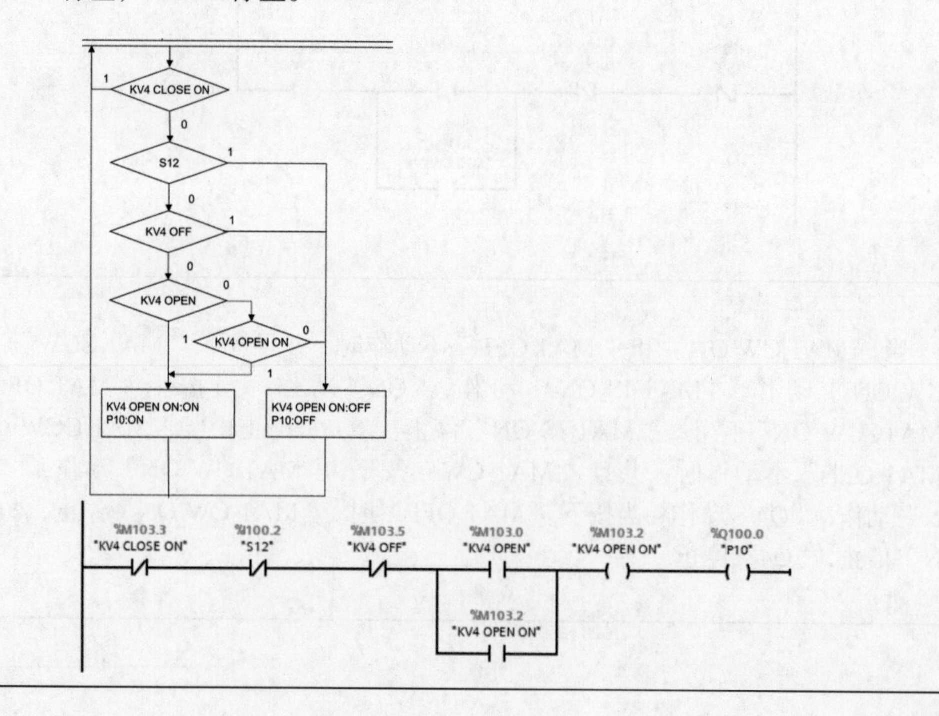

当“KV4 OPEN ON”“S13”“KV4 OFF”不动作时，按下“KV4 CLOSE”时，“KV4 CLOSE ON”动作，“P11”动作；当“S13”或“KV4 OFF”动作时，“KV4 CLOSE ON”停止，“P11”动作。

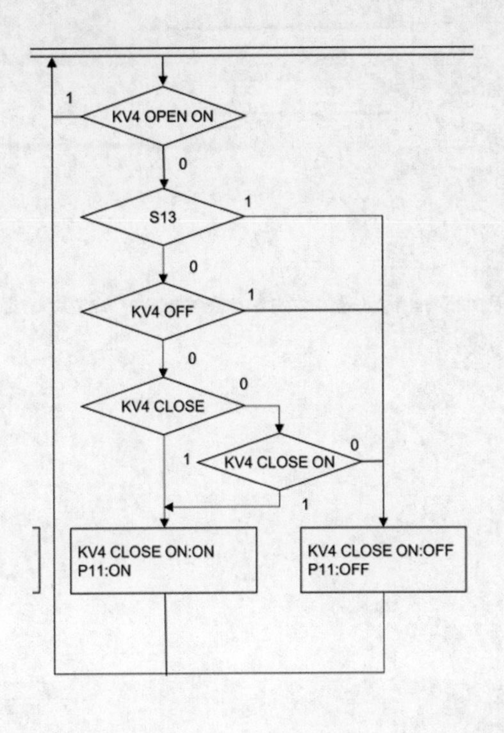

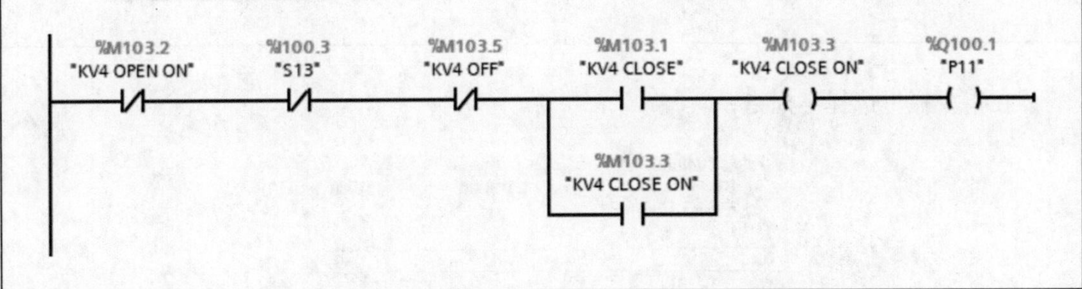

2）LAD 编写 Public Program 程序。

单击“PLC”“程序块”“添加新块”。

PLC_1 [CPU 1516-3 PN/DP]
设备组态
在线和诊断
程序块
添加新块
Main [OB1]

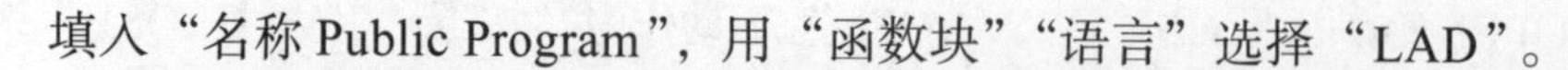

填入“名称 Public Program”，用“函数块”“语言”选择“LAD”。

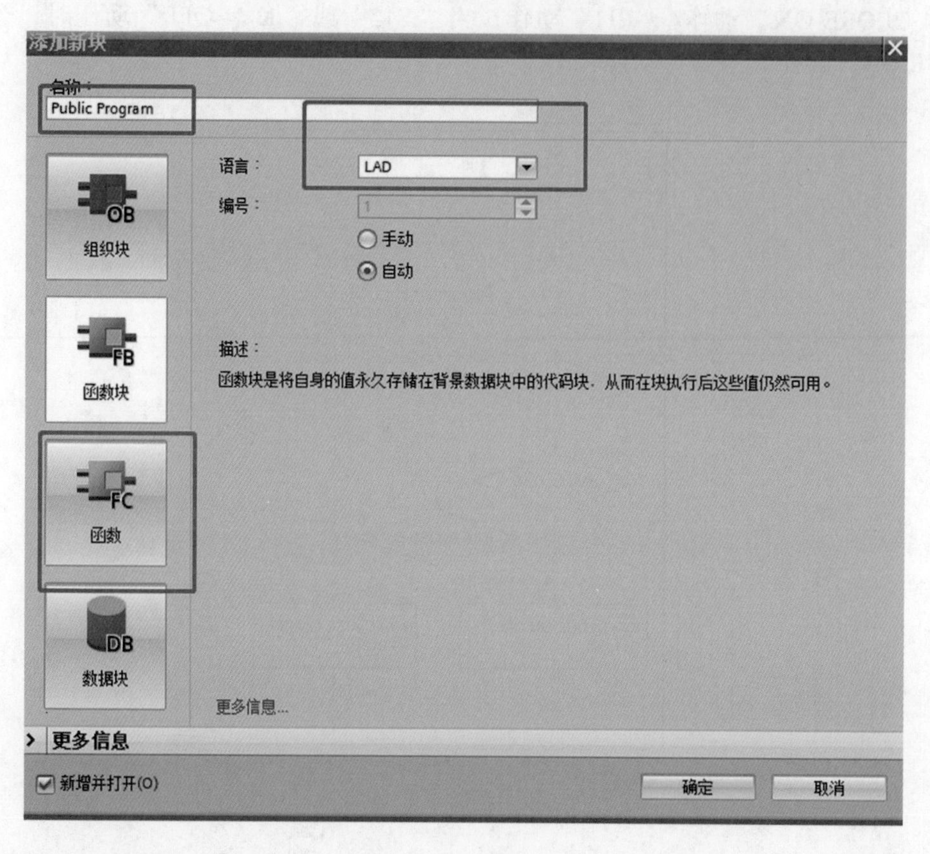

在指令栏里选择空框指令。

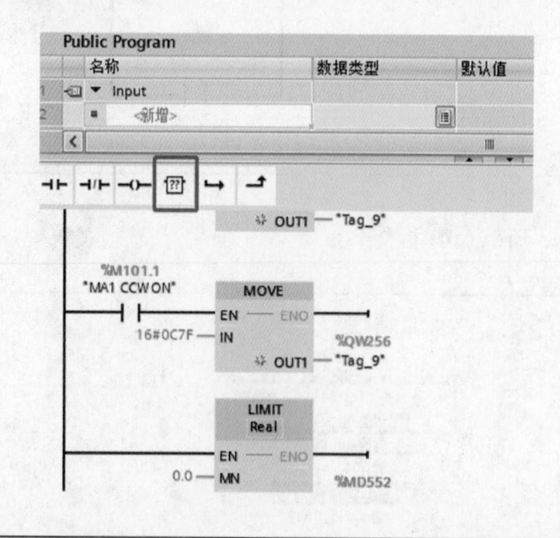

单击问号，输入需要功能块的名称。

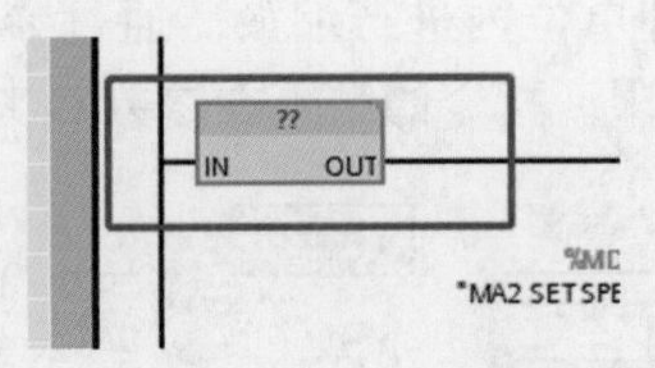

这里的 G120 控制运行的条件将所需要置或置 0 的位给 G120 的控制字 QW256，将“16#047E”MOVE 给 QW256，“16#047E”是停止旋转，同样“16#047F”正转也 MOVE 给 QW256 前面添加常开控制条件，“16#0C7F”正转也 MOVE 给 QW256 前面添加常开控制条件。

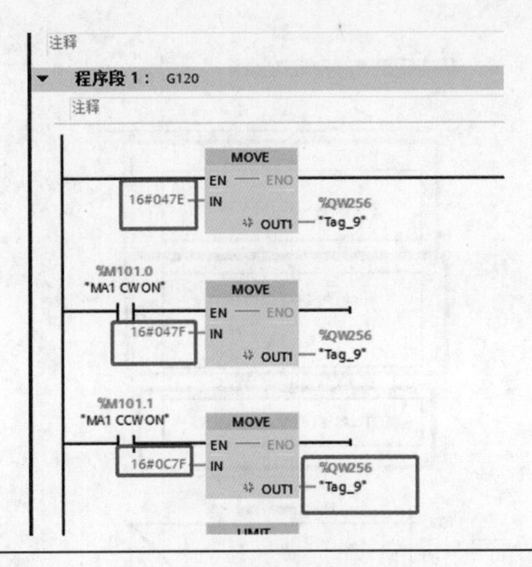

将变量 *MA2 SETSPEED* 用 MUL 程序块乘 28.5 给 G120 状态字 QW258。

这里的 IW258 是 G120 的状态字输入用 DIV 程序块除以 28.5 得到实际转速给 MA2 ACTUALSPEED。

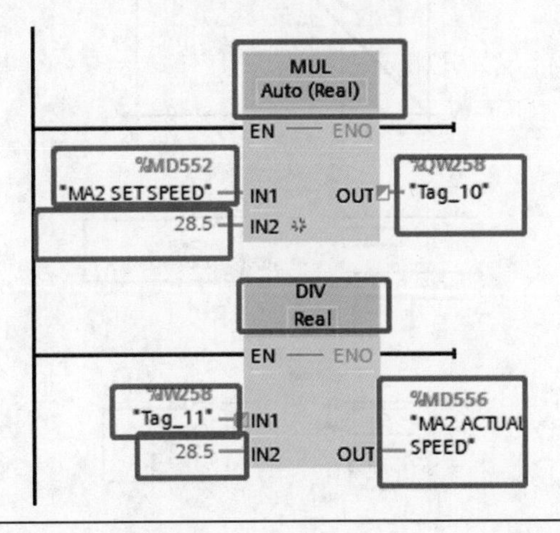

SCALE 是缩放，可以使用“缩放”指令将参数 IN 上的整数转换为浮点数，该浮点数在介于上下限值之间的物理单位内进行缩放。通过参数 LO_LIM 和 HI_LIM 指定缩放输入值取值范围的下限和上限。指令的结果在参数 OUT 中输出。

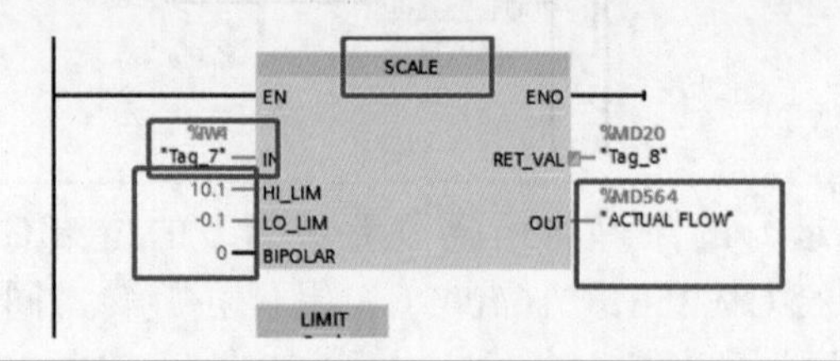

LIMT 是设限值程序块将 ACTUAL FLOW 变量限值在 0 ～ 10 之间，根据图样要求设置限值。

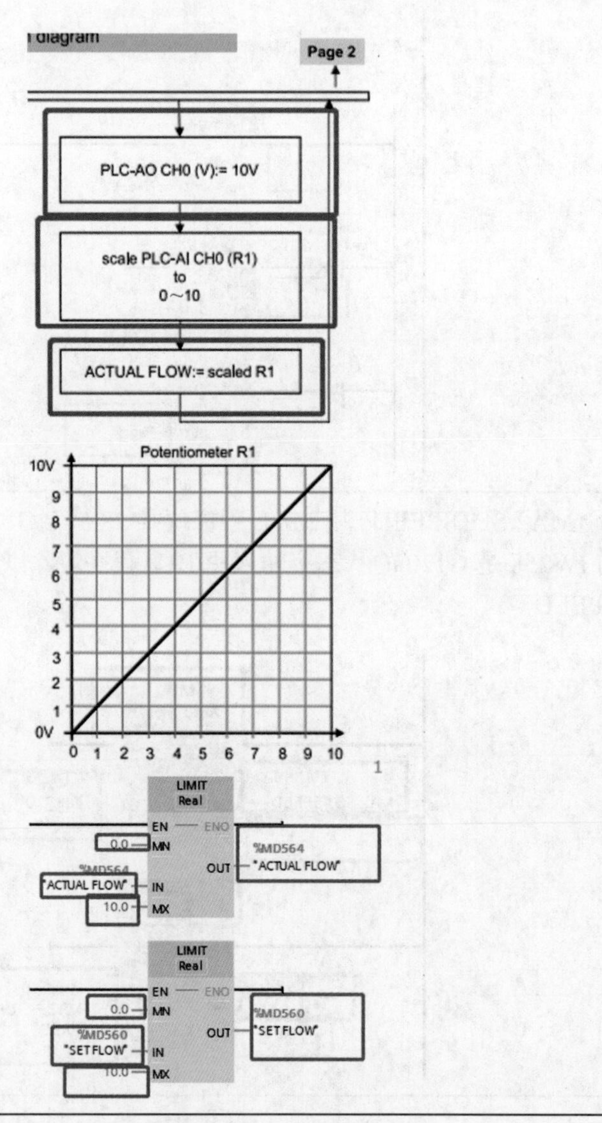

3）LAD AUTOMATIC Program 自动程序说明。

自动准备，当“S10”变量、“S7”变量和“S10”变量常开闭合，“COUNTER”变量中数据等于 0 时，“VALVE RESET”变量、“ACTUAL FLOW”变量常开闭合；当条件都满足时，“REFERENCE”变量 ON 得电运行，在梯形图编程中运用“-{ }-”线圈使变量置为 1。

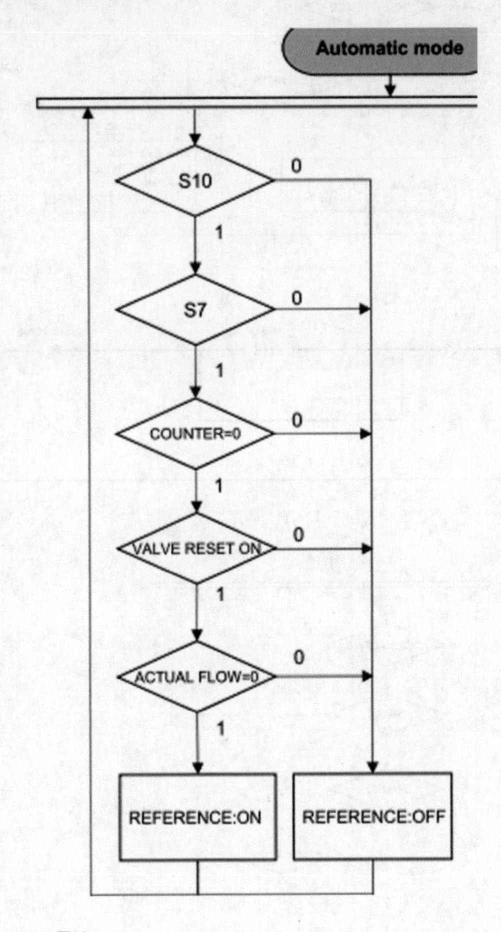

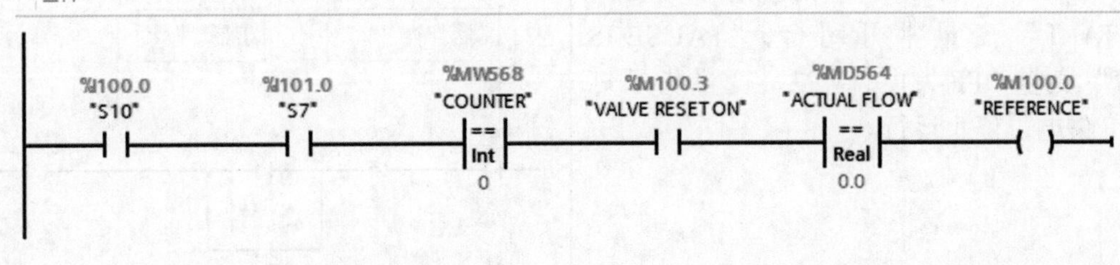

当“STOP”变量常闭闭合为0，“START”变量和“REFERENCE”变量常开闭合，当条件都满足时，“CYCLE ACTIVE”变量ON得电运行，在梯形图编程中运用“-{ }-”线圈使变量置为1，置为1时，“CYCLE ACTIVE”变量常开闭合形成自锁回路，否则ALL actors变量OFF、“CYCLE ACTIVE”变量OFF、“VALVE RESET ON”变量复位为0、传给“STOP”变量0的一个数据停止运行。

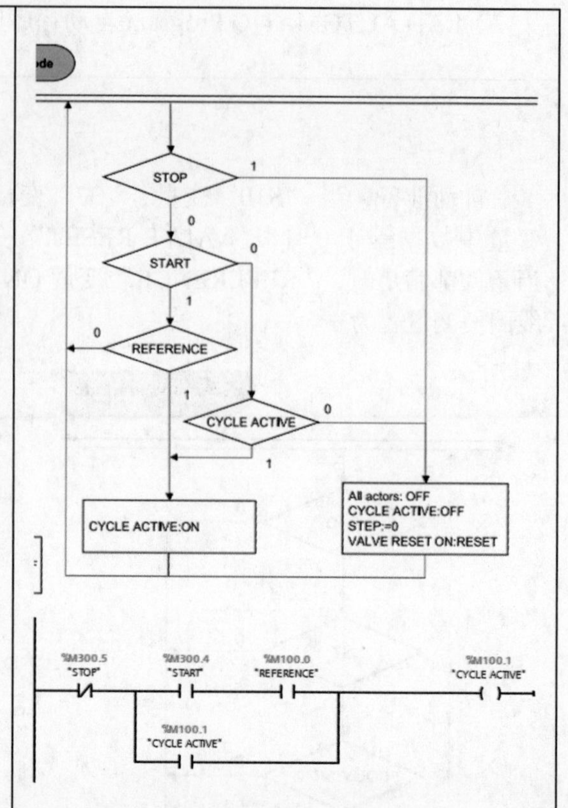

当“CYCLE ACTIVE”变量、“START”变量和“PAUSE”变量常开闭合时，条件都满足时“PAUSE IS ON”变量ON得电运行。在梯形图编程中运用“-{ }-”线圈使变量置为1，置为1时上方“PAUSE IS ON”变量常开闭合形成自锁回路，“P2”变量指示灯闪烁1Hz（T=f/1），如果“CYCLE ACTIVE”变量常开断开，“START”变量常开闭合，“PAUSE IS ON”变量OFF失电，“P2”变量指示灯OFF失电，停止运行。

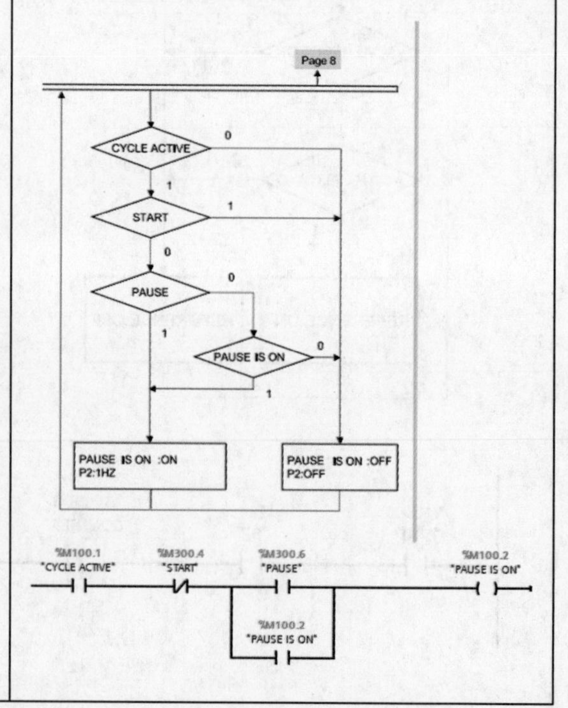

当“VALVE RESET”变量常开闭合时，MA3 CCW ON、MA3 IS ON 和 Q9 得电运行。在梯形图编程中，运用“-{ }-”线圈使变量置为 1；传给“STEP”变量 200 的一个数据，在梯形图中用“move”传输。

上方程序执行完成后，S20 变量上升沿置为 1 时，MA3 CCW ON OFF、MA3 IS ON OFF 和 Q9 OFF 失电，“Timer_TON”变量得电，传给“STEP”变量 201 的一个数据，在梯形图中用“move”传输。

上方程序执行完成后，当 TON 延时 5s 后，MA3 CW ON、MA3 IS ON 和 Q8 得电运行。在梯形图编程中，运用“-{ }-”线圈使变量置为 1；“COUNTER”变量中数据输入 0；传给“STEP”变量 205 的一个数据，在梯形图中用“move”传输。

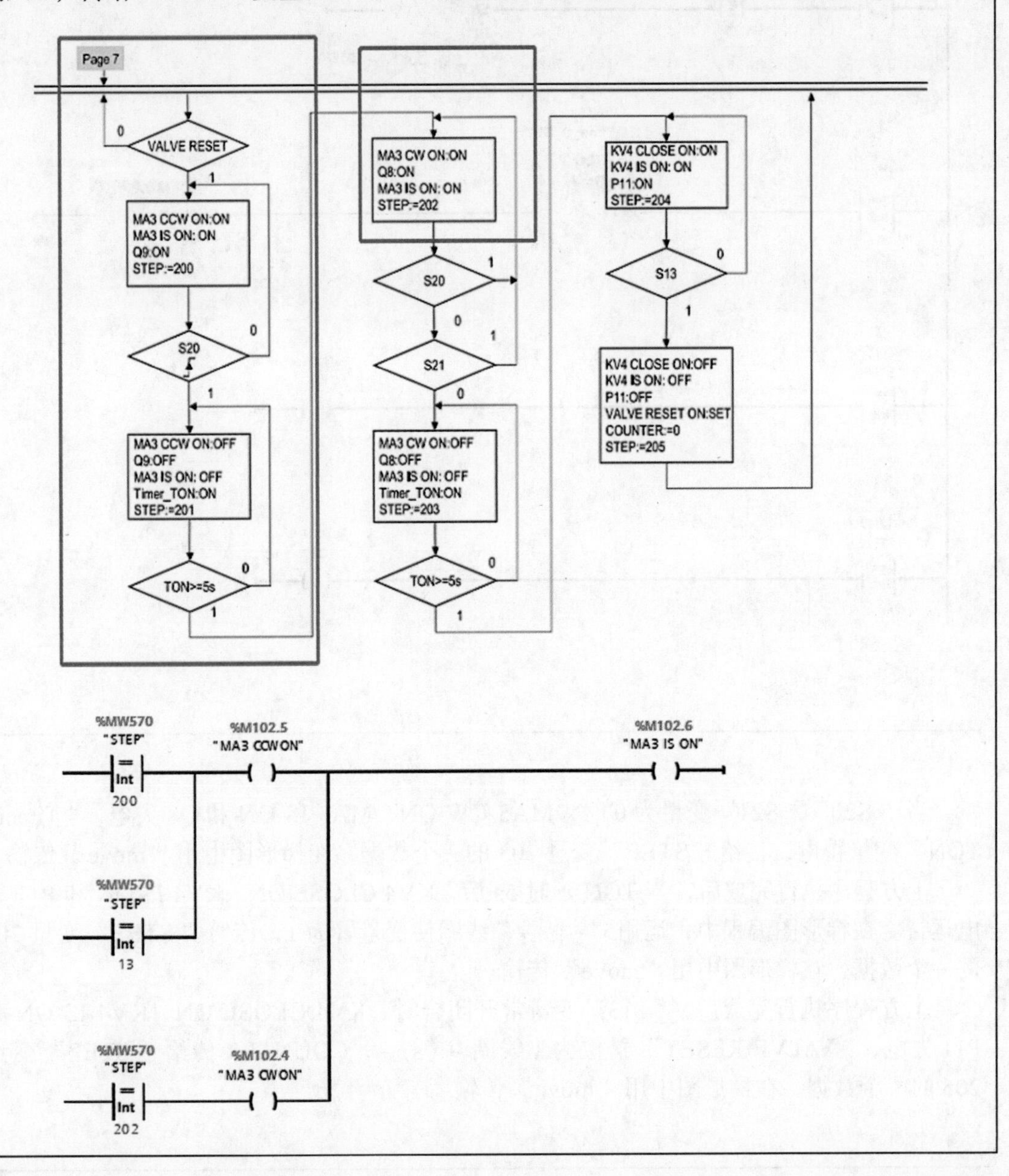

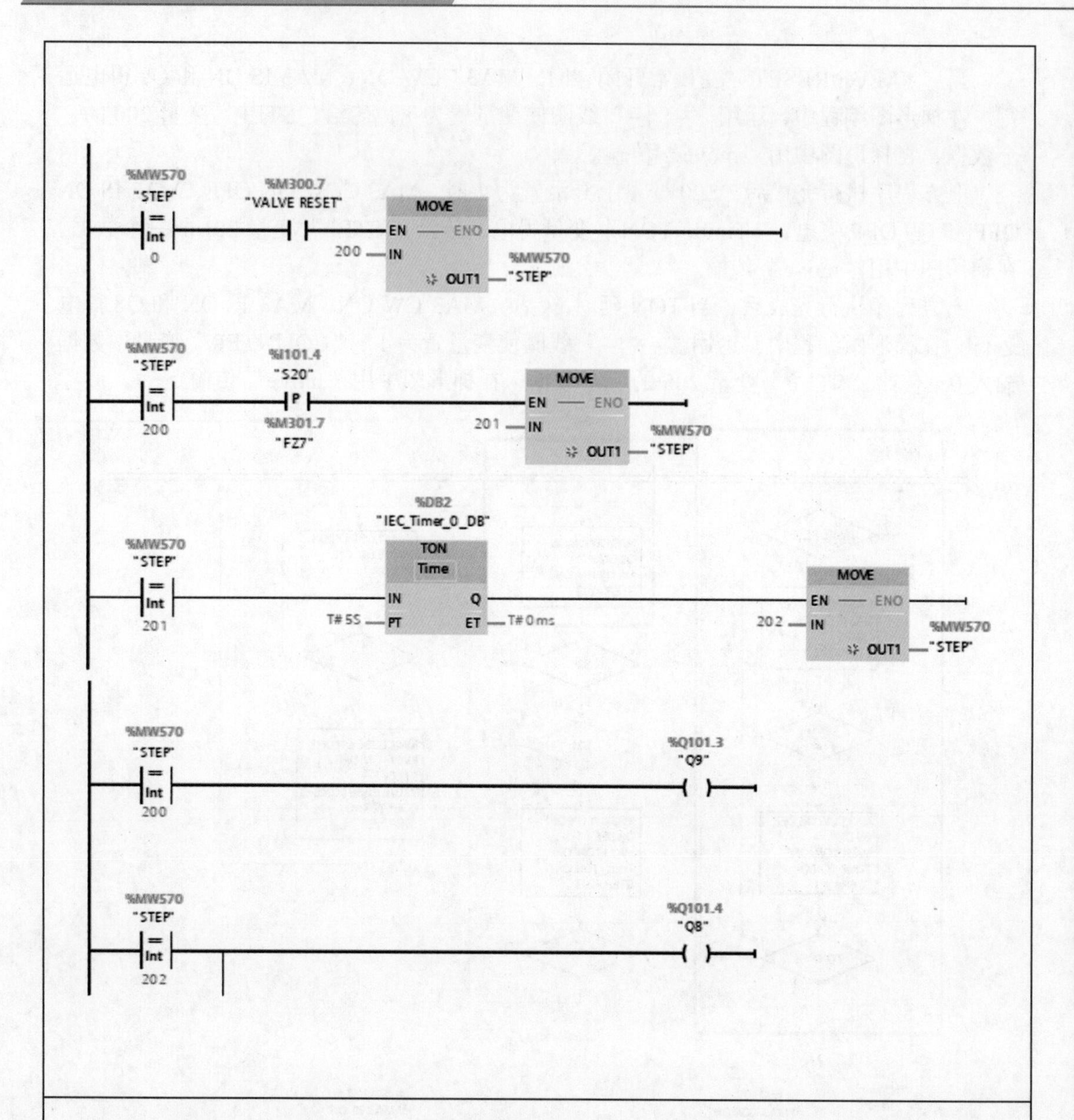

当“S20”“S21”变量为 0 时，MA3 CW ON、MA3 IS ON 和 Q8 失电，“Timer_TON”变量得电，传给“STEP”变量 203 的一个数据，在梯形图中用“move”传输。

上方程序执行完成后，当 TON 延时 5s 后，KV4 CLOSE ON、KV4 IS ON 和 P11 得电运行。在梯形图编程中，运用“-{ }-”线圈使变量置为 1，传给“STEP”变量 204 的一个数据，在梯形图中用“move”传输。

上方程序执行完成后，“S13”变量常开闭合时，KV4 CLOSE ON、KV4 IS ON 和 P11 失电，“VALVE RESET”置位为 1 线圈 -（s）-，COUNTER 传给“STEP”变量 205 的一个数据，在梯形图中用“move”传输。

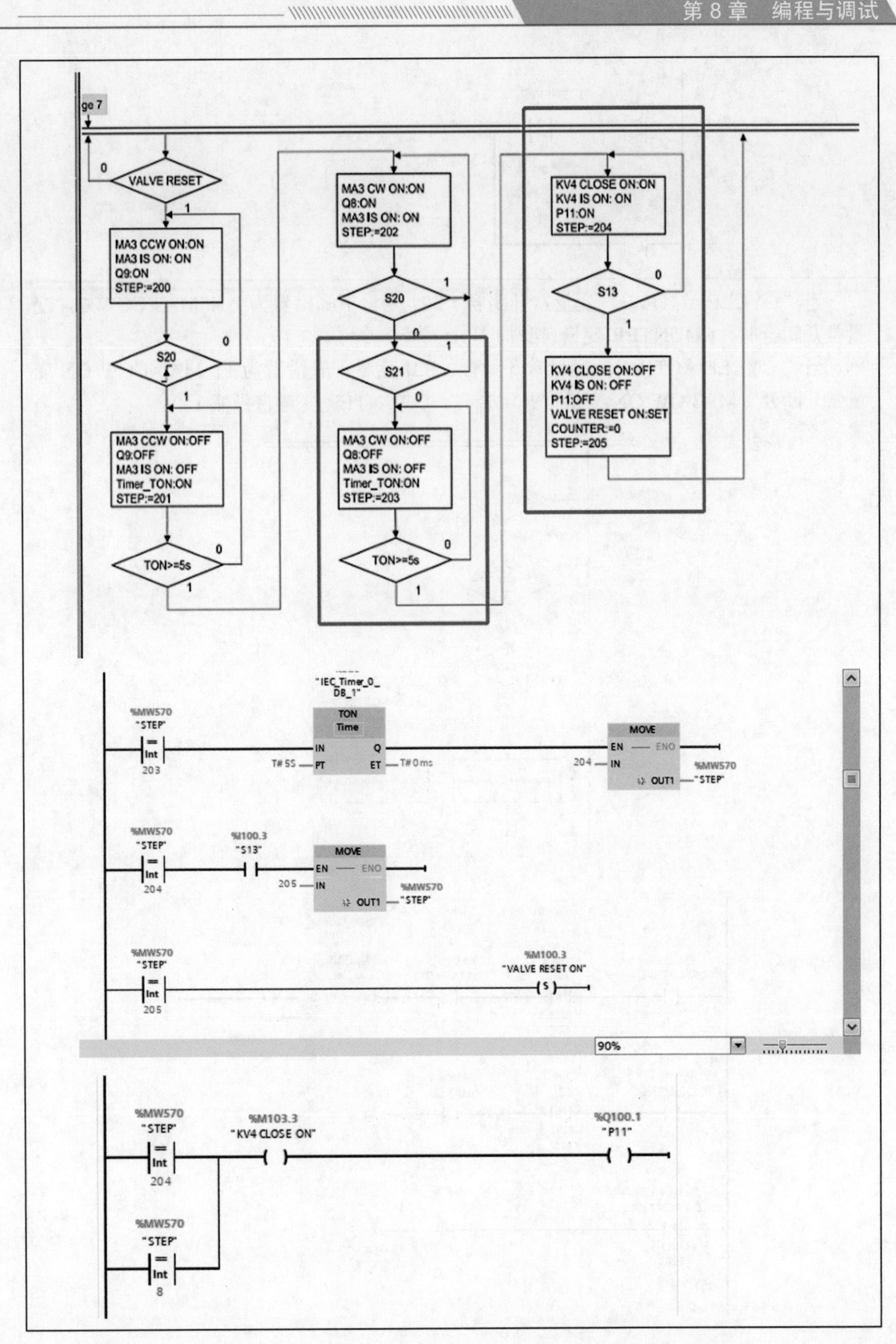
ge 7
VALVE RESET
MA3 CCW ON:ON
MA3 IS ON: ON
Q9:ON
STEP:=200
S20
MA3 CCW ON:OFF
Q9:OFF
MA3 IS ON: OFF
Timer_TON:ON
STEP:=201
TON>=5s
MA3 CW ON:ON
Q8:ON
MA3 IS ON: ON
STEP:=202
S21
MA3 CW ON:OFF
Q8:OFF
MA3 IS ON: OFF
Timer_TON:ON
STEP:=203
KV4 CLOSE ON:ON
KV4 IS ON: ON
P11:ON
STEP:=204
S13
KV4 CLOSE ON:OFF
KV4 IS ON: OFF
P11:OFF
VALVE RESET ON:SET
COUNTER:=0
STEP:=205
%MW570
"STEP"
Int
203
"IEC_Timer_0_DB_1"
TON
Time
IN
Q
PT
ET
T# 5S
T# 0 ms
MOVE
EN
ENO
OUT1
204
%MW570
"STEP"
%I100.3
"S13"
205
%M100.3
"VALVE RESET ON"
90%
%M103.3
"KV4 CLOSE ON"
%Q100.1
"P11"
8

%MW570
"STEP"
>=
Int
6
%MW570
"STEP"
<=
Int
8
%M103.4
"KV4 IS ON"
%MW570
"STEP"
==
Int
204

当“CYCLE ACTIVE”变量常开闭合、S21 变量下降沿置为 1 和 MA3 CCW ON 变量常开闭合时，COUNTER 变量自身加 1。

当“ CYCLE ACTIVE”变量常开闭合、S21 变量下升沿置为 1、MA3 CCW ON 变量常开断开、MA3 CW ON 变量常开闭合时，COUNTER 变量自身减 1。

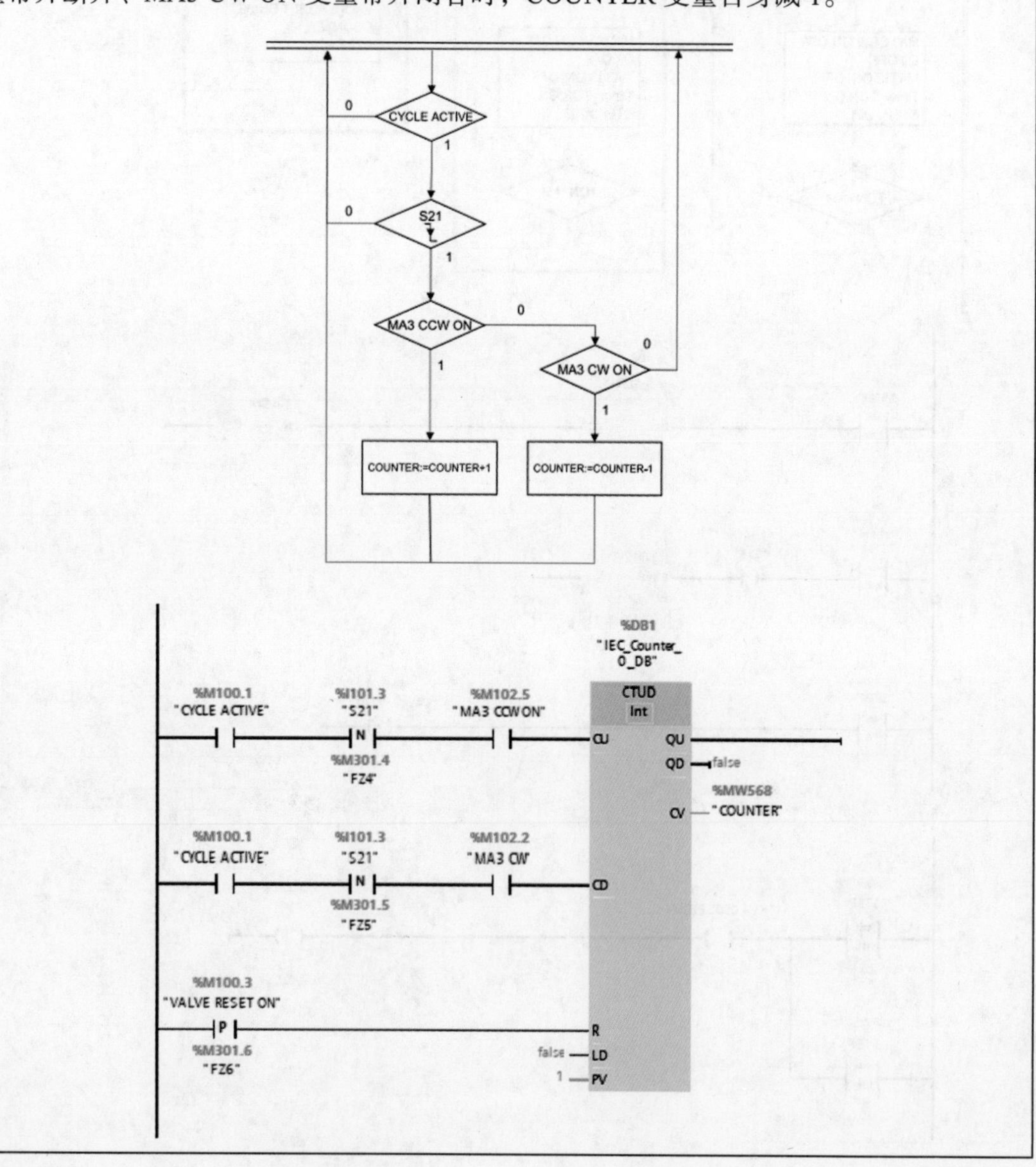

上方程序执行完成后，当 TON 延时 5s 后、S10 变量置为 1 时，MA1 CW ON、MA1 IS ON 和 Q4 得电运行，传给“STEP”变量 2 的一个数据，在梯形图中用“move”传输。

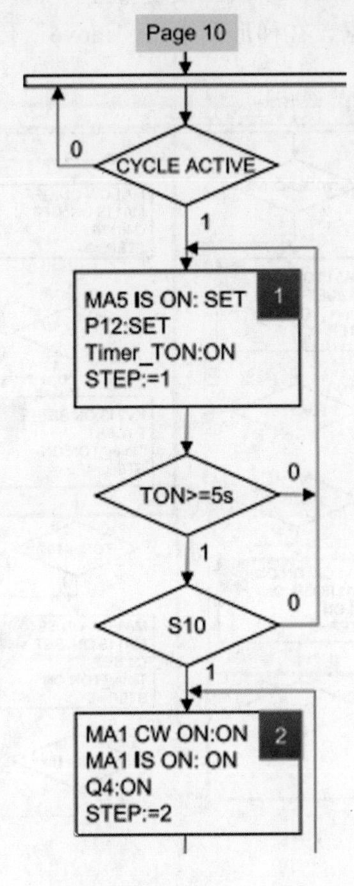

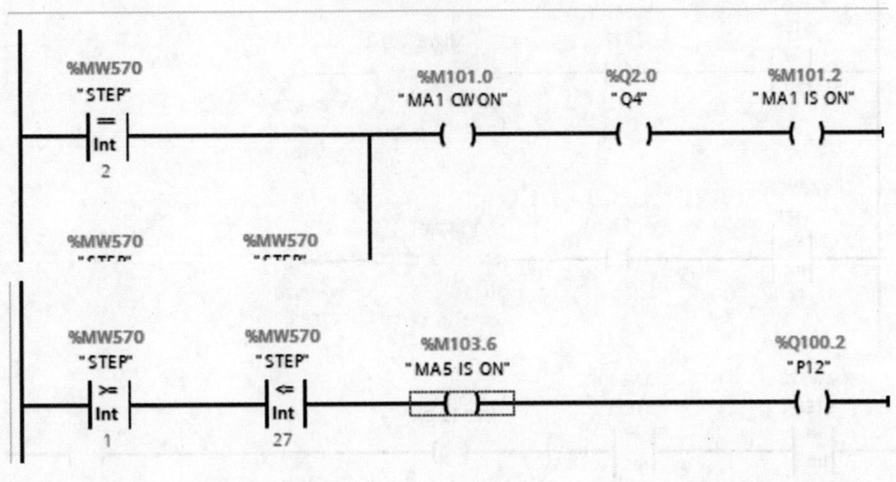

上方程序执行完成后，当“S11”变量常开闭合时，MA1 CW ON 失电、MA1 IS ON 失电；Q4 失电；传给“STEP”变量 3 的一个数据，在梯形图中用“move”传输。

上方程序执行完成后，当“S7”变量常开闭合时，KV2 IS ON 置位为 1、P17 置位为 1，在梯形图编程中运用“-{S}-”线圈使变量置为 1；“Timer_TON”变量得电；传给“STEP”变量 4 的一个数据，在梯形图中用“move”传输。

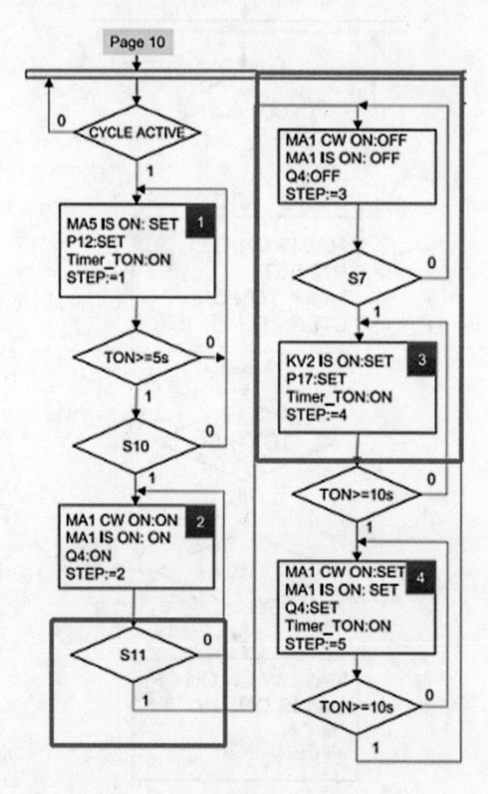

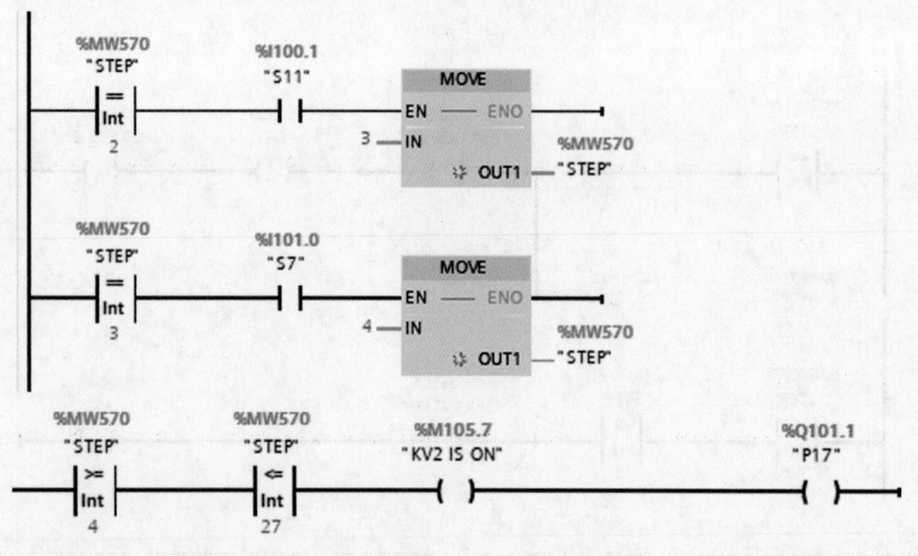

上方程序执行完成后，当 TON 延时 10s 后，MA1 CW ON 置位为 1、MA1 IS ON 置位为 1、Q4 置位为 1，在梯形图编程中运用“-{S}-”线圈使变量置为 1，“Timer_TON”变量得电；传给“STEP”变量 5 的一个数据，在梯形图中用“move”传输。

上方程序执行完成后，当 TON 延时 10s 后，KV4 IS ON 置位为 1，在梯形图编程中运用“-{S}-”线圈使变量置为 1，KV4 OPEN ON 得电运行；P10 得电运行；传给“STEP”变量 6 的一个数据，在梯形图中用“move”传输。

上方程序执行完成后，当“ACTUAL FLOW”变量中数据大于“SET FLOW”变量中数据时，KV4 OPEN ON 和 P10 失电，“Timer_TON”变量得电，传给“STEP”变量 7 的一个数据，在梯形图中用“move”传输。

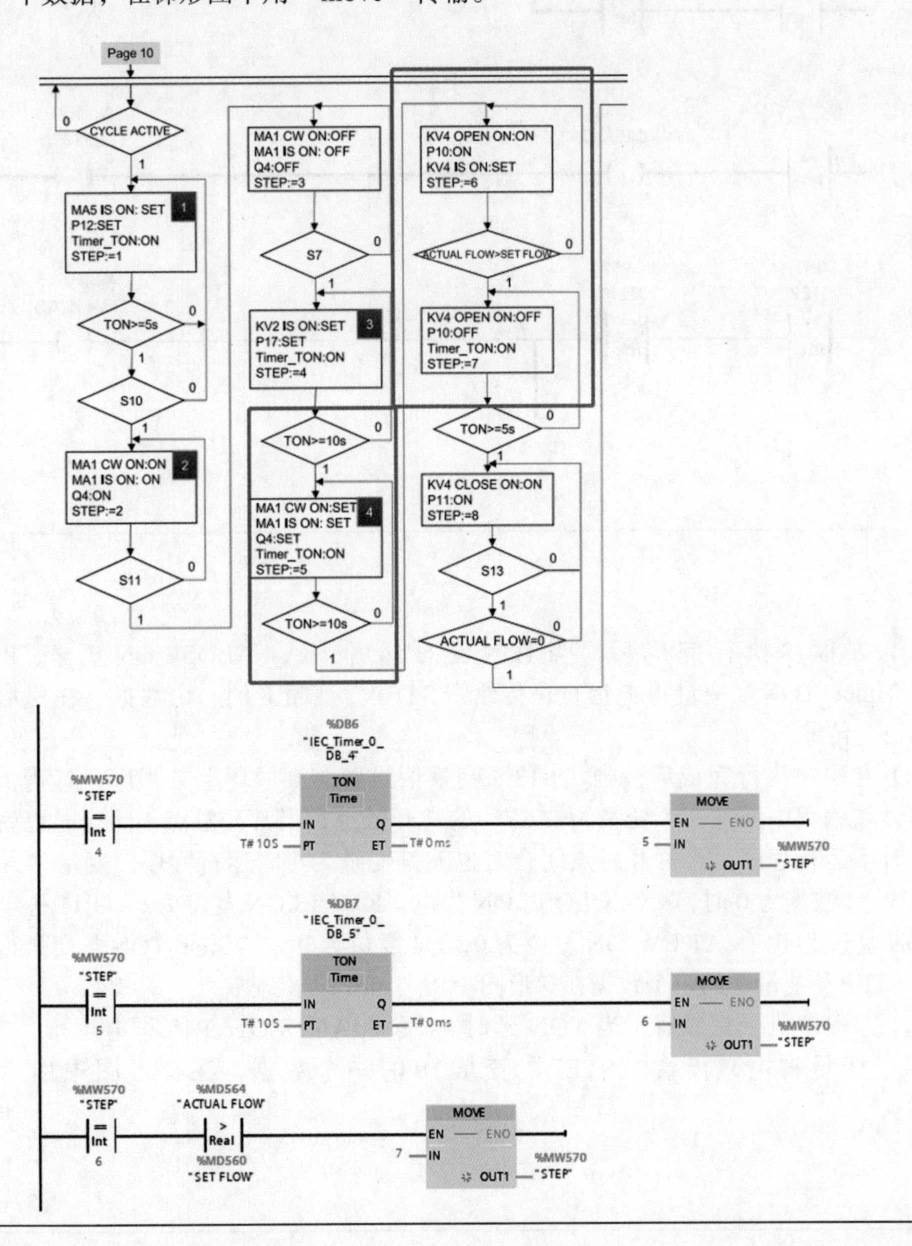

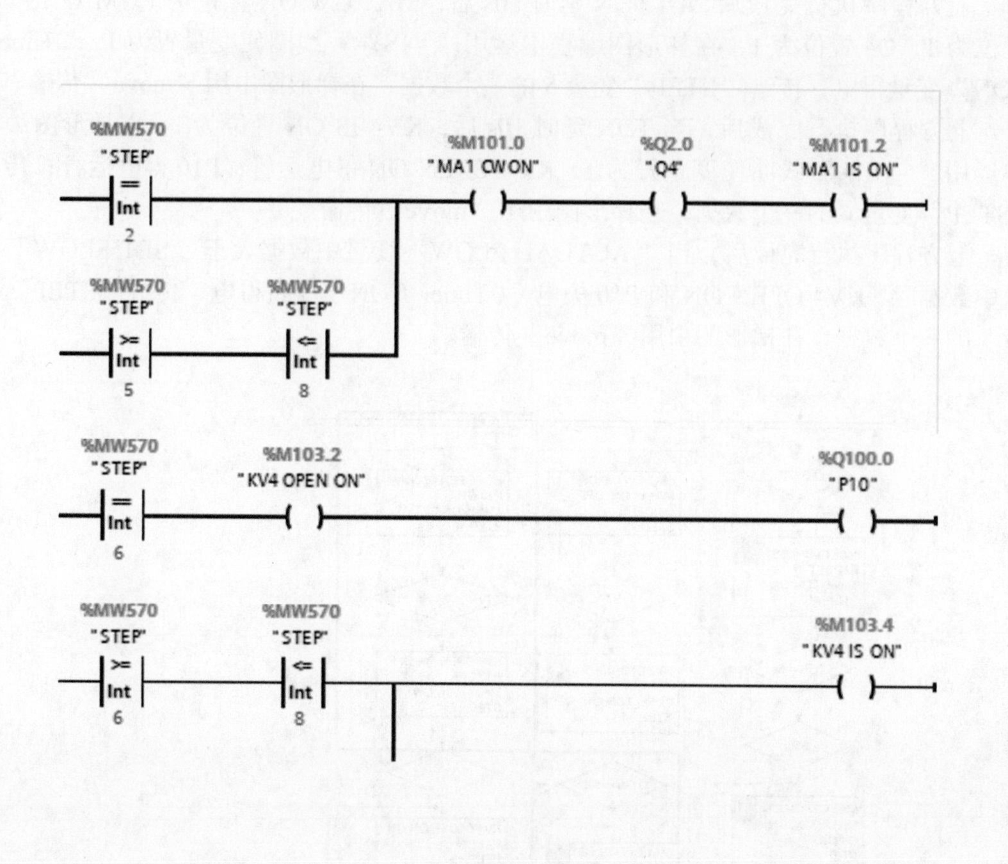

上方程序执行完成后，当TON延时5s后，KV4 CLOSE ON变量、P11变量和“Timer_TON”变量得电运行；传给“STEP”变量8的一个数据，在梯形图中用“move”传输。

上方程序执行完成后，当“S13”变量信号置为0循环上方程序，置为1时运行程序，在编程中添加一个变量为“S7”的常开触点，当常开触点不闭合时也就是变量为0时不运行程序，当常开触点闭合时也就是变量为1时运行程序；变量“ACTUAL FLOW”1数据为0时，KV4 CLOSE ON失电，KV4 IS ON复位为0；P11失电，MA1 IS ON复位为0，MA1 CW ON复位为0，Q4复位为0，“Timer_TON”变量得电，传给“STEP”变量9的一个数据在梯形图中用“move”传输。

上方程序执行完成后，当TON延时5s后，MA6 IS ON、P13得电运行，“Timer_TON”变量得电，传给“STEP”变量10的一个数据，在梯形图中用“move”传输。

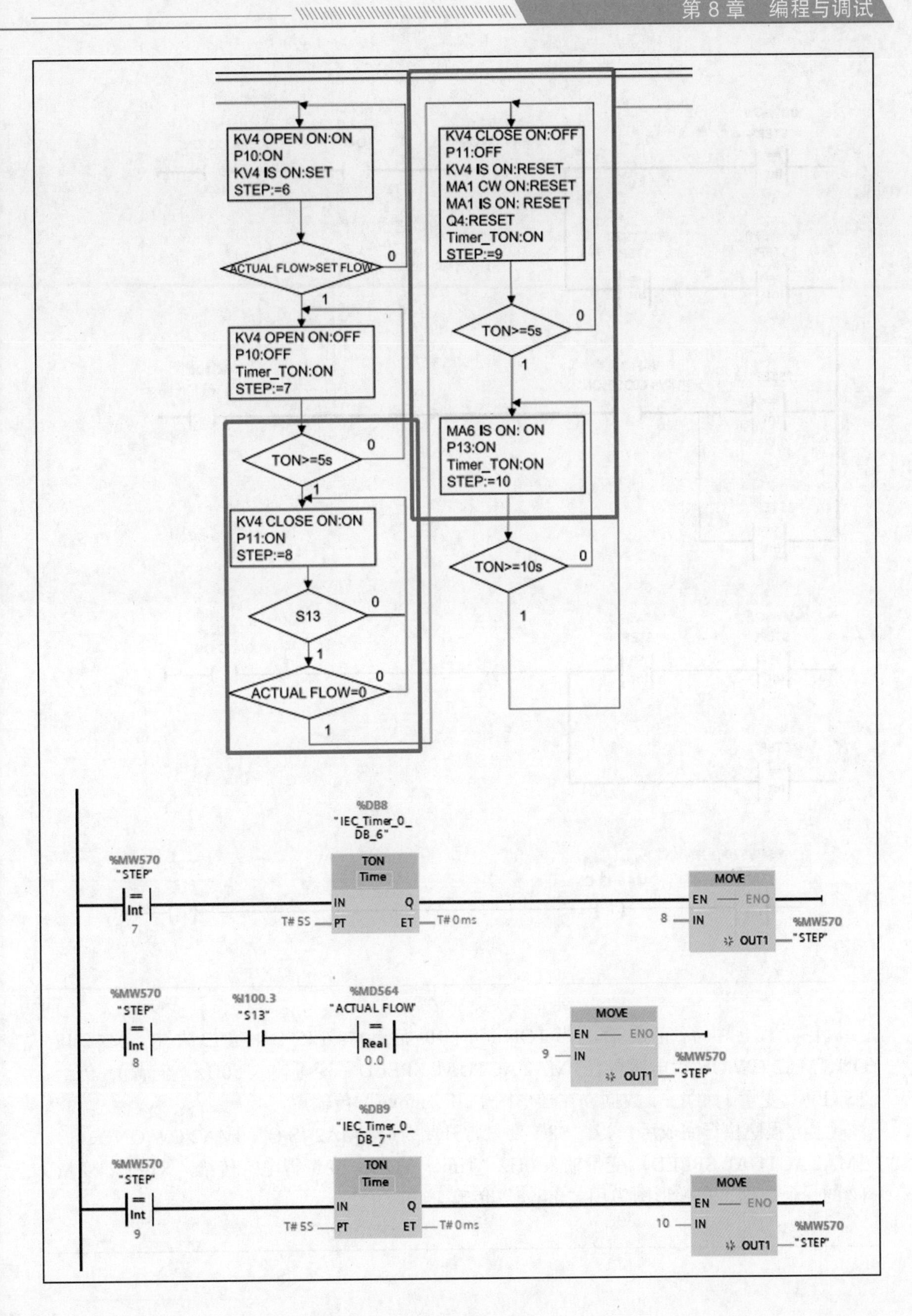
KV4 OPEN ON:ON
P10:ON
KV4 IS ON:SET
STEP:=6
ACTUAL FLOW>SET FLOW
KV4 OPEN ON:OFF
P10:OFF
Timer_TON:ON
STEP:=7
TON>=5s
KV4 CLOSE ON:ON
P11:ON
STEP:=8
S13
ACTUAL FLOW=0
KV4 CLOSE ON:OFF
P11:OFF
KV4 IS ON:RESET
MA1 CW ON:RESET
MA1 IS ON: RESET
Q4:RESET
Timer_TON:ON
STEP:=9
TON>=5s
MA6 IS ON: ON
P13:ON
Timer_TON:ON
STEP:=10
TON>=10s
%DB8
"IEC_Timer_0_DB_6"
%MW570
"STEP"
TON
Time
IN
Q
PT
ET
T# 5S
T# 0ms
MOVE
EN
ENO
OUT1
%MW570
"STEP"
%I100.3
"S13"
%MD564
"ACTUAL FLOW"
Real
0.0
%DB9
"IEC_Timer_0_DB_7"

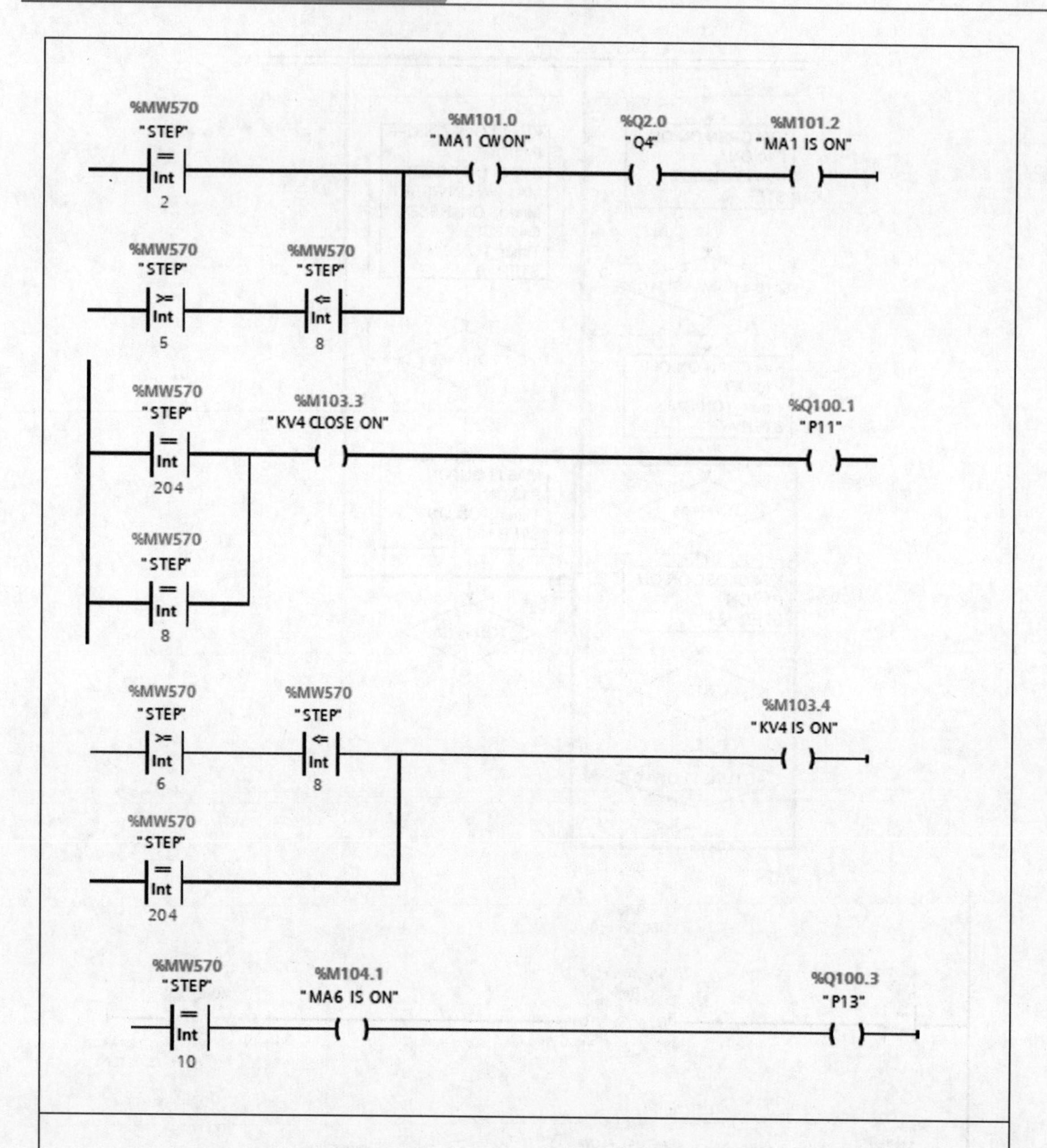

上方程序执行完成后，当 TON 延时 10s 后，MA6 IS ON、P13 失电，MA2 IS ON、MA2 CW ON 得电运行，“MA2 ACTUAL SPEED”变量输入 50Hz（全满），传给“STEP”变量 11 的一个数据，在梯形图中用“move”传输。

上方程序执行完成后，当“S8”变量常开闭合时，MA2 IS ON、MA2 CW ON 失电，“MA2 ACTUAL SPEED”变量输入 0Hz“Timer_TON”变量得电，传给“STEP”变量 12 的一个数据，在梯形图中用“move”传输。

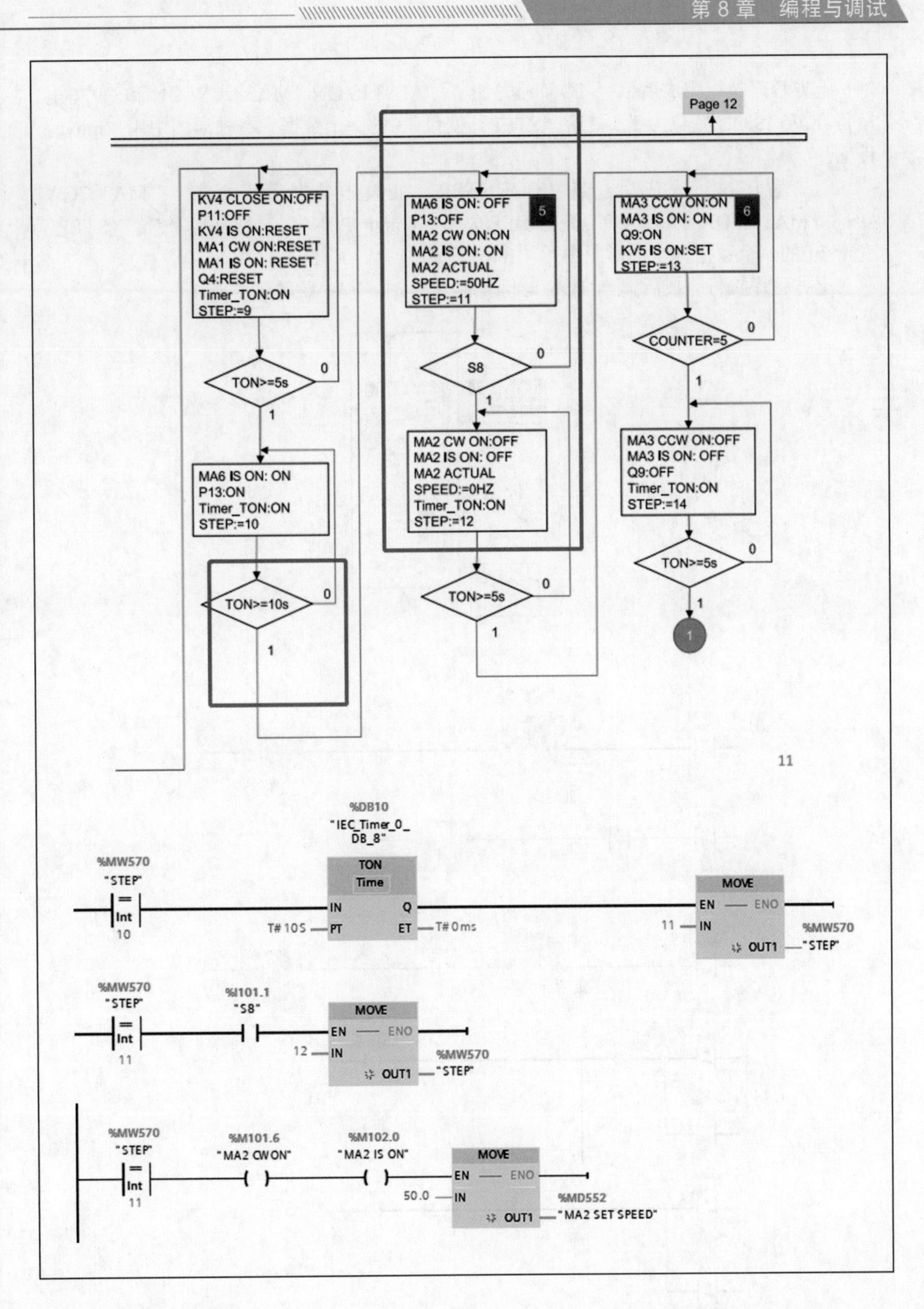

Page 12
KV4 CLOSE ON:OFF
P11:OFF
KV4 IS ON:RESET
MA1 CW ON:RESET
MA1 IS ON: RESET
Q4:RESET
Timer_TON:ON
STEP:=9
TON>=5s
0
1
MA6 IS ON: ON
P13:ON
Timer_TON:ON
STEP:=10
TON>=10s
MA6 IS ON: OFF
P13:OFF
MA2 CW ON:ON
MA2 IS ON: ON
MA2 ACTUAL
SPEED:=50HZ
STEP:=11
5
S8
MA2 CW ON:OFF
MA2 IS ON: OFF
MA2 ACTUAL
SPEED:=0HZ
Timer_TON:ON
STEP:=12
TON>=5s
MA3 CCW ON:ON
MA3 IS ON: ON
Q9:ON
KV5 IS ON:SET
STEP:=13
6
COUNTER=5
MA3 CCW ON:OFF
MA3 IS ON: OFF
Q9:OFF
Timer_TON:ON
STEP:=14
TON>=5s
1
11
%DB10
"IEC_Timer_0_DB_8"
TON
Time
%MW570
"STEP"
Int
10
IN
Q
PT
ET
T# 10S
T# 0ms
MOVE
EN
ENO
IN
OUT1
11
%MW570
"STEP"
%I101.1
"S8"
12
%M101.6
"MA2 CW ON"
%M102.0
"MA2 IS ON"
50.0
%MD552
"MA2 SET SPEED"

上方程序执行完成后，当 TON 延时 5s 后，MA3 IS ON、MA3 CCW ON 和 Q9 得电运行，KV5 IS ON 置位为 1，传给“STEP”变量 13 的一个数据，在梯形图中用“move”传输。

上方程序执行完成后，当“COUNTER”变量中数据等于 5s 时，“MA3 CCW ON”“MA3 IS ON”和“Q9”变量 OFF 失电；Timer_TON”变量得电，传给“STEP”变量 14 的一个数据，在梯形图中用“move”传输。

上方程序执行完成后，当 TON 时间延时≥5s 时，程序跳转到“蓝 1”。

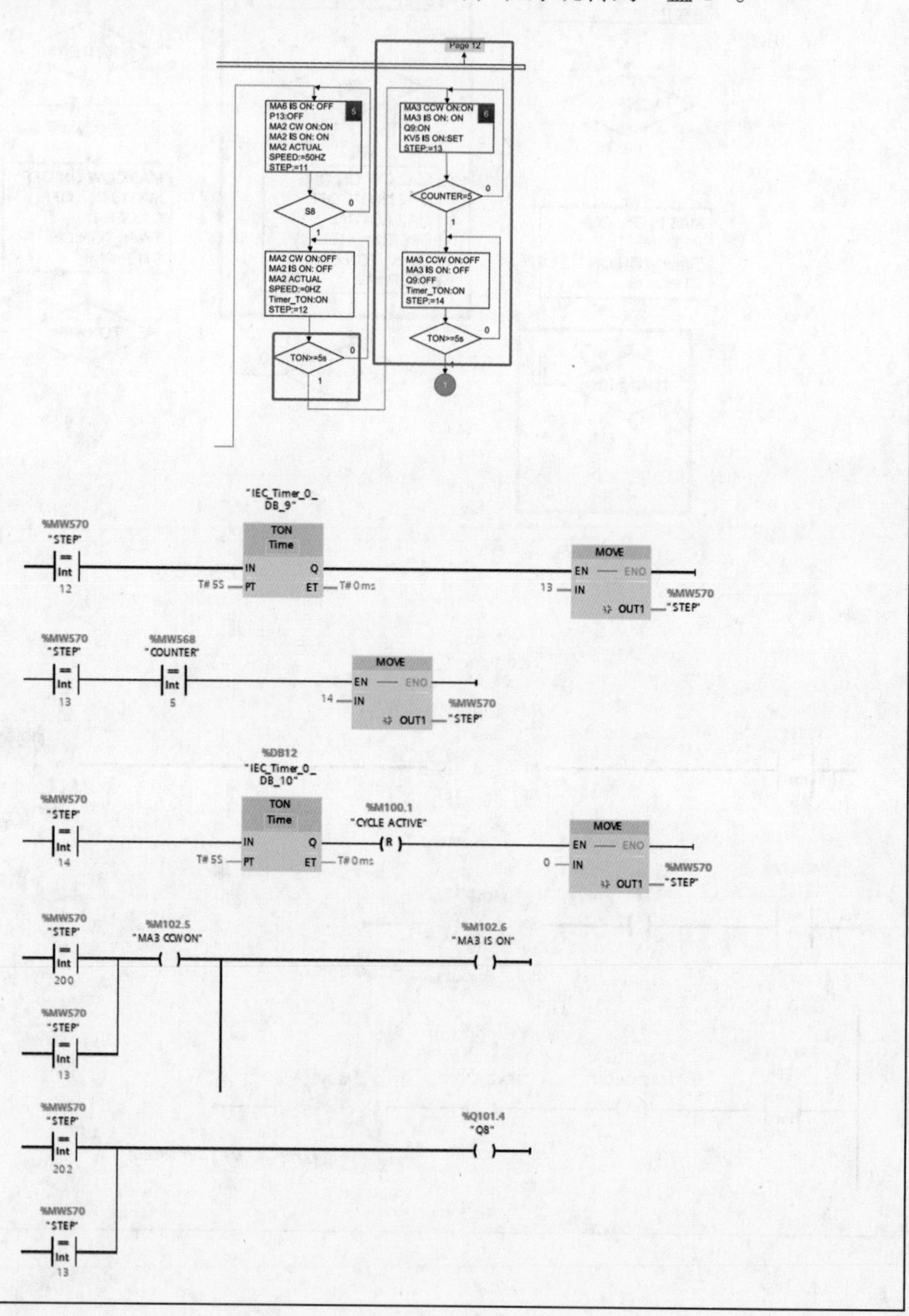

4）主程序 MIAN 程序说明。

程序注释
将“Public Program”函数块调用到 MAIN 块中（主程序块）。 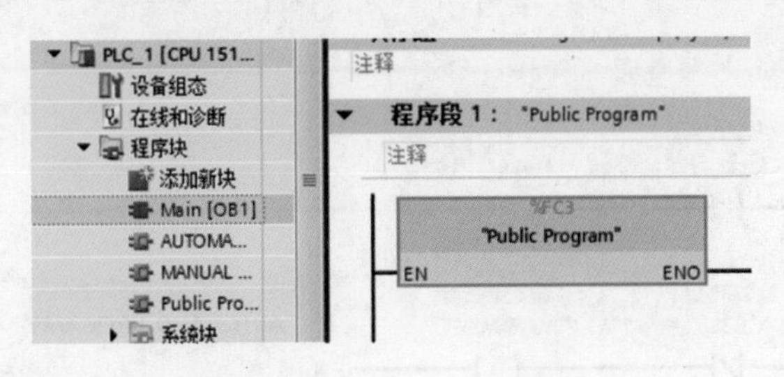
首先将“MANUAL PROGRAM”函数块和“AUTOMATIC PROGRAM”函数块调用到 MAIN 块中，如果按下“S3_LEFT”，“P2”动作，“P1”停止，“ALL ACTORS”（所有程序复位），“MANUAL”动作，“AUTOMATIC”停止，“STEP”等于 0；如果将“S3_RIGHT”按下，“P2”停止，“P1”动作，“ALL ACTORS”（所有程序复位），“MANUAL”停止，“AUTOMATIC”动作，“STEP”等于 0 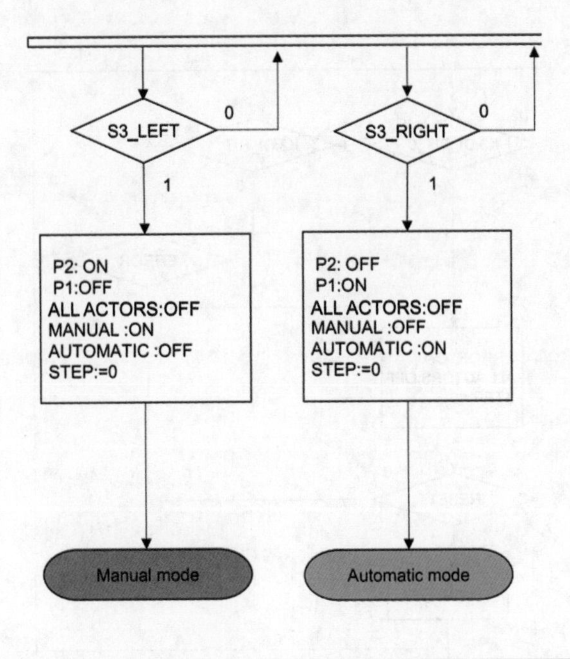

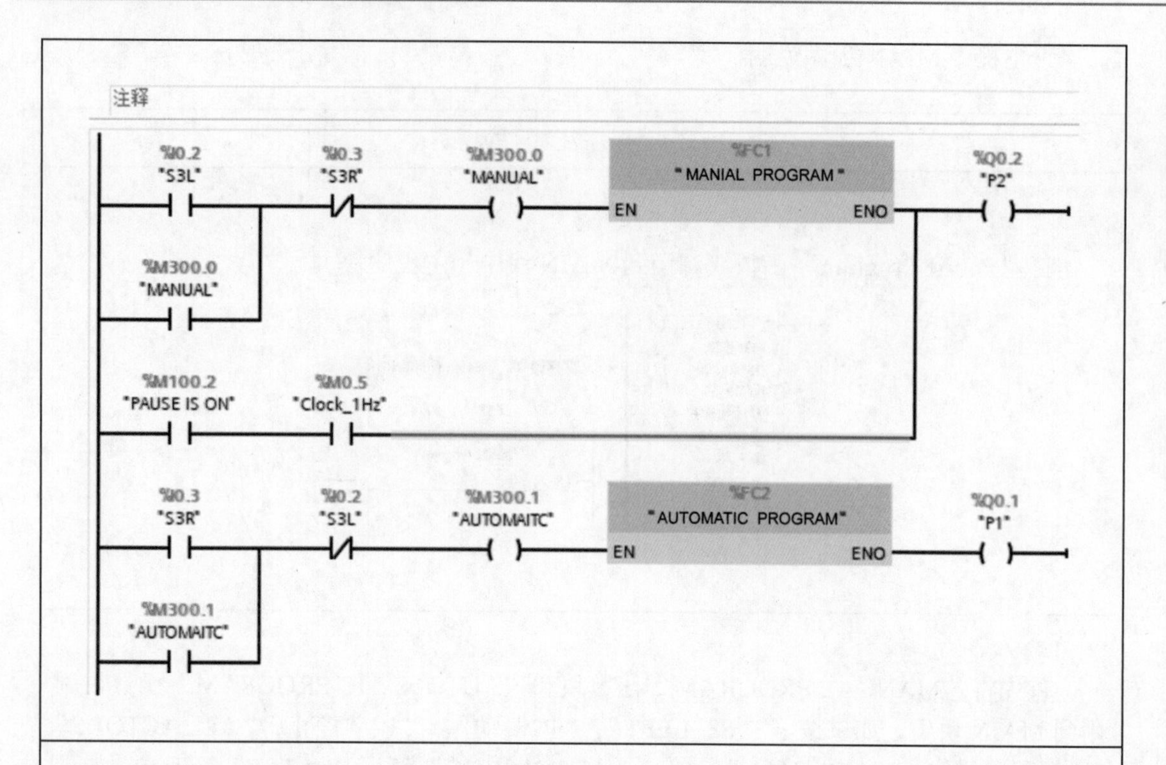

如果“K3：DI_BIT_0”或“K3：DI_BIT_1”任意一个动作，“ERROR”动作，并且“ALL ACTORS”（所有程序复位），“STEP”等于0；如果将“RESET”按下，“ERROR”停止。

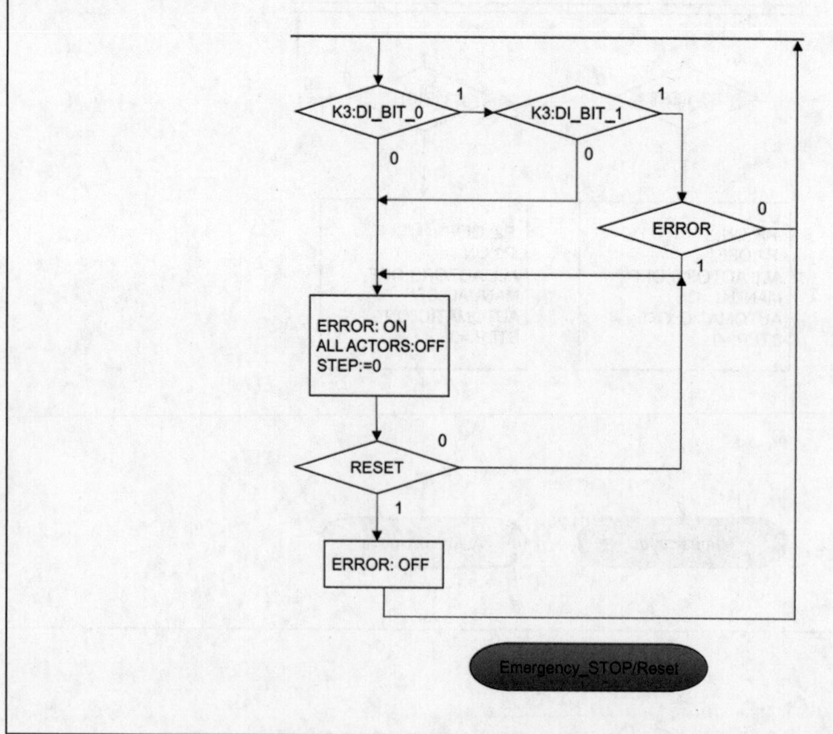

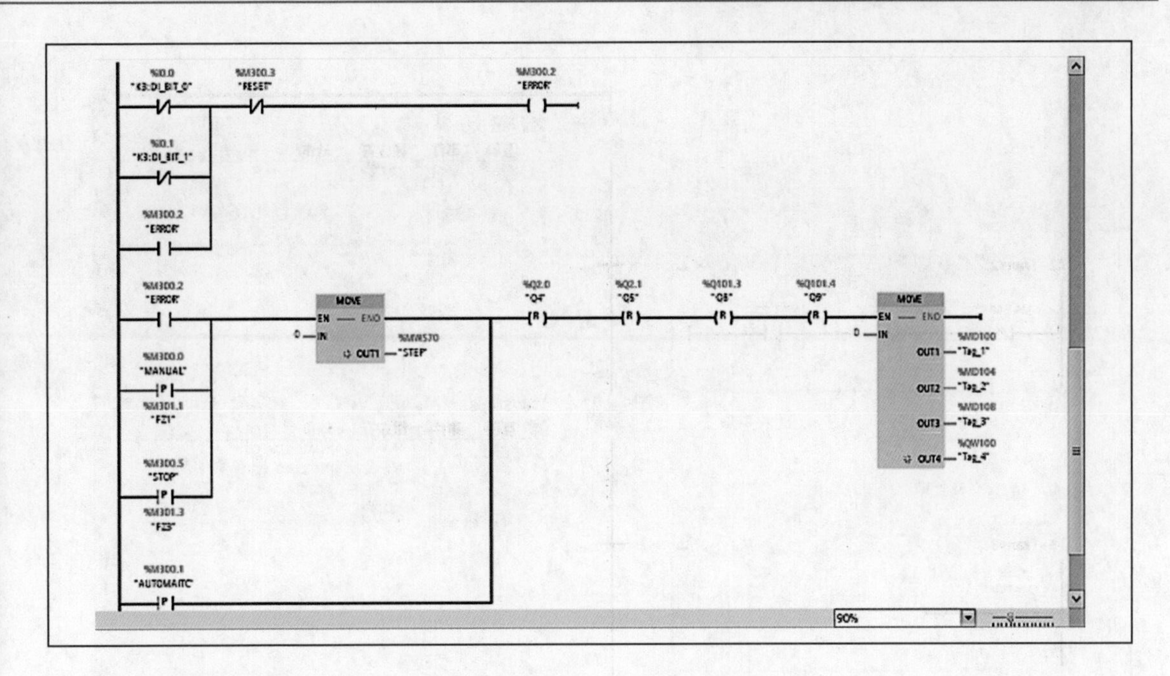

3. GRAPH 编程

1）手动程序 MANUAL GRAPH 说明。

程序注释

当“MA1 CW ON”和“MA1 OFF”不动作时并且按下“MA1 CCW”“MA1 CCW ON”动作，“MA1 IS ON”动作，“Q5”动作；当按下“MA1 OFF”时，“MA1CCW ON”停止，“MA1 IS ON”停止，“Q5”停止。

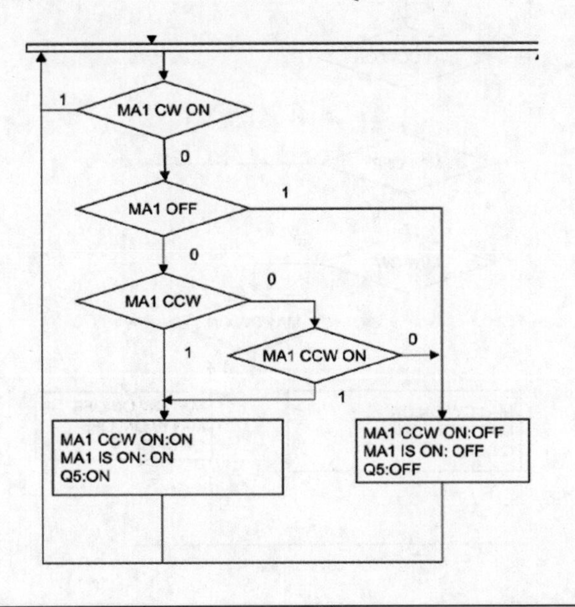

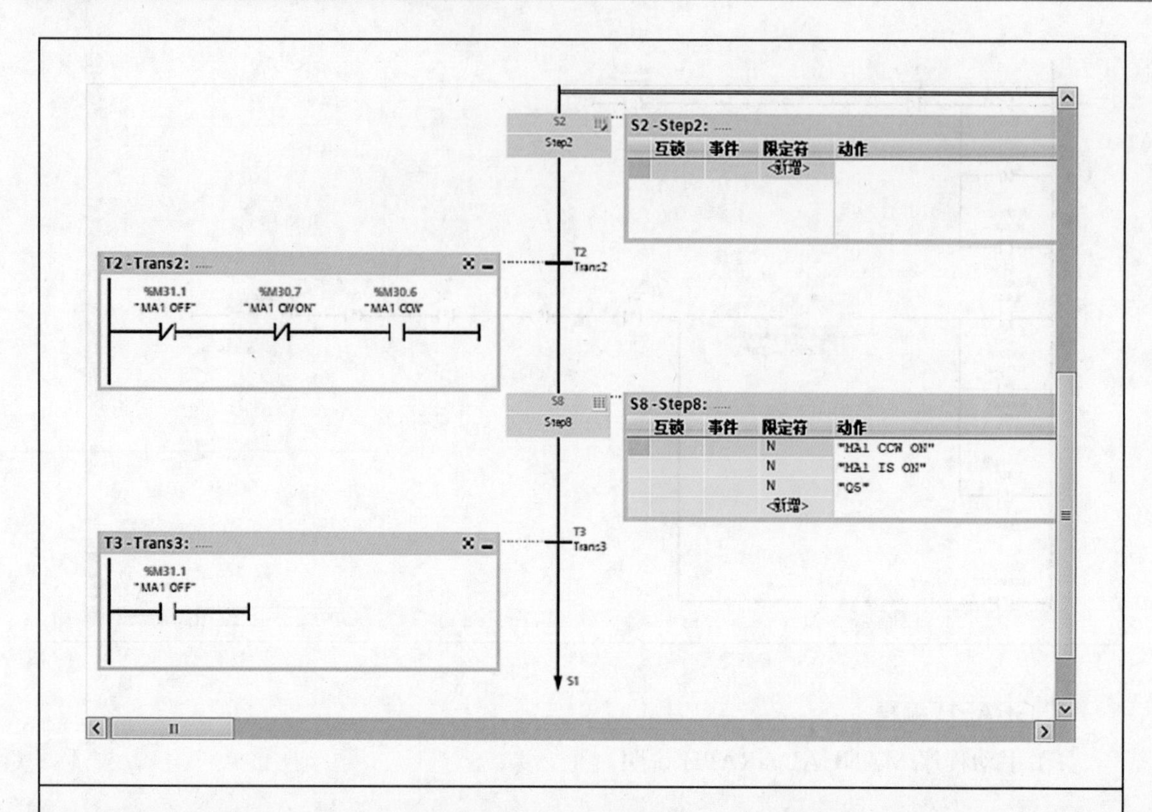

当“MA1 CCW ON”和“MA1 OFF”不动作时，并且按下“MA1 CW”，“MA1 CW ON”动作，“MA1 SI ON”动作，“Q4”动作；当按下“MA1 OFF”时，“MA1 CW ON”停止，“MA1 IS ON”停止，“Q4”停止。

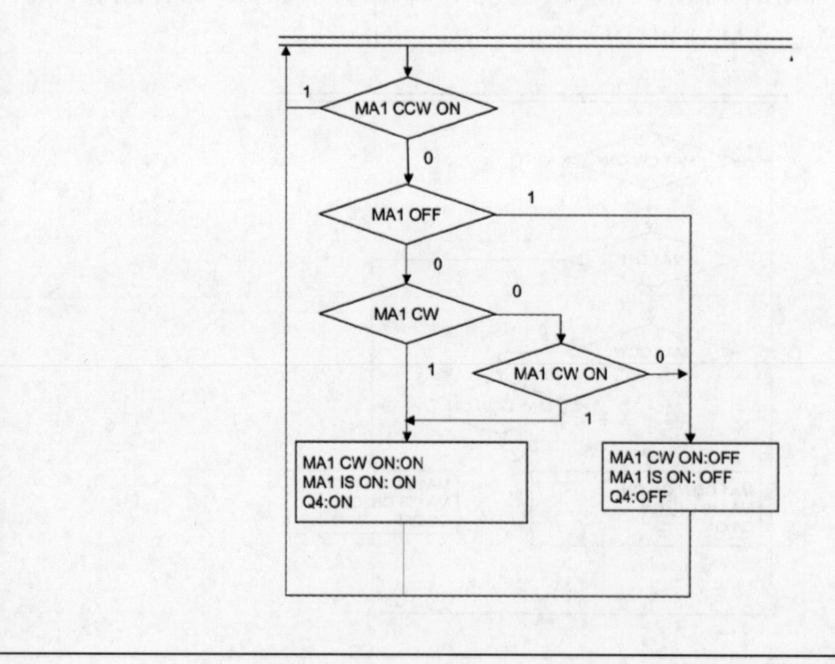

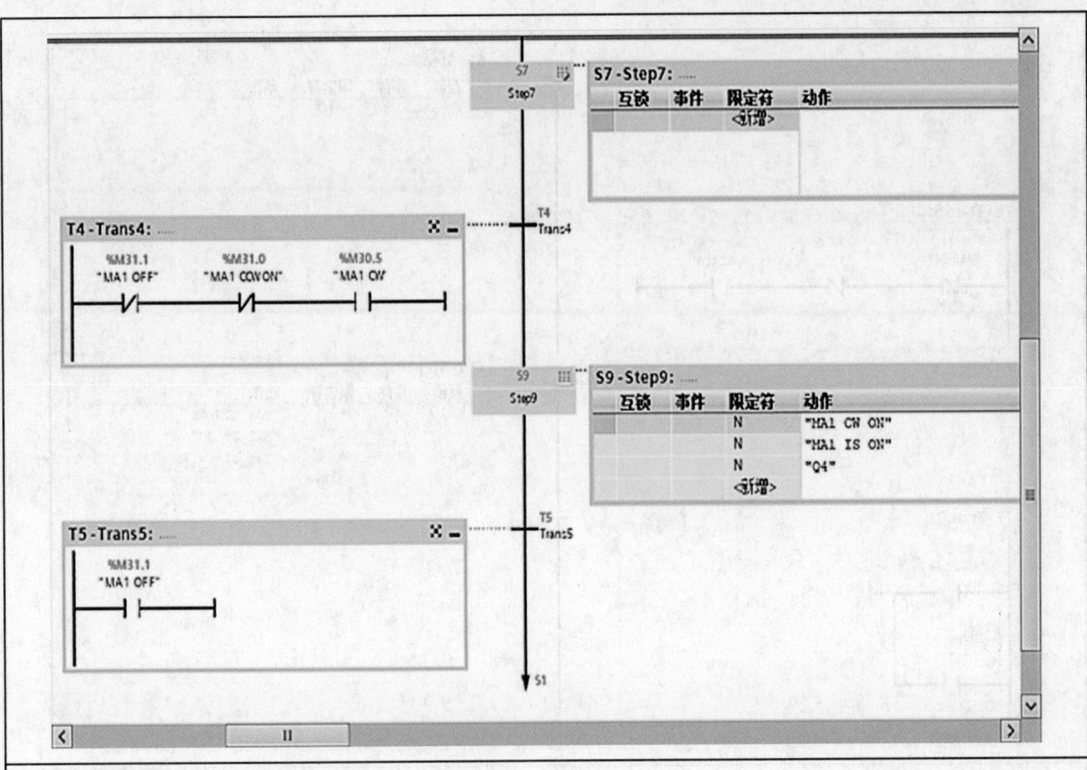

当“S7”和“MA2 OFF”不动作时，按下“MA2 CCW”时，“MA2 CCW ON”动作，“MA2 ACTUAL SPEED”(MA2 实际速度)等于“MA2 SET SPEED”(MA2 设定速度)，“MA2 IS ON”动作；当按下“S7”和“MA2 OFF”时，“MA2 CCW ON”停止，“MA2 ACTUAL SPEED”(MA2 实际速度)等于 0，“MA2 IS ON”停止。

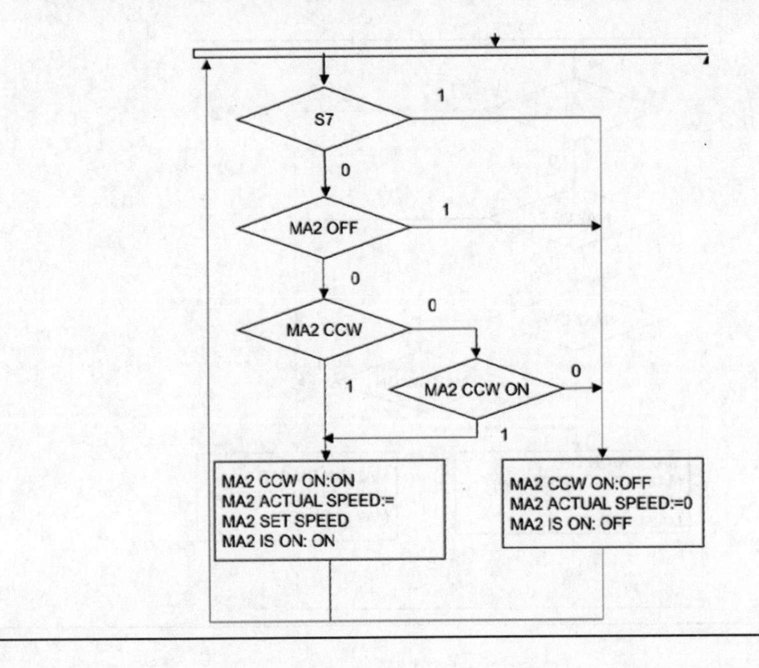

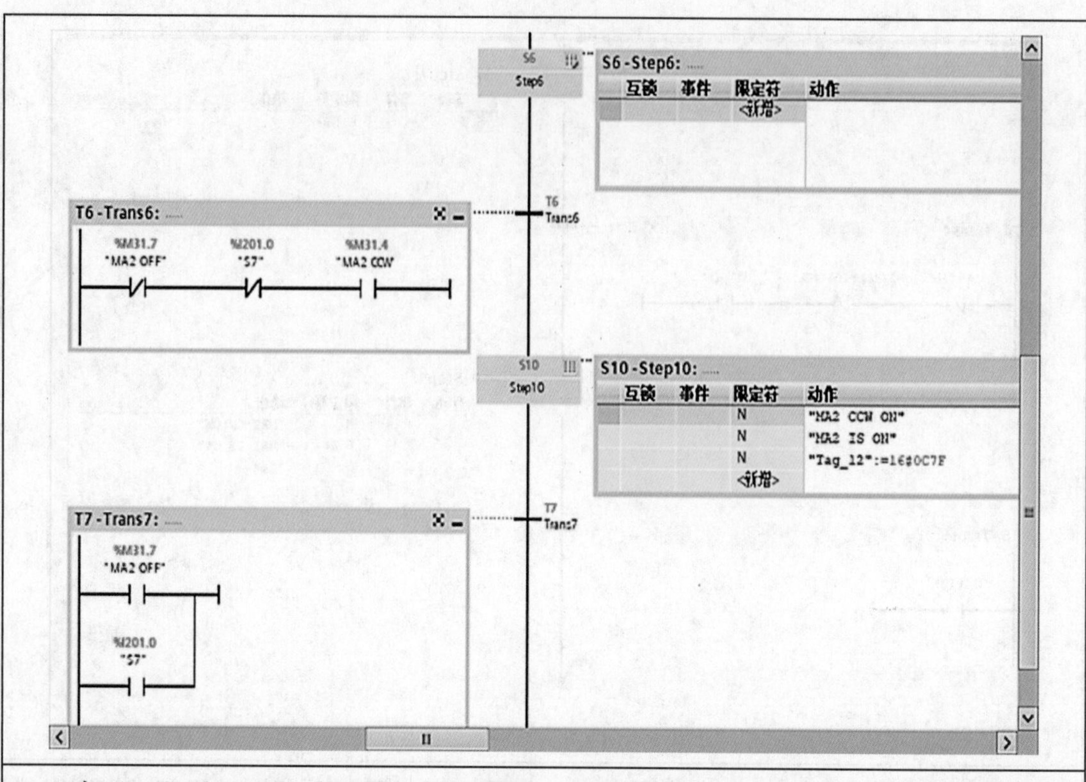

当“S9”和“MA2 OFF”不动作时，按下“MA2 CW”时，“MA2 ACTUAL SPEED”(MA2 实际速度)等于“MA2 SET SPEED”(MA2 设定速度)，“MA2 IS ON”动作，当按下“S9”和“MA2 OFF”时，“MA2 CW ON”停止，“MA2 ACTUAL SPEED”(MA2 实际速度)等于 0，“MA2 IS ON”停止。

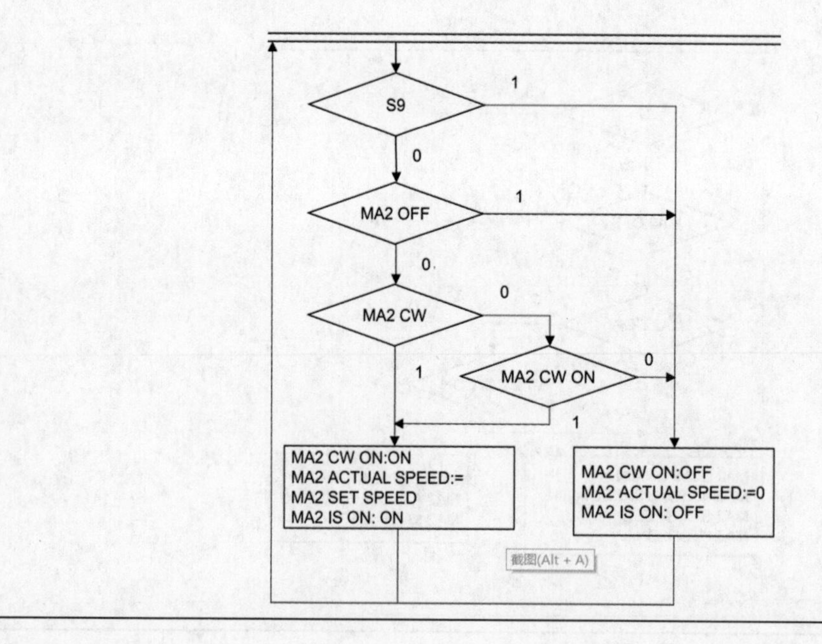

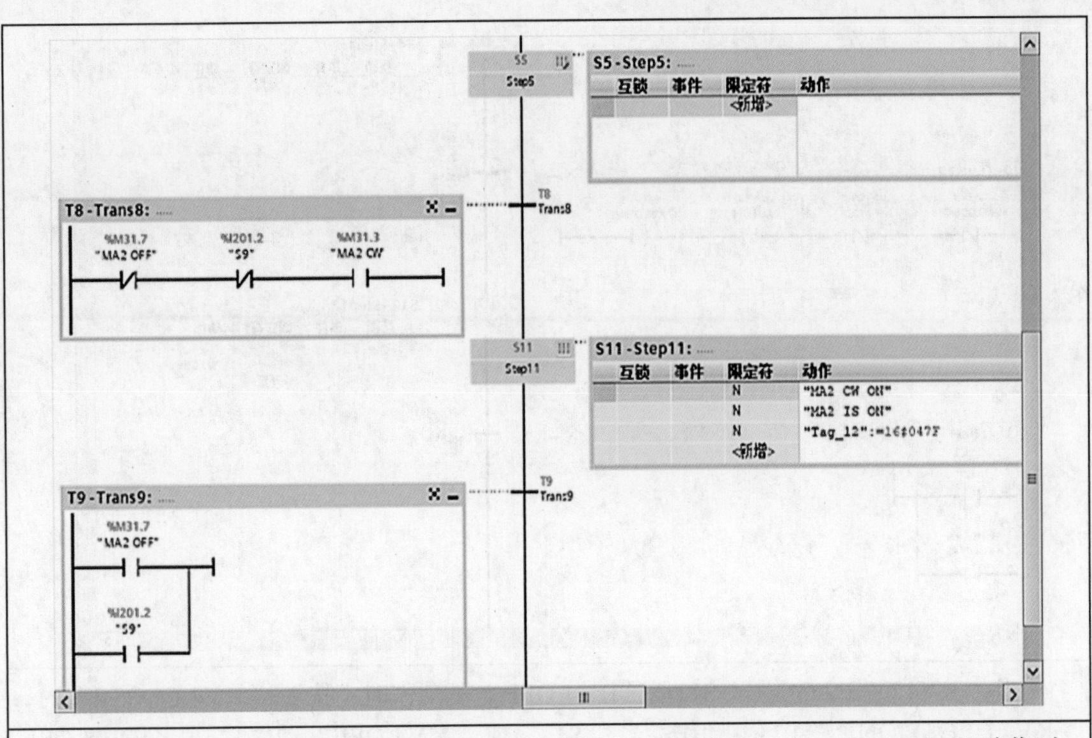

当“KV4 CLOSE ON”“S12”“KV4 OFF”不动作时，“KV4 OPEN”动作时，“KV4 OPEN ON”“P10”动作；当“S12”或“KV4 OFF”动作时，“KV4 OPEN ON”“P10”停止。

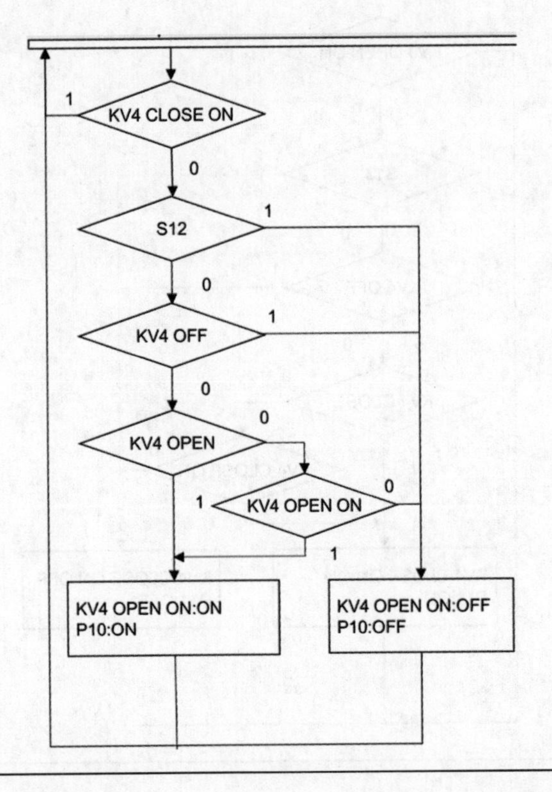

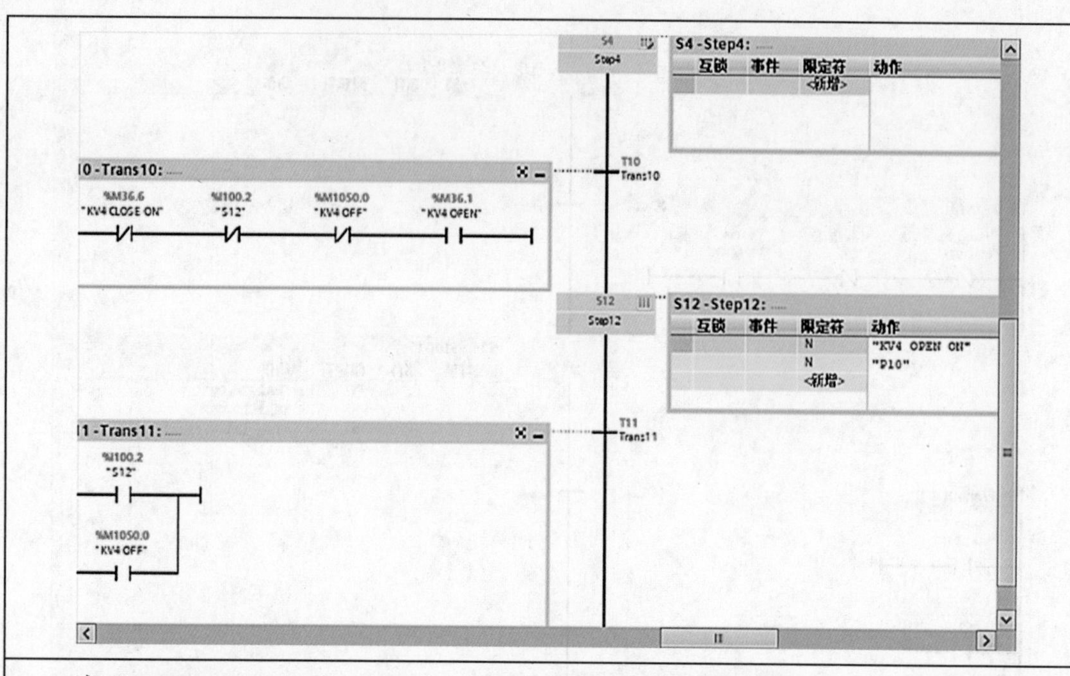

当“KV4 OPEN ON”“S13”“KV4 OFF”不动作时，按下“KV4 CLOSE”时，“KV4 CLOSE ON”“P11”动作；当“S13”或“KV4 OFF”动作时，“KV4 CLOSE ON”停止，“P11”动作。

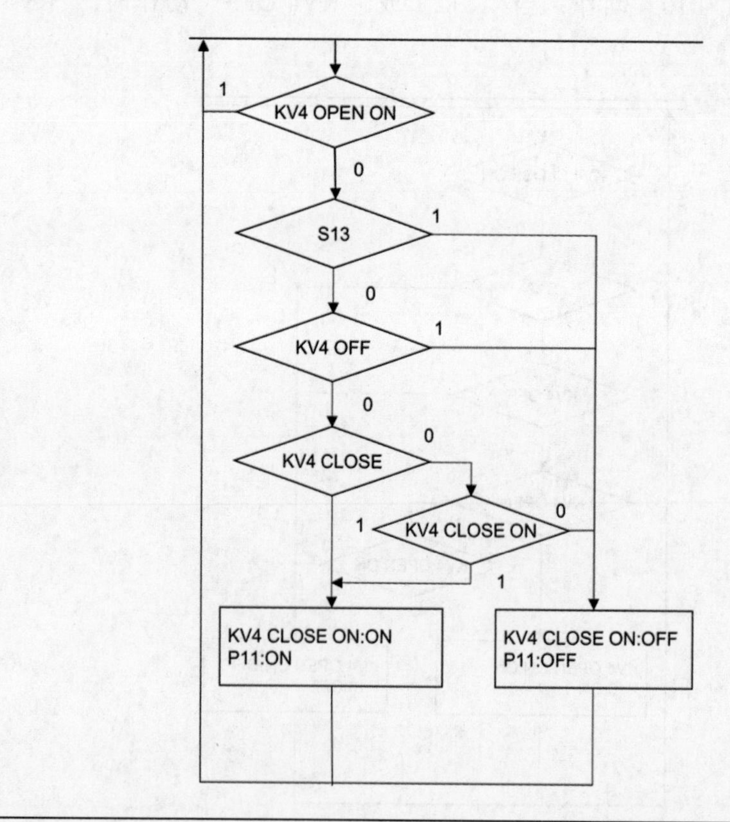

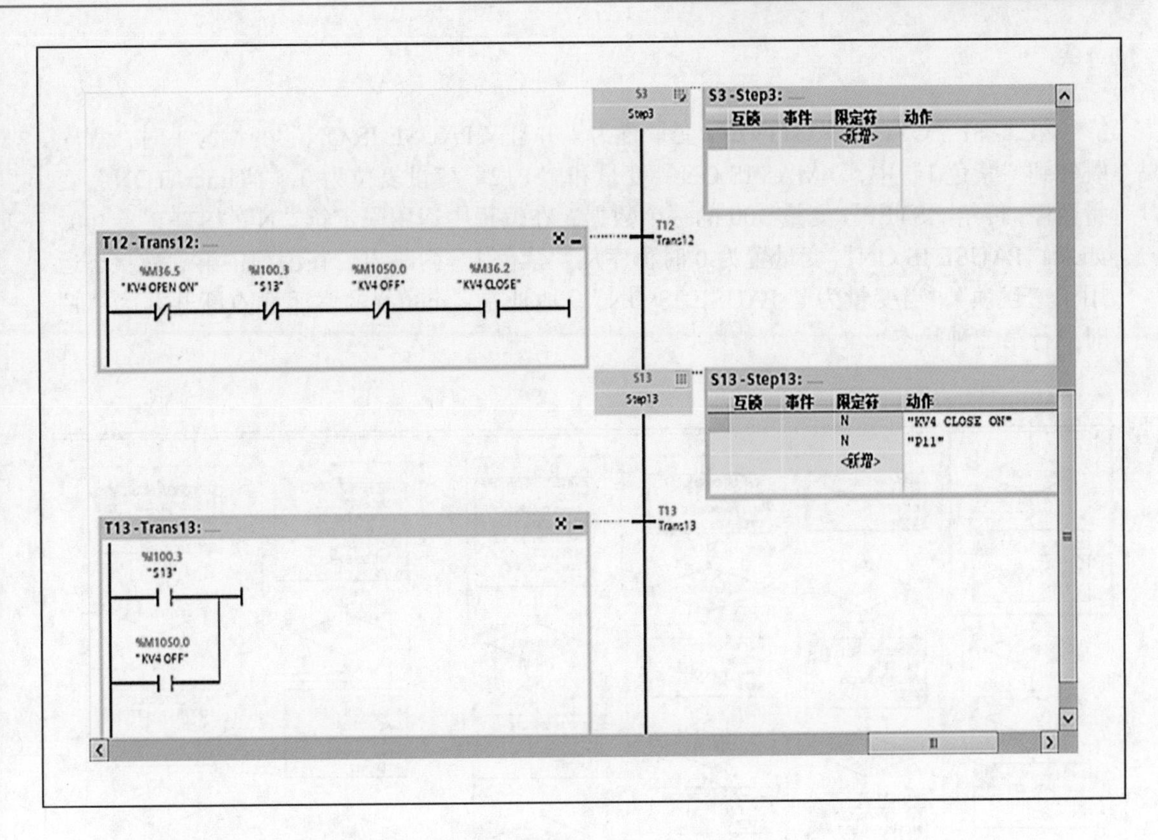

2）自动程序 AUTOMATIC GRAPH 说明。

程序注释

当“ CYCLE ACTIVE”变量信号置为 0 时不运行程序，置为 1 时运行程序。在编程中添加一个变量“ CYCLE ACTIVE”，地址是：m30.1 的常开触点，当常开触点不闭合时也就是变量为 0 时不运行程序，当常开触点闭合时也就是变量为 1 时运行程序，运行时分为以下两种状况：

第一种：“ CYCLE ACTIVE”变量置为 1 并且“ PAUSE IS ON”变量为 0 时，在编程中添加一个变量“ PAUSE IS ON”，地址是：m30.0 的常闭触点，当常闭触点不闭合时也就是变量为 1 时运行程序，当常闭触点闭合时也就是变量为 0 时不运行程序，当“ MA5 IS ON”变量置位为 1 时编程中运用限定符“ N”和“ s”使变量置为 1。注释：N 只要步活动就进行设置，只在当前块中执行此变量，S ：置位，“ P12”变量置位为 1 时编程中运用限定符“ N”和“ S:”使变量置为 1。注释：N 只要步活动就进行设置：只在当前块中执行此变量；S ：置位；（SET ：置位）“Timer_TON”变量得电为 1 ；传给“STEP”变量 1 的一个数据。编程中运用限定符“N”“STEP”:=1。

第二种："CYCLE ACTIVE"变量置为 1 并且"PAUSE IS ON"变量为 1 时，程序跳转到"紫色 1"中，"MA5 IS ON"变量和"P12"变量复位为 0，"Timer_TON"变量暂停；传给"STEP"变量 300 的一个数据，在编程中运用限定符"N""STEP":=300，如果"PAUSE IS ON"变量置为 0 时程序从"紫色 1"内跳出，在编程中第二种状态运用了"互锁"，当变量为"PAUSE IS ON"，地址是：m30.0 的常闭触点断开并为"1"时执行第二种状态。

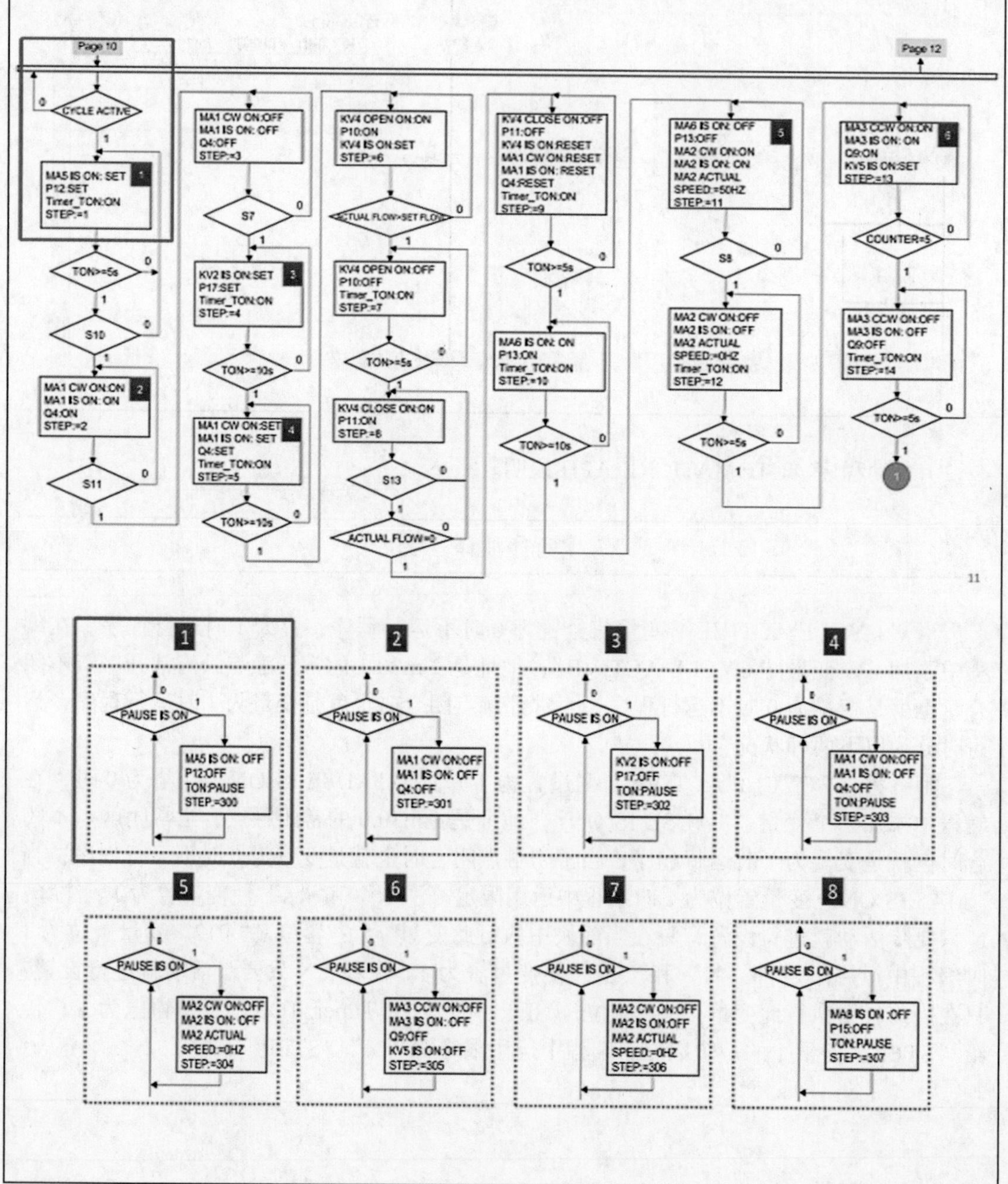

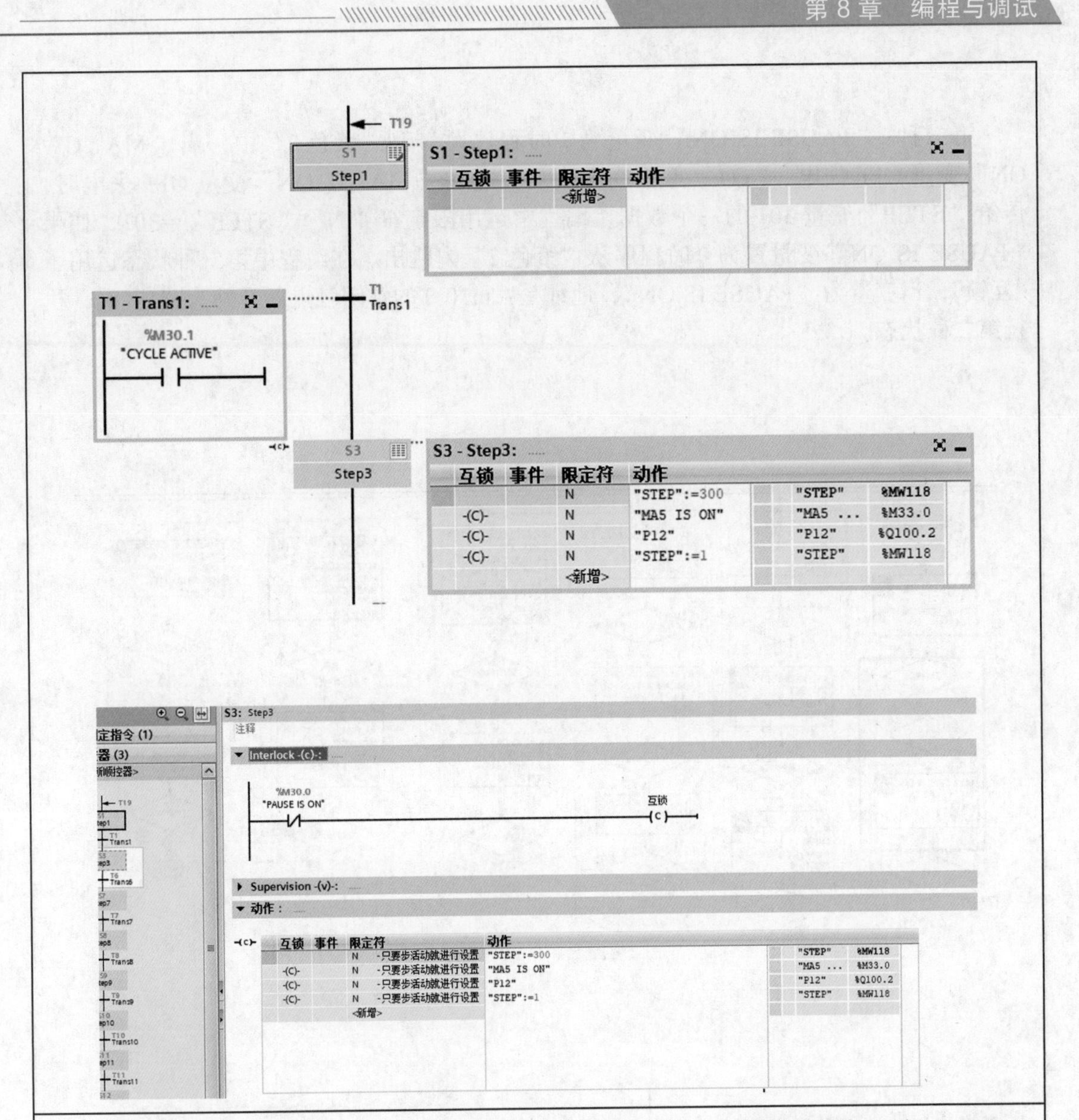

上方程序执行完成后，当 TON 时间延时大于等于 5s，在编程中添加一个“CMP>T 超出步激活时间（时间延时）”，输入时间为“5s 或 5000”，当时间到时运行下一步并且“S10”变量置为 1 时运行程序；在编程中添加一个变量“S10”，地址是 I100.0 的常开触点，当常开触点不闭合时也就是变量为 0 时不运行，当常开触点闭合时也就是变量为 1 时运行，当两个条件都满足时分为以下两种状况：

第一种：“PAUSE IS ON”变量为 0 时，在编程中添加一个变量“PAUSE IS ON”，地址是：m30.0 的常闭触点。当常闭触点不闭合时也就是变量为 1 时运行程序，当常闭触点闭合时也就是变量为 0 时不运行程序。当“MA1 CW ON”变量 ON 运行时，在编程中运用限定符“N”使变量置为 1；当“Q4”变量 ON 运行时编程中运用限定符“N”使变量置为 1；当“MA1 IS ON”变量 ON 运行时，在编程中运用限定符“N”使变量置为 1；传给“STEP”变量 2 的一个数据，编程中运用限定符“N”“STEP”:=2。

第二种："PAUSE IS ON"变量为1时程序跳转到"紫色2"中，当"MA1 CW ON"变量OFF失电、"Q4"变量OFF变量失电和"MA1 IS ON"变量OFF失电时，传给"STEP"变量301的一个数据，编程中运用限定符"N""STEP":=301，如果"PAUSE IS ON"变量置为0时程序从"紫色2"内跳出。在编程中第二种状态运用了"互锁"，当变量为"PAUSE IS ON"，地址是：m30.0的常闭触点断开并为"1"时，执行第二种状态。

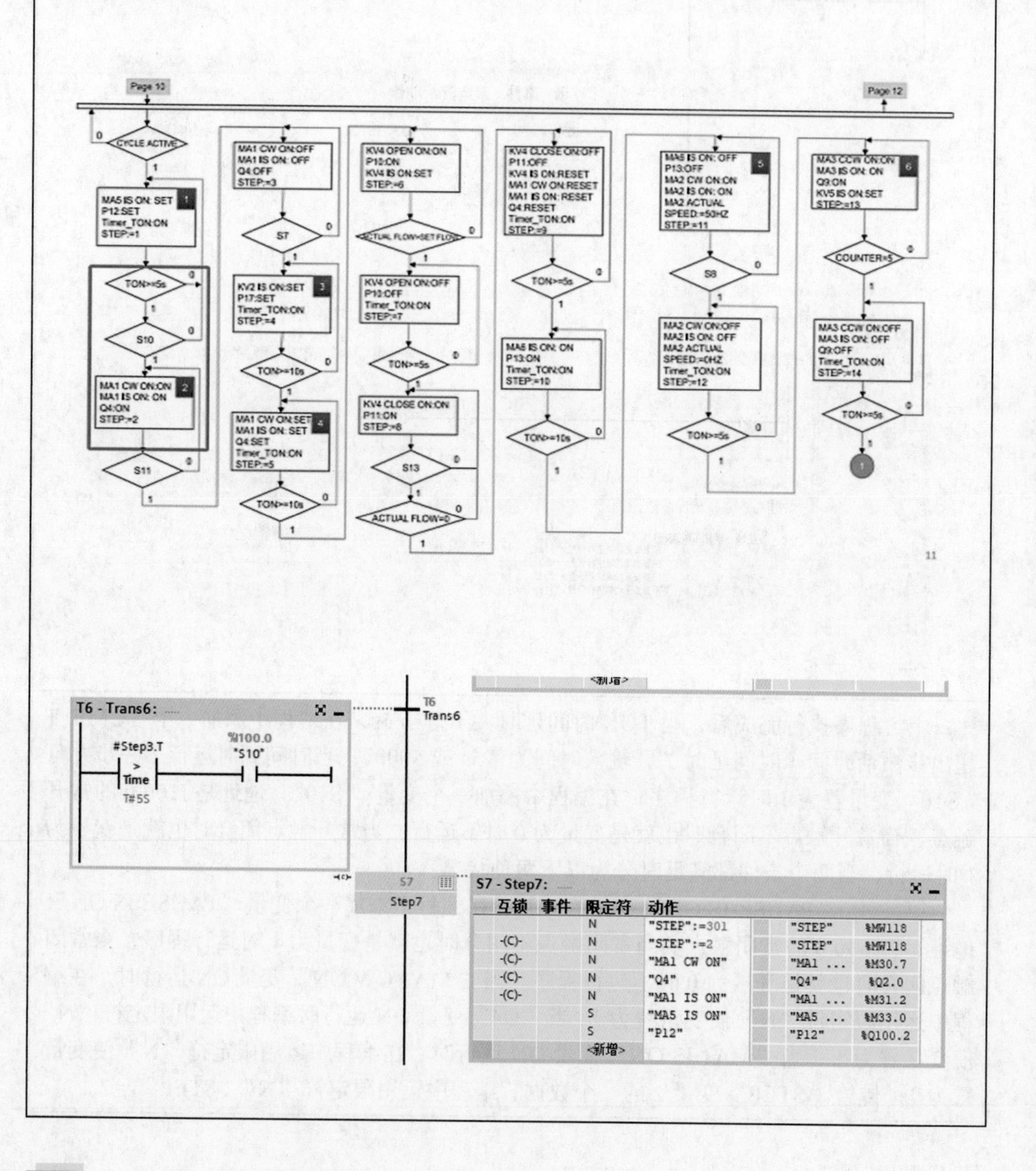

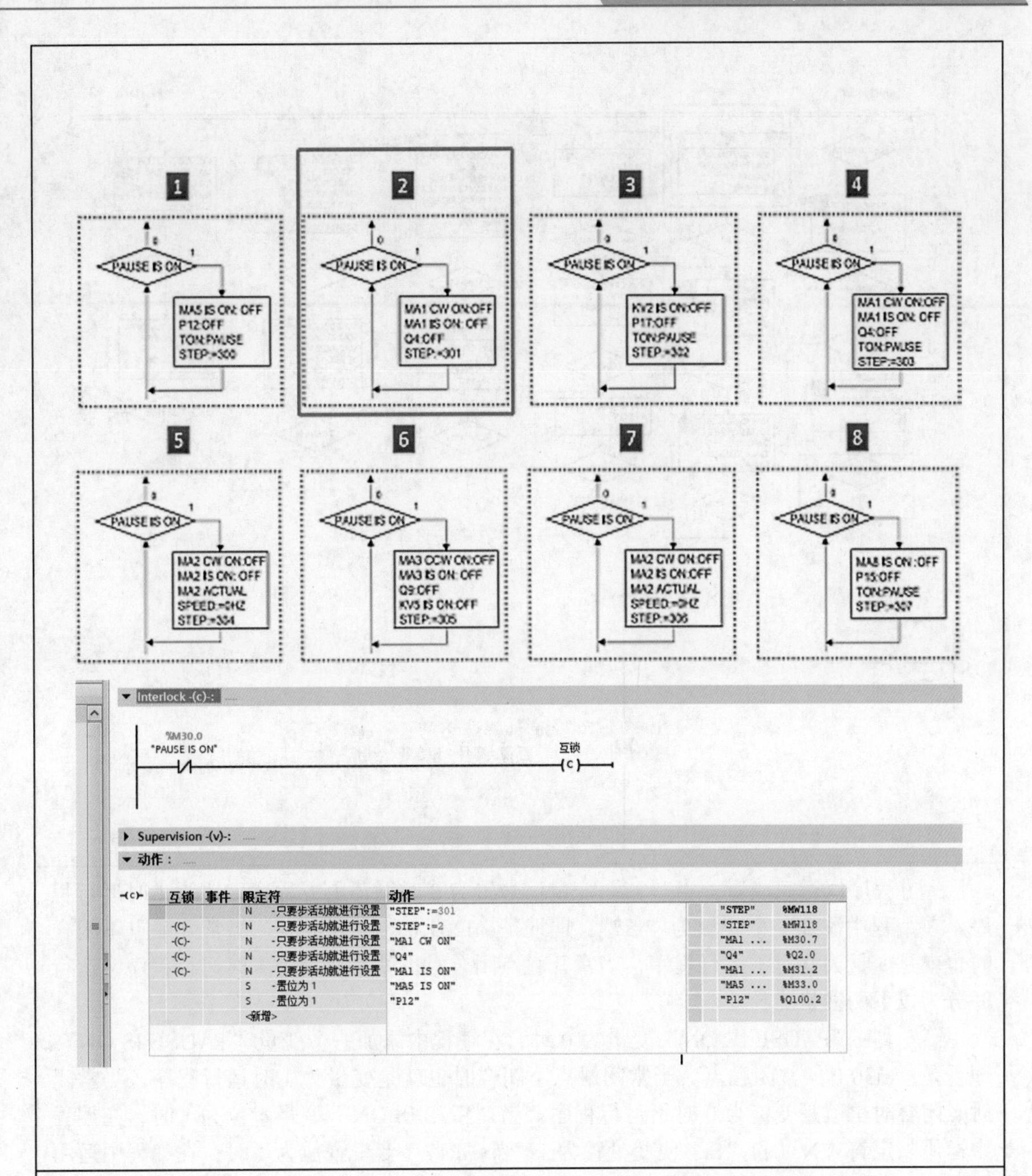

上方程序执行完成后，当“S11”变量信号置为 0 时循环上方程序，置为 1 时运行程序在编程中添加一个变量“S11”，地址是：I100.1 的常开触点，当常开触点不闭合时也就是变量为 0 时不运行，当常开触点闭合时也就是变量为 1 时运行，当运行“MA1 CW ON”时变量 OFF 失电、“Q4”变量 OFF 失电和“MA1 IS ON”变量 OFF 运行，传给“STEP”变量 3 的一个数据。编程中运用限定符“N”“STEP”:=3。

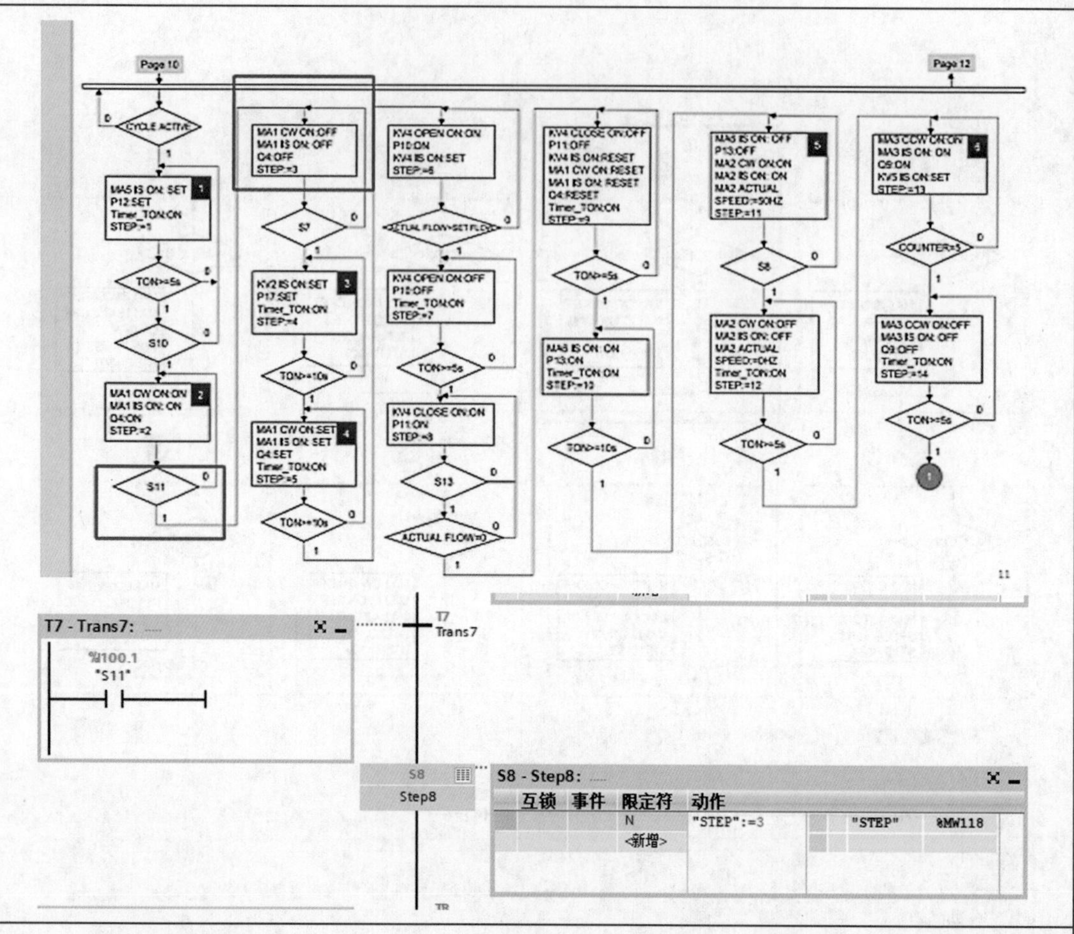

上方程序执行完成后，当“S7”变量信号置为 0 时循环上方程序，置为 1 时运行程序。在编程中添加一个变量为“ S7”，地址是：I201.0 的常开触点。当常开触点不闭合时也就是变量为 0 时不运行程序，当常开触点闭合时也就是变量为 1 时运行程序，运行时分为以下两种状况：

第一种：“PAUSE IS ON”变量为 0 时，在编程中添加一个变量“PAUSE IS ON”，地址是：m30.0 的常闭触点。当常闭触点不闭合时也就是变量为 1 时运行程序，当常闭触点闭合时也就是变量为 0 时不运行程序。当“KV2 IS ON”变量置位为 1 时，在编程中运用限定符“N”和“S”使变量置为 1；当“P17”变量置位为 1 时，在编程中运用限定符“N”和“S”使变量置为 1；当（SET：置位）“Timer_TON”变量得电为 1 时，传给“STEP”变量 4 的一个数据，编程中运用限定符“N”“STEP”:=4。

第二种：“PAUSE IS ON”变量为 1 时程序跳转到“紫色 3”中，“KV5 IS ON”变量“P17”变量复位为 0，“Timer_TON”变量暂停，传给“STEP”变量 302 的一个数据，编程中运用限定符“N”“STEP”:=302；如果“PAUSE IS ON”变量置为 0 时程序从“紫色 3”内跳出。在编程中第二种状态时运用了“互锁”，当变量为“ PAUSE IS ON”，地址是：m30.0 的常闭触点断开并为“1”时，执行第二种状态。

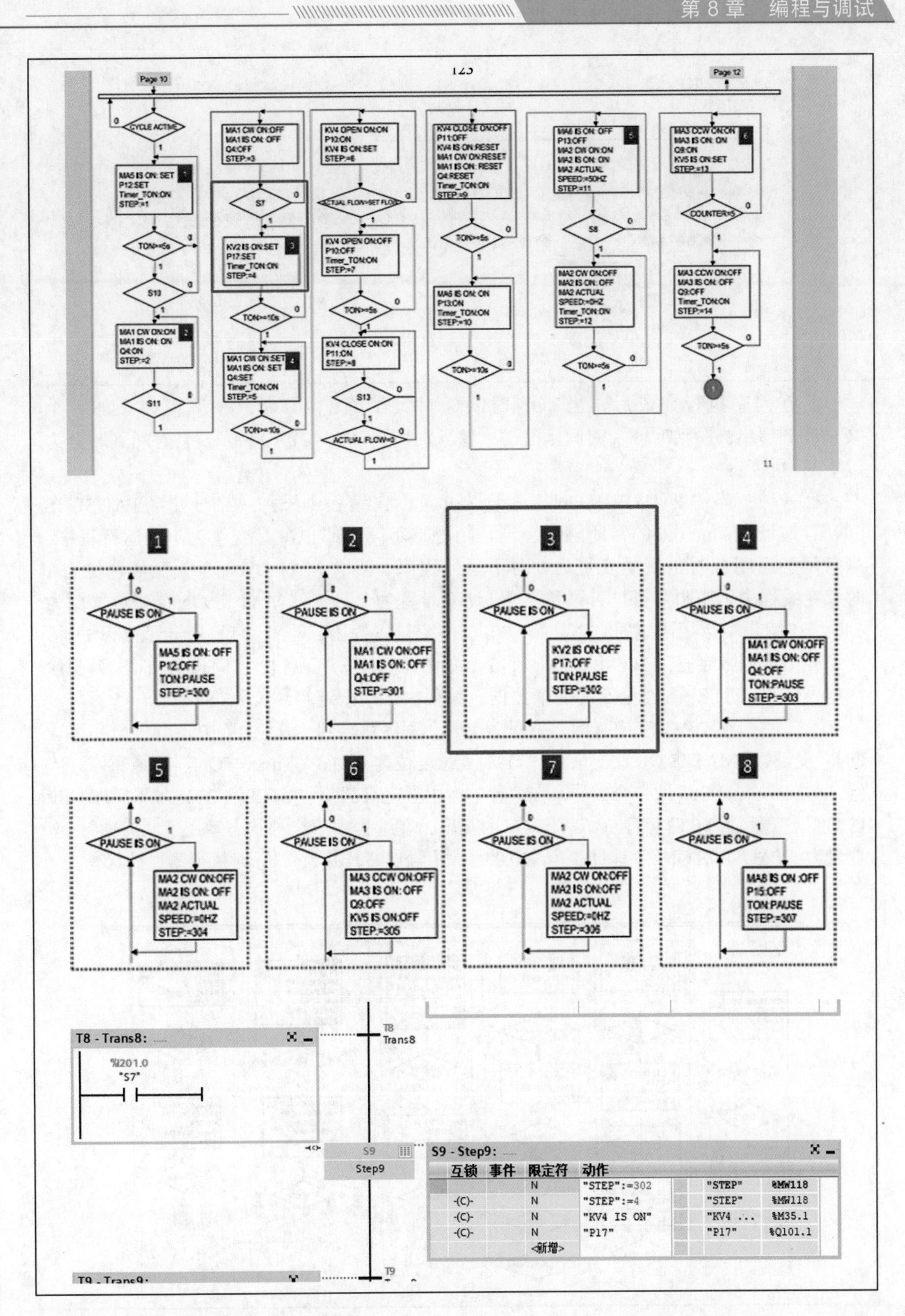
Page 10
Page 12
CYCLE ACTIVE
MA5 IS ON: SET
P12:SET
Timer_TON:ON
STEP:=1
TON>=5s
S10
MA1 CW ON:ON
MA1 IS ON: ON
Q4:ON
STEP:=2
S11
MA1 CW ON:OFF
MA1 IS ON: OFF
Q4:OFF
STEP:=3
S7
KV2 IS ON:SET
P17:SET
Timer_TON:ON
STEP:=4
TON>=10s
MA1 CW ON:SET
MA1 IS ON: SET
Q4:SET
Timer_TON:ON
STEP:=5
KV4 OPEN ON:ON
P10:ON
KV4 IS ON:SET
STEP:=6
ACTUAL FLOW>SET FLOW
KV4 OPEN ON:OFF
P10:OFF
Timer_TON:ON
STEP:=7
KV4 CLOSE ON:ON
P11:ON
STEP:=8
S13
ACTUAL FLOW=0
KV4 CLOSE ON:OFF
P11:OFF
KV4 IS ON:RESET
MA1 CW ON:RESET
MA1 IS ON: RESET
Q4:RESET
Timer_TON:ON
STEP:=9
MA6 IS ON: ON
P13:ON
Timer_TON:ON
STEP:=10
MA6 IS ON: OFF
P13:OFF
MA2 CW ON:ON
MA2 IS ON: ON
MA2 ACTUAL SPEED:=50HZ
STEP:=11
S8
MA2 CW ON:OFF
MA2 IS ON: OFF
MA2 ACTUAL SPEED:=0HZ
Timer_TON:ON
STEP:=12
MA3 CCW ON:ON
MA3 IS ON: ON
Q9:ON
KV5 IS ON:SET
STEP:=13
COUNTER>5
MA3 CCW ON:OFF
MA3 IS ON: OFF
Q9:OFF
Timer_TON:ON
STEP:=14
11
1
PAUSE IS ON
MA5 IS ON: OFF
P12:OFF
TON:PAUSE
STEP:=300
2
PAUSE IS ON
MA1 CW ON:OFF
MA1 IS ON: OFF
Q4:OFF
STEP:=301
3
PAUSE IS ON
KV2 IS ON:OFF
P17:OFF
TON:PAUSE
STEP:=302
4
PAUSE IS ON
MA1 CW ON:OFF
MA1 IS ON: OFF
Q4:OFF
TON:PAUSE
STEP:=303
5
PAUSE IS ON
MA2 CW ON:OFF
MA2 IS ON: OFF
MA2 ACTUAL SPEED:=0HZ
STEP:=304
6
PAUSE IS ON
MA3 CCW ON:OFF
MA3 IS ON: OFF
Q9:OFF
KV5 IS ON:OFF
STEP:=305
7
PAUSE IS ON
MA2 CW ON:OFF
MA2 IS ON:OFF
MA2 ACTUAL SPEED:=0HZ
STEP:=306
8
PAUSE IS ON
MA6 IS ON :OFF
P15:OFF
TON:PAUSE
STEP:=307
T8 - Trans8: .....
%I201.0
"S7"
T8
Trans8
S9
Step9
S9 - Step9: ....
互锁 事件 限定符 动作
N "STEP":=302 "STEP" %MW118
-(C)- N "STEP":=4 "STEP" %MW118
-(C)- N "KV4 IS ON" "KV4 ... %M35.1
-(C)- N "P17" "P17" %Q101.1
<新增>
T9
T9 - Trans9:

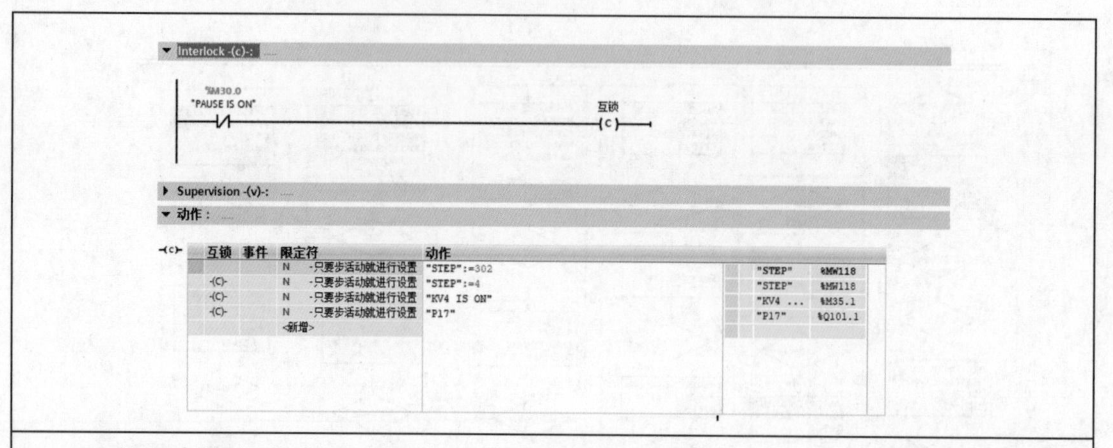

上方程序执行完成后，当 TON 时间延时大于等于 10s 时，在编程中添加一个“CMP>T 超出步激活时间（时间延时）”，输入时间为“10s 或 10000”，当时间到时分为以下两种状况：

第一种：当“PAUSE IS ON”变量为 0 时，在编程中添加一个变量“PAUSE IS ON”，地址是：m30.0 的常闭触点，当常闭触点不闭合时也就是变量为 1 时运行程序，当常闭触点闭合时也就是变量为 0 时不运行程序，当“MA1 CW ON”变量置位为 1 时，在编程中运用限定符“N”和“S”使变量置为 1；当“MA1 IS ON”变量置位为 1 时，在编程中运用限定符“N”和“S”使变量置为 1；当“Q4”变量置位为 1 时，在编程中运用限定符“N”和“S”使变量置为 1；（SET：置位）“Timer_TON”变量得电，传给“STEP”变量 5 的一个数据，编程中运用限定符“N”“STEP”:=5。

第二种：当“PAUSE IS ON”变量为 1 时，程序跳转到“紫色 4”中，当“MA1 CW ON”变量、“MA1 IS ON”变量和“Q4”变量复位为 0 时；“Timer_TON”变量暂停；传给“STEP”变量 303 的一个数据，在编程中运用限定符“N”“STEP”:=303；如果“PAUSE IS ON”变量置为 0 时程序从“紫色 4”内跳出，在编程中第二种状态运用了“互锁”，当变量为“PAUSE IS ON”，地址是：m30.0 的常闭触点断开并为“1”时执行第二种状态。

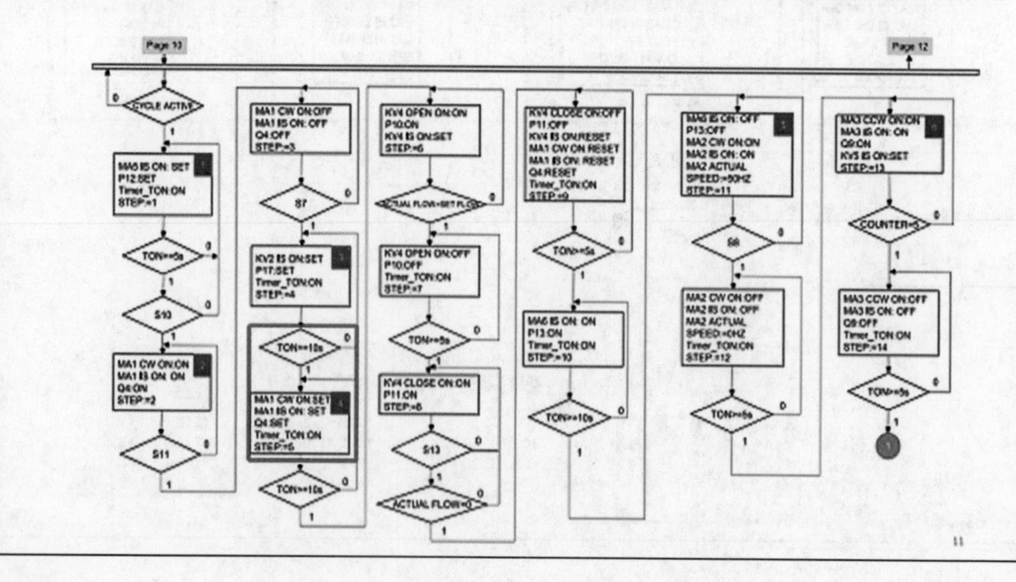

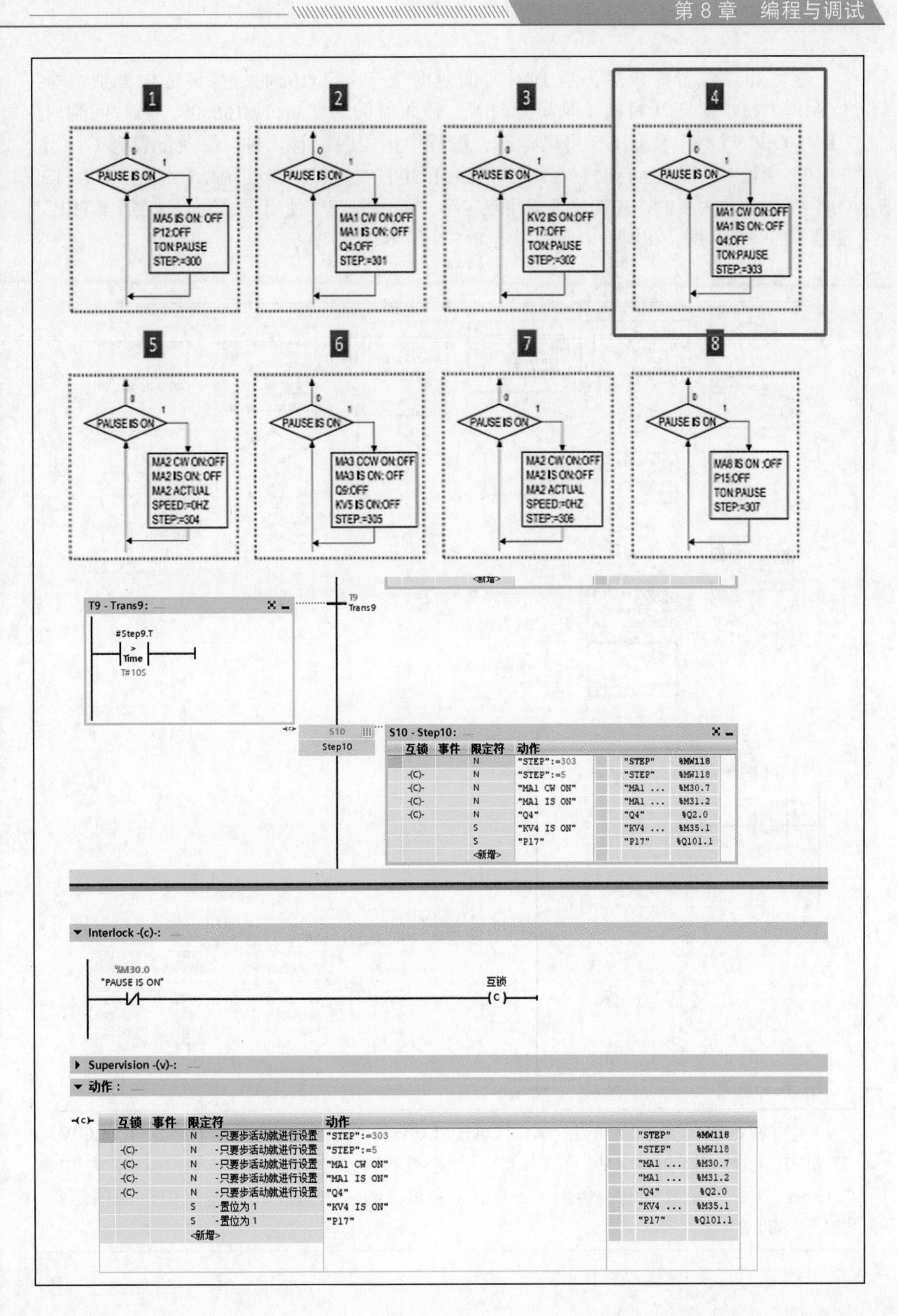

1
PAUSE IS ON
MA5 IS ON: OFF
P12:OFF
TON:PAUSE
STEP:=300
2
PAUSE IS ON
MA1 CW ON:OFF
MA1 IS ON: OFF
Q4:OFF
STEP:=301
3
PAUSE IS ON
KV2 IS ON:OFF
P17:OFF
TON:PAUSE
STEP:=302
4
PAUSE IS ON
MA1 CW ON:OFF
MA1 IS ON: OFF
Q4:OFF
TON:PAUSE
STEP:=303
5
PAUSE IS ON
MA2 CW ON:OFF
MA2 IS ON: OFF
MA2 ACTUAL
SPEED:=0HZ
STEP:=304
6
PAUSE IS ON
MA3 CCW ON:OFF
MA3 IS ON: OFF
Q9:OFF
KV5 IS ON:OFF
STEP:=305
7
PAUSE IS ON
MA2 CW ON:OFF
MA2 IS ON:OFF
MA2 ACTUAL
SPEED:=0HZ
STEP:=306
8
PAUSE IS ON
MA8 IS ON :OFF
P15:OFF
TON:PAUSE
STEP:=307
T9 - Trans9:
#Step9.T
Time
T#10S
T9
Trans9
S10
Step10
S10 - Step10:
互锁 事件 限定符 动作
N "STEP":=303 "STEP" %MW118
-(C)- N "STEP":=5 "STEP" %MW118
-(C)- N "MA1 CW ON" "MA1 ... %M30.7
-(C)- N "MA1 IS ON" "MA1 ... %M31.2
-(C)- N "Q4" "Q4" %Q2.0
S "KV4 IS ON" "KV4 ... %M35.1
S "P17" "P17" %Q101.1
<新增>
Interlock -(c)-:
%M30.0
"PAUSE IS ON"
互锁
Supervision -(v)-:
动作：
互锁 事件 限定符 动作
N -只要步活动就进行设置 "STEP":=303 "STEP" %MW118
-(C)- N -只要步活动就进行设置 "STEP":=5 "STEP" %MW118
-(C)- N -只要步活动就进行设置 "MA1 CW ON" "MA1 ... %M30.7
-(C)- N -只要步活动就进行设置 "MA1 IS ON" "MA1 ... %M31.2
-(C)- N -只要步活动就进行设置 "Q4" "Q4" %Q2.0
S -置位为 1 "KV4 IS ON" "KV4 ... %M35.1
S -置位为 1 "P17" "P17" %Q101.1
<新增>

上方程序执行完成后，当TON时间延时大于等于10s时，在编程中添加一个“CMP>T超出步激活时间（时间延时）”，输入时间为“10s或10000”，当时间到时“KV4 OPEN ON”变量ON得电运行，编程中运用限定符“N”使变量置为1；当“P10”变量ON得电运行时，在编程中运用限定符“N”使变量置为1；当“KV4 IS ON”变量置位为1时，在编程中运用限定符“N”和“S”使变量置为1；传给“STEP”变量6的一个数据，在编程中运用限定符“N”“STEP”:=6。

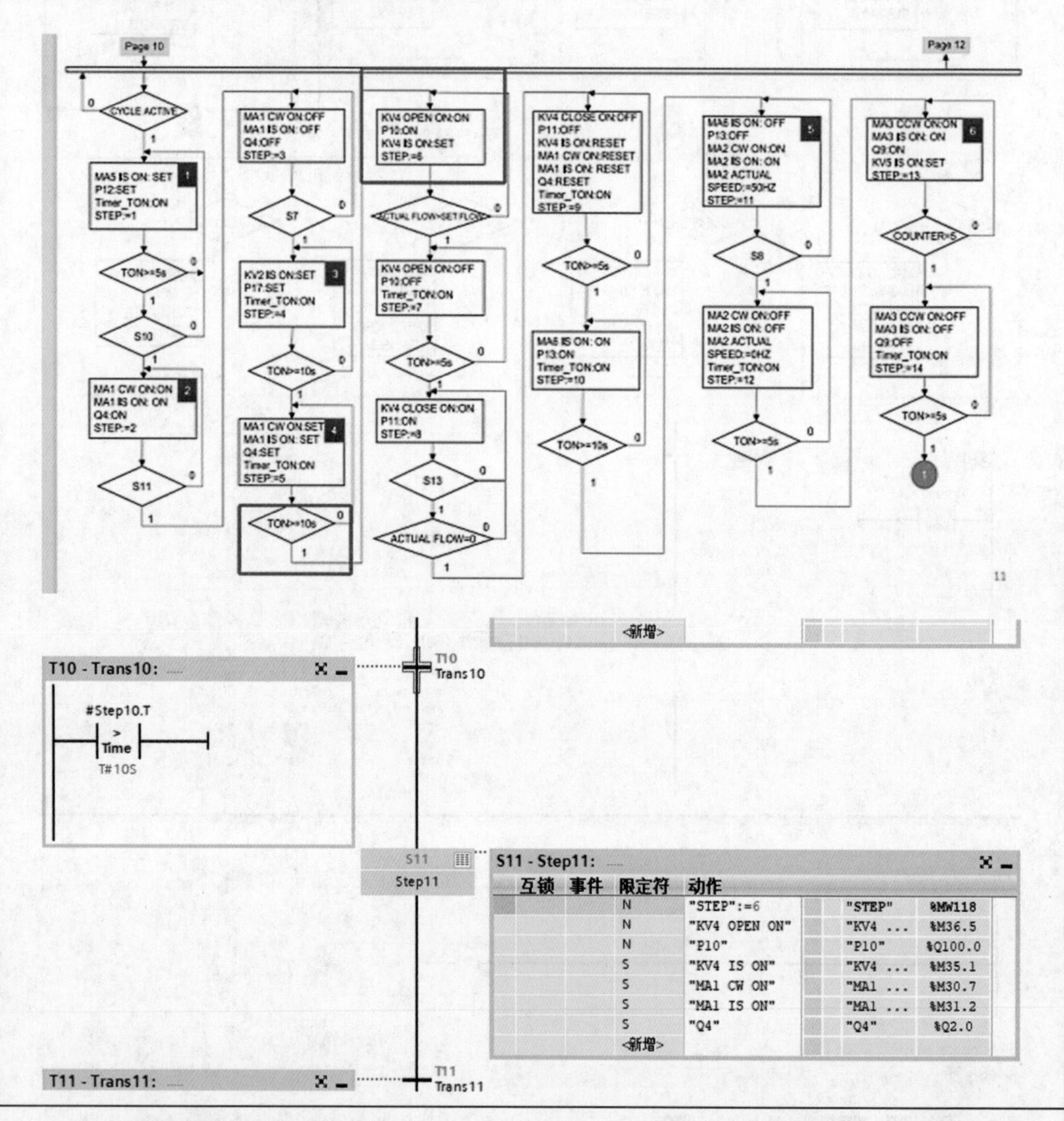

上方程序执行完成后，当“ACTUAL FLOW”变量中的数据大于“SET FLOW”变量中的数据时，“KV4 OPEN ON”变量OFF失电，“P10”变量OFF失电，“Timer_TON”变量得电，传给“STEP”变量7的一个数据，在编程中运用限定符“N”“STEP”:=7。

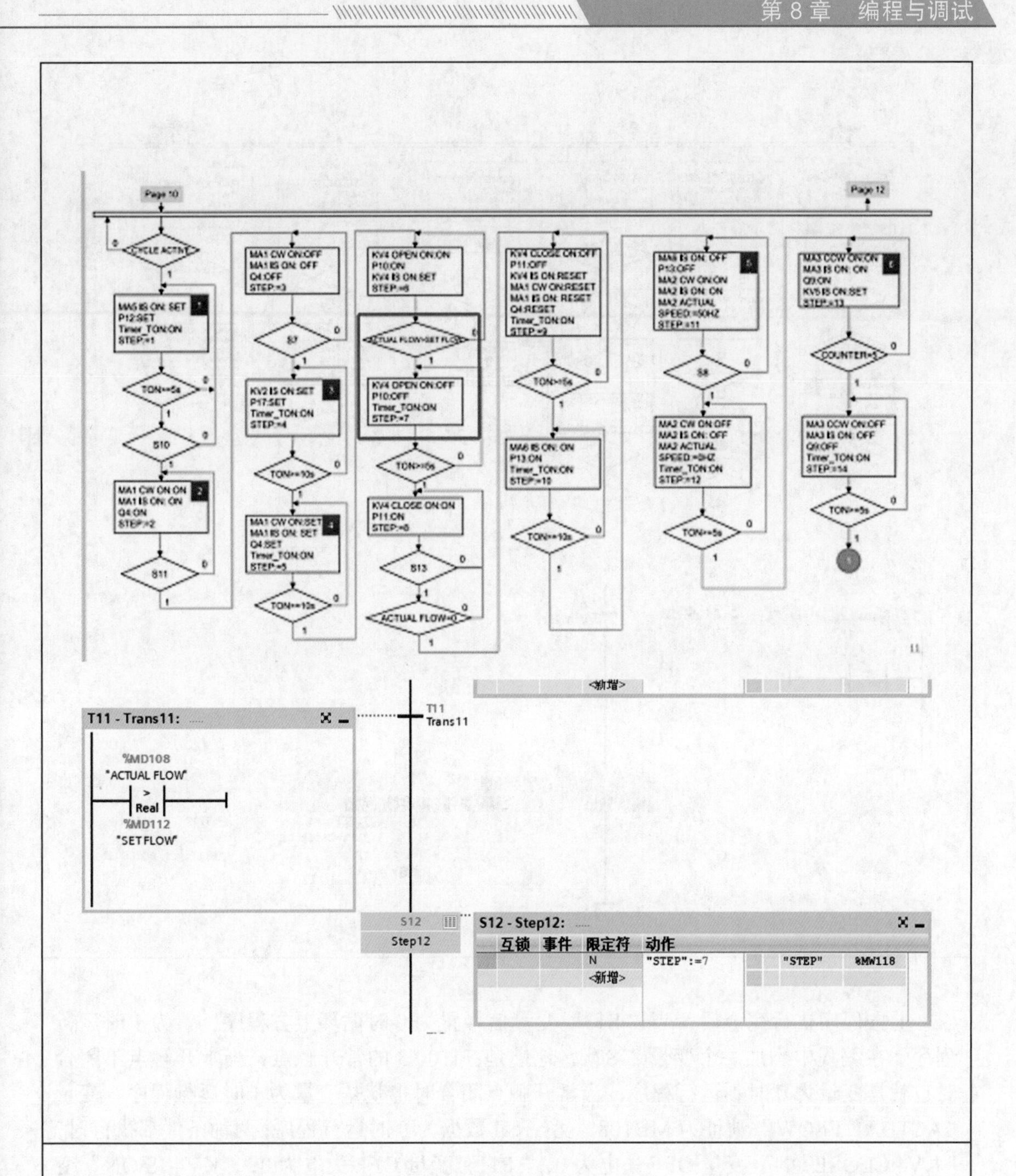

上方程序执行完成后，当 TON 时间延时大于等于 5s 时，在编程中添加一个“CMP>T 超出步激活时间（时间延时）”，输入时间为“5s 或 5000”，当时间到时“KV4 CLOSE ON”变量 ON 得电运行，编程中运用限定符“N”使变量置为 1；“P11”变量 ON 得电运行，编程中运用限定符“N”使变量置为 1；传给“STEP”变量 8 的一个数据，编程中运用限定符“N”“STEP”:=8。

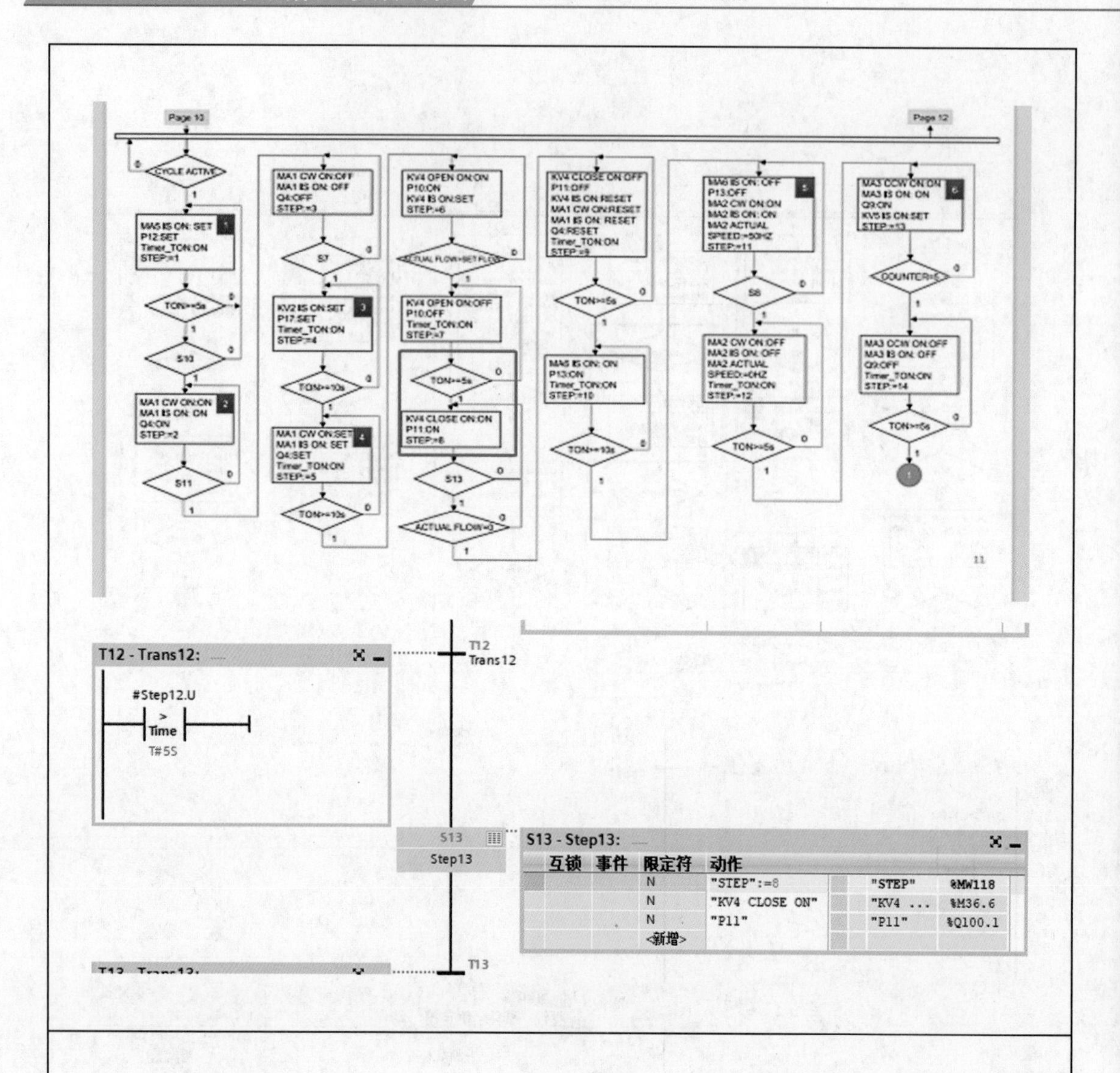

上方程序执行完成后，当“S13”变量信号置为0时循环上方程序，置为1时运行程序。在编程中添加一个变量“S7”，地址是：I100.3的常开触点，当常开触点不闭合时也就是变量为0时不运行程序，当常开触点闭合时也就是变量为1时运行程序；变量“ACTUAL FLOW”地址为MD108类型，real数据为0时运行程序；两种条件都执行时，“KV4 CLOSE ON”变量OFF失电为0，“P11”变量OFF失电为0，“KV4 IS ON”变量复位为0，编程中运用限定符“R”使变量复位为0；“MA1 CW ON”变量复位为0，编程中运用限定符“R”使变量复位为0；“MA1 IS ON”变量复位为0，编程中运用限定符“R”使变量复位为0；“Q4”变量复位为0，编程中运用限定符“R”使变量复位为0；“Timer_TON”变量得电；传给“STEP”变量9的一个数据，编程中运用限定符“N”“STEP”:=9。

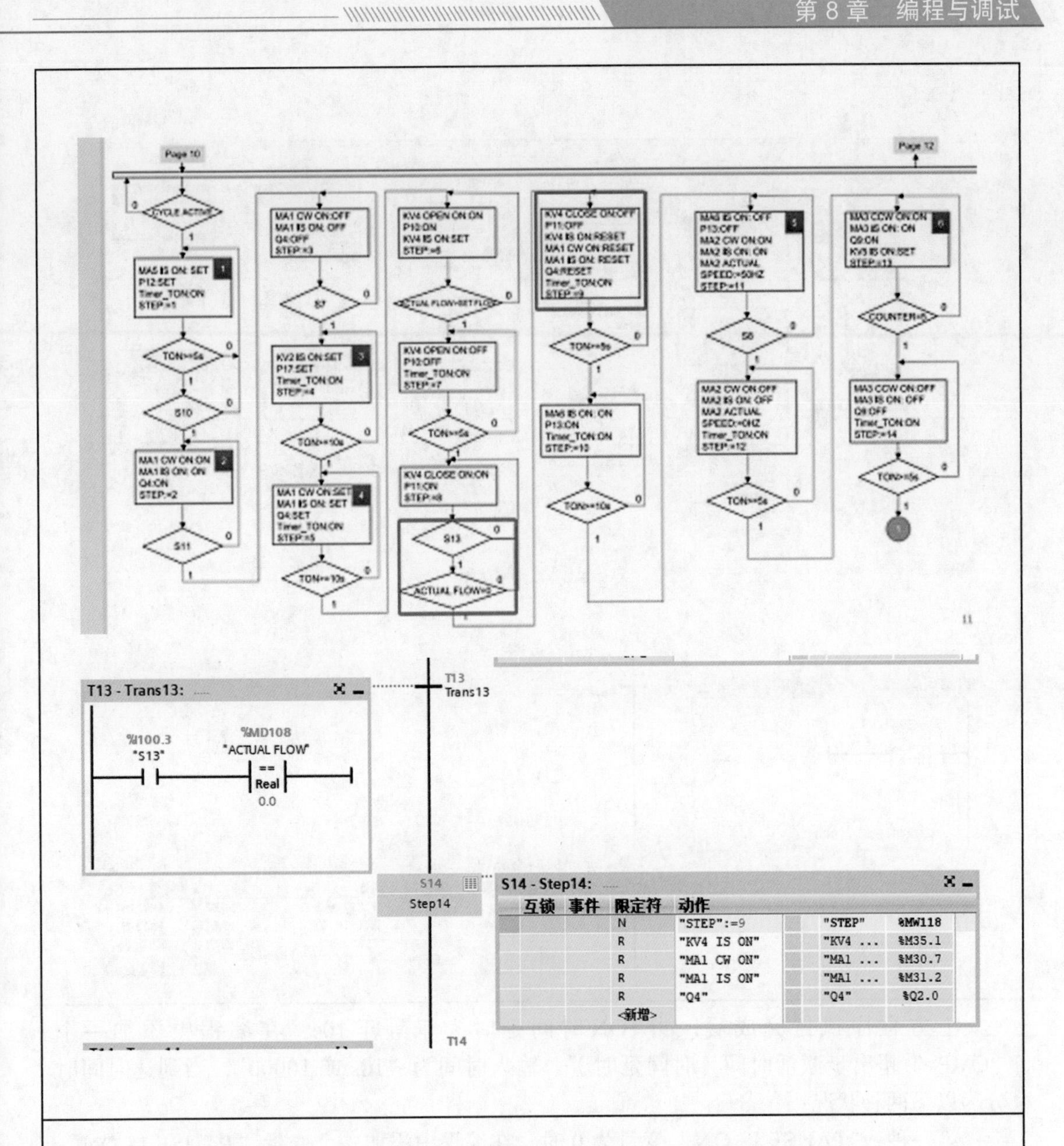

上方程序执行完成后，当 TON 时间延时大于等于 5s，在编程中添加一个“CMP>T 超出步激活时间（时间延时）”，输入时间为“5s 或 5000”，当时间到时“ MA6 IS ON”变量 ON 得电运行，编程中运用限定符“N”使变量置为 1；“P13”变量 ON 得电运行，编程中运用限定符“N”使变量置为 1；“Timer_TON”变量得电；传给“STEP”变量 10 的一个数据，编程中运用限定符“N”“STEP”:=10。

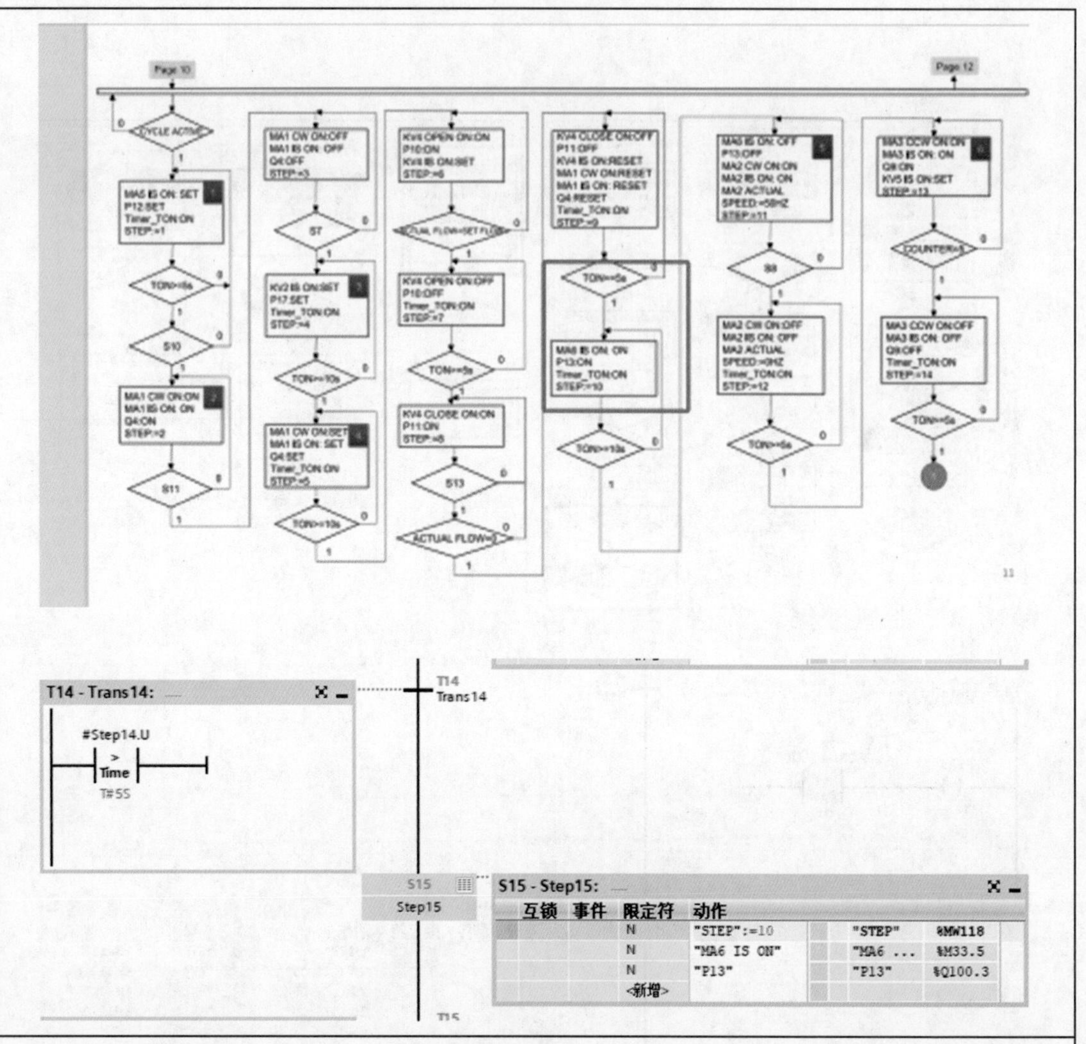

上方程序执行完成后，当TON时间延时大于等于10s，在编程中添加一个“CMP>T超出步激活时间（时间延时）”，输入时间为“10s或10000”，当到达时间时分为以下两种状况：

第一种：“PAUSE IS ON”变量为0时，在编程中添加一个变量“PAUSE IS ON”，地址是：m30.0的常闭触点，当常闭触点不闭合时也就是变量为1时运行程序，当常闭触点闭合时也就是变量为0时不运行程序。“MA6 IS ON”变量OFF失电为0，“P13”变量OFF失电为0，“MA2 CW ON”变量ON得电运行，编程中运用限定符“N”使变量置为1，电机方向为CW正转，所以QW256:=16#047F；“MA2 IS ON”变量ON得电运行，编程中运用限定符“N”使变量置为1；“MA2 ACTUAL SPEED”变量输入50Hz（全满），编程中运用限定符“N”使变量输入电机，最高转速为QW258:=16384，因为50Hz是我国最高工频；传给“STEP”变量11的一个数据，编程中运用限定符“N”“STEP”:=11。

第二种：“PAUSE IS ON”变量为 1 时程序跳转到“紫色 5”中，“MA2 CW ON”变量 OFF 失电，“MA2 IS ON”变量 OFF 失电，“MA2 ACTUAL SPEED”变量为 0Hz，传给“STEP”变量 304 的一个数据，编程中运用限定符“N”“STEP”:=304；如果“PAUSE IS ON”变量置为 0 时程序从“紫色 5”内跳出，在编程中第二种状态运用了“互锁”当变量“PAUSE IS ON”，地址是：m30.0 的常闭触点断开并为“1”时执行第二种状态。

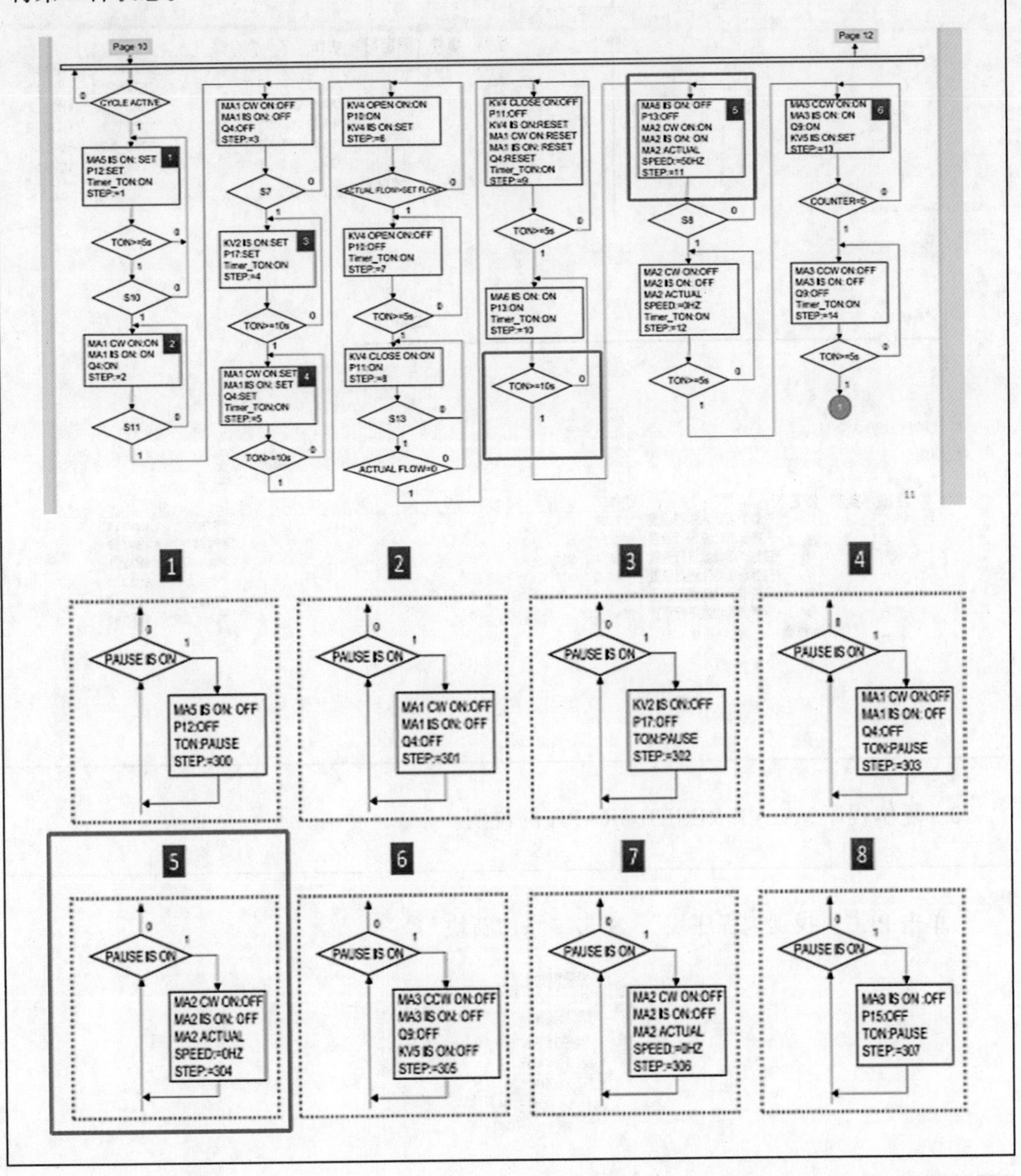

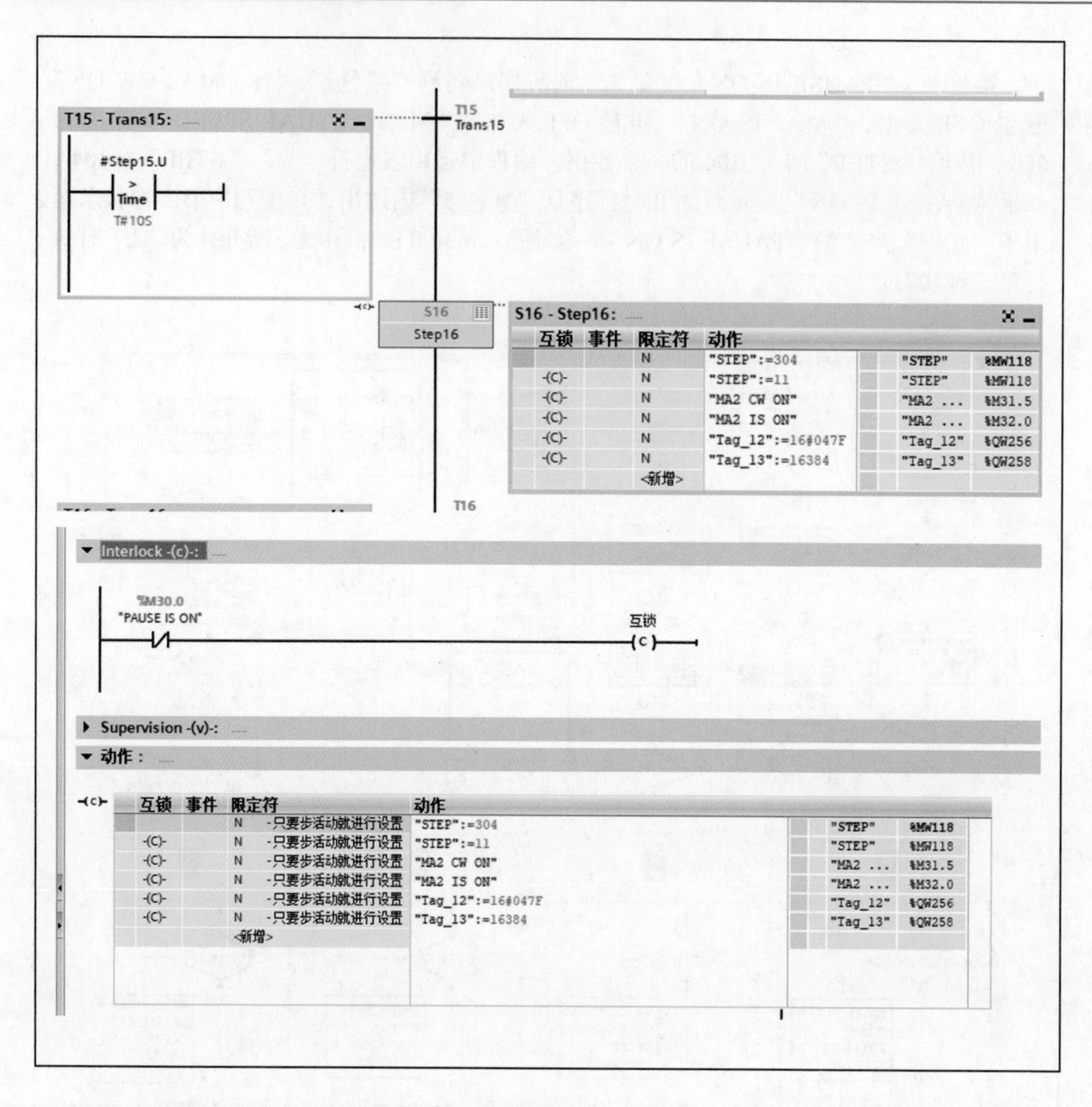

3）复位程序 VALVE RESET GRAPH 的说明。

单击 PLC，找到“程序块”，单击“添加新块”。

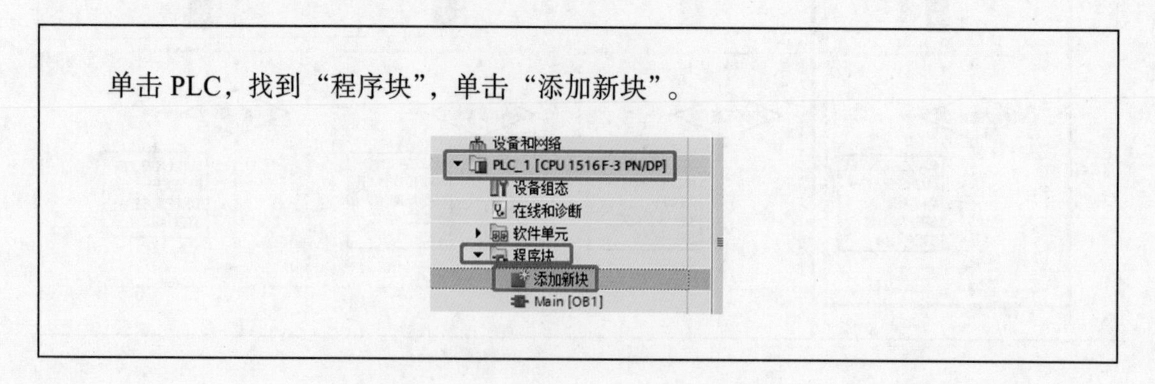

输入需要的“名称”，单击“函数块”，选择“GRAPH”语言，单击“确定”。

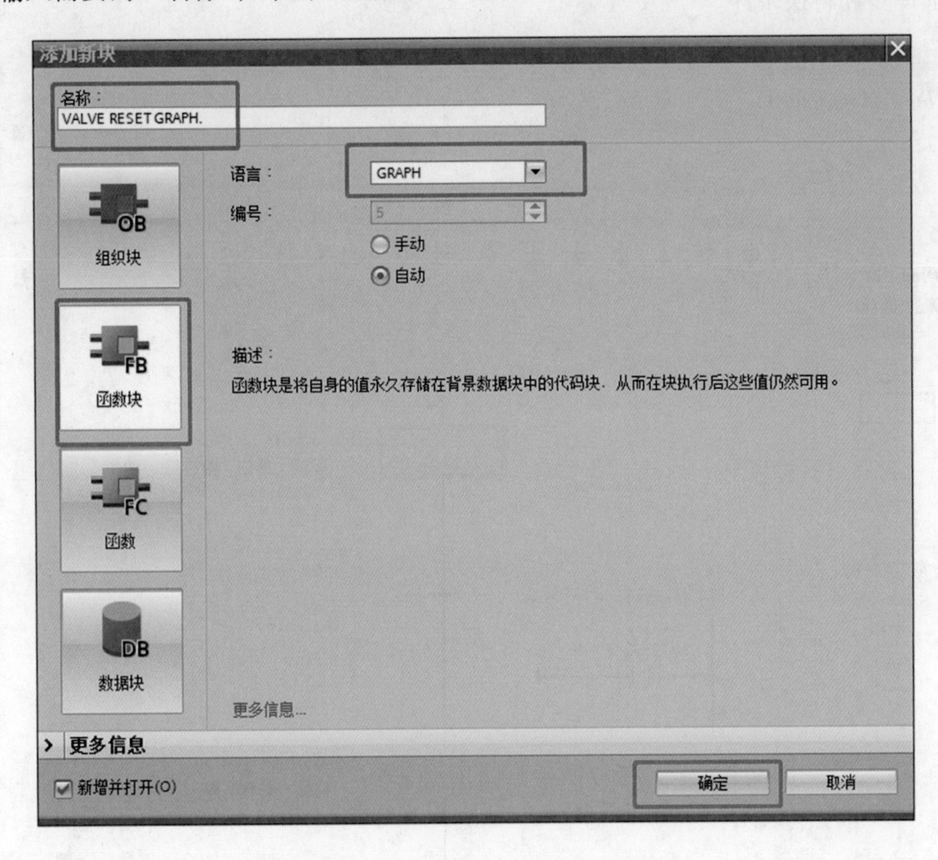

此时程序块内会出现相应的程序块。

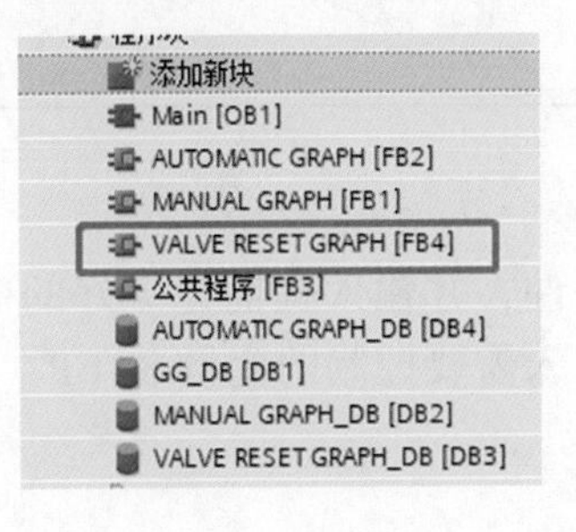

选择步和转换条件

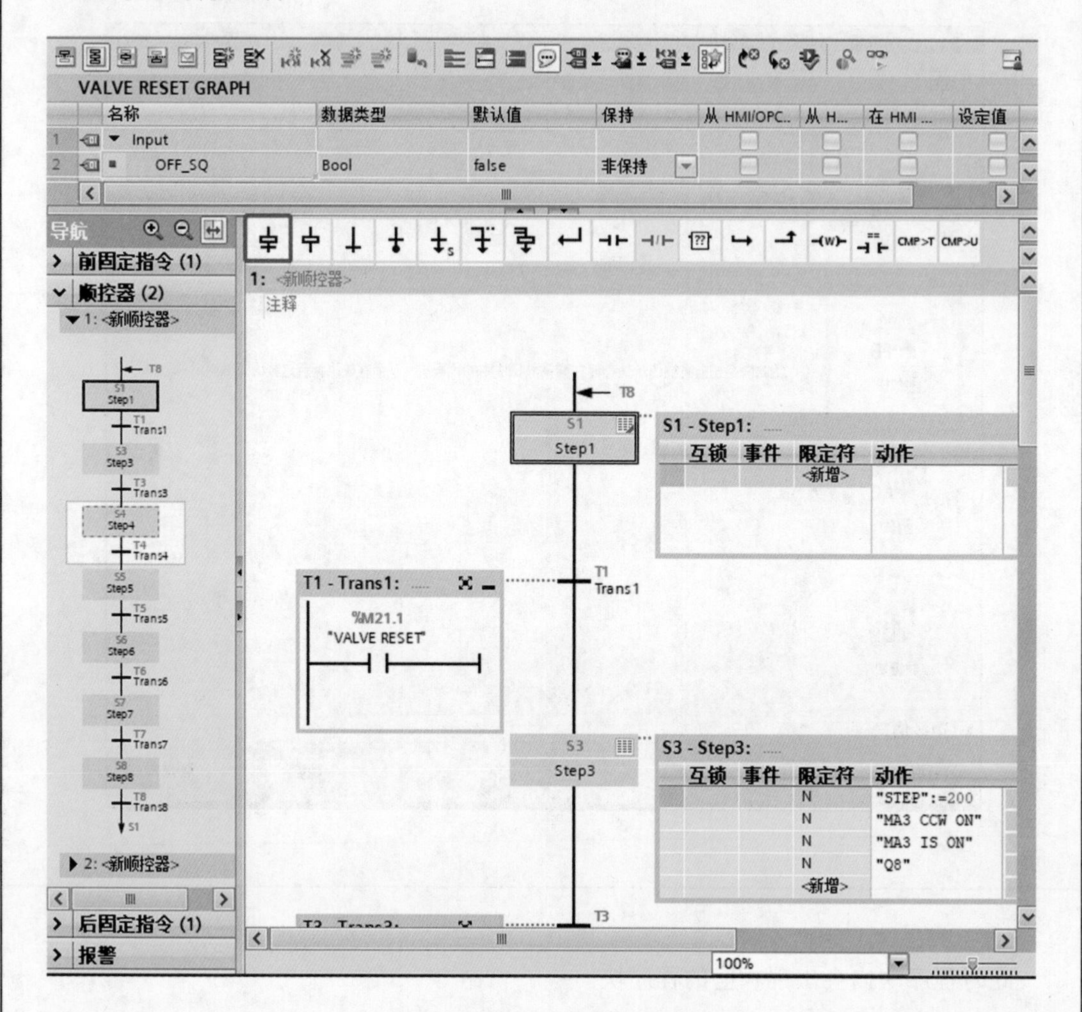

在条件栏里面选择常开条件，并输入提前建立好的变量 VALVE，打开动作表，将限定符选在为 N 在动作里面输入需要控制的变量 STEP：=200

MA3CCWON

MA3ISON

Q8

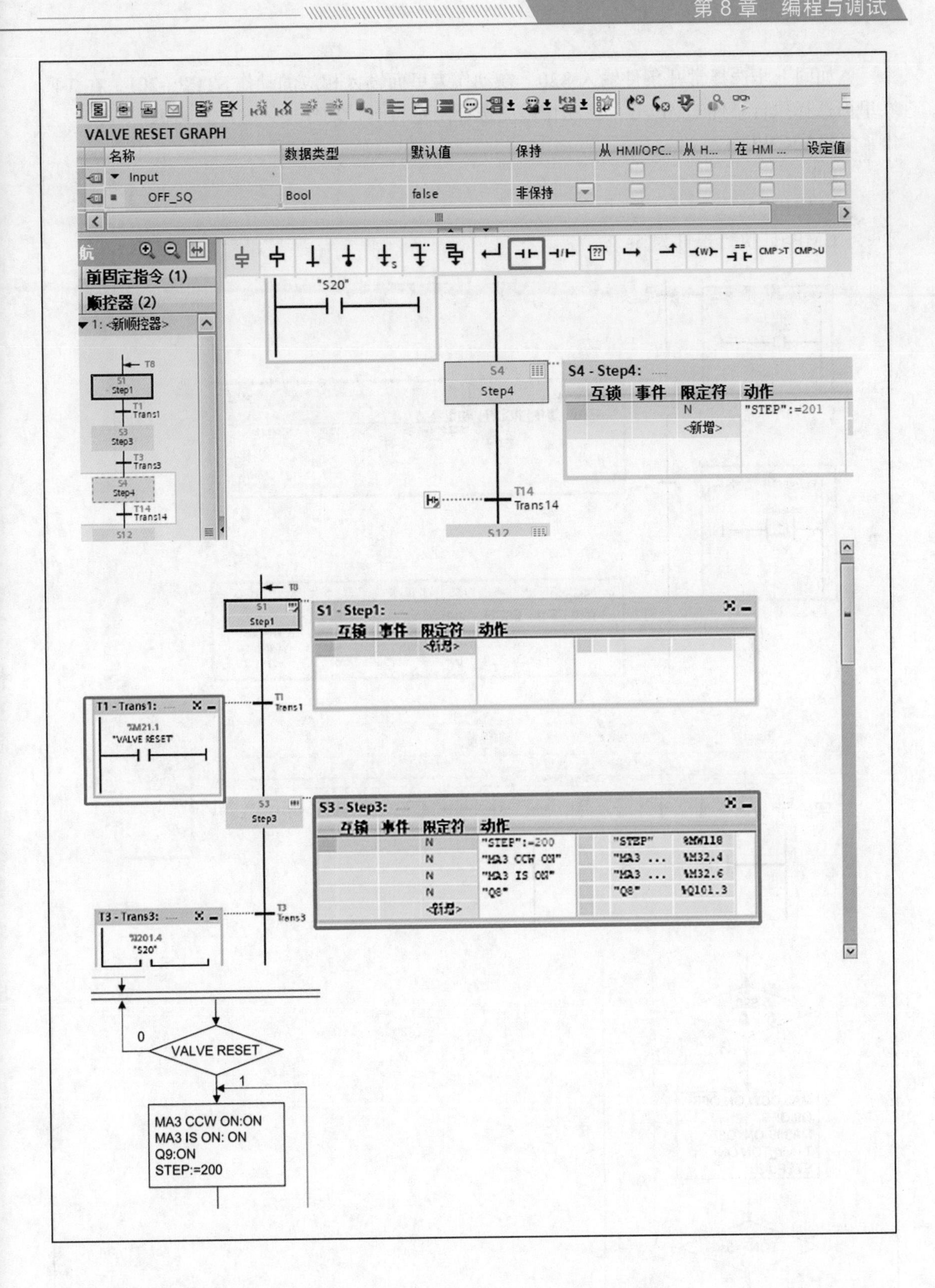

VALVE RESET GRAPH
名称
数据类型
默认值
保持
Input
OFF_SQ
Bool
false
非保持
前固定指令 (1)
顺控器 (2)
"S20"
S4
Step4
S4 - Step4:
互锁
事件
限定符
动作
N
"STEP":=201
T14
Trans14
S1 - Step1:
T1 - Trans1:
%M21.1
"VALVE RESET"
S3 - Step3:
"STEP":=200
"MA3 CCW ON"
"MA3 IS ON"
"Q8"
%MW118
%M32.4
%M32.6
%Q101.3
T3 - Trans3:
%I201.4
"S20"
VALVE RESET
MA3 CCW ON:ON
MA3 IS ON: ON
Q9:ON
STEP:=200

如同上步选择常开条件输入 S20，在动作表里面输入相应的动作 STEP:=201，在 T4 里面选择执行条件 CMP>U，在动作里面选择限定符 N，动作输入 STEP:=202

MA3CWON

Q9

MA3ISON

CMP>U 执行条件为 5s

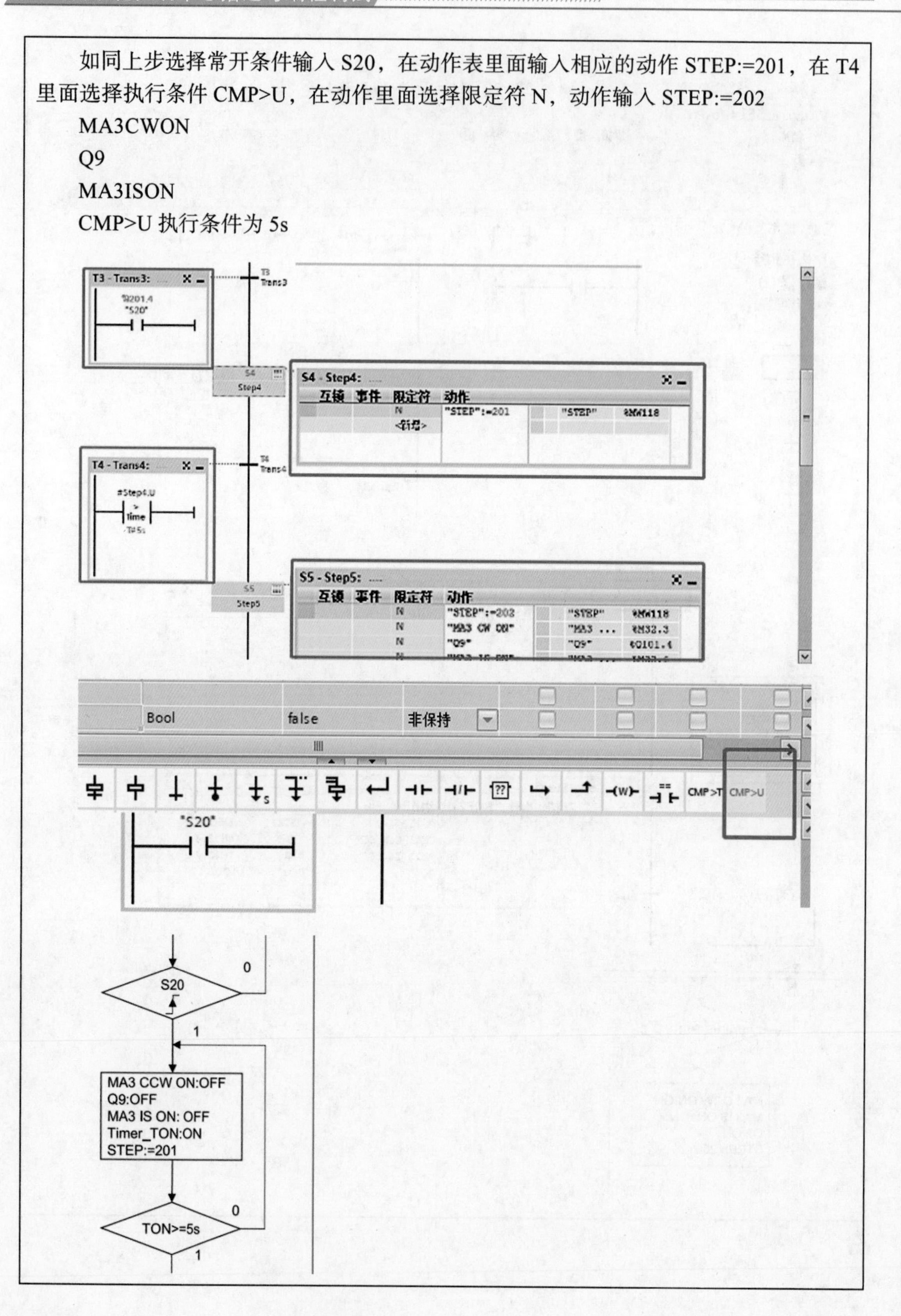

执行条件选择常闭，限定符选着 N 动作条件 STEP:=203

在 T6 里面选择执行条件 CMP>U，在动作里面选择限定符 N 动作输入 STEP:=202

KV4 CLOSEON

KV4 IS ON

P11

CMP>U 执行条件为 5s

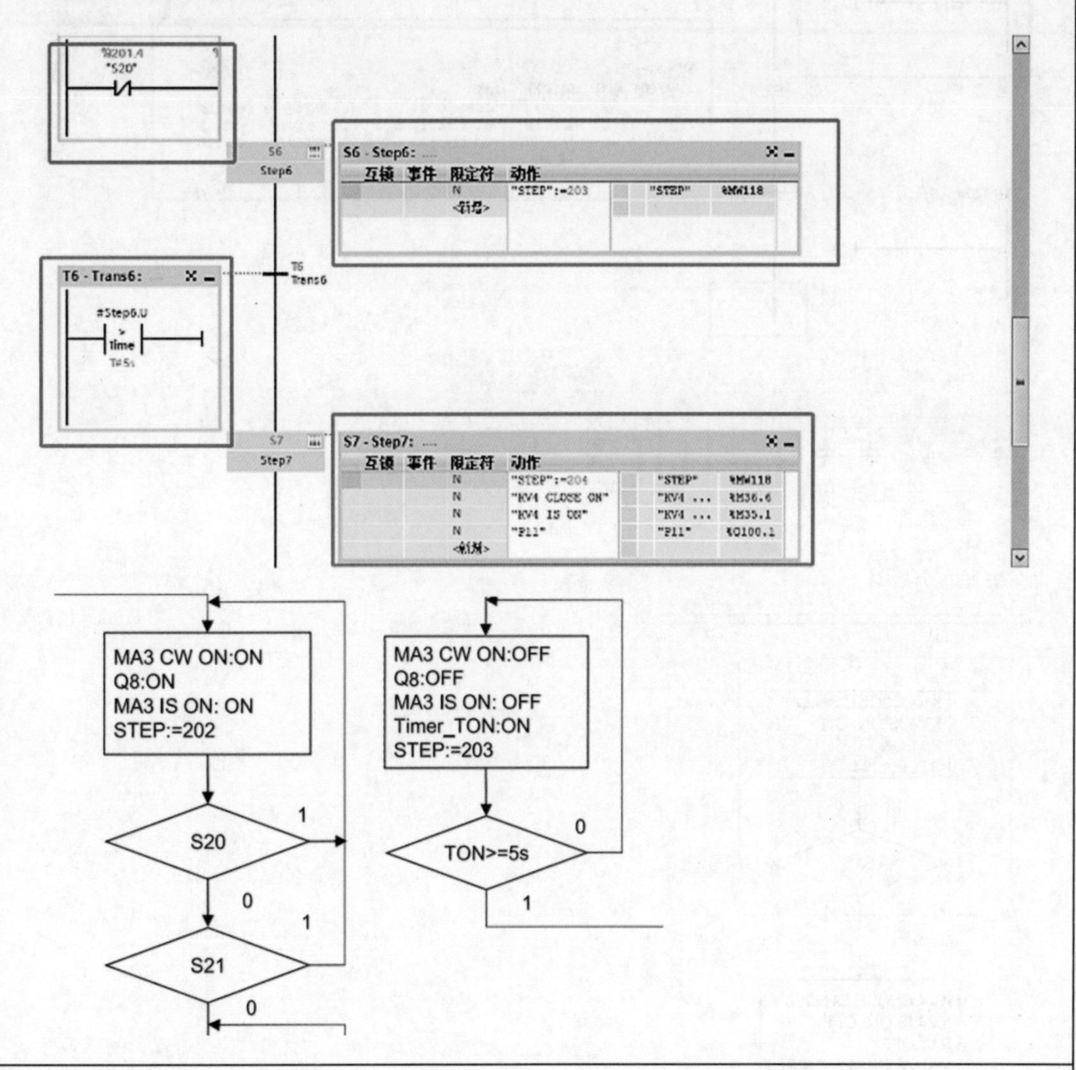

在 T7 里选择执行条件常开，在动作里面选择限定符 N 动作输入 STEP:=205

COUNTER:=0

VALVE RESET ON 动作限定符选择 S

在指令框中，选择跳转指令将为 1。

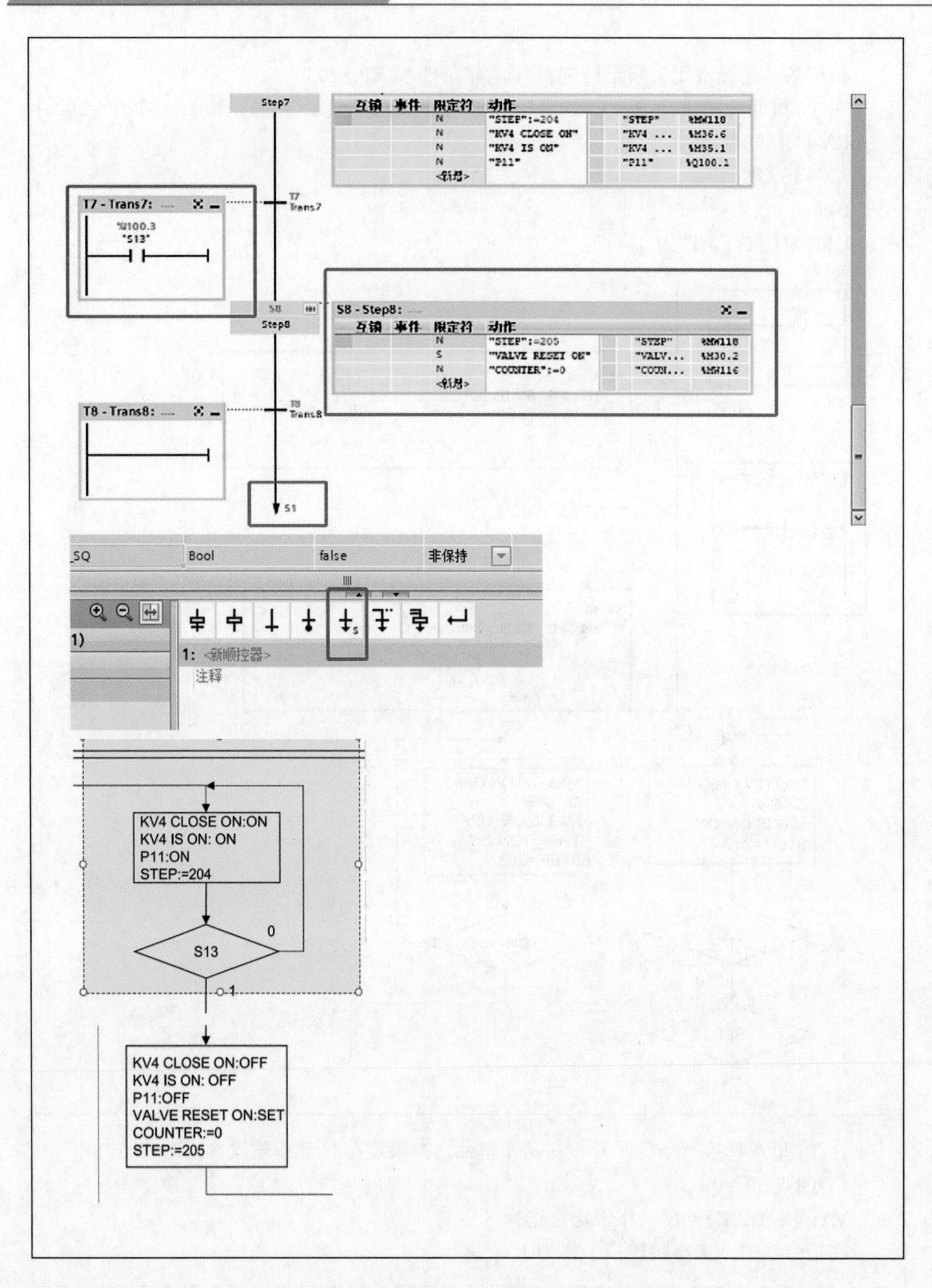

Step7
互锁 事件 限定符 动作
N "STEP":=204 "STEP" %MW110
N "KV4 CLOSE ON" "KV4 ... %M36.6
N "KV4 IS ON" "KV4 ... %M35.1
N "P11" "P11" %Q100.1
<新增>
T7 - Trans7:
%I100.3
"S13"
T7
Trans7
S8
Step8
S8 - Step8:
互锁 事件 限定符 动作
N "STEP":=205 "STEP" %MW110
S "VALVE RESET ON" "VALV... %M30.2
N "COUNTER":=0 "COUN... %MW116
<新增>
T8 - Trans8:
T8
Trans8
S1
_SQ
Bool
false
非保持
1)
1: <新顺控器>
注释
KV4 CLOSE ON:ON
KV4 IS ON: ON
P11:ON
STEP:=204
S13
0
1
KV4 CLOSE ON:OFF
KV4 IS ON: OFF
P11:OFF
VALVE RESET ON:SET
COUNTER:=0
STEP:=205

这里把编写好的程序块拖到主程序前面，添加常开条件输入 AUTOMATIC，在 INT_SQ 点位输入 F10。

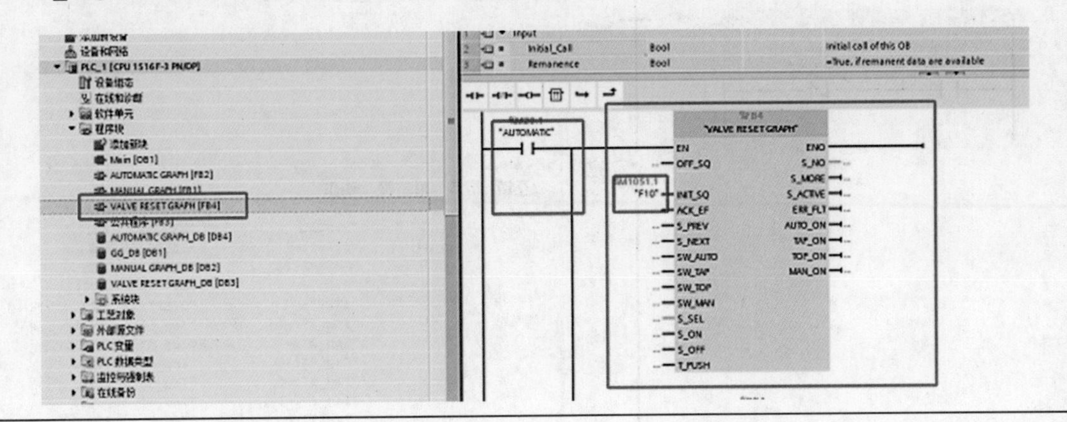

4）公共程序说明。

程序注释

当 S3_LEFT 动作时，P2 动作，P1 停止，ALL ACTORS（所有程序复位），MANUAL 动作，AUTOMATIC 停止，STEP 等于 0。

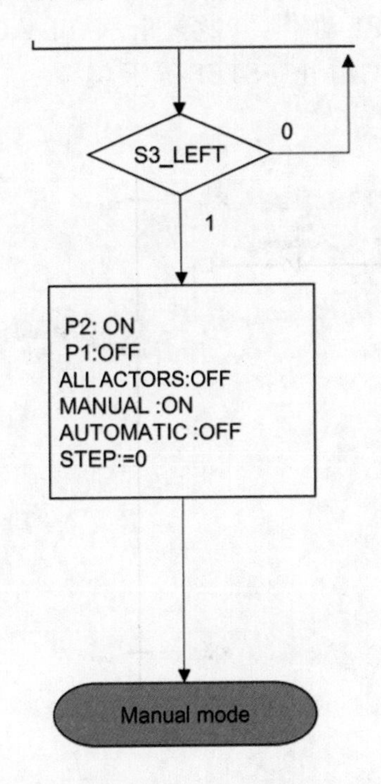

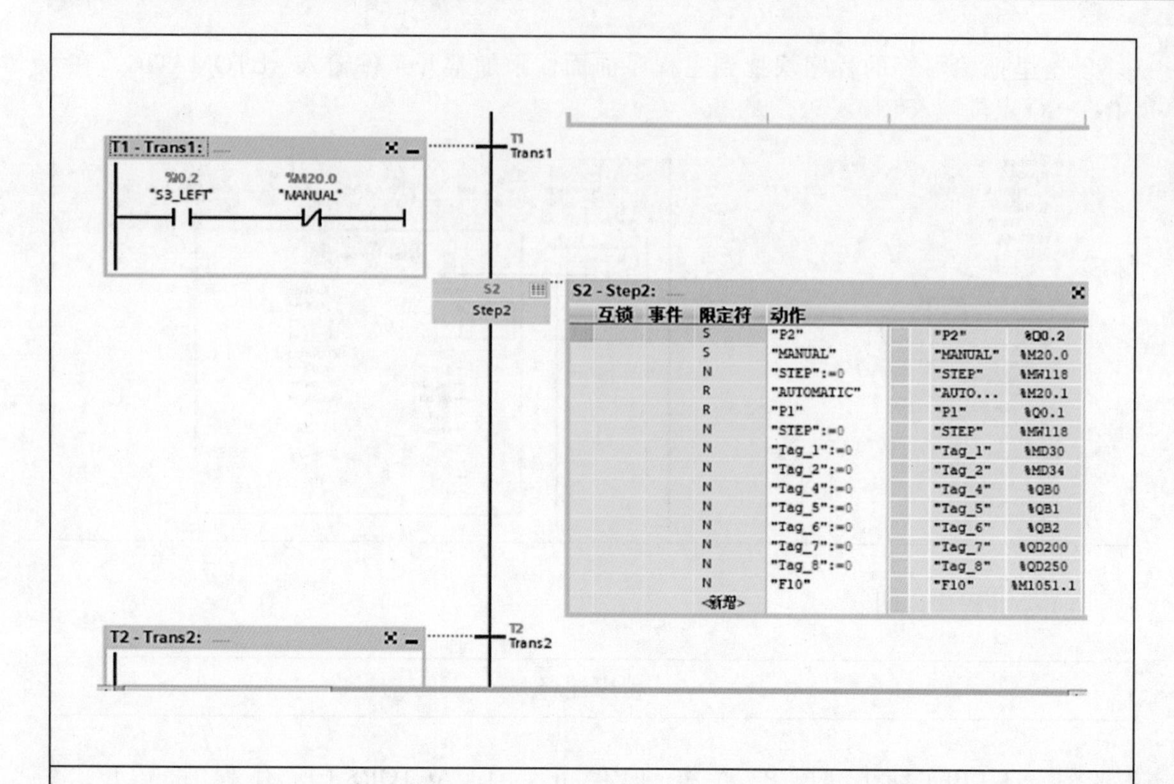

当S3_RIGHT动作时，P1动作，P2停止，ALL ACTORS（所有程序复位），MANUAL停止，AUTOMATIC停止，STEP等于0。

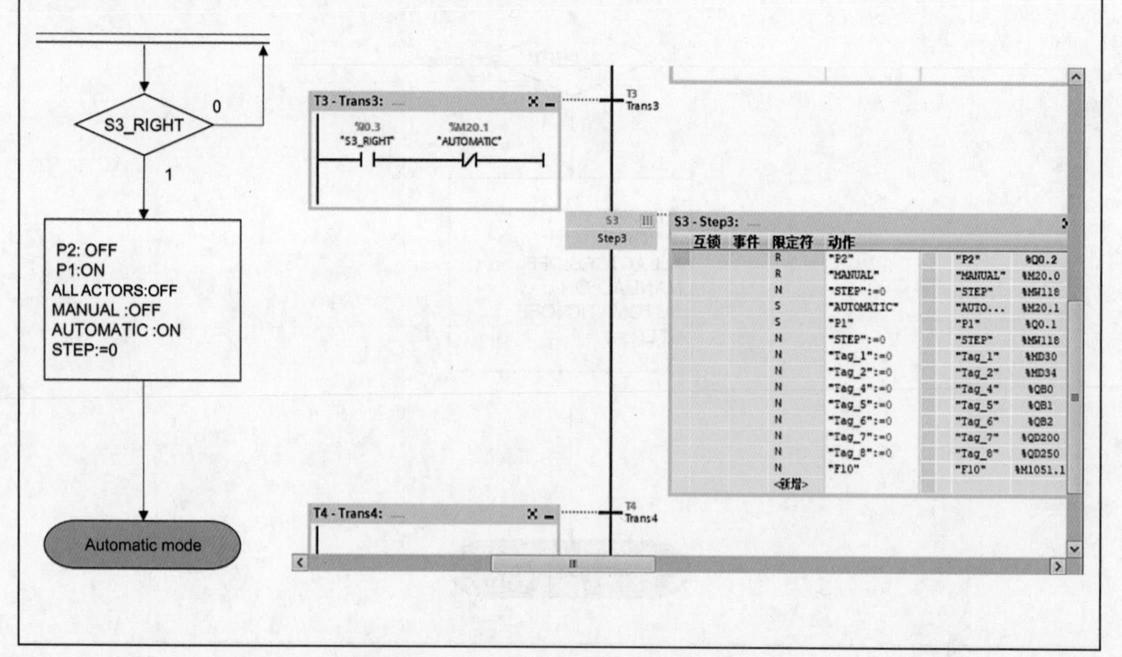

当按下 K3:DI_BIT_0 或 K3:DI_BIT_1 动作时，ERROR 动作，ALL ACTORS（所有程序复位），STEP 等于 0；当按下 RESET 时，ERROR 复位。

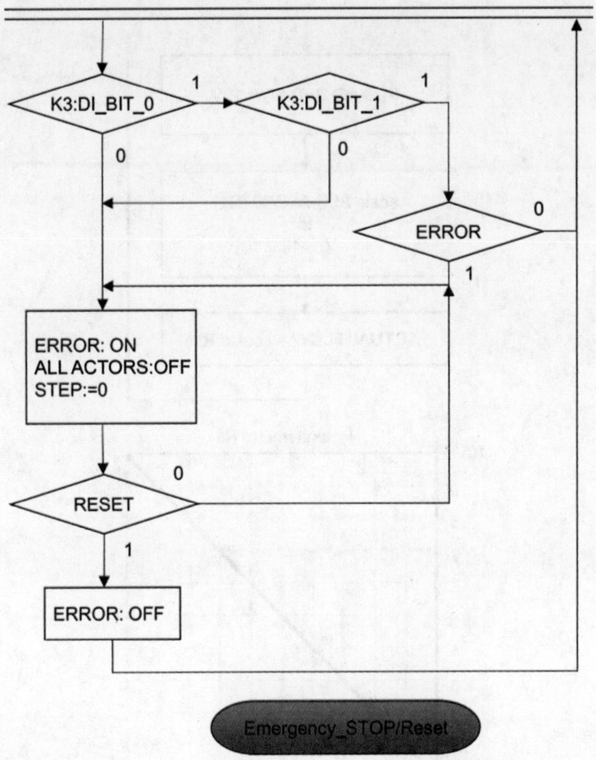

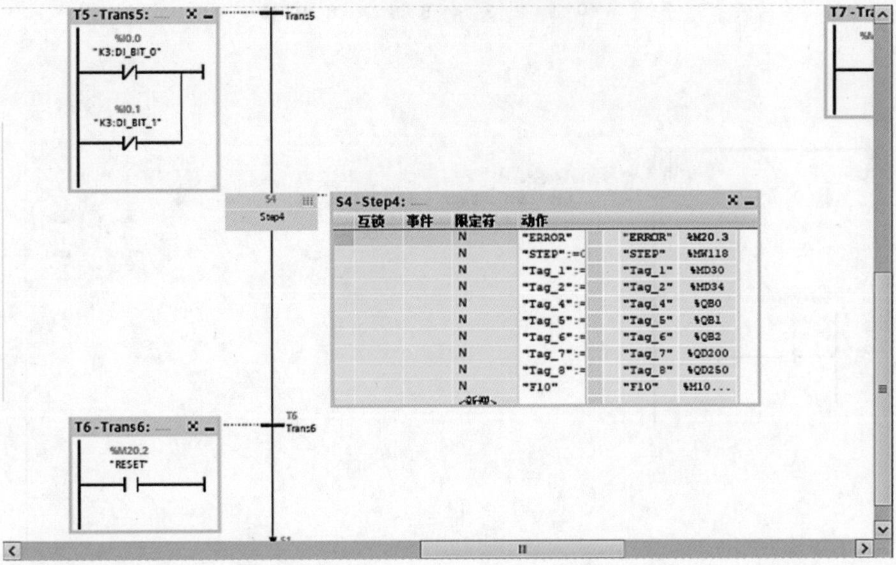

首先应让 CH0 输出 10V，所以在程序里将 16#6CCC（27648）赋值给 QW0（TAG_9），对应的输入就会显示出当前数值，题目要求的是应显示 0 ～ 10V，所以需要一个限制，将数值限制 0 ～ 10 以内后显示出来，并且由 R1 可以调节输入显示的数值。

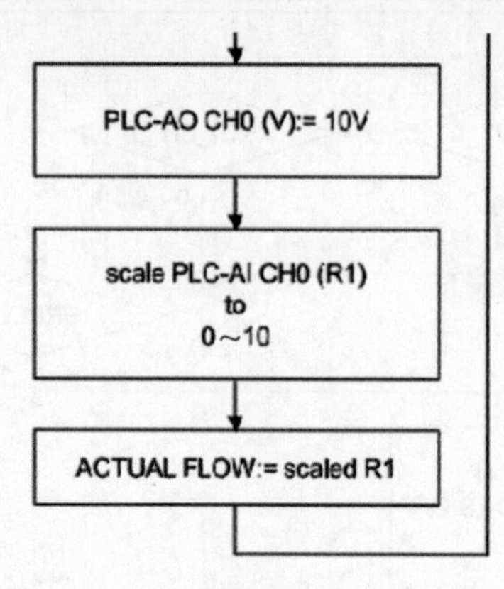

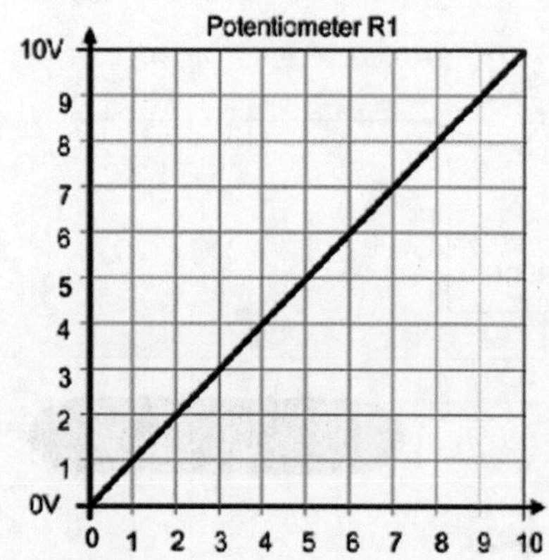

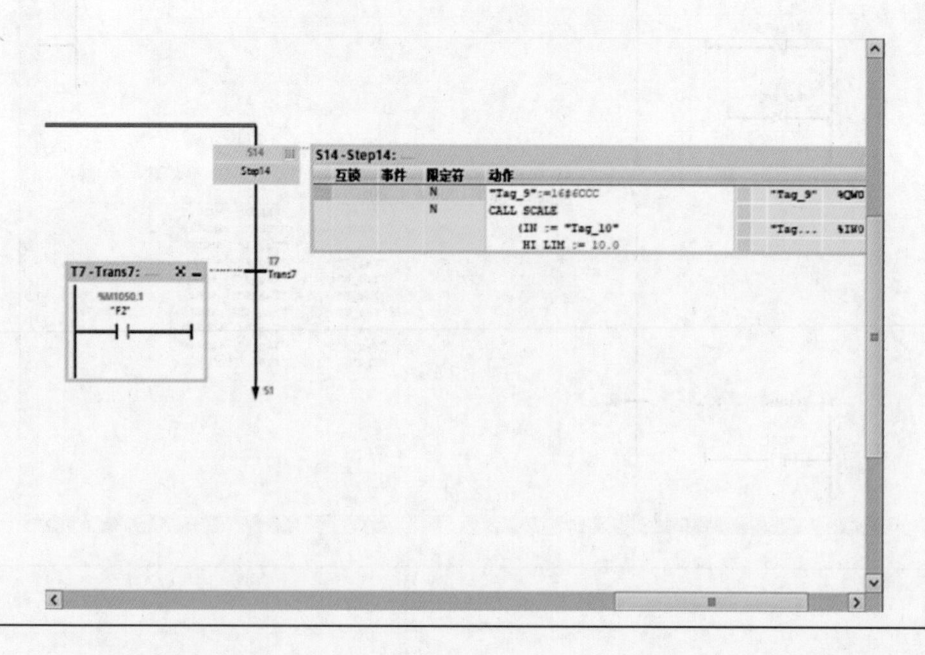

5）主程序 Mian 程序的说明。

在主程序中，调用公共程序和手动程序，手动 FB 块前加 MANUAL 的常开触点，使在手动模式下才调用手动函数块，并且使用 F10 用作复位顺控器的条件。

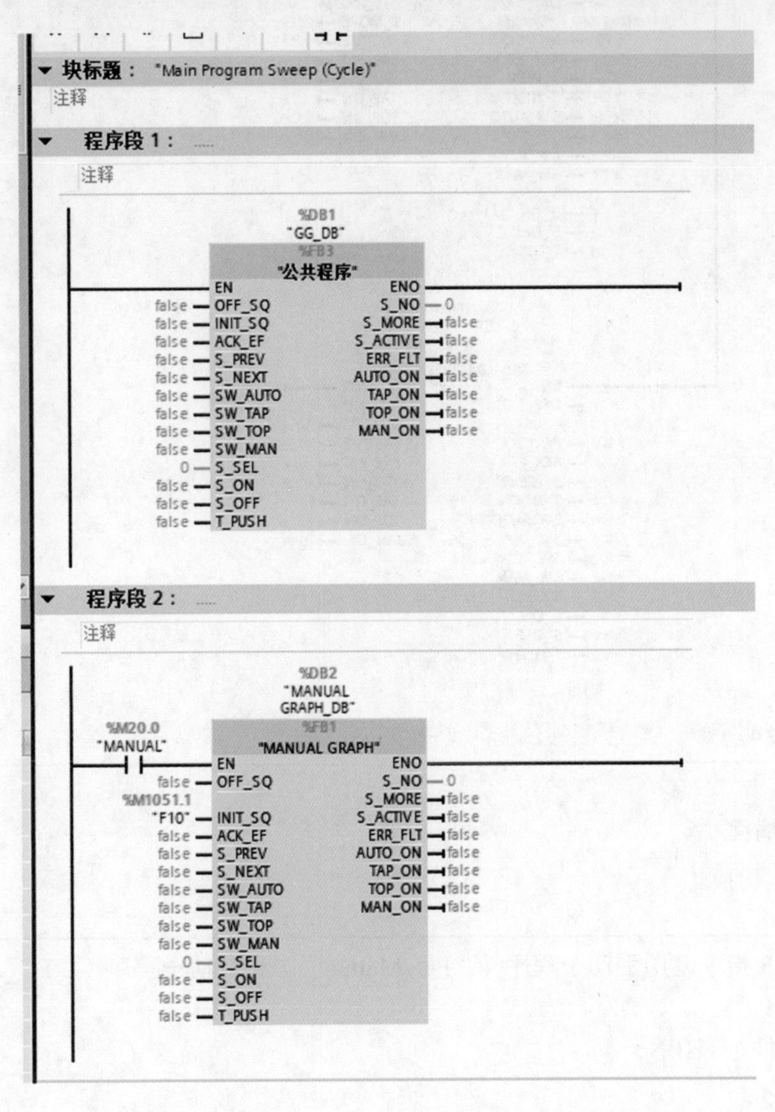

在主程序中，调用阀门复位和自动的 FB 块，在前面加上常开触点，使在自动模式才调用自动和阀门复位程序块，使用 F10 作复位顺控器。

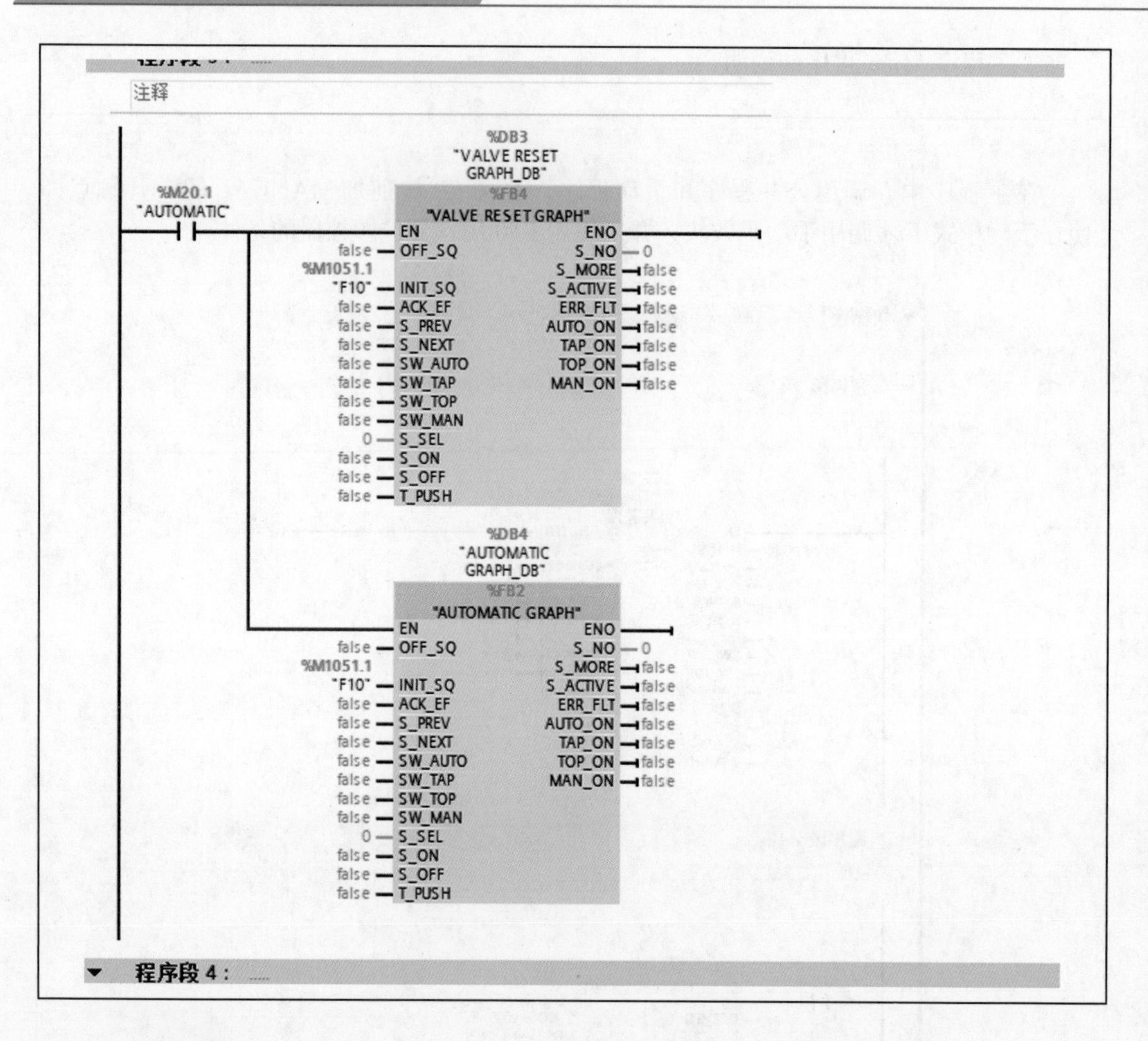

4. SCL 编程

（1）模式切换

1）用 IF 指令调用手动子程序（“ FC_Manual”）和自动子程序（“ FC_Auto”）。IF 语句的用法：

IF < 条件 > THEN

< 指令 >;

END_IF;

在上面的语句中，判断条件就是变量“ s3left”的值。如果这个值是 TRUE，那么手动子程序（“ FC_Manual”）将被调用；如果这个值为 FALSE 则手动子程序（“ FC_Manual”）将不被调用。同理变量“ s3right”的值是 TRUE，那么自动子程序（“ FC_Auto”）将被调用；如果这个值为 FALSE 则不被调用。

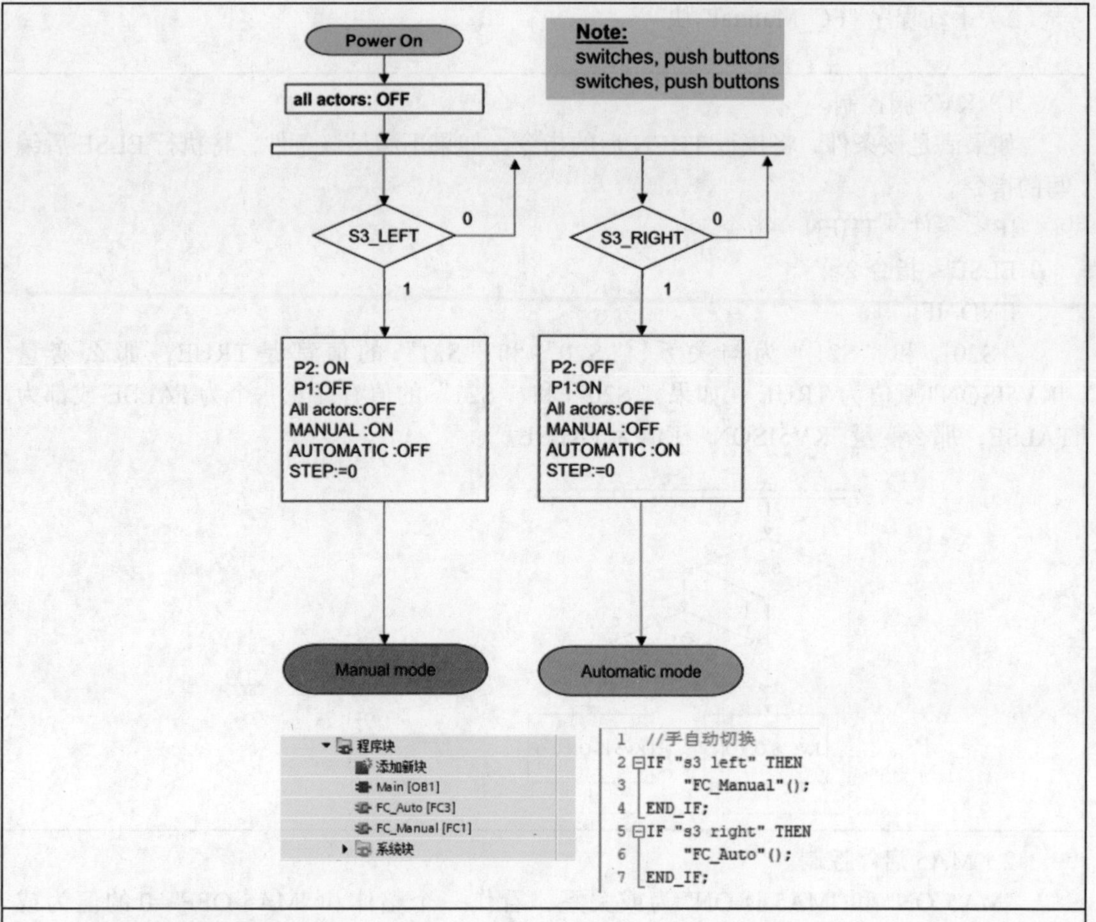

2）计算电机速度计算。

PLC 与变频器使用标准报文 1 进行通信，PLC 地址 QW258 为转速设定值来控制电机的转速，通过中间变量 "ma2_speed" 的值进行运算给到 qw258 地址进行输出。16#4000 为变频器转速设定值的标准值。

读取变频器控制字转速设定值，PLC 地址 IW258 为转速实际值来反馈电机的转速，通过读取 IW258 的值进行运算给到变量 "ma2 actual speed" 连接触摸屏进行显示。赋值指令前后数据类型不匹配，要使用 CONVERT 转换值指令对数据类型进行转换。插入该指令时，“转换”（CONVERT）对话框打开。可以在此对话框中指定转换的源数据类型和目标数据类型。将读取源值并将其转换为指定的目标数据类型。为保证精度和运算结果正确，运算中要用浮点数进行运算。

```
 9  //写入电机频率
10  "qw258" := REAL_TO_INT("ma2_speed" * 16#4000 / 50);
11
12  //读取电机实际频率
13  "ma2 actual speed" := INT_TO_REAL("iw258") * 50.0 / 16#4000;
```

（2）手动程序 "FC_Manual" 块

1）KV5 阀控制。

如果满足该条件，将执行 THEN 后的指令。如果不满足该条件，将执行 ELSE 后编写的指令。

IF < 条件 > THEN < 指令 1>;

ELSE < 指令 2>;

END_IF;

“S20” 和 “S21” 为与关系，“S20” 和 “S21” 的值都是 TRUE，那么变量 "KV5ISON" 赋值为 TRUE；如果 “S20” 和 “S21” 的值有任意一个为 FALSE 或都为 FALSE，那么变量 "KV5ISON" 赋值为 FALSE。

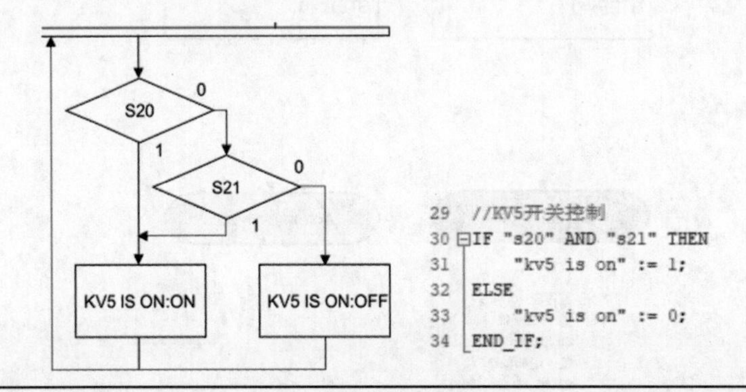

2）MA5 启停控制。

"MA5 ON" 和 "MA5 is ON" 为或关系，看作一个整体和 "MA5 OFF"=0 的值为或关系。在变量 "MA5 OFF" 的值为 FALSE，如果 "MA5 ON" 和 "MA5 ISON" 的有任意一个为 TRUE，那么 "MA5 is ON" 和 "p12" 赋值为 TRUE。变量 "MA5 ON" 为触摸屏按钮，按下为 TRUE，松开后为 FALSE，所以需要和 "MA5 is ON" 为逻辑或。当变量 "MA5OFF" 为 FALSE，那么 "MA5 is ON" 和 "p12" 赋值为 FALSE。

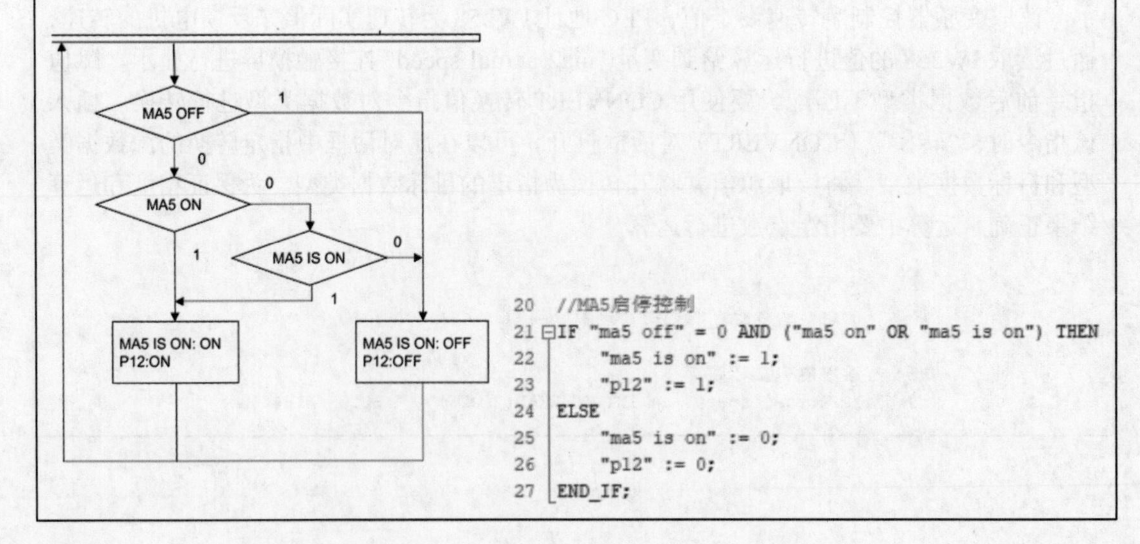

3）MA2 电机正反转控制。

如果满足第一个条件 < 条件 1>，则执行 THEN 后的指令 < 指令 1>。执行这些指令后，程序将从 END_IF 后继续执行。如果不满足第一个条件，则检查第二个条件 < 条件 2>。如果满足第二个条件 < 条件 2>，则执行 THEN 后的指令 < 指令 2>。如果不满足任何条件，则执行 ELSE 后的指令 < 指令 0>。（在 IF 指令内可以嵌套任意多个 ELSIF 和 THEN 组合，可以选择对 ELSE 分支进行编程）

IF < 条件 1> THEN < 指令 1>;

ELSIF < 条件 2>THEN < 指令 2>;

ELSE < 指令 0>;

END_IF;

PLC 地址 QW256 用来控制电机起停状态，16 进制数“047E”为变频器准备状态，电机停止。16 进制数“047F”为变频器起动状态，电机正转。16 进制数“0C7F”为变频器起动且旋转方向取反状态，电机反转。

MA2 电机反转控制时 IF "s7" 和 "MA2 OFF" 为停止条件，"MA2 CCW" 为起动条件，"MA2 CCW ON" 为自保条件。"MA2 CCW" 为 TRUE 时，MA2 电机反转，变量 "MA2 SET SPEED" 将值给到变量 "MA2_SPEED"，变量 "MA2_SPEED" 通过速度计算程序给到变频器实现速度控制。

MA2 电机正转控制时 IF "S9" 和 "MA2 OFF" 为停止条件，"MA2 CW" 为起动条件，"MA2 CW ON" 为自保条件。"MA2 CW" 为 TRUE 时，MA2 电机正转，变量 "MA2 SET SPEED" 的值控制电机速度。

在 IF 和 ELSIF 条件不满足时，电机停止。

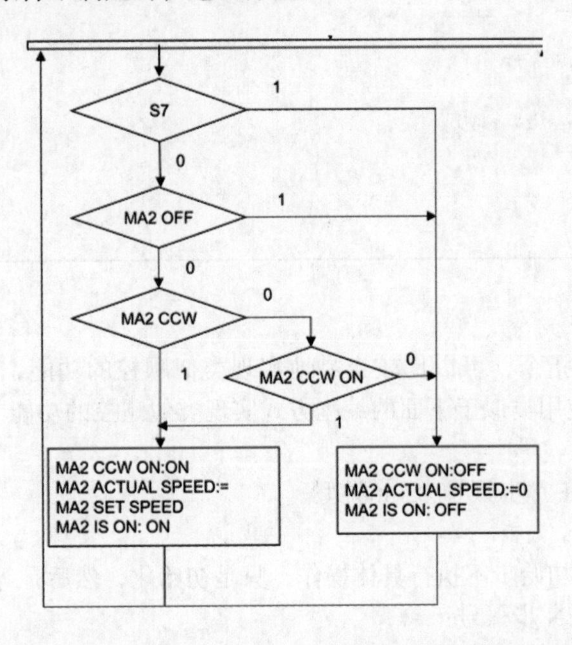

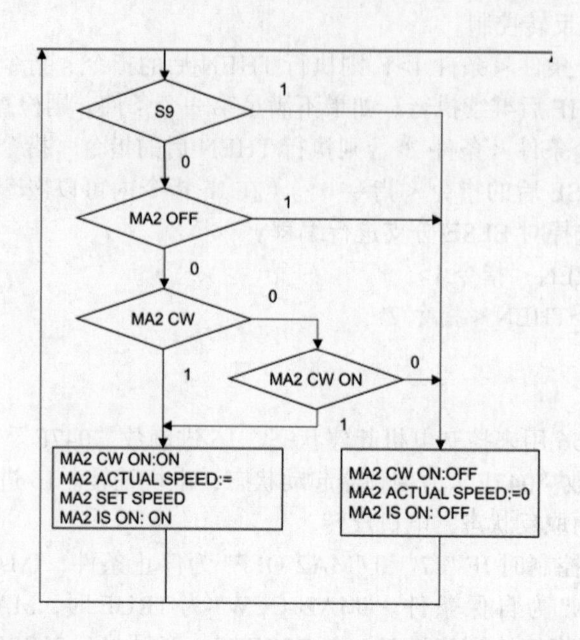


```
1  //MA2电机正反转控制
2  IF "s7" = 0 AND "ma2 off" = 0 AND ("ma2  ccw" OR "ma2 ccw on") THEN     //MA2电机反转
3      "ma2 ccw on" := 1;
4      "QW256" := 16#C7F;
5      "ma2 is on" := 1;
6      "ma2_speed" := "ma2 set speed";
7  ELSIF "s9" = 0 AND "ma2 off" = 0 AND ("ma2 cw" OR "ma2 cw on") THEN     //MA2电机正转
8      "ma2 cw on" := 1;
9      "QW256" := 16#47F;
10     "ma2 is on" := 1;
11     "ma2_speed" := "ma2 set speed";
12 ELSE                                                                       //MA2电机停止
13     "ma2 ccw on" := 0;
14     "ma2 cw on" := 0;
15     "QW256" := 16#47E;
16     "ma2 is on" := 0;
17     "ma2_speed" := 0;
18 END_IF;
19
```

自动程序：

通过 CASE OF 指令，可以比较容易地实现类似顺控的功能，并且编程方法便捷、可读性较好。可以使用类似于下面的编程方式实现类似顺控的功能。

自动流程：

CASE 步骤号 OF // 步骤号为 Int 类型

0: 步骤 0

< 指令 > // 一般初始步不执行具体操作，只是初始化，然后是等待开始

IF < 条件 > THEN 步骤号：=1;

END_IF;

```
1：步骤 1
< 指令 >
IF < 条件 > THEN
步骤号：=2；（去下一步）
END_IF;
IF < 条件 > THEN
步骤号：=300；（去暂停步）
END_IF;

2：步骤 2
< 指令 >
IF < 条件 > THEN
步骤号：=3；（去下一步）
END_IF;
IF < 条件 > THEN
步骤号：=301；（去暂停步）
END_IF;

3：步骤 3
< 指令 >
IF < 条件 > THEN
步骤号：=4；（去下一步）
END_IF;
...
```

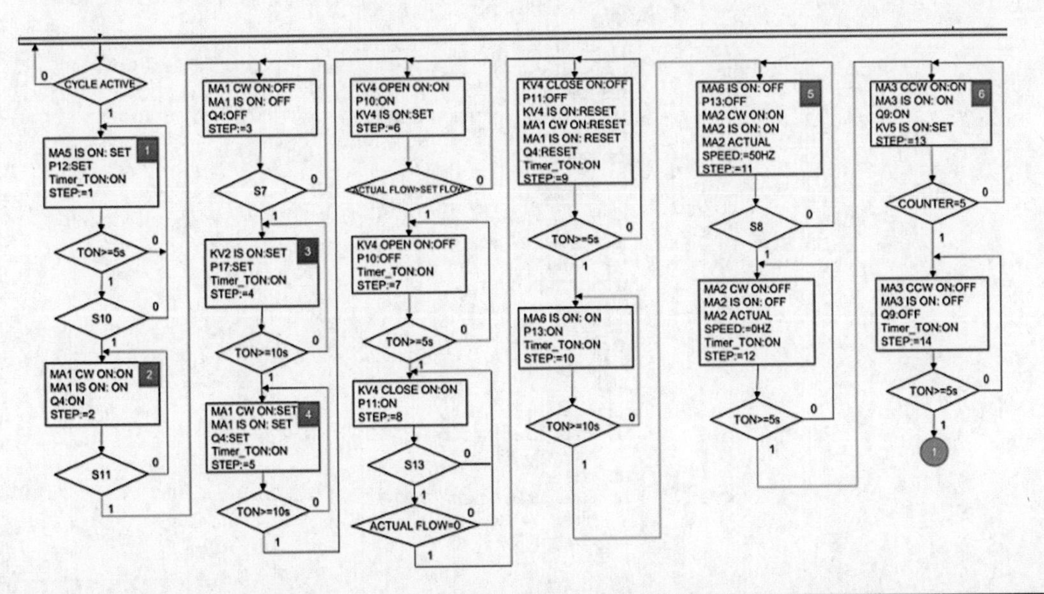

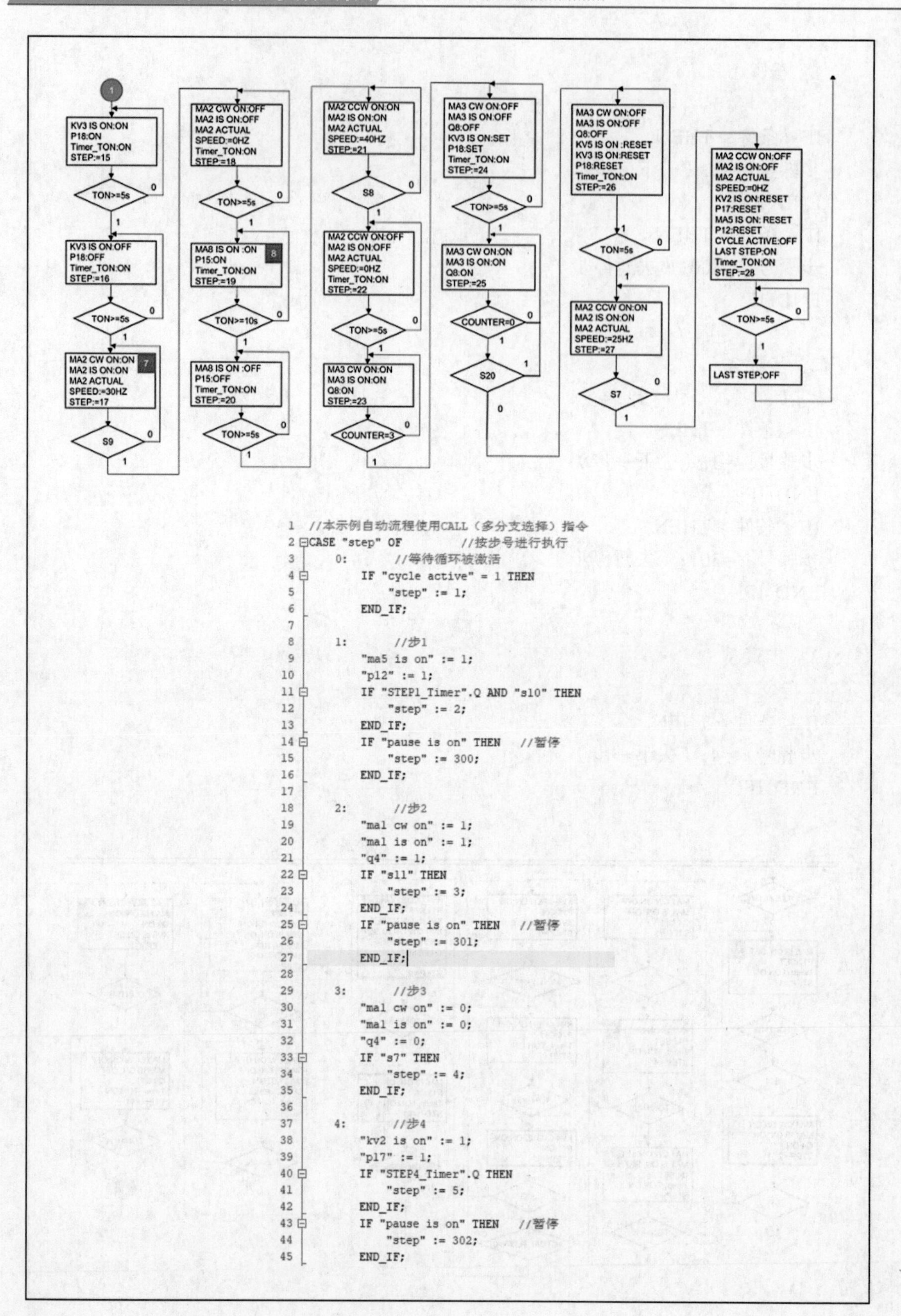


```
1   //本示例自动流程使用CALL（多分支选择）指令
2   CASE "step" OF             //按步号进行执行
3       0:      //等待循环被激活
4           IF "cycle active" = 1 THEN
5               "step" := 1;
6           END_IF;
7
8       1:      //步1
9           "ma5 is on" := 1;
10          "p12" := 1;
11          IF "STEP1_Timer".Q AND "s10" THEN
12              "step" := 2;
13          END_IF;
14          IF "pause is on" THEN   //暂停
15              "step" := 300;
16          END_IF;
17
18      2:      //步2
19          "ma1 cw on" := 1;
20          "ma1 is on" := 1;
21          "q4" := 1;
22          IF "s11" THEN
23              "step" := 3;
24          END_IF;
25          IF "pause is on" THEN   //暂停
26              "step" := 301;
27          END_IF;
28
29      3:      //步3
30          "ma1 cw on" := 0;
31          "ma1 is on" := 0;
32          "q4" := 0;
33          IF "s7" THEN
34              "step" := 4;
35          END_IF;
36
37      4:      //步4
38          "kv2 is on" := 1;
39          "p17" := 1;
40          IF "STEP4_Timer".Q THEN
41              "step" := 5;
42          END_IF;
43          IF "pause is on" THEN   //暂停
44              "step" := 302;
45          END_IF;
```

```
46
47        5:      //步5
48           "mal cw on" := 1;
49           "mal is on" := 1;
50           "q4" := 1;
51           IF "STEP5_Timer".Q THEN
52               "step" := 6;
53           END_IF;
54           IF "pause is on" THEN   //暂停
55               "step" := 303;
56           END_IF;
57
58        6:      //步6
59           "kv4 open on" := 1;
60           "p10" := 1;
61           "kv4 is on" := 1;
62           IF "actual flow" > "set flow" THEN
63               "step" := 7;
64           END_IF;
65
66        7:      //步7
67           "kv4 open on" := 0;
68           "p10" := 0;
69           IF "STEP7_Timer".Q THEN
70               "step" := 8;
71           END_IF;
```

n：步骤 n

< 指令 >

IF < 条件 > THEN

步骤号：=0;（回初始步）

END_IF;

步骤号就是变量 "step"，在 CASE OF 指令中，变量 "step" 数值为多少就跳转到对应数值的位置进行执行。

```
73        8:      //步8
74           "kv4 close on" := 1;
75           "p11" := 1;
76           IF "s13" AND "actual flow" = 0 THEN
77               "step" := 9;
78           END_IF;
79
80        9:      //步9
81           "kv4 close on" := 0;
82           "p11" := 0;
83           "kv4 is on" := 0;
84           "mal cw on" := 0;
85           "mal is on" := 0;
86           "q4" := 0;
87           IF "STEP9_Timer".Q THEN
88               "step" := 10;
89           END_IF;
90
91        10:     //步10
92           "ma6 is on" := 1;
93           "p13" := 1;
94           IF "STEP10_Timer".Q THEN
95               "step" := 11;
96           END_IF;
```

```
97
98       11:     //步11
99           "ma6 is on" := 0;
100          "p13" := 0;
101          "ma2 cw on" := 1;
102          "ma2 is on" := 1;
103          "ma2_speed" := 50;
104          "QW256" := 16#47F;
105          IF "s8" THEN
106              "step" := 12;
107          END_IF;
108          IF "pause is on" THEN   //暂停
109              "step" := 304;
110          END_IF;
112      12:     //步12
113          "ma2 cw on" := 0;
114          "ma2 is on" := 0;
115          "ma2_speed" := 0;
116          "QW256" := 16#47E;
117          IF "STEP12_Timer".Q THEN
118              "step" := 13;
119          END_IF;
120
121      13:     //步13
122          "ma3 ccw on" := 1;
123          "ma3 is on" := 1;
124          "q9" := 1;
125          "kv5 is on" := 1;
126          IF "counter" = 5 THEN
127              "step" := 14;
128          END_IF;
129          IF "pause is on" THEN   //暂停
130              "step" := 305;
131          END_IF;
132
133      14:     //步14
134          "ma3 ccw on" := 0;
135          "ma3 is on" := 0;
136          "q9" := 0;
137          IF "STEP14_Timer".Q THEN
138              "step" := 15;
139          END_IF;
140      15:
141          ;//。。。。。。。。。。。
```

暂停功能：

使用步骤号进行跳转并实现暂停功能，暂停时跳转到另一个步骤上，暂停结束跳转回到暂停前的步。

300: 暂停步骤 300

< 指令 >

IF < 条件 > THEN

步骤号：=1;（回到暂停前的步）

END_IF;

301: 暂停步骤 302
< 指令 >
IF < 条件 > THEN
步骤号：=2;（回到暂停前的步）
END_IF;

302: 暂停步骤 303
< 指令 >
IF < 条件 > THEN
步骤号：=4;（回到暂停前的步）
END_IF;

END_CASE;
结束 CASE OF 指令。

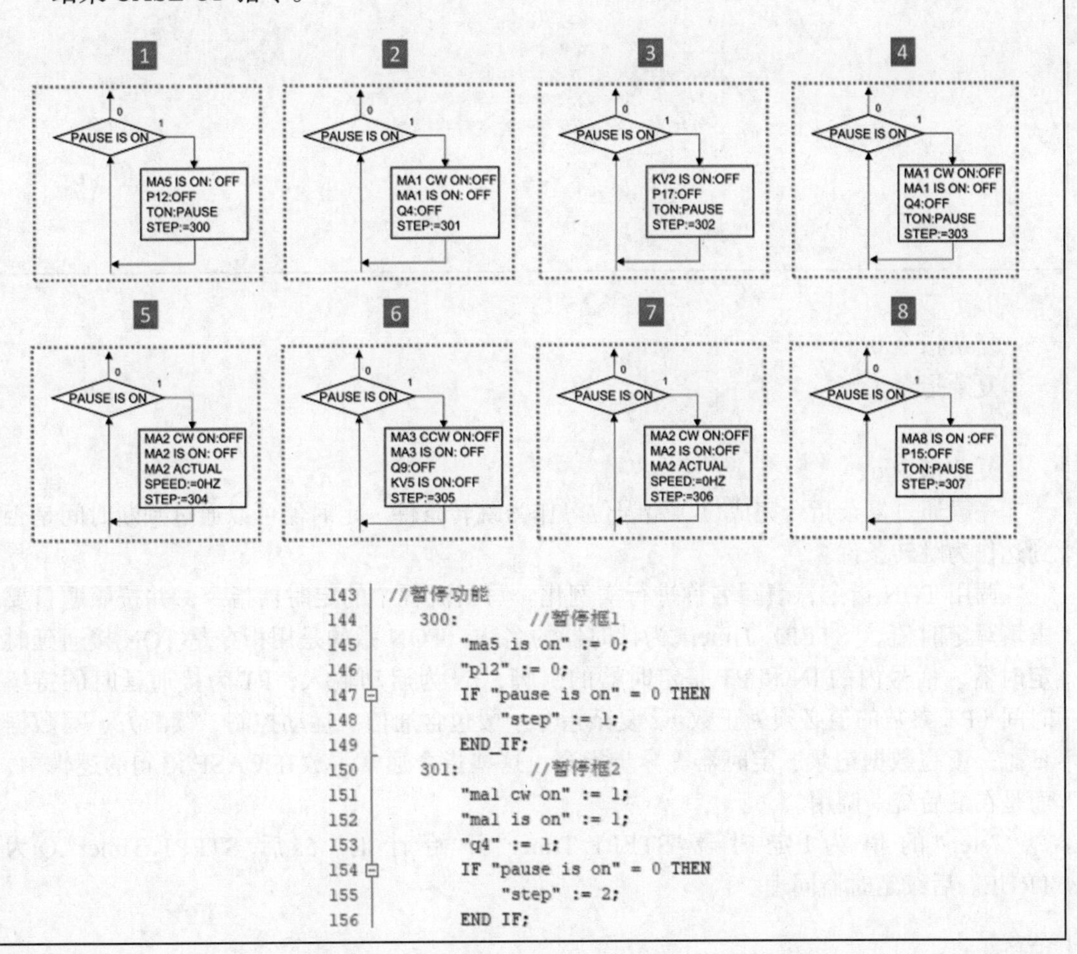

```
157     302:        //暂停框3
158         "kv2 is on" := 0;
159         "p17" := 0;
160         IF "pause is on" = 0 THEN
161             "step" := 4;
162         END_IF;
163     303:        //暂停框1
164         "ma1 cw on" := 0;
165         "ma1 is on" := 0;
166         "q4" := 0;
167         IF "pause is on" = 0 THEN
168             "step" := 5;
169         END_IF;
170     304:        //暂停框4
171         "ma2 cw on" := 0;
172         "ma2 is on" := 0;
173         "ma2_speed" := 0;
174         "QW256" := 16#47E;
175         IF "pause is on" = 0 THEN
176             "step" := 11;
177         END_IF;
178     305:        //暂停框5
179         "ma3 ccw on" := 0;
180         "ma3 is on" := 0;
181         "q9" := 0;
182         "kv5 is on" := 0;
183         IF "pause is on" = 0 THEN
184             "step" := 13;
185         END_IF;
186
187 END_CASE;
```

复杂指令 0
复杂指令 1
…
复杂指令 n

一般通过复杂指令完成位、错误位等作为跳转条件。定时器可以通过判断时间是否到达作为跳转条件。

调用 TON 指令，填写名称进行实例化。写出流程中的定时器指令，并按照题目要求填写定时值。"STEP1_Timer" 为计时器的名称，TON 指的是用指令是 TON 接通延时定时器，括号内的 IN 和 PT 是定时器的引脚，IN 为启动输入，PT 为接通延时的持续时间（PT 参数的值必须为正数）。复杂指令一般包含通信、运动控制、读配方、写数据日志、读写数据记录、定时器等异步指令，这些指令通常不放在 CASE 语句的逻辑中，而是在最后统一调用。

"step" 的值为 1 定时器 "STEP1_Timer" 开始计时，5s 后 "STEP1_Timer".Q 为 TRUE。后续定时器同理。

```
189  //程序中用到的定时器
190 ⊟"STEP1_Timer".TON(IN := "step" = 1,
191                   PT := t#5s);
192 ⊟"STEP4_Timer".TON(IN := "step" = 4,
193                   PT := t#10s);
194 ⊟"STEP5_Timer".TON(IN := "step" = 5,
195                   PT := t#10s);
196 ⊟"STEP7_Timer".TON(IN := "step" = 7,
197                   PT := t#5s);
198 ⊟"STEP9_Timer".TON(IN := "step" = 9,
199                   PT := t#5s);
200 ⊟"STEP10_Timer".TON(IN := "step" = 10,
201                    PT := t#10s);
202 ⊟"STEP12_Timer".TON(IN := "step" = 12,
203                    PT := t#5s);
204 ⊟"STEP14_Timer".TON(IN := "step" = 14,
205                    PT := t#5s);
```

第 9 章 系统故障维护

9.1 PLC 故障诊断与维护

控制系统故障通常分为两类：系统故障和过程故障。

系统故障可被 PLC 操作系统识别并使 CPU 进入停机状态，通常系统故障有电源故障、硬件模块故障、扫描时间超时故障、程序错误故障和通信故障等。

过程故障通常指工业过程或被控对象发生的故障，例如传感器和执行器故障、电缆故障、信号电缆及连接故障、运动障碍、连锁故障等。

系统故障也可按故障发生的位置分为外部故障和内部故障。

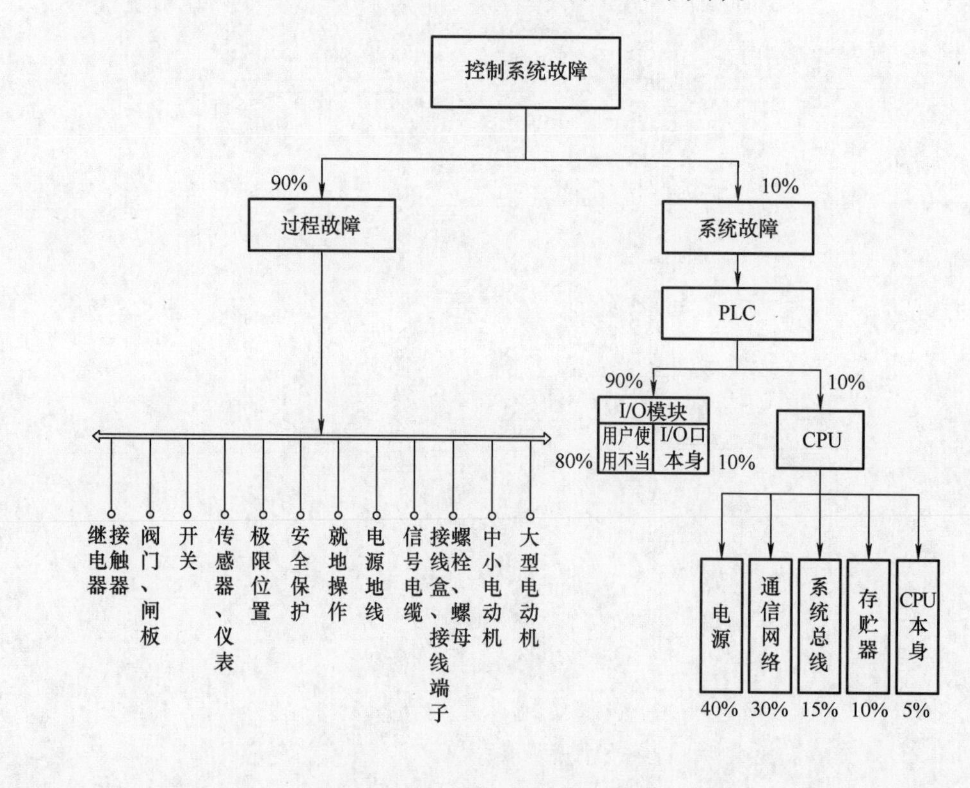

1. PLC 常见故障的检测途径

1）LED 诊断故障；

2）使用专用硬件诊断网络故障；

3）诊断软件检查故障；

4）STEP7 检查故障；

5）OB、SFC（或 SFB）检查故障。

2. PLC 故障

一般来说，PLC 是极其可靠的设备，故障率很低，但由于外部原因，也可导致 PLC 损坏。在设备送电前确定好电源电压和电源正负极接线顺序，尽可能地避免设备损坏。

CPU 模块上方有绿、红、黄三个指示灯，指示出 PLC 当前的状态。可以通过看指示灯快速了解故障类型。

CPU 带有如下 LED 指示灯：

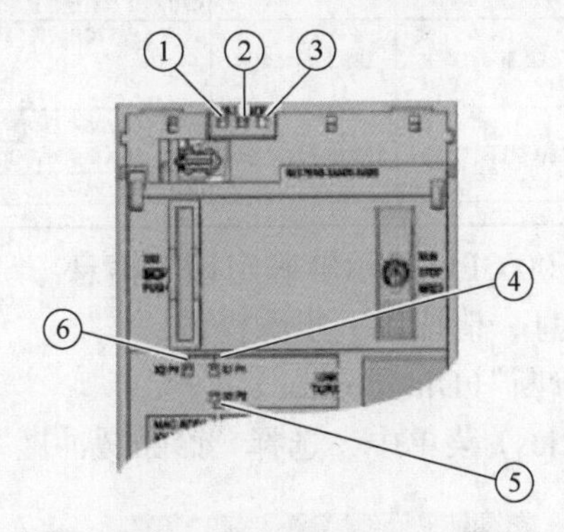

① RUN/STOP LED（黄色 / 绿色 LED）

② ERROR LED（红色 LED）

③ MAINT LED（黄色 LED）

④ 用于 Port X1 P1 的 LINK RX/TX LED（黄色 / 绿色 LED）

⑤ 用于 Port X1 P2 的 LINK RX/TX LED（黄色 / 绿色 LED）

⑥ 用于 Port X2 P1 的 LINK RX/TX LED（黄色 / 绿色 LED）

3. LED 指示灯

该 CPU 共配有三个 LED 指示灯，用于指示当前的操作模式和诊断状态。该表列出了 RUN/STOP、ERROR 和 MAINT LED 指示灯各种颜色组合的含义。

RUN/STOP LED 指示灯	ERROR LED 指示灯	MAINT LED 指示灯	含 义
LED 指示灯熄灭	LED 指示灯熄灭	LED 指示灯熄灭	CPU 上的电源电压缺失或不足
LED 指示灯熄灭	LED 指示灯红色闪烁	LED 指示灯熄灭	发生错误
LED 指示灯绿色点亮	LED 指示灯熄灭	LED 指示灯熄灭	CPU 处于 RUN 模式
LED 指示灯绿色点亮	LED 指示灯红色闪烁	LED 指示灯熄灭	诊断事件未决
LED 指示灯绿色点亮	LED 指示灯熄灭	LED 指示灯黄色点亮	设备要求维护 必须在短时间内检查/更换受影响的硬件 强制作业激活
LED 指示灯绿色点亮	LED 指示灯熄灭	LED 指示灯黄色闪烁	组态错误
LED 指示灯黄色点亮	LED 指示灯红色闪烁	LED 指示灯熄灭	诊断事件未决
LED 指示灯黄色点亮	LED 指示灯熄灭	LED 指示灯黄色闪烁	固件更新已成功完成
LED 指示灯黄色点亮	LED 指示灯熄灭	LED 指示灯熄灭	CPU 处于 STOP 模式
LED 指示灯黄色点亮	LED 指示灯红色闪烁	LED 指示灯黄色闪烁	SIMATIC 存储卡上的程序出错 通过 SIMATIC 存储卡进行固件更新失败 CPU 检测到错误状态，可通过 CPU 诊断缓冲区提供附加信息
LED 指示灯黄色闪烁	LED 指示灯熄灭	LED 指示灯熄灭	CPU 处于 STOP 状态时，将执行内部活动，如 STOP 之后的启动 从 SIMATIC 存储卡下载用户程序 CPU 执行具有已激活断点的程序
LED 指示灯黄色/绿色闪烁	LED 指示灯熄灭	LED 指示灯熄灭	启动（从 STOP 转换为 RUN）
LED 指示灯黄色/绿色闪烁	LED 指示灯红色闪烁	LED 指示灯黄色闪烁	启动（CPU 正在启动） 启动、插入模块时测试 LED 指示灯 LED 指示灯闪烁测试

4. 通过 SIMATIC S7-1500 CPU 显示屏确定诊断信息

通过显示屏读取诊断信息，请按以下步骤操作：

1）选择显示屏上的“诊断”(Diagnostics) 菜单。

2）在“诊断”(Diagnostics) 菜单中，选择“诊断缓冲区”(Diagnostics buffer) 命令。

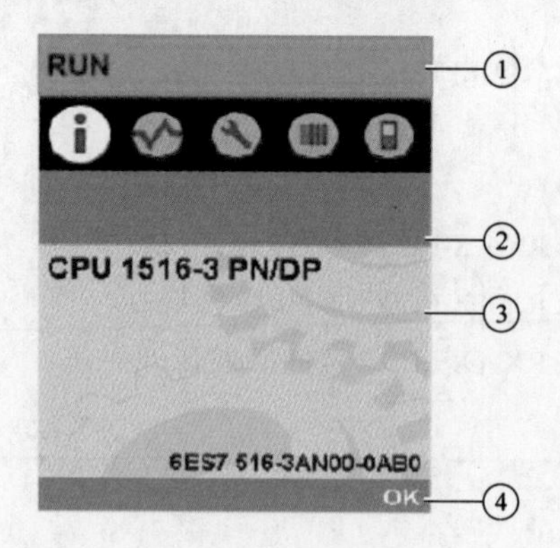

① CPU 状态信息

② 子菜单名称

③ 信息显示区域

④ 导航辅助，例如确定 / 退出，或者页码

5. 使用 STEP 7 确定诊断信息

通过 STEP 7 确定诊断信息，请按以下步骤操作：

1）在 STEP 7 中，打开相应的项目。

2）打开 STEP 7 的主视图。

3）选择“在线与诊断”(Online & Diagnostics）功能界面。

4）选择“在线状态”(Online status）操作。

将打开“选择设备”（Select device）对话框。该对话框为项目中所组态设备的映像。

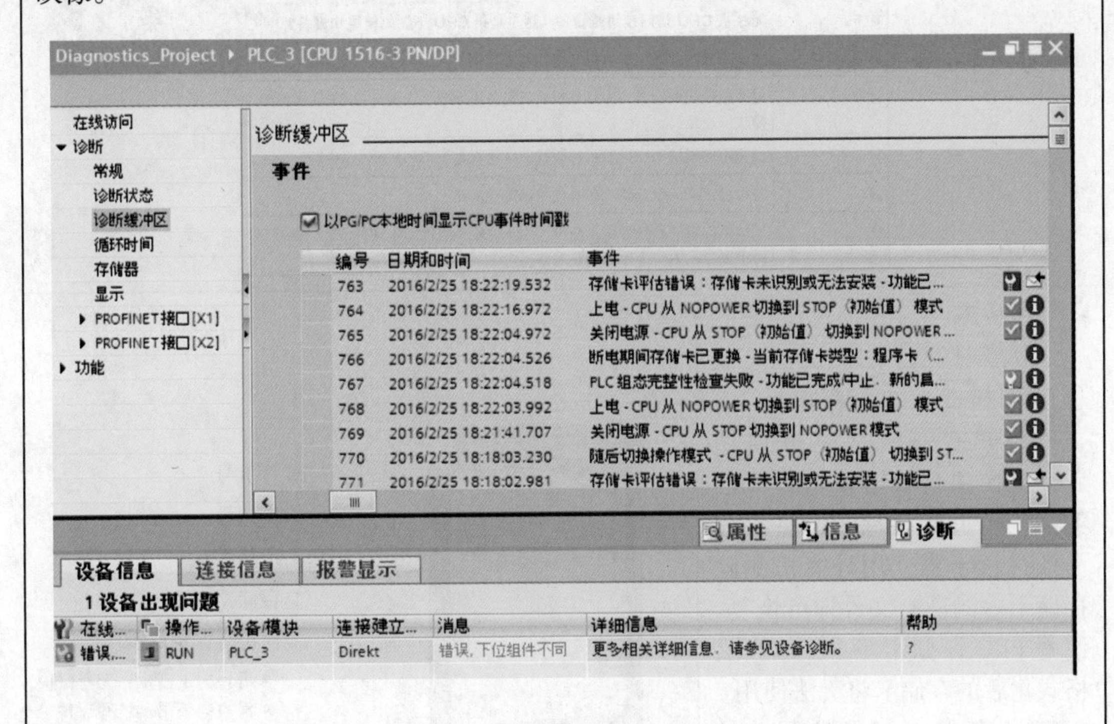

6. 建立连线

在 STEP 7 中，与设备建立在线连接时，需确定设备及其下位组件（如果适用）的诊断状态，以及设备的操作模式。左表列出了可用的符号及其含义。

符号	含义
	正在建立到 CPU 的连接
	无法通过所设置的地址访问 CPU
	组态的 CPU 和实际 CPU 型号不兼容 例如：现有的 CPU 315-2 DP 与组态的 CPU 1516-3 PN/DP 不兼容
	在建立与受保护 CPU 的在线连接时，未指定正确密码而导致密码对话框终止
	无故障
	需要维护
	要求维护
	错误
	模块或设备被禁用
	无法从 CPU 访问模块或设备（这里是指 CPU 下面的模块和设备）
	由于当前的在线组态数据与离线组态数据不同，因此诊断数据不可用
	组态的模块或设备与实际的模块或设备不兼容（这里是指 CPU 下面的模块或设备）
	已组态的模块不支持显示诊断状态（这里是指 CPU 下的模块）
	连接已建立，但是模块状态尚未确定或未知
	下位组件中的硬件错误：至少一个下位硬件组件发生硬件故障（在项目树中仅显示为一个单独的符号）

7. 故障

故障现象 1：PLC 无法下载

1）检查 PLC 无存储卡。

2）PLC 安全功能被启用后，更换项目后导致 PLC 无法下载。可拆卸存储卡，将存储卡插入读卡器，用计算机删除存储卡内的所有文件即可恢复。注意 PLC 存储卡禁止格式化，格式化后的存储卡将无法使用。

3）存储卡写保护开关被开启后无法下载程序，将写保护滑块向上滑动，解除写保护即可。

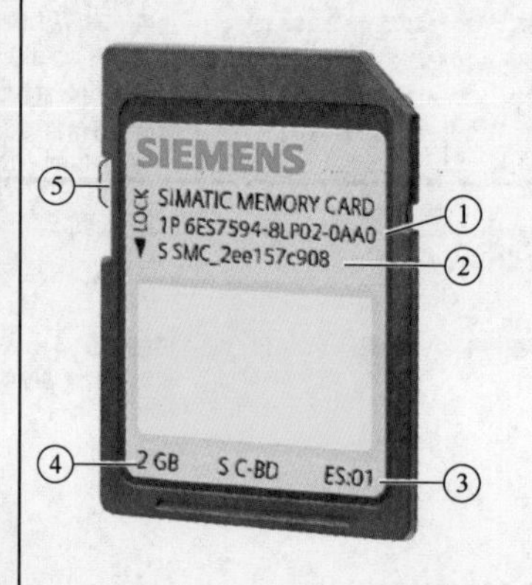

① 订货号

② 序列号

③ 产品版本

④ 存储器大小

⑤ 使用写保护的滑块：

- 滑块向上滑动：无写保护
- 滑块向下滑动：写保护

故障现象 2：PLC 运行中停机

原因：

1）寻址错误：在 PLC 运行中，符号访问或绝对地址访问的过程中，超出数据块定义的数据数量会导致 PLC 停机。检查程序通过限制寻址范围或增加数据块定义的数据数量解决此问题。

2）循环超时：程序规模比较大，扫描周期时长超过了 CPU 的最大循环时间默认设为 150 ms。为 CPU 分配参数时，适当增大该值。如果程序 while do 指令进入死循环了，whlie 的条件不满足就会超出循环时间，建议使用 If else 指令进行赋值。

8. 错误中断组织块

当一个故障发生时，CPU 中的错误处理组织块 OB 会被调用。如果错误处理组织块 OB 未编程，CPU 进入“ STOP”模式。这个调用会在 CPU 的诊断缓冲区中显示出来。用户可以在错误处理 OB 中编写如何处理这种错误的程序，当操作系统调用了故障组织块 OB 时，CPU 根据是否有故障处理程序进行相应的反应。

组织块一览表			
OB编号	启动事件	默认优先级	说明
OB1	启动或上一次循环结束时执行OB1	1	主程序循环
OB10~OB17	日期时间中断0~7	2	在设置的日期时间启动
OB20~OB23	时间延时中断0~3	3~6	延时后启动
OB30~OB38	循环中断0~8时间间隔分别为5s，2s，1s 500ms，200ms，100ms，50ms，20ms，10ms	7~15	以设定的时间为周期运行
OB40~OB47	硬件中断0~7	16~23	检测外部中断请求时启动
OB55	状态中断	2	DPV1中断（profibus-dp）
OB56	刷新中断	2	
OB57	制造厂特殊中断	2	
OB60	多处理中断，调用SFC35时启动	25	多处理中断的同步操作
OB61~64	同步循环中断1~4	25	同步循环中断
OB70	I/O冗余错误	25	冗余故障中断
OB72	CPU冗余错误，例如一个CPU发生故障	28	只用于H系列的CPU
OB73	通行冗余错误中断，例如冗余连接的冗余丢失	25	
OB80	时间错误	26 启动为28	
OB81	电源故障	27 启动为28	
OB82	诊断中断	28 启动为28	
OB83	插入/拔出模块中断	29 启动为28	
OB84	CPU硬件故障	30 启动为28	异步错误中断
OB85	优先级错误	31 启动为28	
OB86	扩展几架、DP主站系统或分布式I/O站故障	32 启动为28	
OB87	通行故障	33 启动为28	
OB88	过程中断	34 启动为28	
OB90	冷、热启动、删除或背景循环	29	背景循环
OB100	暖启动	27	
OB101	热启动	27	启动
OB102	冷启动	27	
OB121	编程错误	与引起中断的OB相同	同步错误中断
OB122	I/O访问错误		

9. 程序和画面调试

程序和画面在完成编译后下载到实际设备中进行功能调试，功能调试过程中可以使用 TIA 博途软件的监控功能，能迅速地发现和解决问题。GRAPH 程序块在调试过程中可以使用顺控器控制控件进行在线调试，该控件有自动、半自动、手动三种模式。在手动模式下可以激活任意步进行调试，手动模式切换回自动模式程序按照流程正常进行。

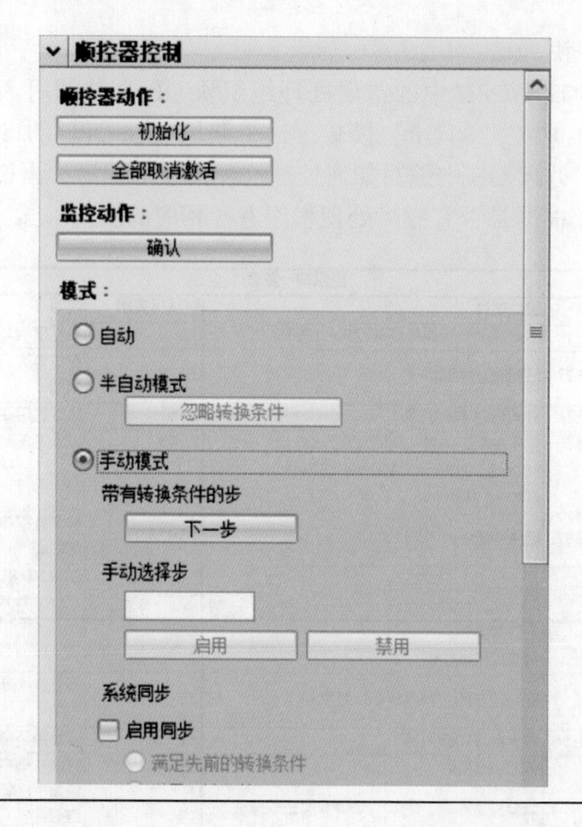

9.2 变频器故障诊断与维护

1）变频器的控制单元有五个指示灯，指示变频器当前的状态。可以通过看指示灯快速了解故障类型。

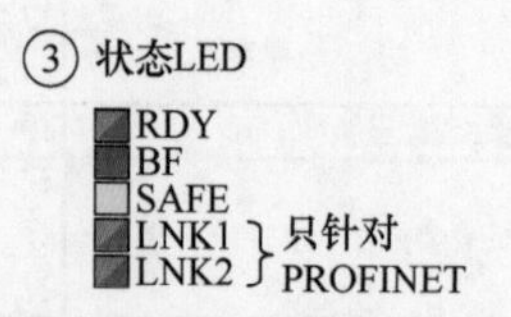

2）变频器控制单元共配有五个 LED 指示灯，用于指示当前的操作模式和诊断状态。该表列出了 RDY、SAFE、LINK 和 BF 指示灯各种颜色组合的含义。

RDY	说明
	启动后的暂时状态
	变频器无故障
	正在调试或恢复出厂设置
	故障生效
SAFE	**说明**
	使能了一个或多个安全功能，但是安全功能不在执行中
	一个或多个安全功能生效、无故障。
	变频器发现一处安全功能异常，触发了停止响应。
LNK	**说明**
	PROFINET 通信无故障
	设备正在建立通信
	无 PROFINET 通信
BF	**说明**
	变频器与控制系统之间正在进行数据交换
	现场总线配置不正确。 RDY：LED RDY 同时闪烁： 固件升级后，变频器等待断电并重新上电
	与上级控制器之间无通信 RDY：LED RDY 未同时闪烁： 存储卡错误

3）变频器在接通电源后，LED RDY（Ready）会暂时变为橙色。一旦 LED RDY 变为红色或绿色，它显示的便是变频器的状态。

图为 PROFINET 通信诊断

LNK LED	说明
绿色恒亮	PROFINET 通信成功建立
绿色，缓慢闪烁	设备正在建立通信
熄灭	无 PROFINET 通信

4）控制面板有 BOP 和 IOP 两种类型，下图为 BOP 控制面板的操作说明。 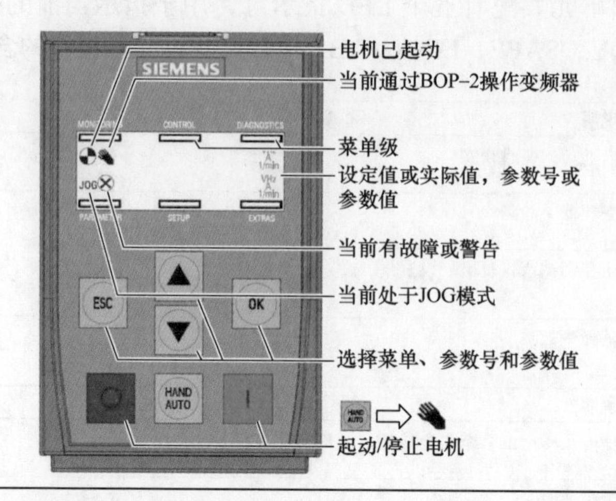
5）故障。 故障现象 1：PLC 程序无法控制变频器 PLC 程序无法控制变频器，通过在线工具查看“在线与诊断”功能界面，发现变频器处于手动状态，通过操作面版 HAND/AUTO 按钮将状态修改为自动状态。 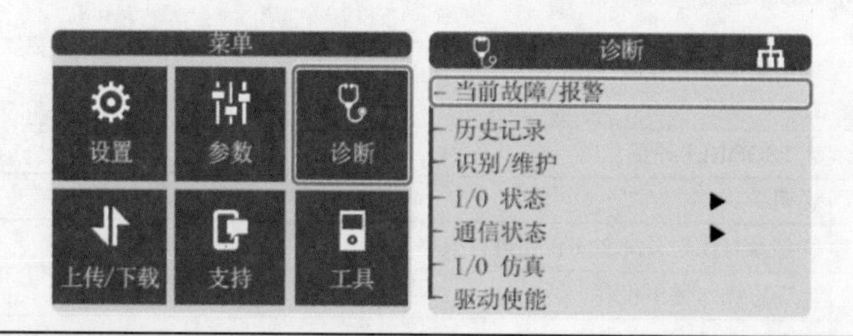
故障现象 2：报错代码 F07801 电机过电流 检查电流限值（p0640）。 矢量控制：检查电流控制器（p1715，p1717）。 V/f 控制：检查电流限幅控制器（p1340 … p1346）。 延长加速时间（p1120）或减轻负载。 检查电机和电机连线是否短接和接地。 检查电机是星形联结还是三角形联结，检查电机铭牌上的数据。 检查功率模块和电机是否配套。 电机还在旋转时，选择捕捉重起（p1200）。
故障现象 3：报错代码 F07900 电机堵转 检查电机是否能自由转动。 检查转矩极限 r1538 和 r1539。 检查报告“电机堵转”的参数 p2175 和 p2177。

故障现象 4：报错代码 F07910 电机过热
检查电机负载。
选择电机的环境温度。
检查 KTY84 传感器。
检查热模型是否过热（p0626 … p0628）。

9.3　工业网络诊断

工业网络结构可划分为三级：企业级、车间级和现场级。

使用 SIMATIC NET 可以很容易地实现工业控制系统中数据得到横向和纵向集成。借助于集成的网络管理功能，可以在上层网络中很方便地实现对整个网络的监控。

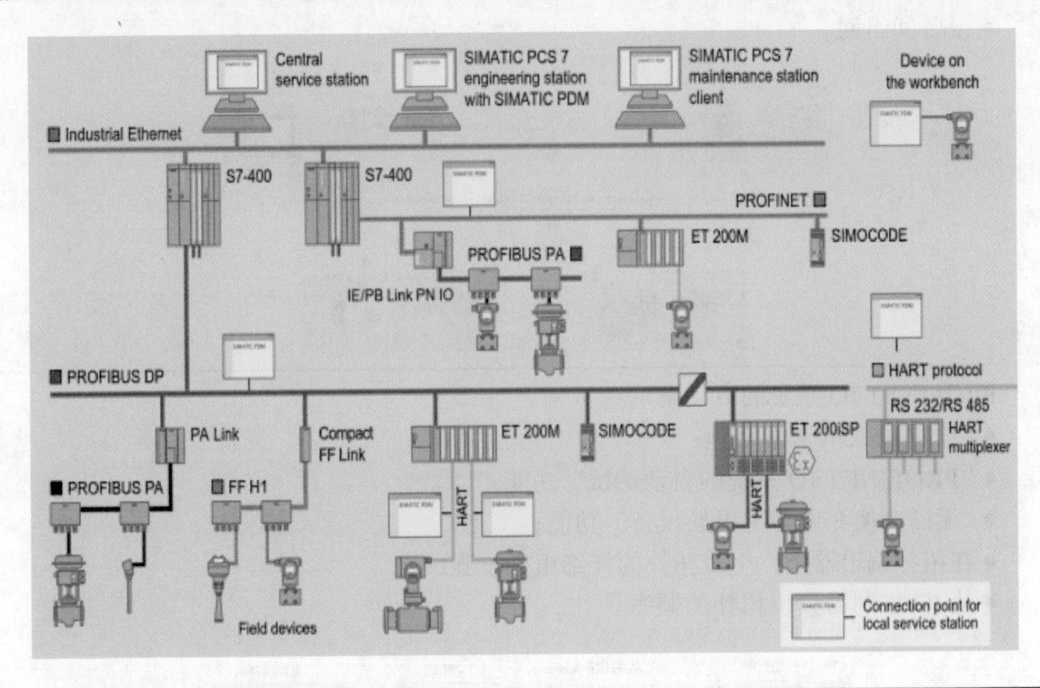

拓扑视图是硬件和网络编辑器的一个工作区。

在拓扑视图中可执行以下任务：

- 显示以太网拓扑；
- 组态以太网拓扑；
- 确定并尽可能地缩短期望拓扑和实际拓扑之间的差异。

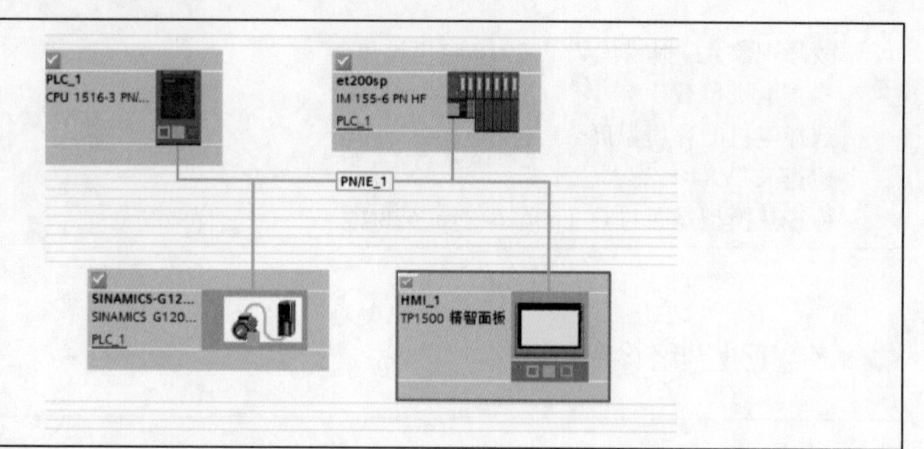

网络视图是硬件和网络编辑器的一个工作区。

在网络视图中可执行以下任务：

- 组态和分配设备参数；
- 设备间组网。

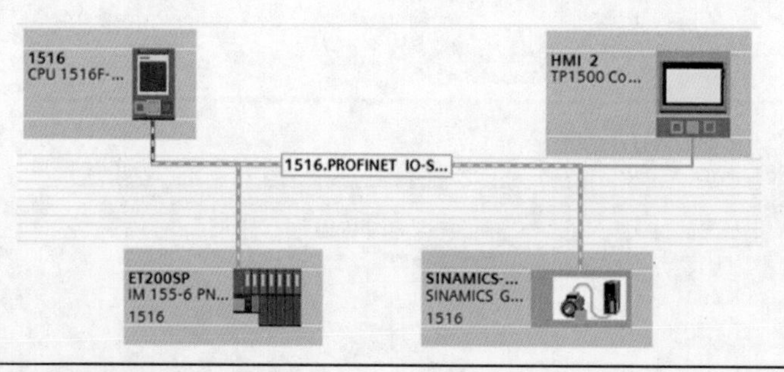

PROFINET IO 系统的自动调试：

- LLDP 协议的基本原理；
- “PROFINET IO 系统的自动调试”功能；
- “无需交换介质即可更换设备”功能；
- 在拓扑编辑器中，生成拓扑的详细组态步骤；
- 从 IO 控制器读出拓扑的顺序。

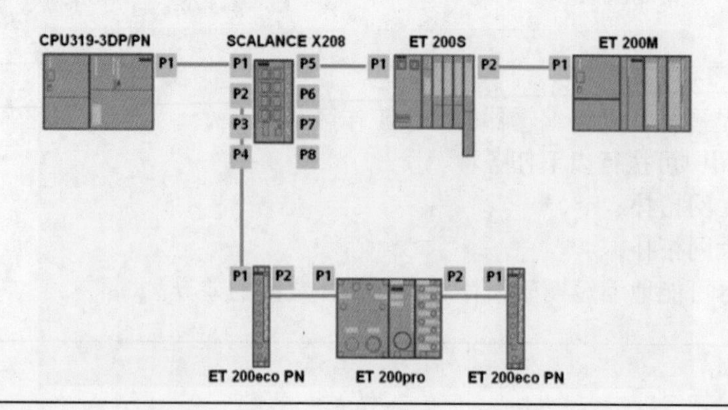

定位工业以太网交换机 X–208：

要在本地确定无疑地标识工业以太网交换机 X–208，可以在编程设备上使用“显示位置”功能，选择网络上的节点并使其闪烁。例如，可以在分配地址以确保正确的节点接收地址时采用这种方式。寻址节点的所有端口 LED 均以 2 Hz 的频率闪烁（绿色）。

完成程序编写后，应对程序进行调试。在调试过程中，会遇到各种各样的故障。下面按照调试的顺序对可能会出现的故障进行诊断及排除。

网络通信故障：

故障现象 1：设备上电后搜索不到设备。

1）在线访问中接口里面不显示网卡，需要选择正确的网卡连接。双击“显示 / 隐藏接口”，并勾选计算机的网卡应用。

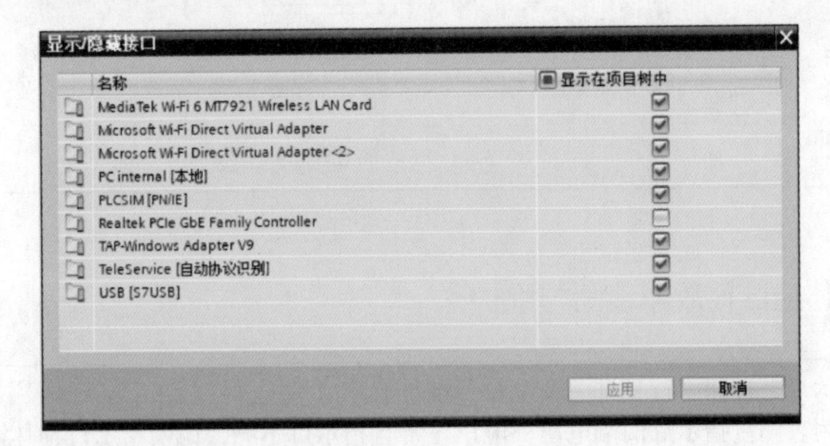

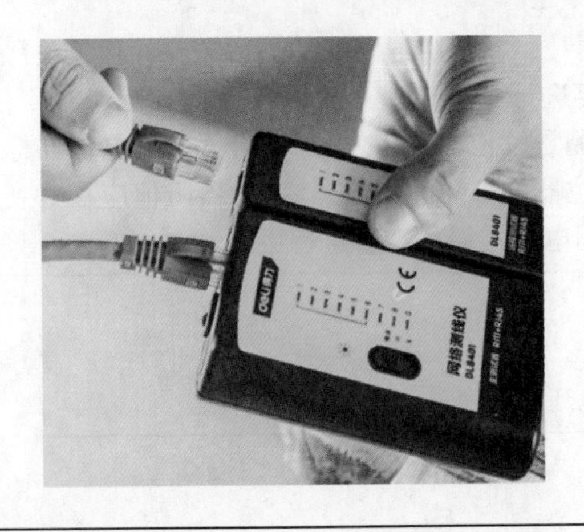

2）硬件是否有问题，比如网卡、网线，先用计算机 ping 一下设备地址，能 ping 通了，说明硬件没问题了，如果 ping 超时就需要拔掉设备上的网线，用网线计算机和设备直连。直连后搜索到设备检查设备上网线，可以用网线测试仪对网线进行测试以找到故障点。打开计算机控制面板找到网络连接，查看是否有网卡图标，网卡是否被禁用。

故障现象 2：搜索到设备无法转到在线。

检查 IP 地址和设备地址是否在一个网段，如果搜索出 PLC 的 IP 地址为 192.168.0.1，那么计算机的 IP 地址要和 PLC 的网段相同，右键网卡图标单击属性，修改“Internet 协议版本 4（TCP/IPv4）”属性中的 IP 地址为 192.168.0.x，应避免和设备的 IP 地址相同。

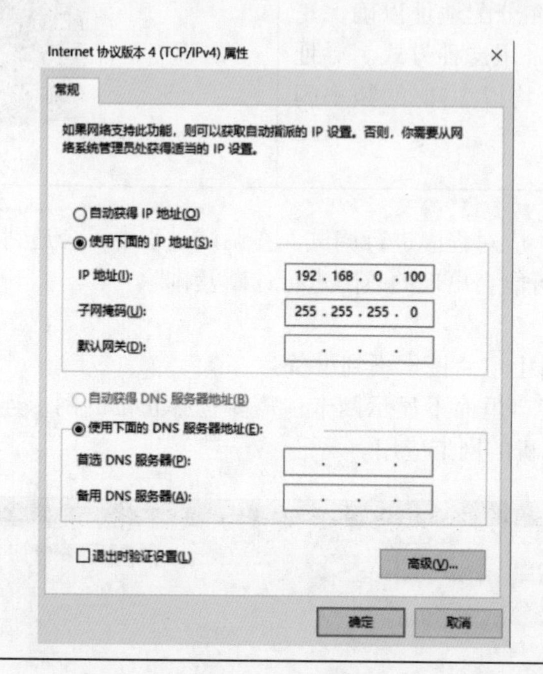

9.4 其他器件故障诊断与维护

1. 指示灯、按钮、行程开关及电位器硬件故障

用万用表测量指示灯两端电压，电压正常且指示灯不亮，说明指示灯损坏需要进行更换。

用万用表通断档测量按钮和行程开关，再按下状态的通断，如果按钮和行程开关常开触点在按下时没有接通，说明触点损坏需要进行更换。

在设备断电的情况下，用万用表电阻档测量电位器的 1、3 端，阻值应为电位器标称值 1K 或 10K 等。用万用表电阻档测量电位器的 1、2 端，旋转电位器阻值应在 0 到最大标称值之间线性变化。如果阻值异常说明电位器损坏需要进行更换。

2. 触摸屏故障

故障现象 1：屏幕无显示。

检查触摸屏电源接线、电源、电压。如电压正常就应更换触摸屏。

故障现象 2：屏幕触摸失灵。

上电后单击“Control Panel”，打开控制面板，双击“OP”按钮，打开“OP Properties”对话框；切换至“Touch”选项卡，单击“Recalibrate”按钮，打开校准界面；首先使用触摸笔或者手指触摸屏幕界面中数字位置的十字图标中心，然后十字图标会依次出现在屏幕上，按照出现顺序依次触摸十字图标中心；触摸完各个位置上的十字图标后，将出现以下对话框。必须在 30s 内单击屏幕任意处，进行校准设置保存。

故障现象 3：通信故障。

触摸屏无法修改 IP，检查触摸屏和编程计算机是否在同一网段，如在同一网段需要将触摸屏断电重起，在 START 界面时（跳出小方框）选择 transfer，在 TIA 博途软件即可在线修改 IP。

3. 分布式 IO 故障

1）分布式 IO 接口模块上方有三个指示灯，指示分布式 IO 当前的状态。可以通过看指示灯快速了解故障类型。

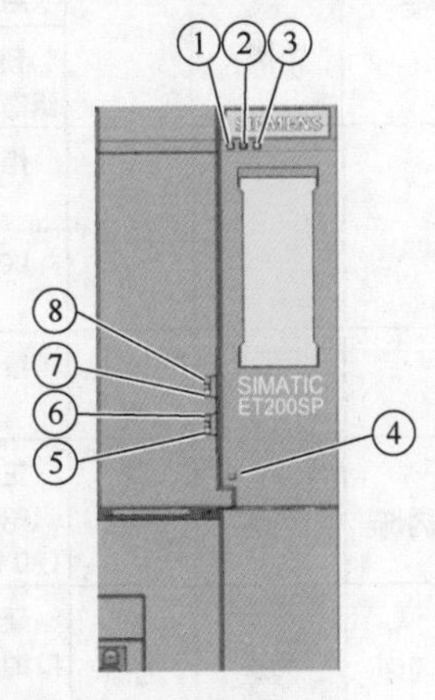

① RN/NS（红色 / 绿色）

② ER/MS（红色 / 绿色）

③ MT/IO（红色 / 绿色 / 黄色）

④ PWR（绿色）

⑤ MT2（黄色），SCRJ 端口

⑥ LK2（绿色）

⑦ MT1（黄色），SCRJ 端口

⑧ LK1（绿色）

2）分布式 IO 接口模块上共配有五个 LED 指示灯，用于指示当前的操作模式和诊断状态。该表列出了 RN/NS、ER/MS、和 MT/IO 指示灯各种颜色组合的含义。

LED 指示灯			含义	纠正措施
RN（运行）	ER（错误）	MT（维护）		
□ 灭	□ 灭	□ 灭	接口模块上电源电压缺失或不足	检查电源电压或接通接口模块的电源 *
☼ 闪烁	☼ 闪烁	☼ 闪烁	启动期间的 LED 指示灯测试：三个 LED 指示灯同时呈红色点亮状态并持续约 0.25 s，随后会呈绿色点亮状态并持续约 0.25 s	-
☼ 闪烁	-	-	禁用接口模块	通过组态软件或用户程序激活接口模块
			接口模块未组态	使用组态软件组态接口模块
			ET 200SP 启动	-
			正在为 ET 200SP 分配参数	
			正在将 ET 200SP复位为出厂设置	
■ 亮	-	-	ET 200SP 正与 IO 控制器进行数据交换	-
-	☼ 闪烁	-	组错误和组错误通道	评估诊断并消除该错误
			预设的组态与 ET 200SP 的实际组态不匹配。	检查 ET 200SP 的组态，查看模块是否存在缺失、故障或未组态的情况
			组态状态无效。	更多信息，请参见"ET 200SP 系统的无效组态状态 (页 48)"
			I/O 模块中的参数分配错误	评估 STEP 7 中的模块状态指示灯。消除相应 I/O 模块中的错误
-	-	■ 亮	维护	更多信息，请参见"维护事件 (页45)"
☼ 闪烁	☼ 闪烁	☼ 闪烁	正在运行"节点闪烁测试"（PROFINET 接口的 LK1 和 LK2 LED 指示灯也将闪烁）	-
☼ 闪烁	☼ 闪烁	☼ 闪烁	硬件或固件错误（PROFINET 接口的 LK1 和 LK2 LED 指示灯不闪烁）	通过断开并重新连接电源重新启动设备 运行固件更新。如果故障一直存在，请联系西门子工业业务领域在线支持 更换接口模块 可以通过 STEP 7 V5.6 读取服务数据
■ 亮	■ 亮	■ 亮	RN/ER/MT LED 指示灯永久点亮：硬件或固件存在故障。将确定错误信息并将其保持性存储在闪存中	LED 指示灯永久点亮时，请勿断开接口模块的电源电压。这一过程可能需要几分钟时间

* PWR LED 指示灯点亮（接口模块上）：检查背板总线是否短路。

3）故障描述：组态的 ET200 DEVICE NAME 与实际的名字不一致。

CPU 正常运行，红色指示灯闪烁。ET200sp 接口模块上 RN/NS 绿色指示灯闪烁，IO 模块不报错误，所以打叉等于原来的单斜杠代表当前的模块没有被 CPU 正确识别，而不代表出现 error 错误，绿色指示灯闪烁代表未被 CPU 识别，没有进行正确的参数化。

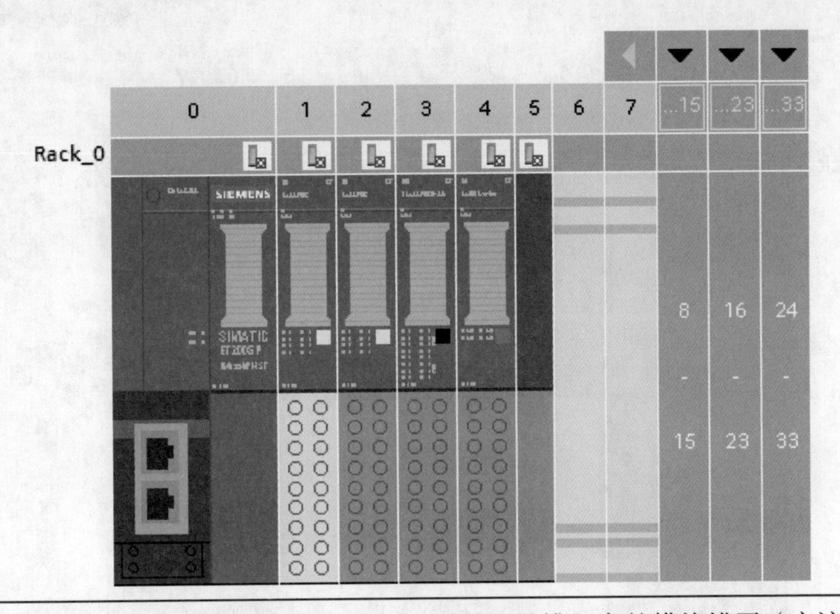

4）故障描述：4 号槽组态的底板错了，同时 5 号槽组态的模块错了（应该是 AQ 但没有组态）所以会出现组态与实际不一致的情况。此时接口模块 RN/NS 绿色指示灯常亮，ER/MS 红色指示灯闪烁；1# ～ 4# 槽模块绿色指示灯常亮；5# 模块绿色指示灯闪烁。

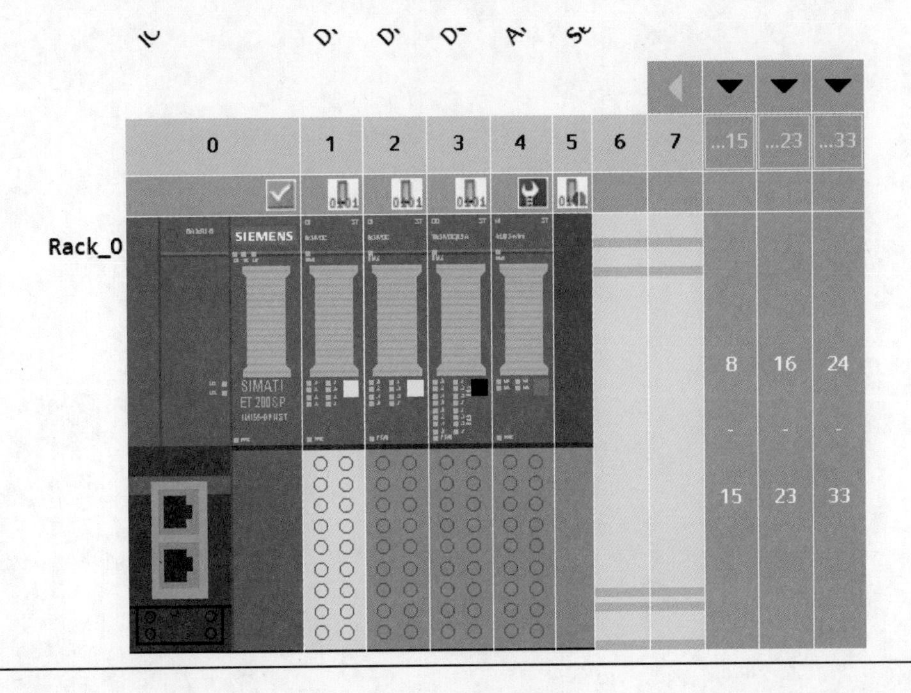

5）故障描述：DI 模块未插或松动

CPU 红色指示灯闪烁；ET200SP 接口模块红色指示灯闪烁；在硬件诊断中可以读出该模块 removed；且在程序中调用“ModuleStatus”功能块能读出该模块的信息。

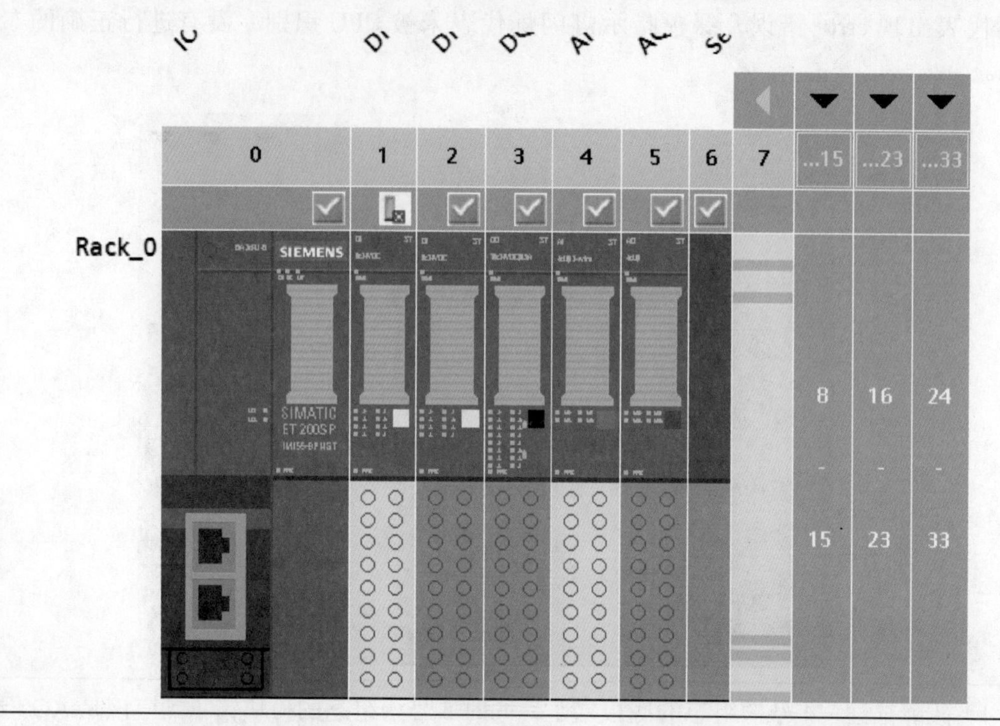

附录

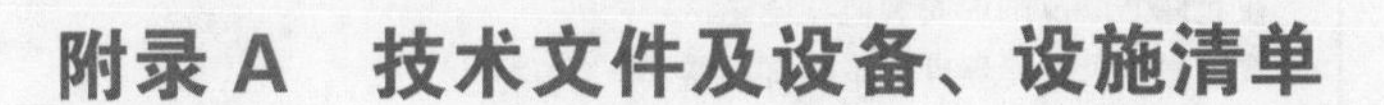

附录 A　技术文件及设备、设施清单

A.1　技术文件（简化版）

A.1.1　技术描述

1. 项目概要

工业控制项目主要包含工业控制设备元件安装、工业控制自动化功能实现两部分，内容主要有：1）电气设备元件、传感器元件、变频装置、自动化设备和控制核心的安装与调试；2）配置自动化控制核心硬件并编制相应的控制程序；3）电气控制电路原理图设计和功能改进；4）电气装置故障检测与定位。

2. 基本知识与能力要求（见表 A-1）

表 A-1　基本知识与能力要求

相关要求		权重比例（%）
1	制作自动控制面板 / 中心	15
基本知识	技术说明和图表中所使用的术语和符号 技术图样、电路图、平面图、功能描述和端子图 操作手册的使用和布局	
工作能力	读懂，理解并解释复杂的技术图样、电路图、布局图、功能描述和端子图 将技术说明中的信息有效地应用到工作规划和解决工程与操作问题 安装管道和端子，按照图样在给定的公差范围内安装面板组件并连接线路 按照每张图样的标示将所有组件和线缆加上标签 根据说明书完成面板的安装操作 解释操作手册的内容并遵守其中的技术要求	

（续）

相关要求		权重比例（%）
2	现场安装工艺及其功能实现	30
基本知识	现场部件安装的问题和解决办法 技术图样，安装平面图和控制面板，电路图和流程图的原理 所有现场安装中所使用部件的原理和功能 在现场安装中，正确测量和计算的重要性	
工作能力	测量和计算零部件安装的正确位置 在允许公差范围内安装电线管道 按图样要求对元器件和电缆加标签 对导管、电气元件、设备、仪器仪表和控制中心进行安全、可靠、有效的安装 安装的连接电缆、电线和通信设备等复杂的布线系统应安全、可靠、有效和美观 使用锯、钻等方式加工金属和塑料材料应去除毛刺 在要求的时间内有效地计划工作 在不对自身或周围其他人造成危险的情况下，安全有效地使用所有工具	
3	线路测试和检查	5
基本知识	电气安全知识 仪器仪表使用 控制系统正确的操作技术	
工作能力	使用仪表对不同电量进行测量 应用电气安全标准 测试和调试安装设备 故障的判断及其排除 完成所有安装后提交测试报告	
4	编程	30
基本知识	技术说明和图表中的原理 在工业控制中所涉及的控制电动机，阀门和其他设备 在与可编程序控制器（PLC）、工业网络交互信息的人机界面（HMI）以及基于 PC 的可视化编程环境 在行业内被接受的设备使用，例如 PLC、HMI、VFD/VSD 以及分布式 I/O 基于分布式 I/O 和工业总线技术 国际电工技术委员会（IEC）的编程规范（IEC 61131-3）	
工作能力	根据任务书和图样编程 根据任务书和图样配置人机界面（HMI）屏幕 按照功能描述中的要求设置 VSD 全面、安全地测试各项功能 向专家演示功能 符合国际电工技术委员会（IEC）的序列编程规范	

（续）

相关要求		权重比例（%）
5	电路设计和改进	10
基本知识	技术说明图表中的原理 专业技术术语和符号 继电器 / 接触器电路，电动、气动控制的原理	
工作能力	读懂、解释并根据功能描述在模拟软件上进行设计 针对电路设计提出改进意见并修改 按照技术规范（DIN ISO1219）设计电路	
6	电气装置故障检测与定位	10
基本知识	查找过程中的安全隐患： 书面说明书，技术图样和线路图的原理 电路图中的组件和符号 继电器控制设备故障定位的原理 工业继电器、接触器控制电路的原理和功能 故障检测原理及功能： 现场总线诊断的原则	
工作能力	遵守各项安全提示： 读懂、理解并解释书面说明书和图示，理解所有技术符号 利用故障查找的正确原则 回避故障查找的不正确原则 使用正确的故障查找原则 使用工具和图样准备定位故障	
合计		100

A.1.2 试题与评判标准

1. 试题（样题）

（1）竞赛内容

选手在规定时间内需完成以下四个模块的工作。其中，第一模块又分为主项目操作、控制与调试两项内容。具体安排如下：

模块 1 自动控制中心的搭建：参赛选手需要完成包括配电箱制作、电气设备安装、工业控制对象安装、电气连线和安全测试等操作内容。

模块 2 控制系统功能的实现：主要完成控制核心硬件配置及控制程序的编制，用于检测和调试 PLC、HMI、VSD 及工业控制对象的功能。

模块 3 电路原理图的设计 / 修改：要求选手根据给定条件，按照电气制图规范，使用 Fluidsim-P V3.6 中文版软件设计或改进继电器逻辑控制的电路图。要求使用符号准确，功能符合要求，并考虑设计的经济性和合理性。

模块 4 电气装置的故障检测：选手根据大赛提供的准确资料，用万用表、试电笔等基本工具、仪表，对给定的继电器控制电路进行测试和逻辑故障诊断，要求判定出电路中的故障，并进行定位，分辨出故障的类别。

（2）竞赛试题模块

根据竞赛的四个模块内容，各模块测试的基本要求如下：

1）模块1结束后应进行安装尺寸的检测、电气安装规范评定以及安全性能检测，完成以上检测后视作模块1完成。

2）将模块1全部完成并且完成线路测试和检查后，才能进行模块2的操作，模块2结束时选手应断开编程计算机和控制对象的连接，评测只在平台上进行操作演示。

3）所有选手集中并同时进行模块3电路原理图的设计/修改模块，评判方法采用计算机仿真验证方法测试其功能。

4）模块4电气装置故障检测模块穿插在模块1项目内进行，按照提前抽取的工位号，按照技能管理计划决定该模块竞赛的时间和顺序。

（3）命题方法

本届全国选拔赛的比赛项目命题按照如下原则确定：以第45届世界技能大赛竞赛项目为基础，比赛项目尽可能地保留世界技能大赛的知识点，并缩短比赛时间，比赛项目及评分工作应在三天内完成。

模块1提前45天公布样题，在样题开发和试验的基础上，提前15天公布真题。

模块2提前15天公布真题。

模块3提前45天公布技术规范，提前15天公布真题。

模块4设备电路原理图和器件布局图提前45天公布，每个参赛者必须提前了解电路功能。正式比赛开始前一天（C–1），每个参赛队可以提交三个电路故障点给裁判长。裁判长将在故障查找模块开始前一天（C1），在各参赛队提供的电路故障中，审核并确定合格的故障。场地主管在模块开始的当天（C2）早晨组织抽签。裁判长将抽出故障号码并由工作间主管设置故障。

样题下发给所有裁判员，真题按照组委会和执委会要求，通过规定途径公布。

2. 比赛时间及试题具体内容

（1）比赛时间安排

本项目比赛总时间及各模块的时间分配见表A-2。

表A-2　比赛总时间及各模块的时间分配

模块序号	名　　称	时　　长	竞赛地点
1	自动控制中心的搭建	9小时	模块1区
2	控制系统功能的实现	4小时	模块1区
3	电路原理图的设计/修改	1小时	模块1区
4	电气装置的故障检测	1小时	模块2区
合计		15小时	

具体的比赛时间分配见表A-3。

表 A-3 比赛时间分配

比赛日期	名　　称	时　　长	竞赛地点
C1	模块 3 电路原理图的设计 / 修改	1 小时	模块 1 区
	模块 1 自动控制中心的搭建	4 小时	模块 1 区
C2	模块 1 自动控制中心的搭建	5 小时	模块 1 区
	模块 4 电气装置的故障检测	1 小时	模块 2 区
C3	模块 2 控制系统的功能实现	4 小时	模块 1 区
合计		15 小时	

模块 4 穿插在模块 1 中进行，提前完成模块 4 的比赛选手，可以将模块 4 剩余时间用于其他模块的比赛。

（2）试题

本项目试题的构成和考核内容见表 A-4。

表 A-4 项目试题的构成和考核内容

模块 1 自动控制中心的搭建	
安装和布线（电源以及控制）	工业常用元器件的安装 控制面板和控制箱的安装 布线系统的安装 布线和电缆的安装 接线端子的组装和连接
PLC 安装和 I/O 布线	PLC 装配和布线 I/O 布线接线端子的组装、接线 电源隔离、模拟和数字输入和输出
线路、继电器逻辑的测试和试运行过程中应完成以下测试	相线之间、相线与中性点、相线与接地、中性点与接地之间的绝缘电阻绝缘电阻必须不小于 1MΩ 接地导通电阻——用电路测试器测量，在主接地和装置中需要接地的任何一个点之间，最大电阻不能大于 0.5Ω 用于测试项目的载荷不得超过 1kW，总载荷不得超过 2kW 开关和断路器的极性 电压测试——规定的端子之间，正确的测量电压 安全用电守则： 按规格正确布线 试运行 故障识别和更正 完成现场测试 功能安全测试

（续）

模块 1 自动控制中心的搭建	
PLC 编程，VSD 设定和 HMI 配置的测试和试运行	对 HMI、VSD 和 PLC 的网络通信组态 按照输入 / 输出地址布线 程序检验和调试 如果大赛组织者不能提供布线的标准颜色代码，专家会选择其他颜色供参赛者使用。现场提供的导线颜色必须满足测试项目的需求。在比赛开始之前，必须提供外用电源进行 PC 和 PLC 间的通信测试以及比赛期间的编程（如有需要）
模块 2 控制系统的功能实现	
题目描述形式	原则上所有的信息必须为非语言功能描述形式
PLC 编程	位级指令 –NO，NC，Transitional，Coils，Jumps，Calls，Sets 和 Resets 数学指令 –ADD，SUBTRACT，MULTIPLY，DIVIDE 字级指令 –MOVE，COMPARE，BCD，AND，OR 基本指令 –TIMERS，COUNTERS，REGISTERS
人机交互界面的设计	所有的编程和配置必须符合模块 1–2 的要求 人机交互设备的主要显示和按钮控制 VSD 使用的基本控制
模块 3 电路原理图的设计 / 修改	
设计 / 修改继电器逻辑控制电路图	不可以修改给出的模板电路中的器件类型和形式 只可以使用在本技术描述内所列出的部件 参赛者应设计自己的继电控制电路
设计规范	满足功能需求 设计的经济性 符号的正确使用 设计的准确性 图例的提供 本部分 60% 的分数分配给功能的正确性
模块 4 电气装置的故障检测	
检查面板上的继电器逻辑故障	参赛者应明确的事项如下： 必须在一个控制电路和 / 或电源电路中找出 5 个故障 在故障被设置前，将会得到电路图，并且面对相应的控制设备 依据电路图或者功能图使用万用表，应对提供的电路进行测试，识别所设定的故障 必须确定故障的类型和位置 在所提供的文件中，必须标出所有故障的位置 在指定的一个小时内，允许退回到前一故障 在完成的故障文件中必须标明：参赛者地区、参赛者姓名、故障编号、故障位置和故障类型
故障查找的设定说明	大赛组织者必须提供充足、相同的设备，使全体参赛者能够在一天内完成比赛 对所有参赛者的故障设置必须按照相同的顺序 每个测试只能设置一个故障 对确认的每一个故障给予评分 经过裁判的允许，在保证安全的情况下可以通电 提前找到全部故障，剩余时间可以用于主项目竞赛的操作

（续）

模块 4 电气装置的故障检测	
电路组成说明	测试电路包括：时间继电器、开关或者按钮、继电器、常开、常闭辅助触头的接触器、模拟负载
故障类型	应从以下方面查错：开路、短路
故障数量	在每次测试中，最多只能定位一个故障点

3. 评判标准

（1）分数权重

1）评分模块及比重：世界技能大赛的评测主要分为两大类测量和评价，分别代表了客观评分和主观评分。对于这两种类型的评分方法而言，评分在各个方面的标准必须清楚无误，这是保证评分质量的关键。

评分规则是世界技能大赛的关键性工具，它的目的是按照标准规范的权重比例来为各个竞赛模块分配分数，见表 A-5。

表 A-5 竞赛模块的分数值

部分	标　　准	分　　值		
		评价	测量	总分
A	电路设计和改进	0	10	10
B	故障检测	0	10	10
C	测量	0	15	15
D	墙面和面板的安装	6	24	30
E	测试、试运行和安全	0	5	5
F	硬件功能（手动操作 / 线路和总线系统的功能）	0	10	10
G	软件功能（自动操作）	0	20	20
总分		6	94	100

本项目 94% 的评测单元采用测量评分，6% 的评测单元采用多人评价分级评分。评价分级评分设 6 个点，每个点 1 分，分别对应为工作环境整洁度，工作成果整洁度，材料利用情况等。

每个测量评分点应由至少有 3 名专家评分，除非另有说明，只能给最高分或 0 分。

每个评价评分点由所有（3 ～ 4 名）专家评分，每位专家根据选手作品在行业中的平均表现状况进行分级评分。分级为 0 ～ 3 级，3 级为最高。

0 级未达到行业平均表现要求，1 级达到行业平均表现的要求，2 级超过行业平均表现的要求，3 级在行业中认定为完美。

选手得分 = 所有专家给出的分级总分之和 / 所有专家能够给出的最高分级总分之

和 × 该评测点的分值。

2）评分规范：

模块 A：电路设计 / 修改

应满足功能需求，设计精简，精确使用符号，模块的 60% 分数（6 分）用来评测功能实现的程度。

选手需要设计 / 修改逻辑、控制和电气回路，40% 分数（4 分）用来评测设计的技术规范，包括符号的准确使用，正确的图形标记，完整的注释，图样的规范制作等。

选手设计的电路功能得分达到 60%（3.6 分），方可以参与技术规范评分。

模块 B：故障检测

经过裁判允许，在保证安全的情况下可以通电，选手熟悉正常设备后，每次检测时在设备中可以定位一个故障点。每个故障点检测不限时，共计 5 个故障点，但是该模块竞赛总时长不能超过 1 小时。

模块 C：测量

计量标准中的公差如下：

任何 0 ～ 500mm 范围内的测量，其公差范围为 ±1mm；

任何大于 500mm 的测量，其公差范围为 ±3mm；

测试时均使用赛场提供的水平尺测量水平和垂直，水平尺的精度为 0.5mm/m。

模块 D：墙面和面板的安装

应选择合适的线缆；

线缆和导体不应有任何的损坏；

保留电缆的备用线并且绝缘处理良好；

终端不应有多余的导线；

终端不得有任何的损坏；

电缆长度应合理；

电缆应接线可靠，布线应合理。

模块 E：测试，试运行和安全

安装必须符合安全标准，使用说明和说明书中的要求应一致；

参赛者必须完成电气安装测试报告；

在检测时，电缆槽和盖必须已安全地安装和归位；

所有设备必须有识别标签；

参赛者必须提供所有电气测试的书面报告，包括接地的连续性，绝缘电阻，实际电压值的测量；

在参赛者进行绝缘测试期间，连接 VSD 的进出电源线、任何供电电源线均不得接通。

模块 F：手动功能

触摸屏界面的设置；

触摸屏界面操作功能应符合要求；

通信功能正常。

模块 G：自动功能

必须具备保护功能；

利用触摸屏能够实现自动操作；

按照给出的时序图或流程图完成动作。

（2）评判方法

1）裁判员的组成：裁判员由各代表队推荐1人担任，根据组委会要求，应提前上报推荐裁判员名单并接受培训和监督。在竞赛期间，各代表队推荐的裁判员无论何种原因，均不得更换。

裁判员对自己代表队的选手应执行回避原则，在竞赛（每天从早晨CC开始到下午CC结束为竞赛时间）期间，除了规定的竞赛交流时间外，其他时间（包括午餐时间），裁判员均不得和自己代表队的选手进行任何交流。

选手比赛时，随机抽签决定工位。裁判长根据选手比赛的工位抽签情况和比赛进行过程，指定裁判员承担相应的执裁任务。

PLC和编程软件在使用之前，裁判员必须确保在比赛开始之前PLC内存已被清除，编程软件已经正确安装，必须确保参赛者的工作的计算机上没有备份的PLC程序。

2）评分流程：本项目各个模块和评分子项（见表A-6）全部采用事后结果评分方式，评定分值无时间分。

评分子项A电路设计和/或修改，所有的选手应集中同时进行。在开始前，选手应检查计算机软件，裁判员监督。模块A竞赛前，选手有一定时间熟悉竞赛题目，但是不得互相交流、操作计算机和在试卷上做标记，待竞赛开始后方可进行操作。竞赛结束后，选手应立即起立，等待裁判员收取U盘和试题。裁判长对选手的作品进行加密，然后将加密后的文件交给裁判组进行集体测评。评分子项A测评在比赛第一天进行，并将结果登录到测评系统后锁定成绩。

评分子项B电气设备故障检测在开始前，应给选手规定时间操作和熟悉没有故障的设备，规定时间结束后，开始设置故障，比赛正式开始。模块B采取封闭选手信息，抽签抽取裁判员组成小组进行集体测评。评分子项B测评在比赛第二天进行，并将结果登录到测评系统后锁定成绩。

评分子项C测量、D墙面和面板的安装以及E测试、试运行和安全在竞赛结束后，由裁判员分组对选手的任务成果进行评分，评分时，选手不可以进入工位。评分子项C测量在比赛第一天进行，并将结果登录到测评系统后锁定成绩；评分子项D墙面和面板的安装在比赛第二天进行，并将结果登录到测评系统后锁定成绩（部分需要拆卸选手作品的评分项在比赛第三天完成评分项F和G后进行）；评分子项E测试，试运行和安全根据选手的请求（选手需要举手示意提请进行评分子项E测评），在比赛第二天或第三天进行，待所有的选手完成评分子项E或者竞赛全部结束后，选手的测评结果将被登录到测评系统然后锁定成绩。

模块评分子项F硬件功能和G软件功能在竞赛结束后，由裁判员分组对选手的任务成果进行评分，评分时，选手不可以进入工位。评分子项F和G的测评在比赛第三天进行，并将结果登录到测评系统后锁定成绩。

表 A-6 评分子项

部分	内　容	测试日	建议测试小组人员
A	电路设计和改进	C1	3
B	故障检测	C2	3
C	测量	C1	3
D	墙面和面板的安装	C2 和 C3	3
E	测试，试运行和安全	C2 或 C3	3
F	硬件功能（人工操作 / 线路和总线系统功能）	C3	3
G	软件功能（自动操作）	C3	3

在评价、评分过程中，如果参与评分的裁判员对同一选手给出的分数差达到或超过 2 分时，给出极限成绩的裁判员必须说明自已给出该分数的原因，然后由裁判员重新评分。如果重新评分仍无法消除分数差达到或超过 2 分的情况，则需要上报裁判长，由裁判长现场听取意见后，根据评分标准和规范去掉其中一个极限分，按照剩余的评价分数计算得出选手的得分（如果不满足 CIS 系统中评价分最少分数的限制，则以有效得分的最高分给选手赋一个评价参评分值）。被取消评价分的裁判员，不影响其测量分的评分权利。

（3）并列成绩的处理

当选手的总成绩相同导致名次排名出现并列时，应按照以下次序的模块优先级（见表 A-7）高低决定选手的最终排名名次（优先级在前的、模块得分高的选手排名靠前）。

表 A-7 模块优先级的排序

优先级	高	G	软件功能（自动操作）
		F	硬件功能（人工操作 / 线路和总线系统的功能）
		A	电路设计和改进
		B	故障检测
		E	测试，试运行和安全
		D	墙面和面板的安装
	低	C	测量

如果按照以上优先级排名选手的名次依然并列，那么名次并列的选手排名名次在全部参赛选手前 50% 的名次将进行加时赛。

1）加时赛选择竞赛模块 4 故障检查（对应评分模块 B 故障检测）。

2）加时赛规则为由裁判长在裁判员提交的故障点中随机抽取一个故障（不包括已经设置过的），然后交给技术主管在与名次并列的选手数量相同的设备上设置。

3）名次并列的选手随机抽取工位，在同一时间开始对设备进行 5 分钟的熟悉。熟悉时间到后，选手必须在 10 分钟内完成故障点的检测并标记完成后交卷，裁判员在试卷上记录交卷时间。

4）10 分钟时间到，裁判员根据选手提交的试卷进行评分，故障点检测正确，并且用时少的选手名次靠前。

5）如果选手的故障点检测均不正确，重新设置新故障点，重复加时赛，直至可以分出选手名次。

6）如果选手标记的故障点正确，并且用时相同，则重新设置新故障点，重复加时赛，直至可以分出选手名次。

7）加时赛的成绩不记入选手的总成绩。

排名在所有参赛选手后 50% 的总成绩相同选手同样按照模块分值优先级别进行排名。如果仍旧分不出名次，则不进行加时赛，其名次由选手自己抽签决定。

A.1.3 竞赛细则

1. 项目特殊规定

1）选手携带的工具箱必须提前到位，在竞赛前一天进入工位，并打开接受裁判员的检查，凡是不符合安全规范的工具将被禁止携带和使用。

2）竞赛过程中的赛题使用英语命制，选手在赛题上填写个人信息也必须使用英文，在赛题中填写答案信息和在设备上进行标签标注时也必须使用英文。

3）选手在竞赛过程中，不得携带带有模具性质的制备件，或者具有明显得利的单一功能自制备件，也不得携带赛场已经明确提供的设备备件和材料备料。

4）在竞赛过程中，选手不得再将其他工具、材料、设备和资料携带入竞赛区域，也不得接受未经裁判长许可的任何人从场外传递的任何物品，违反者将被取消当天评分子项的评分。

5）在竞赛过程中，选手不得进入其他选手的工作区域，不得干扰或影响其他选手的比赛，经过提示或警告仍不改正者，将取消该选手的竞赛成绩，禁止该选手继续比赛。

6）在竞赛过程中，因为选手个人原因（竞赛期间饮食，去卫生间，受伤处理）造成的时间损耗，不对选手进行补时。

7）在竞赛期间，当竞赛赛场提供的设备损坏时，如果赛场有备用设备，将给选手进行更换，如果没有备用设备，选手应自行想办法解决问题。由于设备损坏造成的时间损失，不对选手进行补时。

8）当选手发现竞赛赛场提供的材料不足时应提出，由场地技术人员进行增补，增补材料的数量多少有相应的测评分。选手等待材料增补的时间，不对选手进行补时。

9）由于计算机蓝屏、死机或整个工作区掉电造成的时间损失，将对选手进行补时，但由于任何原因造成的选手程序或软件成果丢失和损坏，后果由选手自行承担。

10）进行安全测试时的时间，将给选手补时，但是补时时间不得超过有效竞赛时间（从选手开始申请安全测试到比赛正常结束的时间）。

2. 对裁判人员的要求

1）裁判员应服从裁判长的管理，裁判员的工作由裁判长根据每日比赛的进程指派决定。

2）裁判员的工作分为现场执裁、检测监督、安全管理、测量评判和评价评判等。工作分小组轮换开展。评价评分前应由裁判长统一评判标准。

3）裁判员在比赛期间不得使用手机、照相机、录像机等设备，执裁过程中不得和场外人员聊天。

4）安全和规范操作的评判应由两名以上裁判在竞赛现场打分。

5）现场执裁的裁判员负责检查选手携带的物品，违规物品一律清出赛场。比赛结束后裁判员应命令选手停止一切操作，监督选手撤离竞赛工位。

6）在比赛中，所有裁判员不得主动进入工位和接近选手，除非选手举手示意需要裁判员解决比赛中出现的问题，或者是需要裁判员对选手的安全问题进行干预。

3. 对选手的要求

1）选手在熟悉设备前，通过抽签决定竞赛顺序和比赛工位，比赛过程中不得将比赛工位内的设备和设施移动到竞赛工位之外。

2）选手必须正确地选择和使用工具并对材料和设备进行操作，以避免人身伤害或设备、器件的损坏。竞赛现场不得使用明火，或者会产生较多火花的加工和操作方式。

3）选手在比赛期间不得使用手机、照相机、录像机等设备，不得携带和使用自带的任何存储设备，不得携带智能穿戴设备进入比赛区域。

4）给每位选手独立配备一台计算机，开机及屏保密码由裁判长设置并分配给选手，选手不可以修改密码。

5）比赛结束铃声响起以后，选手应立即停止工作。3 分钟之内必须把图样、评分表、U 盘等提交给裁判，并签名确认。裁判须做好加密、装箱和保存工作。

6）未经裁判长允许，选手不得延长比赛时间。

7）如果选手有违反上述规定，则该选手当天的比赛成绩以零分计。

4. 对技术人员和工作人员的要求

1）技术人员和工作人员在比赛过程中不得主动接触裁判员和选手。

2）技术人员和工作人员在竞赛区域内不得使用手机、照相机和摄像机等设备。

3）技术人员和工作人员应按照要求，在规定位置就坐或从事自己的工作以及等待安排工作，不得擅自离开岗位。

4）技术人员和工作人员离开竞赛区域时，必须向项目经理报告并得到批准后才能离开，进出竞赛区域时必须进行登记。

5）技术人员按照选手的申请或者裁判长的安排，对现场设备进行维护或鉴定等工作。

6）技术人员进入选手工位工作时，当选手除了说明必要的问题之外，不得向技术人员询问其他问题，技术人员不得向选手暗示或提示如何进行操作。

7）技术人员进行技术鉴定或者技术处理时，选手必须停止工作，按照裁判员的规定离开工位或者是背对技术人员，等待技术人员处理完毕后，由技术人员将处理结果通知给裁判员，由裁判员向选手告知处理结果。

5. 技术争议的处理

1）本项目为公开赛题，所以在比赛期间对于赛题本身的争议，一概不予受理。

2）对于竞赛过程中出现的一些技术问题，当值裁判员应该向裁判长报告。如果不影响比赛的进行，应该优先保证比赛的顺利进行，待当日选手比赛结束后，裁判长组织全体裁判员进行讨论，得到多数裁判员同意后，形成处理方案并打印，由所有裁判员签名并归档。讨论形成的处理方案形式包括并不仅限于裁判员提议，裁判长提议，讨论投票等。

3）对于竞赛过程中出现的紧急技术问题必须当场处理，在不影响大多数选手比赛的前提下，由裁判长现场决定处理方式，并在比赛结束后第一时间通知全体裁判员。

4）对于可能出现的评分标准或评分流程的争议，由裁判长提出解决方案并由全体裁判员（包括争议提出人，不包括裁判长）投票决定。如果投票票数持平，由裁判长决定。

6. 开放赛场的要求

1）竞赛场地对参观者开放，参观者应在竞赛区域外进行参观，不得影响选手比赛和裁判员的工作。

2）允许参观者和媒体使用摄影、录像等器材对竞赛过程和选手进行拍照、录像和现场直播，但不得使用聚光灯和闪光灯，并且不得大声喧哗和干扰赛场秩序。

3）除裁判长授权外，严禁任何人进入选手竞赛工作区域拍照和摄像。

4）竞赛期间，禁止任何赛场外人员与选手进行沟通和交流。

5）竞赛并且测评结束后，观众、参赛代表队人员才可以和选手进入本人竞赛工位拍照、录像。选手有义务向其他人员介绍和讲解本项目的竞赛内容和竞赛形式等相关信息，对本项目进行推广。

7. 绿色环保的要求

1）竞赛中的任何工作都不应破坏赛场内外和周边的环境，赛场内禁止吸烟。

2）选手在竞赛现场应节约材料的，不得浪费材料。当物品掉落时应及时捡起并收集，不得当垃圾清理。不收集掉落的材料和物品，以致竞赛材料缺乏者，赛场将不再为该选手增补同型号材料。

3）提倡绿色制造的理念，可循环利用的材料应分类处理和收集，以便于循环利用。

A.1.4 竞赛场地、设施设备等安排

1. 赛场规格的要求

为了体现竞赛的公平性，竞赛设备应符合世界技能大赛标准及要求的工业控制实训系统。

竞赛工位：每个工位占地约 3m×6m，标明工位号，工位内已配备竞赛平台 1 台、装配台 1 张（带台虎钳）、计算机桌 1 张、座椅 1 把、人字梯 1 套，编程计算机 1 台（安装了大赛所需的必要软件），UPS 1 台。

在赛场中，每工位提供独立控制并带有漏电保护装置的 380V 三相五线、220V 单相三线两种电压的交流电源（三相、单相电源分别控制），供电系统有必要的安全保护措施。为保证大赛能够顺利进行，赛场编程计算机须配套不间断电源系统。

竞赛设备布局示意图如图 A-1 所示，所有布局以大赛现场实际摆放为准。

图 A-1　竞赛设备布局示意图

墙面安装局部示意图如图 A-2 所示。

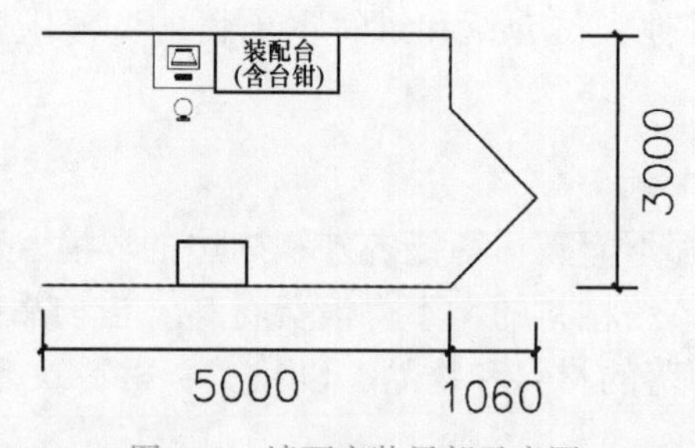

图 A-2　墙面安装局部示意图

工作区具有相应的安全保护围栏，外形尺寸约为 1000mm×5000mm。

2. 场地布局图

工业控制项目的赛场布局图如图 A-3 所示。最终以场地实际布局为准。

3. 基础设施清单

根据竞赛举办地的情况，赛场使用的设备和耗材可能与技术文件有少量出入，在正式竞赛前，设备和耗材的最终确认列表会在竞赛网站上发布。

（1）竞赛平台

本次竞赛使用的平台以世界技能大赛标准为参考，配备必需的装配台、计算机桌等设施，现场配备安装了必要软件的编程计算机。

（2）耗材

根据竞赛需要，赛场提供耗材。

选手可以自带螺钉、扎带、空白标签纸，但是在竞赛前检查时必须明确并承诺自己所携带材料的使用范围，否则将被禁止携带。

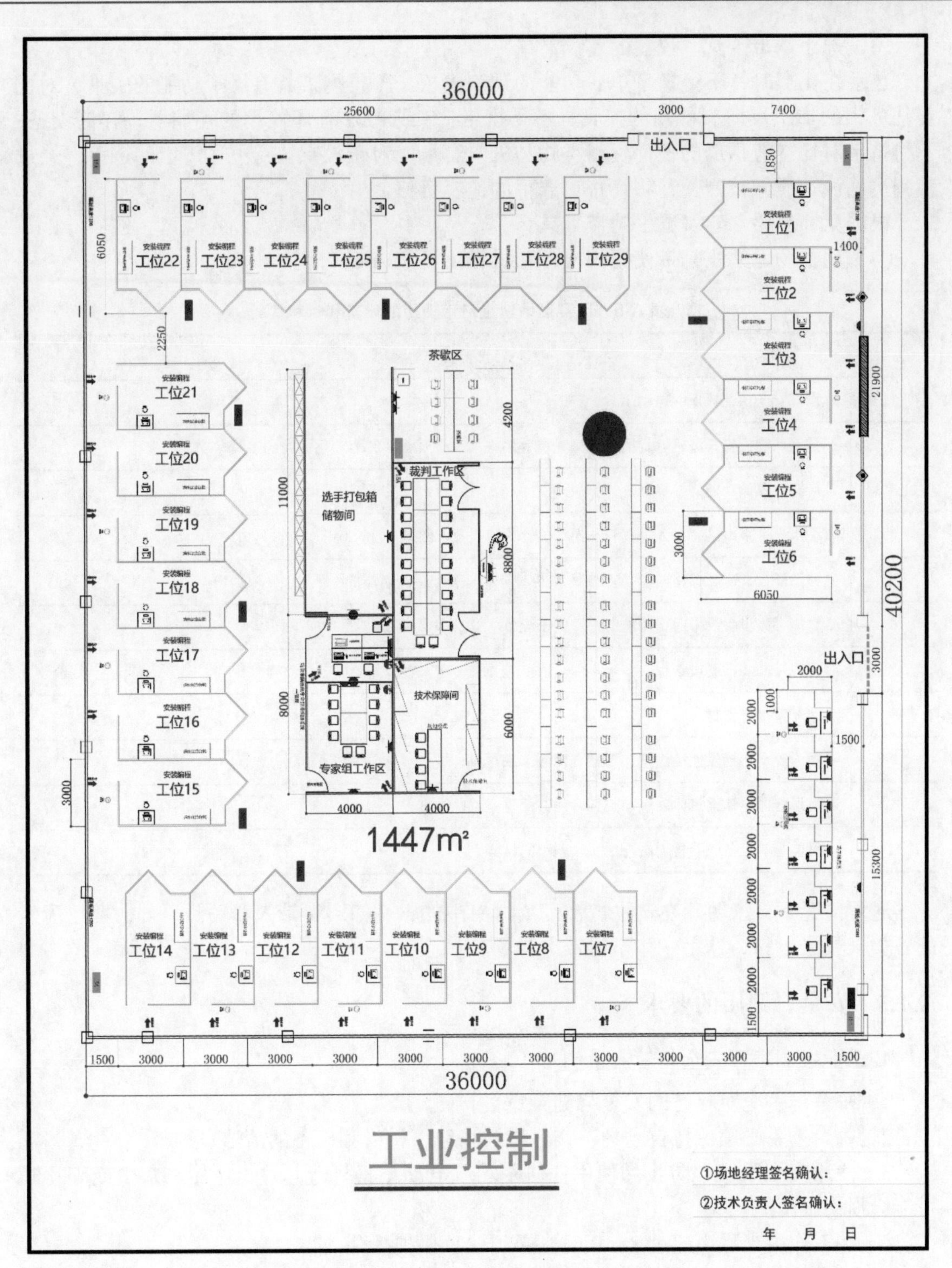

图 A-3 赛场布局图（最终以场地实际布局为准）

（3）选手携带工具、仪器的建议清单

选手在比赛时，不得携带单一功能的预制模板，不得携带具有尺子功能的工具，对比赛任务中的加工尺度有帮助的模具；不得携带 PC 或 PLC 程序使用的存储器、存储设备；不得携带对比赛有帮助的任何资料类物品进入赛场；对于没有执行上述规定的选手，经过裁判员确认，通知裁判长，将终止该选手的比赛资格。

根据竞赛需要，建议选手携带工具。

（4）比赛场地禁止自带使用的设备和材料（见表 A-8）

表 A-8 比赛场地禁止自带使用的设备和材料

序号	设备和材料名称
1	没有安全认证标识的电动工具
2	金属切割机、角磨机、打磨机和抛光机等用来加工金属材料并会产生火花的工具
3	带高级存储功能的计算器、计算尺
4	手机、平板电脑、个人计算机、便携式计算机、显示终端
5	移动硬盘、U 盘、存储卡、MP3 播放器、录音笔等带存储功能的电子设备
6	智能穿戴设备、带通信功能的终端电子设备
7	无线传输和控制设备
8	照相或摄像器材
9	强力胶水、挥发性洗涤剂、易燃有机液体或材料
10	可燃气体、压缩气体、气动工具、射钉枪
11	可能影响设备或器材无法再次回收利用的材料

通常情况下，未明确在选手携带工具清单中的，一律不得带入赛场。另外，赛场配发的各类工具、材料，选手一律不得带出赛场。

A.1.5 安全、健康的要求

1. 工业控制项目安全与健康条例

1）每个选手应对自己的安全与健康负责。

2）每个选手必须保持自己的工作区域内场地、材料和设备的清洁。

3）使用安全眼镜，防止您使用任何手动或电动工具打造芯片、污垢、灰尘或碎片时可能会损伤眼睛。

4）在工作中当噪声超过 85dB 时，必须注意保护耳朵。

5）随身穿戴工作服和安全鞋在低处操作时，应采用单腿跪姿操作，不可采用蹲姿和坐姿。

6）仅使用符合国际标准的工具。

7）在设备开始通电之前，选手首先应要求裁判进行安全检查。

8）禁止带电进行线路拆改工作。
9）所有的修改必须在停机状态下进行。
10）在进行任何安装或维修工作前，必须确认设备处于停止状态。
11）禁止在比赛现场吸烟。
12）参赛者必须确保工具和手的清洁。

2. 选手的防护装备

参赛选手必须按照规定穿戴防护装备，违规者不得参赛。
工业控制选手必备的防护装备见表 A-9。

表 A-9　工业控制选手必备的防护装备

防护项目	图示	说明
眼睛的防护镜		1. 防溅入 2. 带近视镜的选手也必须佩戴防护镜 3. 在进行切割加工时必须佩戴防护镜 4. 在进行安全测试过程中，通电测试时必须佩戴防护镜
足部的防护		1. 防滑、防砸、防穿刺 2. 在竞赛区域内，在整个竞赛期间必须一直穿着的防护鞋
工作服		1．必须是长袖、长裤的工作服 2．工作服必须紧身不松垮，达到三紧要求 3. 在进行切割工作时必须穿着工作服 4. 在进行安全测试工作时必须穿着工作服
防割手套		1. 使用切割工具时必须佩戴防割手套 2. 在从事可能被刺伤或者划伤的工作时，建议佩戴防割手套
绝缘手套		1. 耐压值 0.5kV 2. 在安全测试过程中，通电测试时必须佩戴绝缘手套 3. 在进行电气设备故障检查时必须佩戴绝缘手套

建议选手同时携带和配备硬壳防护头盔或帽子、耳塞。长发选手必须将头发盘起或束发。

3. 选手禁止携带易燃、易爆物品

违规者不得参赛。竞赛现场禁止使用明火，违规者将被警告和劝阻，不听从劝阻者将被取消竞赛资格。选手禁带的物品见表 A-10。

表 A-10　选手禁带的物品

有害物品	图　示	说　明
防锈清洗剂		严禁携带
酒精		严禁携带
汽油		严禁携带
有毒、有害物		严禁携带

4. 赛场必须留有安全通道

竞赛前必须明确告诉选手和裁判员安全通道和安全门的位置。赛场必须配备灭火设备并置于显著位置。赛场应具备良好的通风、照明和操作空间的条件。做好竞赛安全、健康和公共卫生及突发事件预防与应急处理等工作。

5. 医疗卫生安全

1）赛场必须在明显区域设立医疗处，配备医护人员和必需的药品。

2）当选手受伤时，必须立即离开竞赛工位，到医疗处进行医疗卫生处理，不得继续操作和比赛。

A.2 设备、设施清单（见表 A-11）

表 A-11 设备、设施清单

序号	名称	数量	单位	生产商	尺寸
1	配电箱（大）	1	个	威图	B 600×H 800×T 250mm
2	配电箱（小）	1	个	威图	B 400×H 500×T 210mm
3	限位开关	8	个	西门子	SIRIUS 行程开关，1NO/1NC 缓动触头
4	限位开关	1	个	西门子	SIRIUS 行程开关，1NO/1NC 快速触头
5	3 孔塑料防护外壳	1	个	西门子	3 孔
6	2 孔塑料防护外壳	3	个	西门子	2 孔
7	指示灯（白）	9	个	西门子	
8	LED 灯座（白）	9	个	西门子	
9	完整指示灯（红）	1	个	西门子	带光滑镜片、集成的 LED（UC 24V）、螺钉端子
10	完整指示灯（黄）	1	个	西门子	带光滑镜片、集成的 LED（UC 24V）、螺钉端子
11	完整指示灯（绿）	1	个	西门子	带光滑镜片、集成的 LED（UC 24V）、螺钉端子
12	三相异步电动机	2	个	西门子	低压笼型电动机，0.55kW
13	PLC-SCE 培训包	1	套	西门子	CPU 1516F-3 PN/DP PLC-SCE 教育培训包，包含：
					1）1 个 S7-1500 CPU 1516F-3 PN/DP，1MB/5MB
					2）1 个数字量输入模块，32 DI
					3）1 个数字量输出模块，32 DQ
					4）1 个模拟量输入模块，8 AI
					5）1 个模拟量输出模块，4 AQ
					6）1 个 MMC 存储卡，24MB
					7）4 个 40 针前连接器
					8）1 根导轨，长 482mm
					9）1 个电源模块，24V/8A

（续）

序号	名　称	数量	单位	生产商	尺　寸
14	HMI-SCE 培训包 TP1500 舒适型	1	套	西门子	TP1500 工业级彩色触摸屏 HMI-SCE 教育培训包，包含：1）1 个 15 " SIMATIC HMI TP1500 COMFORT 精智面板，带 PROFINET 和 MPI/PROFIBUS DP 接口（面板集成有带 2 个 RJ 45 端口的交换机）
					2）1 套工程软件、可选软件及运行系统软件和许可证 SIMATIC WinCC Advanced V15 SP1
					3）1 个 SIMATIC NET 工业以太网 TP XP 接线 RJ45/RJ45、CAT 6、交叉 TP 电缆 4X2、预装备有 2 个 RJ45 连接器，长 6 m
15	SCE 培训包工业网络交换机 X208	1	套	西门子	SCALANCE X208 工业以太网交换机教育培训包，包含：
					1 个 SCALANCE X208 可管理层面 2 IE 交换机，8 个 10/100MBit/s RJ45 端口，1 个控制台端口，诊断 LED，冗余电源，温度范围 -40°C ～ +70°C，安装：凹顶导轨 /S7 型轨 / 墙壁 Office 冗余功能特性（RSTP、VLAN、...），PROFINET 输入输出设备，以太网 /IP 一致，C-PLUG 插槽
16	分布式 I/O-SCE 培训包 SIMATIC ET 200SP	1	套	西门子	ET200SP IO-LINK 分布式 I/O 教育培训包，包含：
					1）1 个接口模块 IM155-6PN
					2）1 个底板模块，带两个 RJ45 接口
					3）2 个 DI 模块，8*24VDC/0.5A HF
					4）2 个 DQ 模块，8*24VDC/0.5A HF
					5）1 个模拟量输入模块，2 通道 U/I 2-/4- 线制高速型模块
					6）1 个模拟量输出模块，2 通道 U/I 高速型模块
					7）6 个背板模块

（续）

序号	名　　称	数量	单位	生产商	尺　　寸
17	VSD-SCE 培训包 FU-G120	1	套	西门子	G120 PN 标准变频驱动控制系统教育培训包（三相，带 ProfiNet 通信接口），包含： 1）SINAMICS G120 控制单元 CU250-2 PN，内置 PROFINET 通信口，支持矢量控制，可通过 EPos 功能执行定位任务，4 个可组态的 IO 点，6 DI（可作 3 F-DI），5 DI，3 DO（可作 1 F-DO），2 AI，2 AO 安全集成 STO，SBC、SS1 安全功能可通过安全授权扩展，编码器：D-CLIQ + HTL/TTL/SSI，旋转变压器 /HTL 通过端子接入保护等级 IP20，提供 USB 及 SD/MMC 接口 2）SINAMICS G120 智能操作面板 3）SINAMICS G120 0.75kW 功率单元 PM240-2 带制动斩波器，3AC 380 ～ 480V +10%/-10% 47 ～ 63 Hz
18	急停开关	1	个	西门子	（IU=16、P/AC-23A）、电压为 400V 时功率为 7.5kW；正面安装、旋转执行器（红 / 黄）、4 孔安装
19	转换开关	1	个	西门子	0-I-II 自锁触头：1N0×1NC 旋钮开关
20	按钮	1	个	西门子	平头按钮（黑）；1NO+1NC
21	急停按钮	1	个	西门子	40mm，防误动，旋转式开关装置，红色，1NO+1NC，带塑料急停标签、英语铭文
22	名牌架	6	个	西门子	端子标签标牌，标签区域尺寸为 20mm×8mm，高度可调节
23	安全继电器	1	个	西门子	安全型继电器
24	电机保护断路器	2	个	西门子	断路器，SZ S00 1.8 ～ 2.5A
25	3 联断路器	1	个	西门子	断路器，6kA 3POL C13
26	2 联断路器	3	个	西门子	断路器，6kA 1+N-P B6
27	接触器	4	个	西门子	接触器，24V 直流线圈、380V 主触点、带辅助触头（2NO+2NC）
28	端子插入式跳线	25	个	西门子	2.5
29	导体端子块 2.5	37	个	西门子	2.5
30	末端和中间板块 2.5	10	个	西门子	2.5
31	导体端子块 4	10	个	西门子	4

（续）

序号	名　称	数量	单位	生产商	尺　寸
32	导体接地端子块 4	3	个	西门子	4
33	末端和中间板块 4	3	个	西门子	4
34	导体接地端子块 6	8	个	西门子	6
35	末端和中间板块 6	2	个	西门子	6
36	塑料端护板	6	个	西门子	
37	180° 网线头	8	个	西门子	
38	故障检查设备	1	台	西门子	
39	保护导体端子	1	个	国产	
40	电位器	1	个	国产	1K 5% 2W
41	电位器旋钮	1	个	国产	
42	塑料滑块	4	个	国产	VR26 B42×H50mm
43	CEE 插座 -5 极	1	个	国产	CEE 壁式插座 400V/16A 5P 插座
44	CEE 插头 -5 极	1	个	国产	CEE 插头 400V/16A 5P 插头
45	DC24V 电机	1	个	国产	DC24V
46	码盘套件	1	套	国产	
47	PLC 编程软件	1	套	西门子	TIA Portal V15.1
48	VSD 编程软件	1	套	西门子	SINAMICS Startdrive V15.1 TIA PORTAL
49	STEP 7 Safety Advanced V15.1	1	套	西门子	STEP 7 Safety Advanced V15.1 TIA PORTAL
50	Fluid SIM-P V3.6	30	套	FESTO	仿真软件
51	接触器	2	个	西门子	接触器，24V 直流线圈、380V 主触点、辅助触点为 NC
52	CEE 插座 -4 极	2	个	国产	CEE 壁式插座 400V/16A 4P 插座
53	CEE 插头 -4 极	2	个	国产	CEE 插头 400V/16A 4P 插头

A.3 元件耗材清单（见表 A-12）

表 A-12 元件耗材清单

序号	名称	数量	单位	生产商	尺寸
1	工业以太网 IE 电缆	12	米	西门子	
2	用于金属管管夹	8	个	国产	VR25
3	电缆密封套	30	个	国产	M20×1.5
4	电缆密封套	3	个	国产	M25×1.5
5	用于塑料管管夹	8	个	国产	VR25
6	粘块	20	个	国产	20mm×20mm
7	尼龙扎带	500	根	国产	100mm×2.5mm
8	尼龙扎带	500	根	国产	200mm×4mm
9	热缩管	2	米	国产	Φ2.5mm
10	绕线管	2	米	国产	Φ4mm
11	圆形预绝缘端头（O 型线鼻）	30	个	国产	1.5mm^2，M4
12	圆形预绝缘端头（O 型线鼻）	30	个	国产	1.5mm^2，M6
13	圆形预绝缘端头（O 型线鼻）	10	个	国产	6mm^2，M6
14	圆形预绝缘端头（O 型线鼻）	30	个	国产	6mm^2，M8
15	欧式管型接线端子（针型线鼻）	1000	个	国产	0.75mm^2
16	欧式管型接线端子（针型线鼻）	100	个	国产	0.75mm^2，并头
17	欧式管型接线端子（针型线鼻）	500	个	国产	1.5mm^2
18	欧式管型接线端子（针型线鼻）	100	个	国产	2.5mm^2
19	欧式管型接线端子（针型线鼻）	30	个	国产	6mm^2

（续）

序号	名　称	数量	单位	生产商	尺　寸
20	自攻螺钉	150	个	国产	3.5mm×20mm
21	自攻螺钉	50	个	国产	3.5mm×40mm
22	燕尾钉	150	个	国产	4mm×16mm
23	垫片	100	个	国产	M4×15mm，M5×20mm
24	多股软地线（黄绿双色）	20	米	国产	BVR 1.5mm
25	多股软地线（黄绿双色）	35	米	国产	BVR 6mm
26	电缆	15	米	国产	$0.75mm^2×5$
27	电缆	100	米	国产	$0.75mm^2×3$
28	电缆	20	米	国产	$0.75mm^2×4$
29	电缆	10	米	国产	$1.5mm^2×4$
30	电缆	5	米	国产	$2.5mm^2×5$
31	多股软电线	100	米	国产	$0.75mm^2$
32	多股软电线	100	米	国产	$1.5mm^2$
33	多股软电线	10	米	国产	$2.5mm^2$
34	塑料线槽	3	根	国产	B45×H60×L2000mm
35	塑料墙槽	2	根	国产	B60×H60×L2000mm
36	DIN 35mm 导轨	1	根	国产	2m
37	网格桥架	2	根	国产	3m
38	墙面几字支架	2	个	国产	—
39	墙面 L 支架	6	个	国产	—

（续）

序号	名　称	数量	单位	生产商	尺　寸
40	圆头螺钉和螺母	4	套	国产	金属网格桥架
41	圆头螺钉和螺母	6	套	国产	金属弯头与网格桥架连接
42	金属弯头	1	个	国产	—
43	网格桥架接地螺钉	4	个	国产	—
44	焊锡丝	1	米	国产	—
45	绝缘胶带	1	卷	国产	黑色
46	尼龙标签带（标签纸）	100	个	国产	—
47	塑料管	1	根	国产	VR25 3000mm
48	无螺纹金属管	2	根	国产	VR25 1000mm
49	口取纸	200	小张	国产	—
50	电缆密封套	4	个	国产	M16×1.5
51	大威图柜底板	1	个	国产	—
52	大威图柜安装板	1	个	国产	—
53	大威图面板	1	个	国产	—
54	小威图柜安装板	1	个	国产	—
55	小威图柜底板	1	个	国产	—

附录B 施工图样及评分标准

B.1 施工图样

1. mesh tray horizontal
2. 90°bend for mesh tray
3. wall duct 60x60
4. metal pipe ISO25
5. housing (P16,P17,P18)
6. plastic tubeVR25
7. limit switch (S10)
8. limit switch (S11)
9. limit switch (S12)
10. limit switch (S13)
11. housing (P10,P11)
12. housing (P12,P13)
13. housing (P14,P15)
14. limit switch (S14)
15. limit switch (S15)
16. limit switch (S7)
17. limit switch (S8)
18. limit switch (S9)
19. CEE socket(X6)
20. CEE socket(X7)
21. control box 2 (500x400mm)
22. control box 1 (800x600mm)
23. mesh tray vertical
24. protective earth terminal (-X8)
25. Codewheel

Horizontal Reference line at approximately 2200mm from the floor

WALL INSTALLATION NOT IN SCALE

* All measurements from a horizontal and vertical line ap 10 - 30mm from the end of the booth.

All devices, which are not in the mesuarements, the mounting is up to the competitor

Dynamic part of the installation. The measurements or measurement of item rounded by circle could be changed by lots at C1

Skill: SKILL			
Scale:SCALE	Date: DATE	Paper: PAPER	
Drawn / Design by: DRAWN_DESIGN_BY			Drawing No: DRAWING_NO
Description: DESCRIPTION			Rev: REV / Page: PAGE
DESCRIPTION_LINE_2			

图 B-1

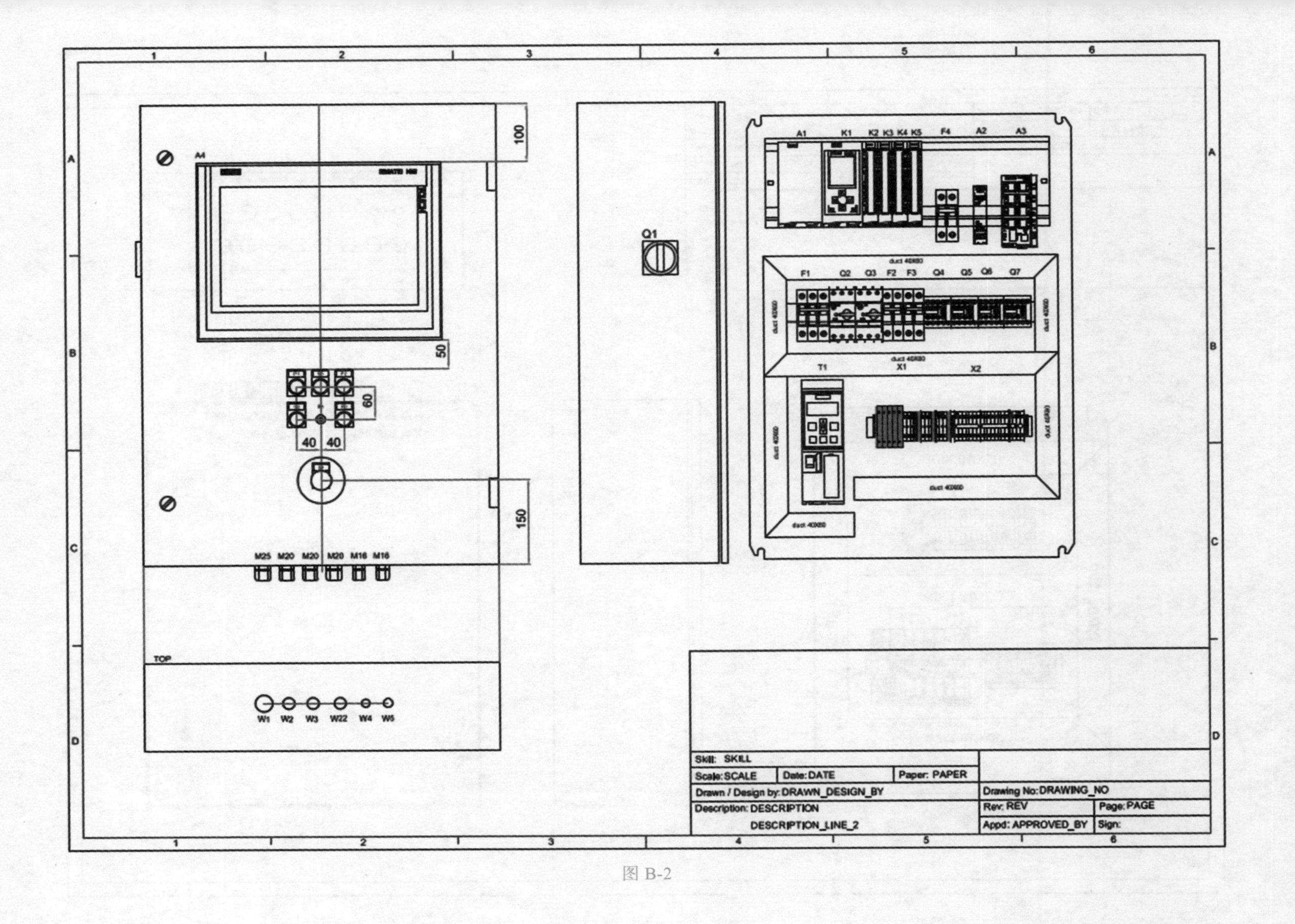
1
2
3
4
5
6
A
B
C
D
A4
100
50
60
40
40
150
M25
M20
M20
M20
M16
M16
TOP
W1
W2
W3
W22
W4
W5
Q1
A1
K1
K2
K3
K4
K5
F4
A2
A3
F1
Q2
Q3
F2
F3
Q4
Q5
Q6
Q7
T1
X1
X2
Skill: SKILL
Scale:SCALE
Date:DATE
Paper: PAPER
Drawn / Design by:DRAWN_DESIGN_BY
Drawing No:DRAWING_NO
Description:DESCRIPTION
Rev: REV
Page:PAGE
DESCRIPTION_LINE_2
Appd: APPROVED_BY
Sign:

图 B-2

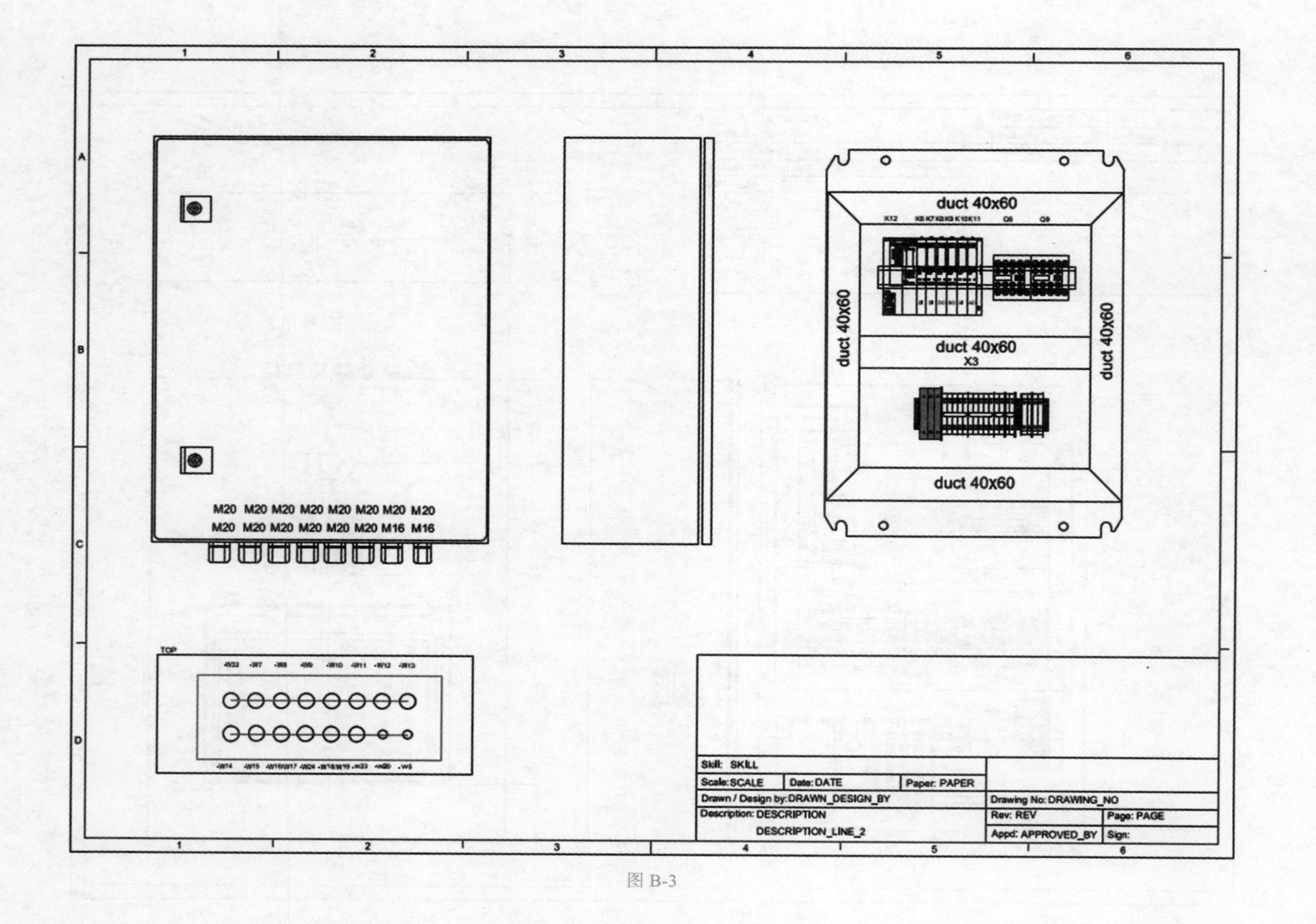
M20 M20 M20 M20 M20 M20 M20 M20
M20 M20 M20 M20 M20 M20 M16 M16
duct 40x60
X12
Q8
Q9
duct 40x60
duct 40x60
X3
duct 40x60
duct 40x60
TOP
Skill: SKILL
Scale:SCALE
Date: DATE
Paper: PAPER
Drawn / Design by:DRAWN_DESIGN_BY
Description: DESCRIPTION
DESCRIPTION_LINE_2
Drawing No: DRAWING_NO
Rev: REV
Page: PAGE
Appd: APPROVED_BY
Sign:

图 B-3

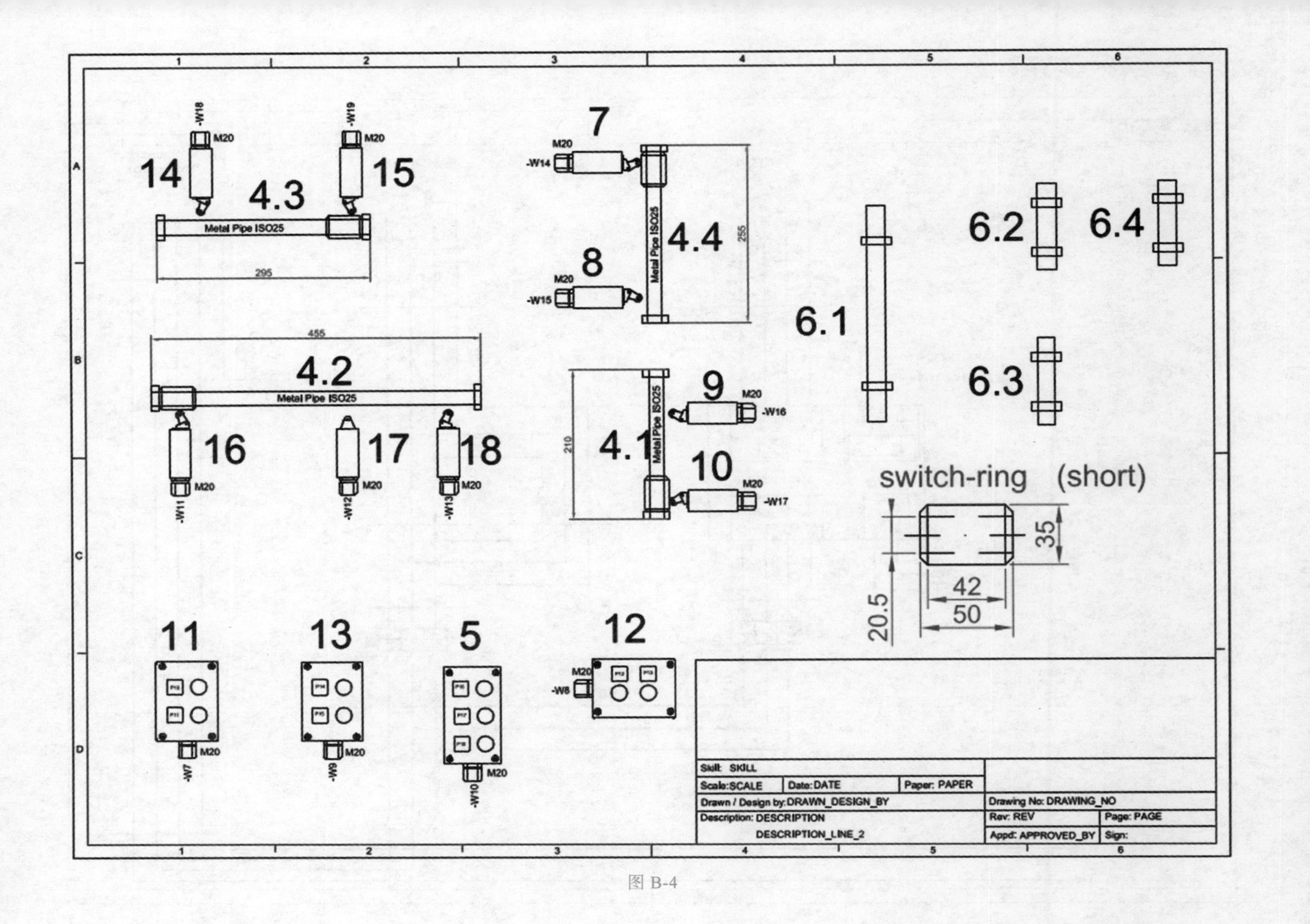

14
4.3
15
M20
-W18
-W19
Metal Pipe ISO25
295
7
8
4.4
255
-W14
-W15
6.1
6.2
6.3
6.4
455
4.2
16
17
18
-W11
-W12
-W13
4.1
210
9
10
-W16
-W17
switch-ring (short)
35
42
50
20.5
11
13
5
12
-W7
-W9
-W10
-W8
Skill: SKILL
Scale:SCALE
Date: DATE
Paper: PAPER
Drawn / Design by:DRAWN_DESIGN_BY
Drawing No: DRAWING_NO
Description: DESCRIPTION
DESCRIPTION_LINE_2
Rev: REV
Page: PAGE
Appd: APPROVED_BY
Sign:

图 B-4

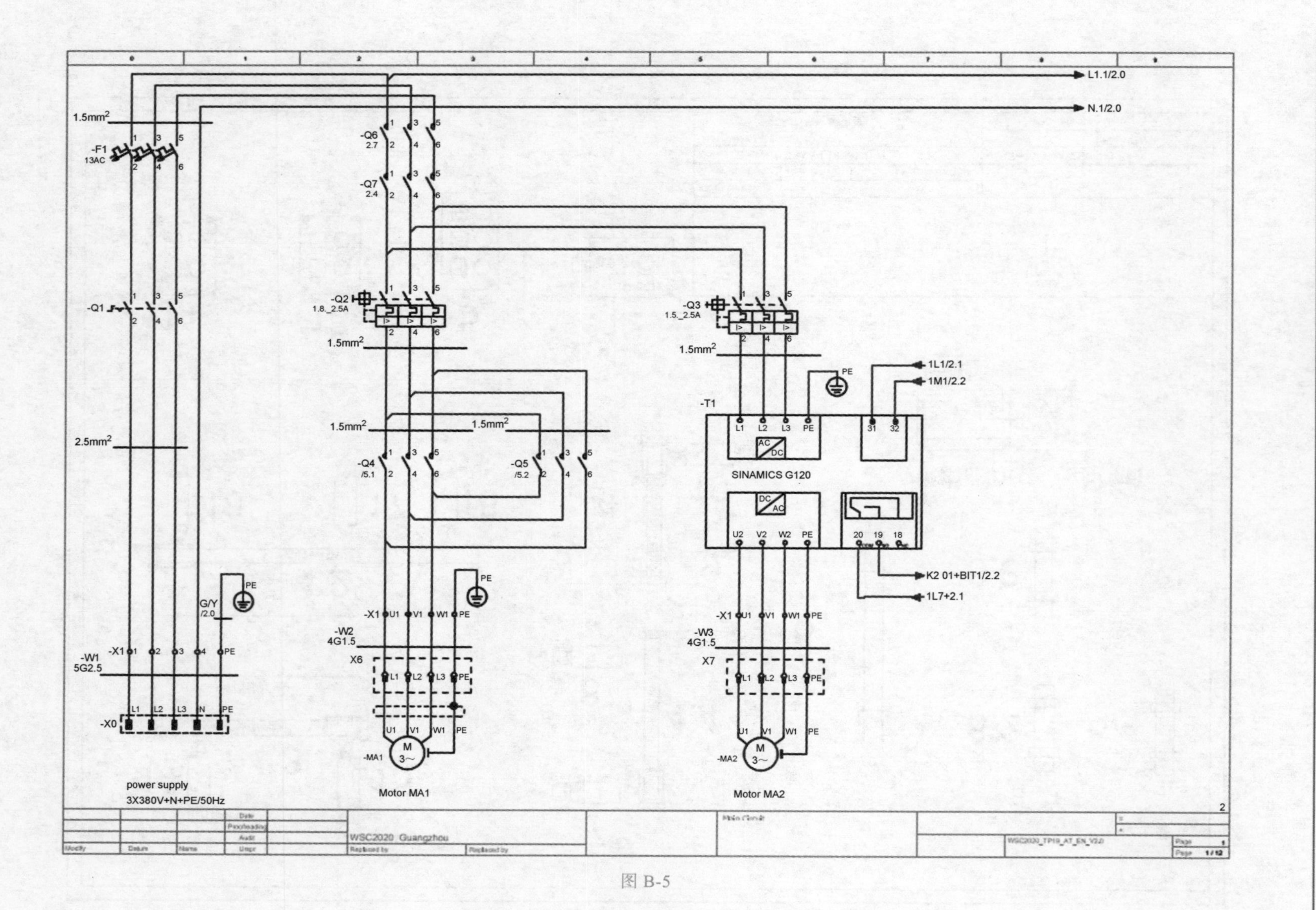
L1.1/2.0
N.1/2.0
1.5mm2
-F1
13AC
-Q6
2.7
-Q7
2.4
-Q1
-Q2
1.8_2.5A
-Q3
1.5_2.5A
1.5mm2
2.5mm2
-Q4
/5.1
-Q5
/5.2
1L1/2.1
1M1/2.2
-T1
SINAMICS G120
AC
DC
K2 01+BIT1/2.2
1L7+2.1
PE
G/Y
/2.0
-X1
-W1
5G2.5
-X0
-W2
4G1.5
X6
-W3
4G1.5
X7
-MA1
-MA2
power supply
3X380V+N+PE/50Hz
Motor MA1
Motor MA2
WSC2020 Guangzhou
Main Circuit
WSC2020_TP19_AT_EN_V2.0

图 B-5

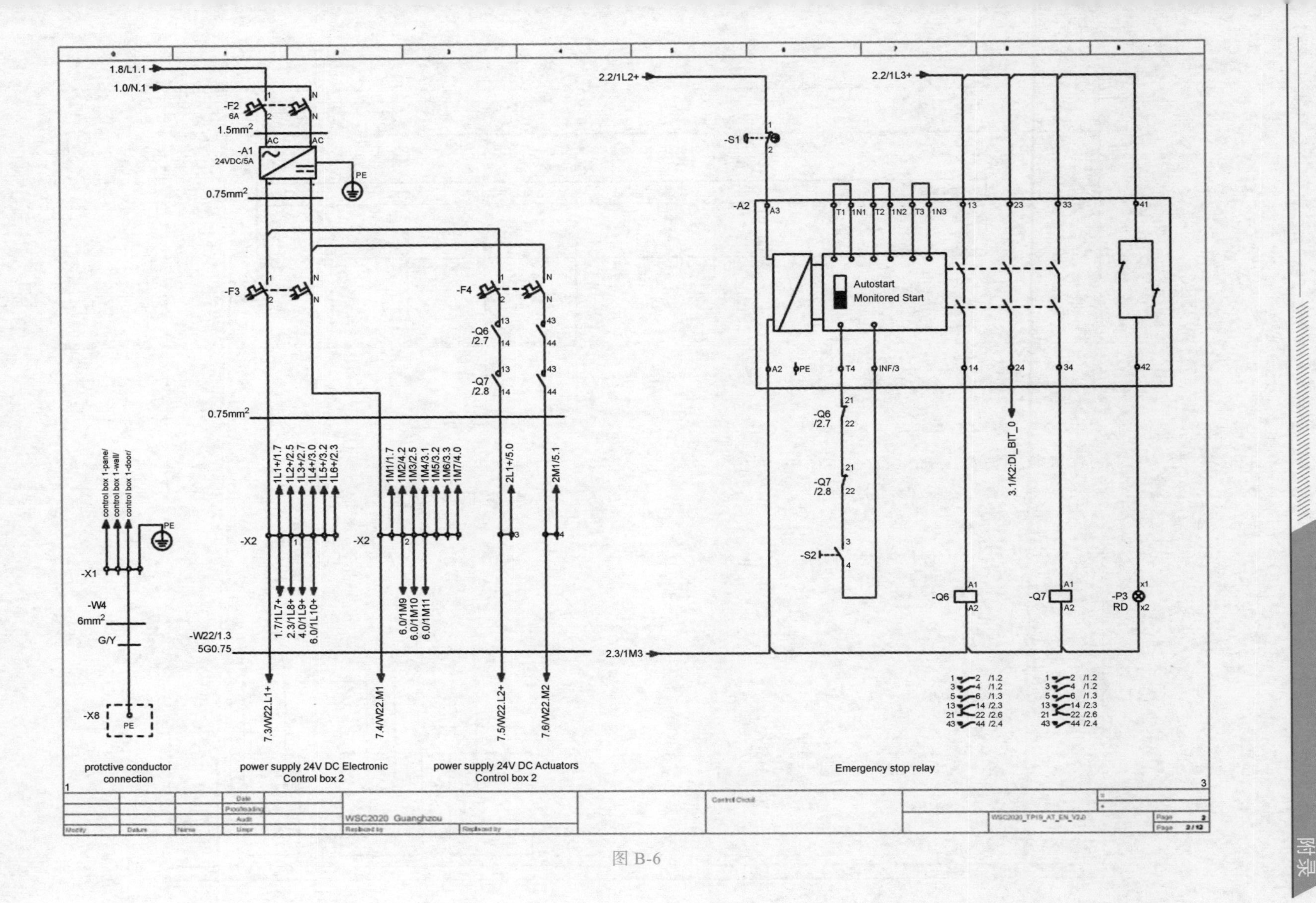
1.8/L1.1
1.0/N.1
-F2
6A
1.5mm²
-A1
24VDC/5A
PE
0.75mm²
-F3
-F4
-Q6
/2.7
-Q7
/2.8
0.75mm²
1L1+/1.7
1L2+/2.5
1L3+/2.7
1L4+/3.0
1L5+/3.2
1L6+/2.3
1M1/1.7
1M2/4.2
1M3/2.5
1M4/3.1
1M5/3.2
1M6/3.3
1M7/4.0
2L1+/5.0
2M1/5.1
-X2
1.7/1L7+
2.3/1L8+
4.0/1L9+
6.0/1L10+
6.0/1M9
6.0/1M10
6.0/1M11
-W22/1.3
5G0.75
7.3/W22.L1+
7.4/W22.M1
7.5/W22.L2+
7.6/W22.M2
control box 1-panel/
control box 1-wall/
control box 1-door/
-X1
-W4
6mm²
G/Y
-X8
PE
2.2/1L2+
2.2/1L3+
-S1
-A2
Autostart
Monitored Start
3.1/K2:DI_BIT_0
-S2
-P3
RD
2.3/1M3
protctive conductor
connection
power supply 24V DC Electronic
Control box 2
power supply 24V DC Actuators
Control box 2
Emergency stop relay
WSC2020 Guangzhou
Control Circuit
WSC2020_TP19_AT_EN_V2.0

图 B-6

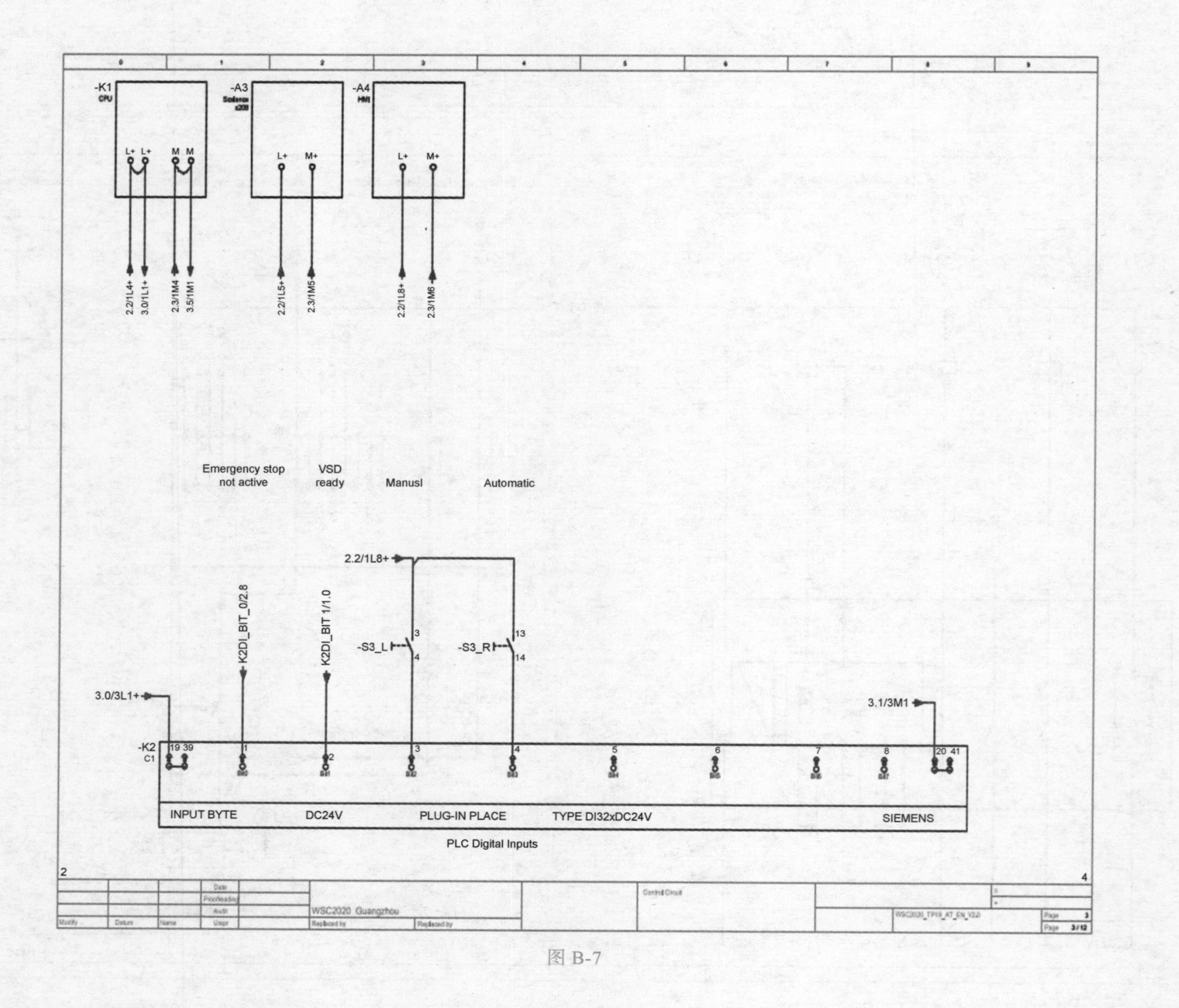
-K1
CPU
L+ L+ M M
2.2/1L4+
3.0/1L1+
2.3/1M4
3.5/1M1
-A3
L+ M+
2.2/1L5+
2.3/1M5
-A4
L+ M+
2.2/1L8+
2.3/1M6
Emergency stop
not active
VSD
ready
Manusl
Automatic
2.2/1L8+
K2DI_BIT_0/2.8
K2DI_BIT 1/1.0
-S3_L
-S3_R
3.0/3L1+
3.1/3M1
-K2
C1
INPUT BYTE
DC24V
PLUG-IN PLACE
TYPE DI32xDC24V
SIEMENS
PLC Digital Inputs
WSC2020 Guangzhou

图 B-7

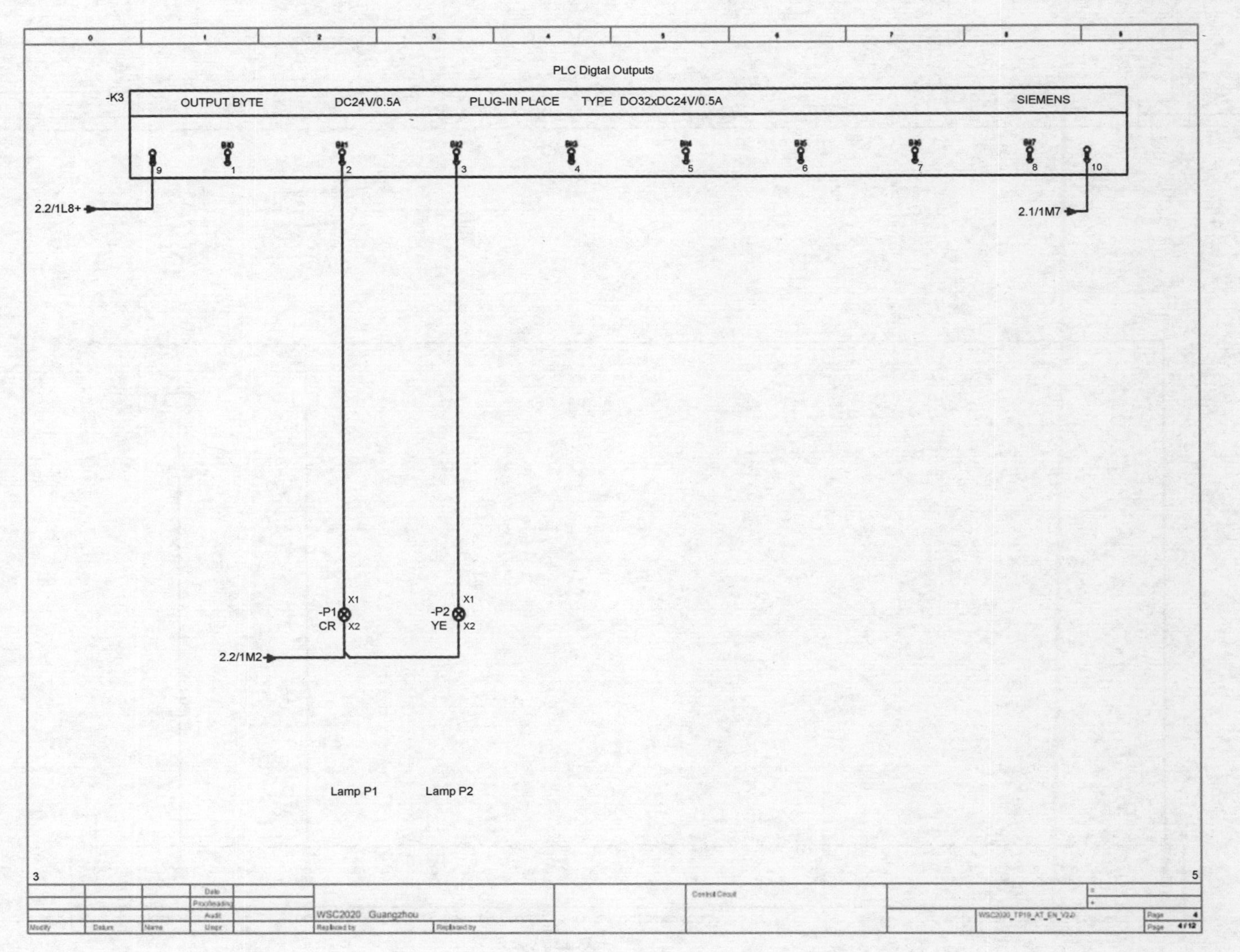

PLC Digtal Outputs
-K3
OUTPUT BYTE
DC24V/0.5A
PLUG-IN PLACE
TYPE DO32xDC24V/0.5A
SIEMENS
2.2/1L8+
2.1/1M7
-P1
CR
-P2
YE
X1
X2
2.2/1M2
Lamp P1
Lamp P2
WSC2020 Guangzhou

图 B-8

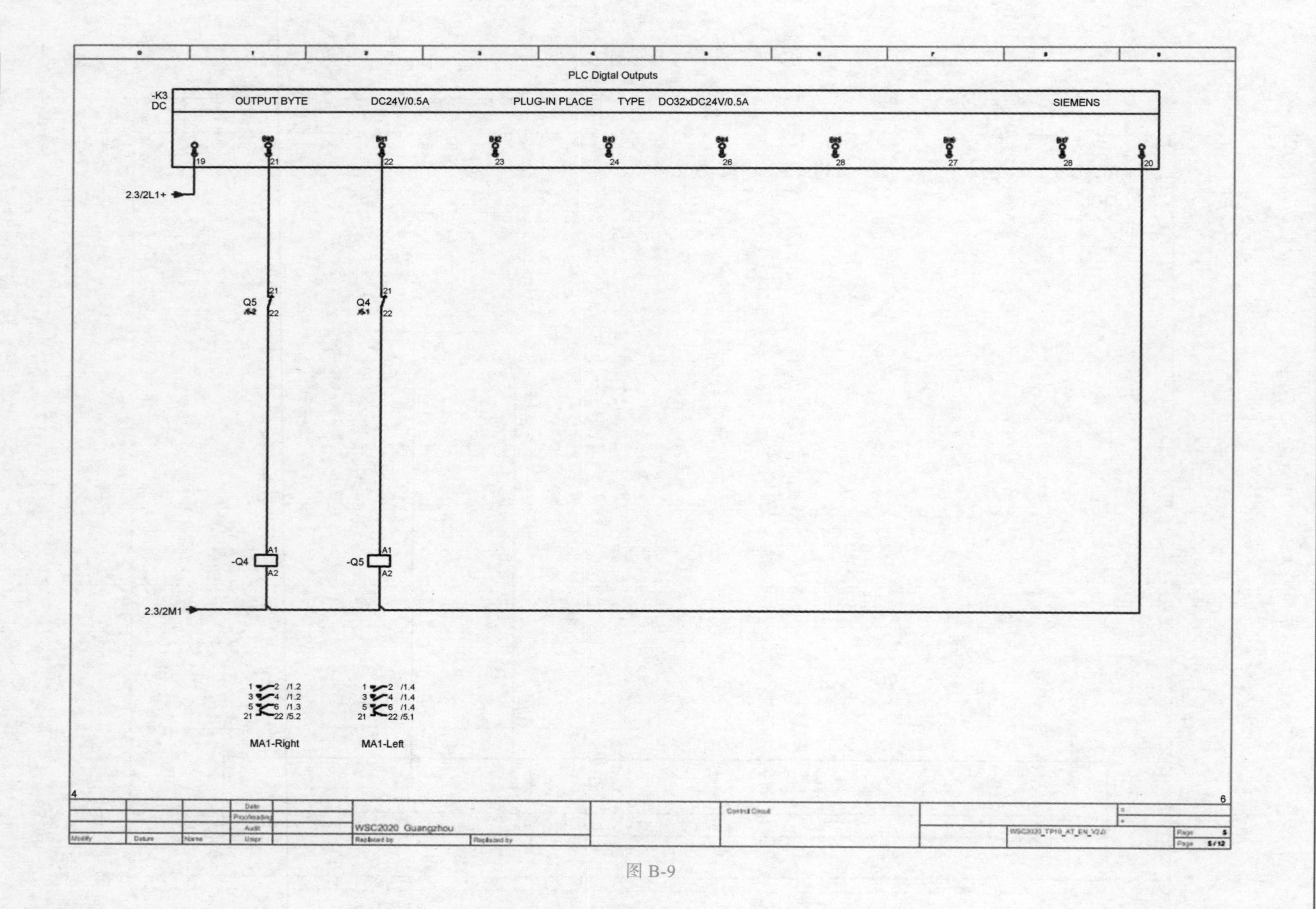
PLC Digtal Outputs
-K3
DC
OUTPUT BYTE
DC24V/0.5A
PLUG-IN PLACE
TYPE
DO32xDC24V/0.5A
SIEMENS
2.3/2L1+
2.3/2M1
Q5
Q4
-Q4
-Q5
MA1-Right
MA1-Left
WSC2020 Guangzhou
Control Circuit

图 B-9

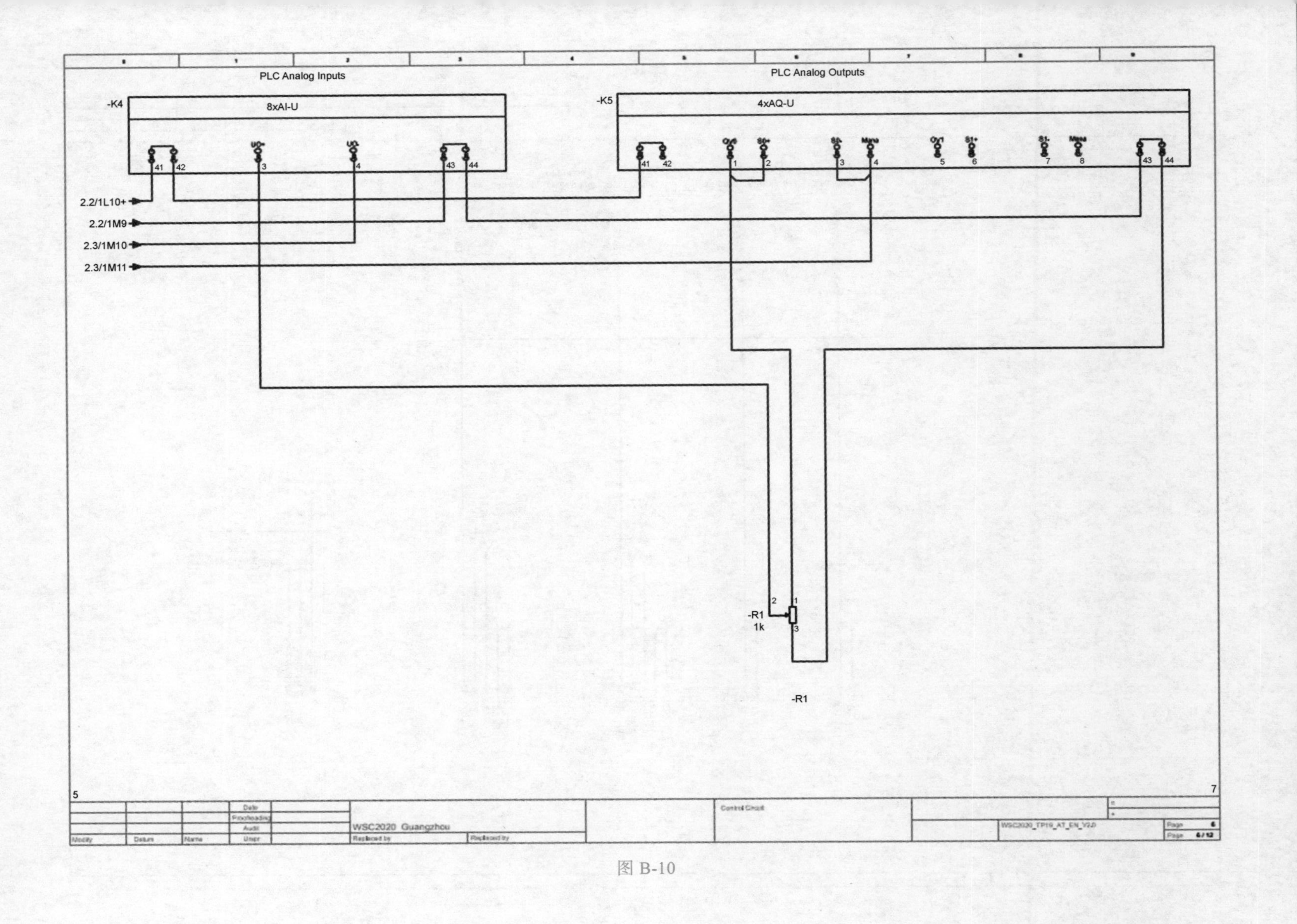
PLC Analog Inputs
-K4
8xAI-U
PLC Analog Outputs
-K5
4xAQ-U
2.2/1L10+
2.2/1M9
2.3/1M10
2.3/1M11
-R1
1k
-R1
WSC2020 Guangzhou
Control Circuit
WSC2020_TP19_AT_EN_V2.0

图 B-10

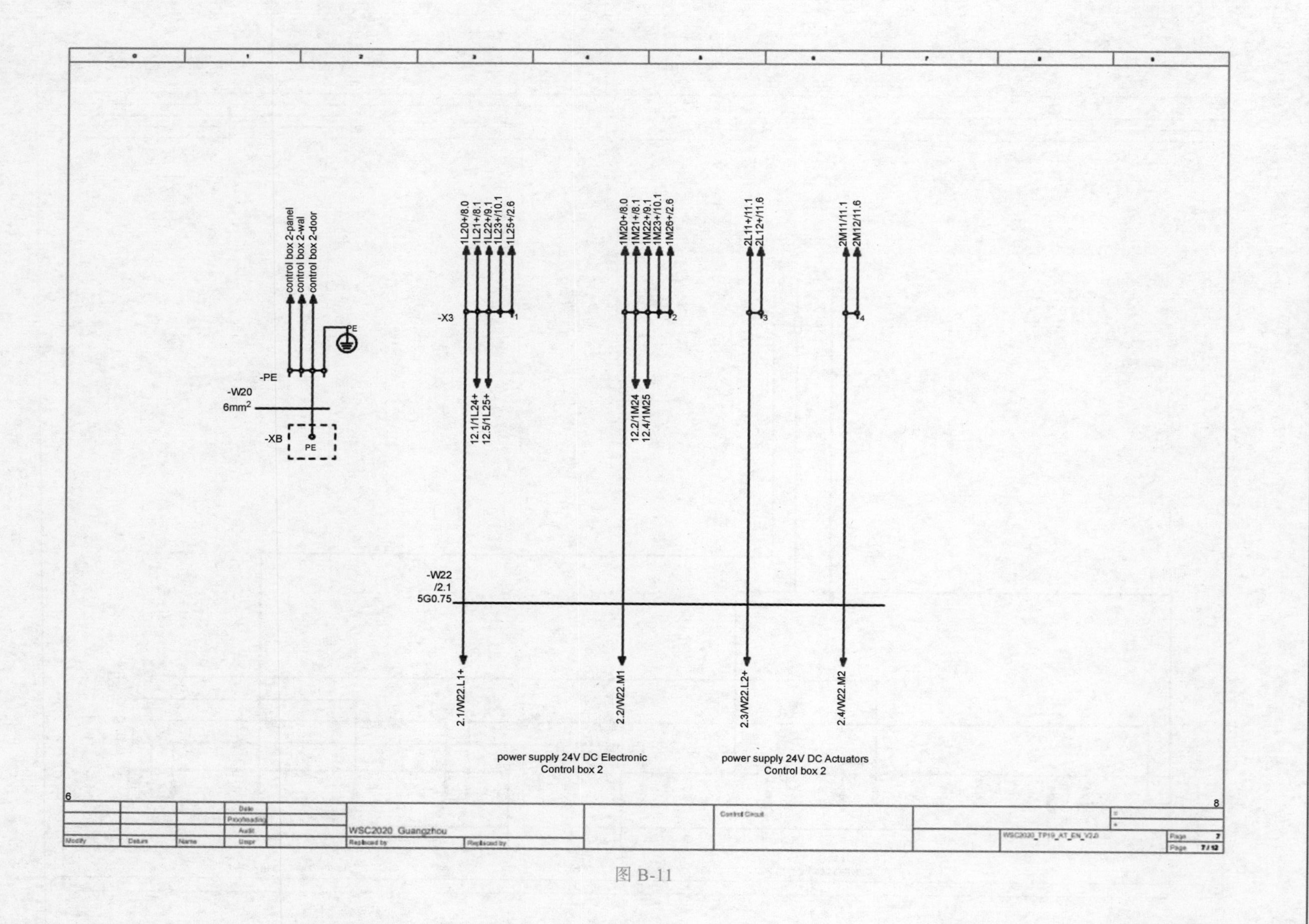

control box 2-panel
control box 2-wal
control box 2-door
-PE
-W20
6mm²
-XB
PE
-X3
1L20+/8.0
1L21+/8.1
1L22+/9.1
1L23+/10.1
1L25+/2.6
12.1/1L24+
12.5/1L25+
1M20+/8.0
1M21+/8.1
1M22+/9.1
1M23+/10.1
1M26+/2.6
12.2/1M24
12.4/1M25
2L11+/11.1
2L12+/11.6
2M11/11.1
2M12/11.6
-W22
/2.1
5G0.75
2.1/W22.L1+
2.2/W22.M1
2.3/W22.L2+
2.4/W22.M2
power supply 24V DC Electronic
Control box 2
power supply 24V DC Actuators
Control box 2
WSC2020 Guangzhou
Control Circuit
WSC2020_TP19_AT_EN_V2.0
Page 7
Page 7/12

图 B-11

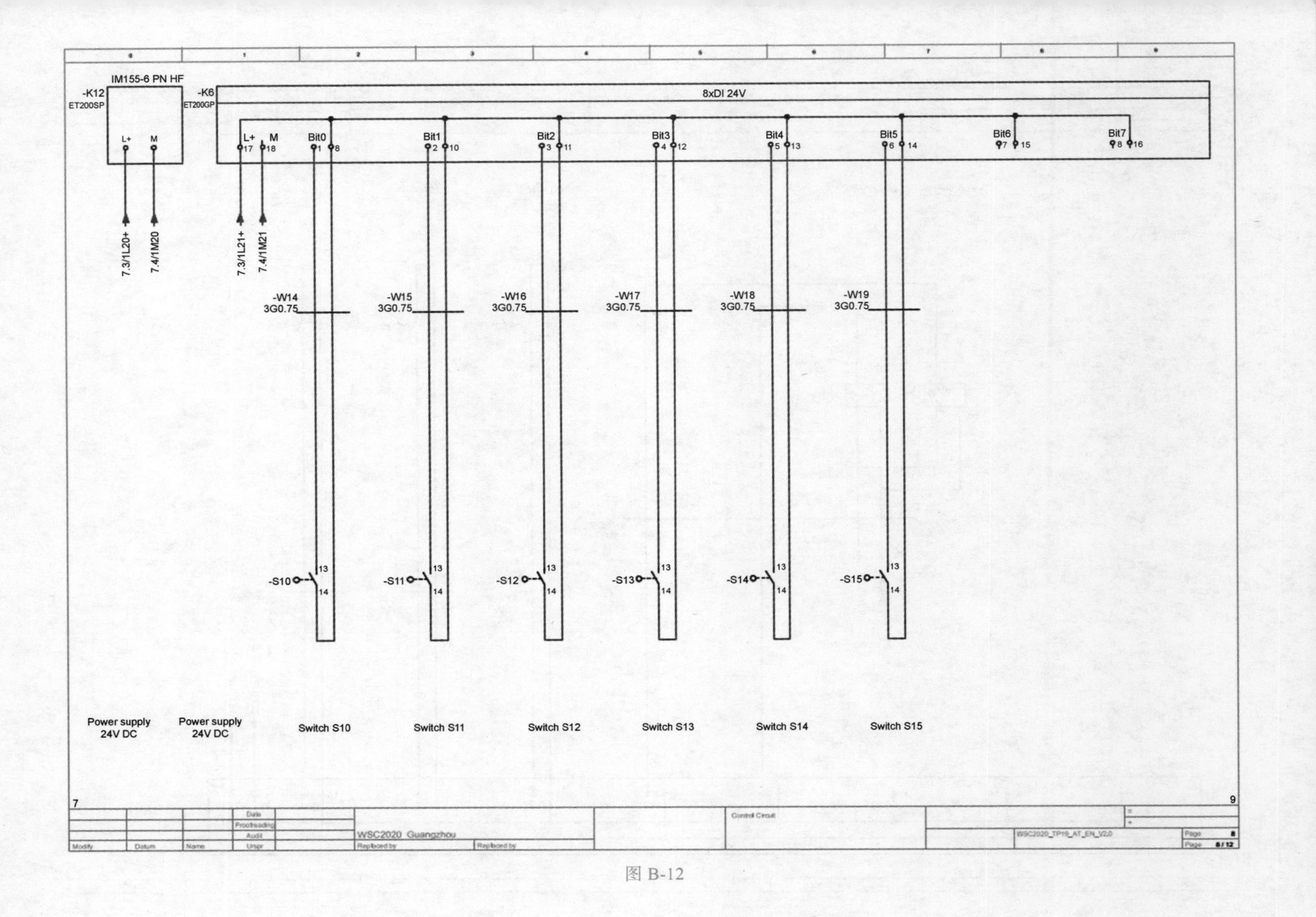
-K12
ET200SP
IM155-6 PN HF
L+
M
7.3/1L20+
7.4/1M20
-K6
ET200GP
8xDI 24V
L+
M
7.3/1L21+
7.4/1M21
Bit0
Bit1
Bit2
Bit3
Bit4
Bit5
Bit6
Bit7
-W14
3G0.75
-W15
3G0.75
-W16
3G0.75
-W17
3G0.75
-W18
3G0.75
-W19
3G0.75
-S10
-S11
-S12
-S13
-S14
-S15
Power supply
24V DC
Power supply
24V DC
Switch S10
Switch S11
Switch S12
Switch S13
Switch S14
Switch S15
WSC2020 Guangzhou
Control Circuit
WSC2020_TP19_AT_EN_V2.0
Page
8/12

图 B-12

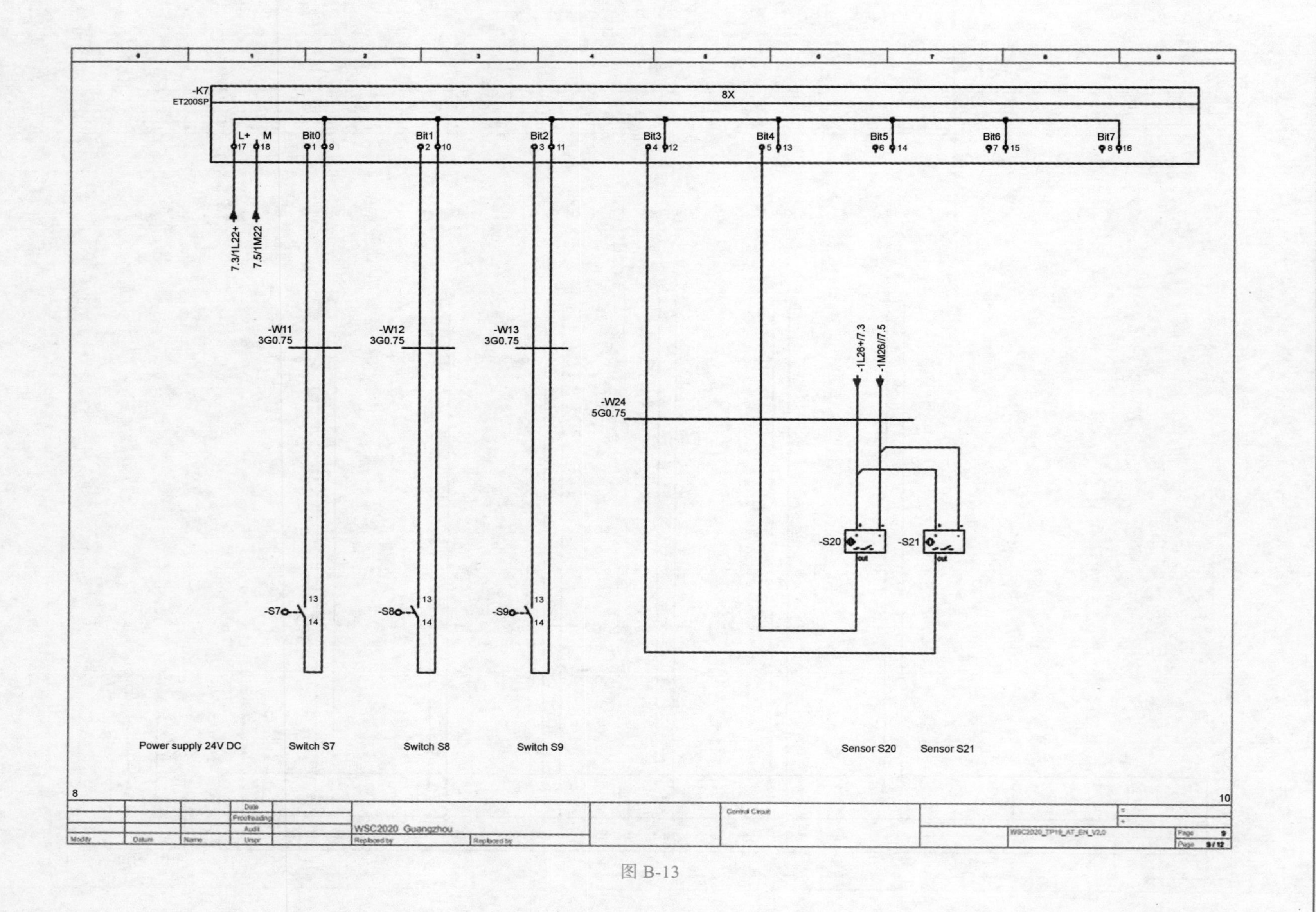
-K7
ET200SP
8X
L+
M
Bit0
Bit1
Bit2
Bit3
Bit4
Bit5
Bit6
Bit7
7.3/1L22+
7.5/1M22
-W11
3G0.75
-W12
3G0.75
-W13
3G0.75
-W24
5G0.75
-1L26+/7.3
-1M26/7.5
-S7
-S8
-S9
-S20
-S21
Power supply 24V DC
Switch S7
Switch S8
Switch S9
Sensor S20
Sensor S21
Date
Proofreading
Audit
Modify
Datum
Name
WSC2020 Guangzhou
Replaced by
Control Circuit
WSC2020_TP19_AT_EN_V2.0
Page 9
Page 9/12

图 B-13

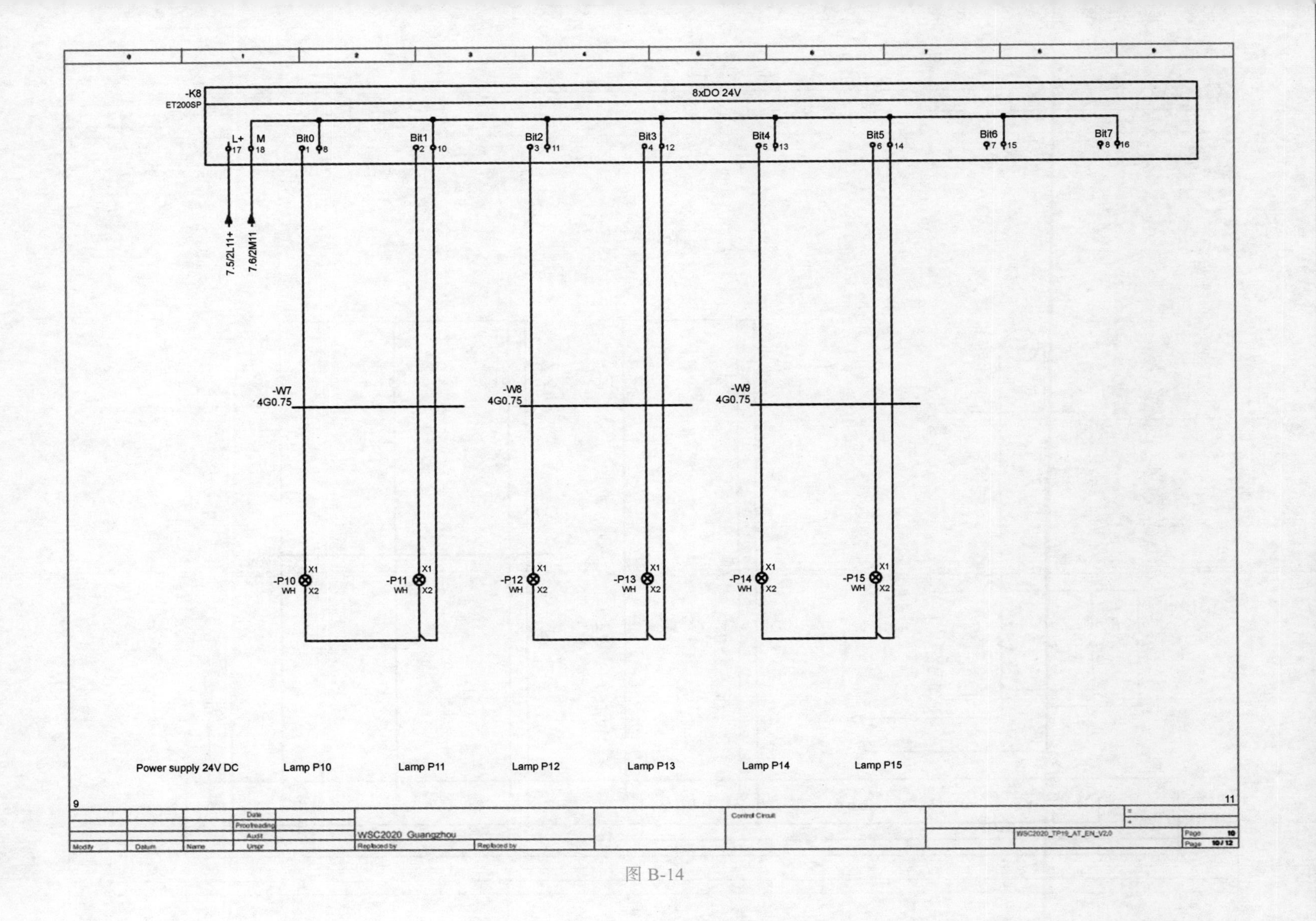

-K8
ET200SP
8xDO 24V
L+
M
Bit0
Bit1
Bit2
Bit3
Bit4
Bit5
Bit6
Bit7
7.5/2L11+
7.6/2M11
-W7
4G0.75
-W8
4G0.75
-W9
4G0.75
-P10
-P11
-P12
-P13
-P14
-P15
WH
X1
X2
Power supply 24V DC
Lamp P10
Lamp P11
Lamp P12
Lamp P13
Lamp P14
Lamp P15
WSC2020 Guangzhou
Control Circuit
WSC2020_TP19_AT_EN_V2.0
Page
10/12

图 B-14

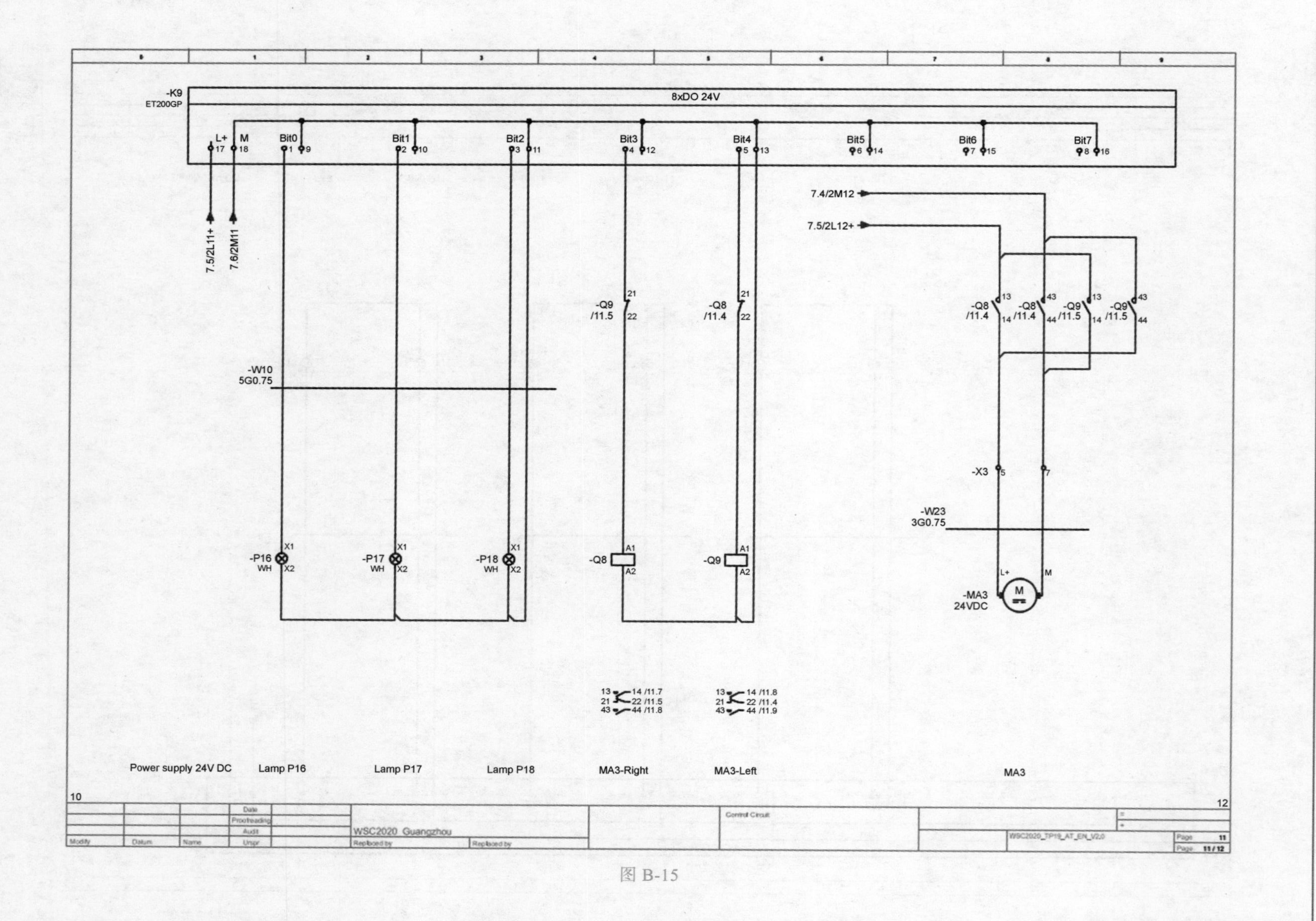

-K9
ET200GP
8xDO 24V
L+
M
Bit0
Bit1
Bit2
Bit3
Bit4
Bit5
Bit6
Bit7
7.5/2L11+
7.6/2M11
7.4/2M12
7.5/2L12+
-Q9
/11.5
-Q8
/11.4
-W10
5G0.75
-X3
-W23
3G0.75
-P16
WH
-P17
WH
-P18
WH
-Q8
-Q9
-MA3
24VDC
Power supply 24V DC
Lamp P16
Lamp P17
Lamp P18
MA3-Right
MA3-Left
MA3
WSC2020 Guangzhou
Control Circuit
WSC2020_TP19_AT_EN_V2.0

图 B-15

SAFETY REPORT – COMMISSIONING

Allowed only in the presence of an expert !!!

2.2. TESTING:RESIDUAL CURRENT DEVICE(RCD) :

☐Function OK ☐ Function not OK

PLUG IN POWER CORD

TURN MAIN POWER ON

SWITCH ON Q1

2.3.VOLTAGE MEASUREMENT---X1:

L1-X1	---	N-X1	 V
L2-X1	---	N-X1	 V
L3-X1	---	N-X1	 V
L1-X1	---	L2-X1	 V
L1-X1	---	L3-X1	 V
L2-X1	---	L3-X1	 V

2.4. ROTATIONAL FIELD MEASUREMENT – X1:

☐ Rotating field is left-handed (CCW) ☐ Rotating field is right-handed (CW)

2.5. SWITCH ON Q1, F1:

Measure Voltage of F2(230V AC)

☐OK ☐not OK

2.6.SWITCH ON F2:

☐OK ☐not OK

2.7. SWITCH ON PLC POWER SUPPLY:

Measure Voltage of F3,F4 (24V DC)

☐OK ☐not OK

图 B-16

2.8. SWITCH ON F3,F4:

☐OK	☐ not OK

2.9.EMERGENCY STOP FUNCTION:

☐OK	☐ not OK

3.0RESET FUNCTION:

☐OK	☐ not OK

Signature by Competitor:________ **Signature by Expert:**________

Date: ________

....

....

....

WSC2024_TP19_AT_01_EN_A4 Version 2.0 Date 2020 33

图 B-16（续）

B.2 评分标准（部分）

子标准 ID	子标准名称或描述	Aspect 类型 M=MeasJ=Judg	Aspect 描述	额外 Aspect 描述（Meas）或判断分数描述（Judg only）
C	测量			
		M	左侧墙面设备尺寸测量	
		M	右侧墙面设备尺寸测量	
		M	左侧墙面设备水平竖直测量	
		M	右侧墙面设备水平竖直测量	
D	墙面和面板的安装			
		M	元器件安装固定 1	
				安装固定方向正确
		M	元器件安装固定 2	
				正确的对接，信用卡不能插入
		M	元器件安装固定 3	
				固定牢固，用手触碰不能有晃动（抽取 5 处）
		M	元器件安装固定 4	
				绑扎牢固无松动，绑扎带剪切应整齐，不扎手
		M	清洁整理	
				墙面不可见标记线
		M	材料处理 1	
				左墙面墙槽去毛刺、无尖锐部分
		M	材料处理 2	
				左墙面管件切口应平齐，去毛刺
		M	材料处理 3	
				左墙面网格桥架切口应平齐，去毛刺
		M	材料处理 4	
				左墙面接地线应牢固，用手轻拽不能有滑动
		M	材料处理 5	

（续）

子标准 ID	子标准名称或描述	Aspect 类型 M=MeasJ=Judg	Aspect 描述	额外 Aspect 描述（Meas）或判断分数描述（Judg only）
				左墙面电缆进入元器件和控制柜的线应牢固，用手轻拽不能有滑动
		M	制作工艺 1	
				安装的右墙面上无多余可见孔
		M	制作工艺 2	
				安装的右墙上无可见的标记线（不大于 10mm）
		M	制作工艺 3	
				在右墙面可见的范围内，元器件不能缺失螺钉
		M	制作工艺 4	
				右墙面上的电缆和接地线应有标签，字符无错误
		M	制作工艺 5	
				右墙面上的元器件应有标签，标签上标记字符无错误
		J	材料利用	
				0= 未完成安装工作或未通过安全测试
				1= 完成安全测试工作，申请两类以上额外材料
				2= 完成安全测试工作，申请一类额外材料
				3= 完成安全测试工作，未申请额外材料
		J	网格线槽电缆分类绑扎	
				0= 网格线槽内无电缆或电缆未分类，未绑扎固定
				1= 网格线槽内电缆未分类但已绑扎固定
				2= 网格线槽内动力电缆与接地线、24V 信号电缆与模拟量型号电缆、通信线分开绑扎并固定

（续）

子标准 ID	子标准名称或描述	Aspect 类型 M=MeasJ=Judg	Aspect 描述	额外 Aspect 描述（Meas）或判断分数描述（Judg only）
				3= 网格线槽内动力电缆、24V信号电缆、模拟量型号电缆、接地线、通信线全部分开绑扎并固定
		J	工作区域整理	
				0= 工作区域未做整理
				1= 工作区域有整理痕迹，但是整理混乱，工具摆放不整齐或材料整理摆放不整齐
				2= 工作区域整理有序，工具摆放整齐，材料整理摆放整齐，工作区域干净
				3= 工作区域整理干净、整洁，工具全部收纳，材料整理摆放整齐，工作区域干净、整洁
		J	绑扎带处理	
				0= 没有使用绑扎带，或绑扎带绑扎间隔不均匀
				1= 绑扎带绑扎间隔均匀，被固定电缆可以抽动
				2= 绑扎带绑扎间隔均匀，被固定电缆牢固不滑动，电缆有扭曲现象或电缆出控制柜有交叉现象或电缆独立分支处缺少绑扎固定
				3= 绑扎带绑扎间隔均匀，固定电缆牢固，电缆整理无扭曲，电缆出控制柜无交叉现象，每处电缆分支处均有独立的绑扎带固定
		J	墙面标签	
				0= 可见区域内标签不完整，或者有空白标签
				1= 标签完整，标签方向混乱或高度不一致，或标签明显歪斜
				2= 标签完整，标签方向一致，标签高度一致，标签使用其他材料粘贴在标签板上

（续）

子标准 ID	子标准名称或描述	Aspect 类型 M=MeasJ=Judg	Aspect 描述	额外 Aspect 描述（Meas）或判断分数描述（Judg only）
				3= 标签完整，标签方向统一，标签高度一致，文字直接写在标签板上，字迹清晰不易擦除
		M	控制柜制作工艺 1	
				信号灯、按钮盒导线一端压接线端子紧固，无铜线外露，但能从端子顶端看到铜线，铜线在端子顶端不能超过 1mm，信号灯无破坏（抽取 4 处）
		M	控制柜制作工艺 2	
				信号灯按钮盒内护套电缆备用线不剪掉并做绝缘处理（抽取 4 处）
		M	控制柜制作工艺 3	
				限位开关内导线一端压接线端子紧固，无铜线外露，但能从端子顶端看到铜线，铜线在端子顶端不能超过 1mm，限位开关无破坏（抽取 4 处）
		M	控制柜制作工艺 4	
				电缆进入信号灯、按钮盒、限位开关内，电缆铠甲层和防水接头内部保持平齐或突出不超过 2mm，保持可见（抽取 4 处）
		M	控制柜制作工艺 5	
				网格线槽接地线一端压接线端子紧固，无铜线外露但能从端子顶端看到铜线，铜线在端子顶端不能超过 1mm
		M	控制柜制作工艺 6	
				螺钉接线柱类器件（接触器、限位开关），单根导线从接线柱左侧进入，双根导线从左右两侧接入
		M	控制柜制作工艺 7	
				单个端子上连接的导线不能超过 2 根
		M	控制柜制作工艺 8	

（续）

子标准 ID	子标准名称或描述	Aspect 类型 M=MeasJ=Judg	Aspect 描述	额外 Aspect 描述（Meas）或判断分数描述（Judg only）
				控制柜 1、2 端子导线一端压接线端子紧固，无铜线外露，但能从端子顶端看到铜线，铜线在端子顶端不能超过 1mm，接线端子无破坏（各抽取 2 处）
		M	控制柜制作工艺 9	
				控制柜 1、2 低压器件导线一端压接线端子紧固，无铜线外露，但能从端子顶端看到铜线，铜线在端子顶端不能超过 1mm，低压器件无破坏（各抽取 2 处）
		M	控制柜制作工艺 10	
				控制柜 1、2 信号模块导线一端压接线端子紧固，无铜线外露，但能从端子顶端看到铜线，铜线在端子顶端不能超过 1mm，信号模块无破坏（各抽取 2 处）
		M	控制柜制作工艺 11	
				控制柜内导线进出线槽直，无交叉
		M	控制柜制作工艺 12	
				大控制柜内多股同类型导线距离线槽较远时，用绑扎带固定
		M	控制柜制作工艺 13	
				控制柜门后部导线及电缆固定牢固，横平竖直，与控制柜门绑扎牢固，不可滑动
		M	控制柜制作工艺 14	
				导线及电缆跨接活动处，有塑料缠绕带保护
		M	控制柜制作工艺 15	
				电位器焊接焊点光滑、无毛刺，热缩管保护严密，不露金属部分
		M	控制柜制作工艺 16	
		M	控制柜制作工艺 17	

（续）

子标准 ID	子标准名称或描述	Aspect 类型 M=MeasJ=Judg	Aspect 描述	额外 Aspect 描述（Meas）或判断分数描述（Judg only）
				电缆进入控制柜内铠甲层没有剥离现象，电缆进入行线槽后铠甲层必须剥离，剥离长度在 5 ～ 30mm 之间
		M	控制柜制作工艺 18	
				绑扎带剪切平齐，不扎手
		M	控制柜制作工艺 19	
				控制柜 1、2 电缆出线开孔去毛刺（各抽取 2 处）
		M	控制柜制作工艺 20	
				控制柜内行线槽拼接严密，用信用卡不能划过（每处扣 0.2 分）
		M	控制柜制作工艺 21	
				所有导线均进入行线槽，所有行线槽槽齿均被卡入槽盖板
		M	控制柜制作工艺 22	
				控制柜内行线槽连接处如果有导线或电缆经过，必须经过拔齿处理，槽齿去除后底部与线槽底部平齐
		M	控制柜制作工艺 23	
				使用金属零件固定的行线槽，每段行线槽上至少有两个固定点
		M	控制柜制作工艺 24	
				控制柜内导轨切割去毛刺
		M	控制柜制作工艺 25	
				控制柜内 DIN 导轨切割没有断孔现象
		M	控制柜制作工艺 26	
				控制柜内器件按图样固定，安装固定方向正确
		M	控制柜制作工艺 27	
				控制柜内元器件没有缺失螺钉现象
		M	控制柜制作工艺 28	
				控制柜内元器件标记无缺失，位置正确，文字无错误

（续）

子标准 ID	子标准名称或描述	Aspect 类型 M=MeasJ=Judg	Aspect 描述	额外 Aspect 描述（Meas）或判断分数描述（Judg only）
E	测试，试运行和安全			
		M	安全报告填写完整	
		M	安装接线全部完成，绝缘测量准备工作已完成	
		M	使用万用表完成接地电阻的测试：CEE 插头 PE--X1，Control box 1（6 个测试点），Control box2（3 个测试点）	
		M	使用万用表完成接地电阻测试：CEE 插头 PE-- 金属桥架（4 个测试点），MA1、MA2、X8.	
		M	在带电测量过程中穿着长袖，使用防护眼镜与绝缘手套	
		M	Q1、F1、Q2、Q3、F2、F3、F4 全部断开，RCD 测试正常	
		M	测量 X1 端子排相间电压 . L1、L2、L3/N；L1–L2、L1–L3、L2–L3	
		M	选手断开 Q1 后，测量 X1：L1、L2、L3 电压相序	
		M	合上 Q1、F1、F2、PLC 电源、F3、F4。急停按钮功能正常，复位功能正常	
		M	合上所有断路器，工位通电正常，完整填写第二、三页安全测试报告	

附录 C　控制流程图及评分标准

C.1　触摸屏画面及变量表

1. SCREEN OVERVIEW _MANUAL MODE

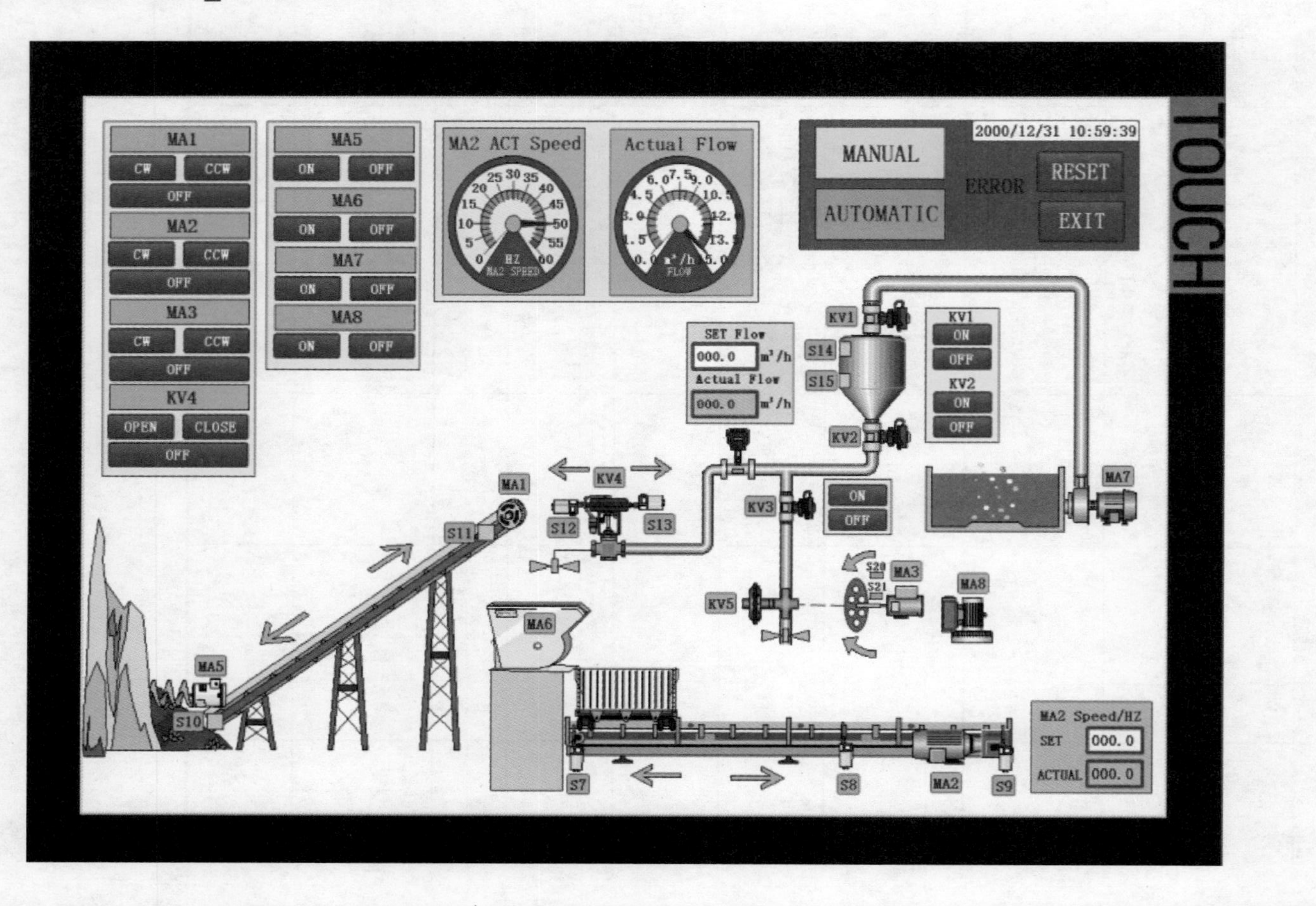

2. SCREEN OVERVIEW _AUTO MODE

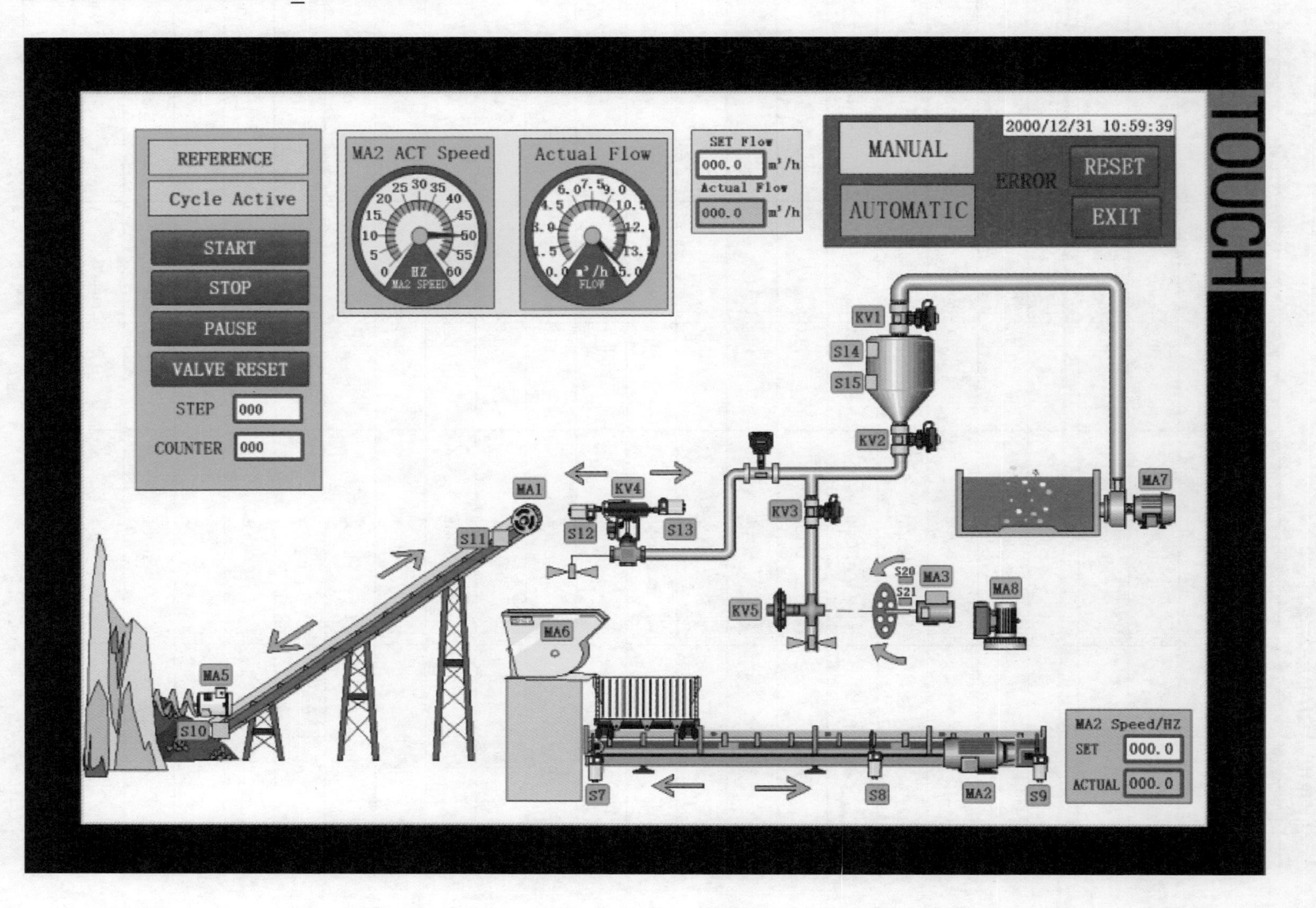

3. HMI VARIABLES

SYMBOL	TYPE	COMMENT	IN USE
K3:DI_BIT_0	BOOL	PLC-Input	read
K3:DI_BIT_1	BOOL	PLC-Input	read
S3_LEFT	BOOL	PLC-Input	read
S3_RIGHT	BOOL	PLC-Input	read
S7	BOOL	PLC-Input	read
S8	BOOL	PLC-Input	read
S9	BOOL	PLC-Input	read
S10	BOOL	PLC-Input	read
S11	BOOL	PLC-Input	read
S12	BOOL	PLC-Input	read
S13	BOOL	PLC-Input	read
S14	BOOL	PLC-Input	read
S15	BOOL	PLC-Input	read
S20	BOOL	PLC-Input	read
S21	BOOL	PLC-Input	read
P1	BOOL	PLC-Output	read
P2	BOOL	PLC-Output	read
P10	BOOL	PLC-Output	read
P11	BOOL	PLC-Output	read
P12	BOOL	PLC-Output	read
P13	BOOL	PLC-Output	read
P14	BOOL	PLC-Output	read
P15	BOOL	PLC-Output	read
P16	BOOL	PLC-Output	read

（续）

SYMBOL	TYPE	COMMENT	IN USE
P17	BOOL	PLC-Output	read
P18	BOOL	PLC-Output	read
Q4	BOOL	PLC-Output	read
Q5	BOOL	PLC-Output	read
Q8	BOOL	PLC-Output	read
Q9	BOOL	PLC-Output	read
MANUAL	BOOL	PLC-Variable	read
AUTOMATIC	BOOL	PLC-Variable	read
ERROR	BOOL	PLC-Variable	read
RESET	BOOL	PLC-Variable	Write
REFERENCE	BOOL	PLC-Variable	read
CYCLEACTIVE	BOOL	PLC-Variable	Read
START	BOOL	PLC-Variable	Write
STOP	BOOL	PLC-Variable	Write
PAUSE	BOOL	PLC-Variable	Write
PAUSE IS ON	BOOL	PLC-Variable	Read
VALVE RESET	BOOL	PLC-Variable	Write
VALVE RESET ON	BOOL	PLC-Variable	Read
LAST STEP	BOOL	PLC-Variable	Read
CLEAN	BOOL	PLC-Variable	Write
CLEAN IS ON	BOOL	PLC-Variable	Read
MA1 CW	BOOL	PLC-Variable	Write
MA1 CCW	BOOL	PLC-Variable	Write
MA1 CW ON	BOOL	PLC-Variable	Read

（续）

SYMBOL	TYPE	COMMENT	IN USE
MA1 CCW ON	BOOL	PLC-Variable	Read
MA1 IS ON	BOOL	PLC-Variable	Read
MA1 OFF	BOOL	PLC-Variable	Write
MA2 CW	BOOL	PLC-Variable	Write
MA2 CCW	BOOL	PLC-Variable	Write
MA2 CW ON	BOOL	PLC-Variable	Read
MA2 CCW ON	BOOL	PLC-Variable	Read
MA2 IS ON	BOOL	PLC-Variable	Read
MA2 OFF	BOOL	PLC-Variable	Write
MA3 CW	BOOL	PLC-Variable	Write
MA3 CCW	BOOL	PLC-Variable	Write
MA3 CW ON	BOOL	PLC-Variable	Read
MA3CCW ON	BOOL	PLC-Variable	Read
MA3 IS ON	BOOL	PLC-Variable	Read
MA3 OFF	BOOL	PLC-Variable	Write
KV4 OPEN	BOOL	PLC-Variable	Write
KV4 CLOSE	BOOL	PLC-Variable	Write
KV4 OPEN ON	BOOL	PLC-Variable	Read
KV4 CLOSE ON	BOOL	PLC-Variable	Read
KV4 IS ON	BOOL	PLC-Variable	Read
KV4 OFF	BOOL	PLC-Variable	Write
MA5 IS ON	BOOL	PLC-Variable	Read
MA5 ON	BOOL	PLC-Variable	Write
MA5 OFF	BOOL	PLC-Variable	Write

（续）

SYMBOL	TYPE	COMMENT	IN USE
MA6 IS ON	BOOL	PLC-Variable	Read
MA6 ON	BOOL	PLC-Variable	Write
MA6 OFF	BOOL	PLC-Variable	Read
MA7 IS ON	REAL	PLC-Variable	Read
MA7 ON	REAL	PLC-Variable	Write
MA7 OFF	BOOL	PLC-Variable	Write
MA8 IS ON	BOOL	PLC-Variable	Read
MA8 ON	BOOL	PLC-Variable	Write
MA8 OFF	BOOL	PLC-Variable	Write
KV1 IS ON	BOOL	PLC-Variable	Read
KV1 ON	BOOL	PLC-Variable	Write
KV1 OFF	BOOL	PLC-Variable	Write
KV2 IS ON	BOOL	PLC-Variable	Read
KV2 ON	BOOL	PLC-Variable	Write
KV2 OFF	BOOL	PLC-Variable	Write
KV3 IS ON	BOOL	PLC-Variable	Read
KV3 ON	BOOL	PLC-Variable	Write
KV3 OFF	BOOL	PLC-Variable	Write
KV5 IS ON	BOOL	PLC-Variable	Read
MA2 SET SPEED	REAL	PLC-Variable	Read/Write
MA2 ACTUAL SPEED	REAL	PLC-Variable	Read
SET FLOW	REAL	PLC-Variable	Read/Write
ACTUAL FLOW	REAL	PLC-Variable	Read
COUNTER	INT	PLC-Variable	Read
STEP	INT	PLC-Variable	Read

4. DETAILS MODE

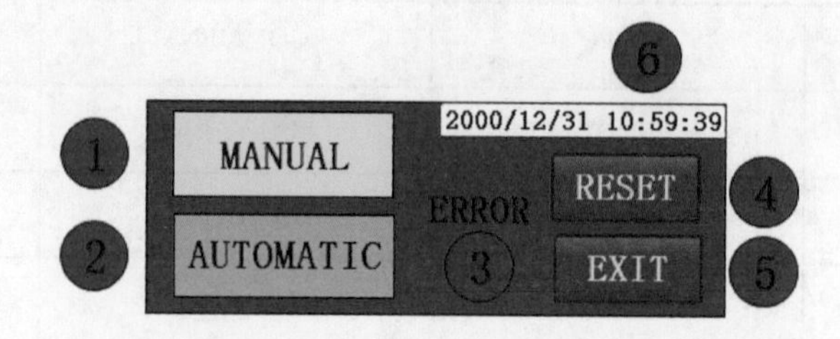

POSITION	VARIABLE	ACTION	COMMENT
1	MANUAL	Background Control Colour	not actuated colour = GRAY actuated colour = YELLOW actuated Activate Screen MANUAL
2	AUTOMATIC	Background Control Colour	not actuated colour = GRAY actuated colour = GREED actuated ActivateScreen AUTOMATIC
3	ERROR	Text field Visibility	not actuated INVISIBLE actuated VISIBLE
		Background Control Colour	not actuated colour = GRAY actuated colour = RED
4	RESET	Button control	"State 1" while button is pressed
5	EXIT	Button control	Exit the system
6		Date/time field	Show time as input/output field

5. DETAILS CONTROL BOARD

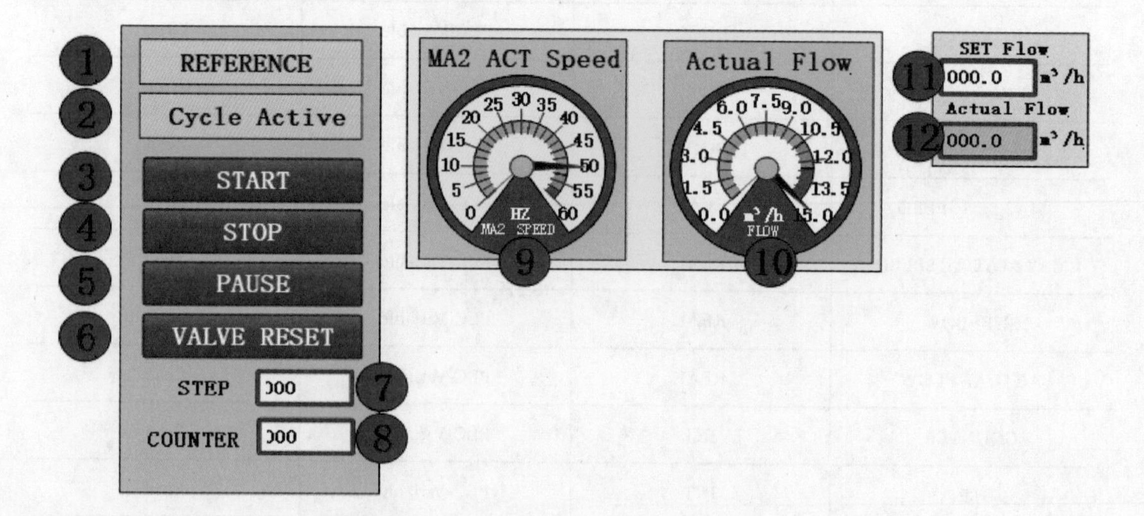

POSITION	VARIABLE	ACTION	COMMENT
1	REFERGENCE	Background Control Colour	not actuated colour = GRAY actuated colour = GREEN
2	CYCLE ACTIVE	Background Control Colour	not actuated colour = GRAY actuated colour = GREEN
3	START	Button control	“State 1” while button is pressed
4	STOP	Button control	“State 1” while button is pressed
5	PAUSE	Button control	“State 1” while button is pressed
	PAUSE IS ON	Background Control Colour	not actuated colour = GRAY actuated colour = GREEN
6	VALVE RESET	Button control	“State 1” while button is pressed
	VALVE RESET ON	Background Control Colour	not actuated colour = GRAY actuated colour = GREEN
7	STEP	output field	Value：0 to 1000
8	COUNTER	output field	Value：0 to 10
9	MA2 ACTUAL SPEED	output field	Value：0.0 to 50.0
10	ACTUAL FLOW	output field	Value：0.0 to 10.0
11	SET FLOW	Input/output field	Value：0.0 to 10.0
12	ACTUAL FLOW	output field	Value：0.0 to 10.0

6. DETAILS CONTROL BOARD

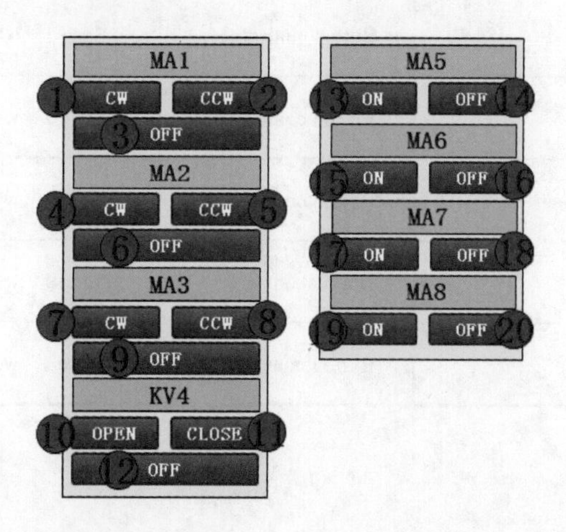

POSITION	VARIABLE	ACTION	COMMENT
1	MA1 CW	Button control	“State 1” while button is pressed
2	MA1 CCW	Button control	“State 1” while button is pressed
3	MA1 OFF	Button control	“State 1” while button is pressed
4	MA2 CW	Button control	“State 1” while button is pressed
5	MA2 CCW	Button control	“State 1” while button is pressed
6	MA2 OFF	Button control	“State 1” while button is pressed
7	MA3 CW	Button control	“State 1” while button is pressed
8	MA3 CCW	Button control	“State 1” while button is pressed
9	MA3 OFF	Button control	“State 1” while button is pressed
10	KV4 OPEN	Button control	“State 1” while button is pressed
11	KV4 CLOSE	Button control	“State 1” while button is pressed
12	KV4 OFF	Button control	“State 1” while button is pressed
13	MA5 ON	Button control	“State 1” while button is pressed
14	MA5 OFF	Button control	“State 1” while button is pressed
15	MA6 ON	Button control	“State 1” while button is pressed
16	MA6 OFF	Button control	“State 1” while button is pressed
17	MA7 ON	Button control	“State 1” while button is pressed
18	MA7 OFF	Button control	“State 1” while button is pressed
19	MA8 ON	Button control	“State 1” while button is pressed
20	MA8 OFF	Button control	“State 1” while button is pressed

7. DETAILS CONTROL

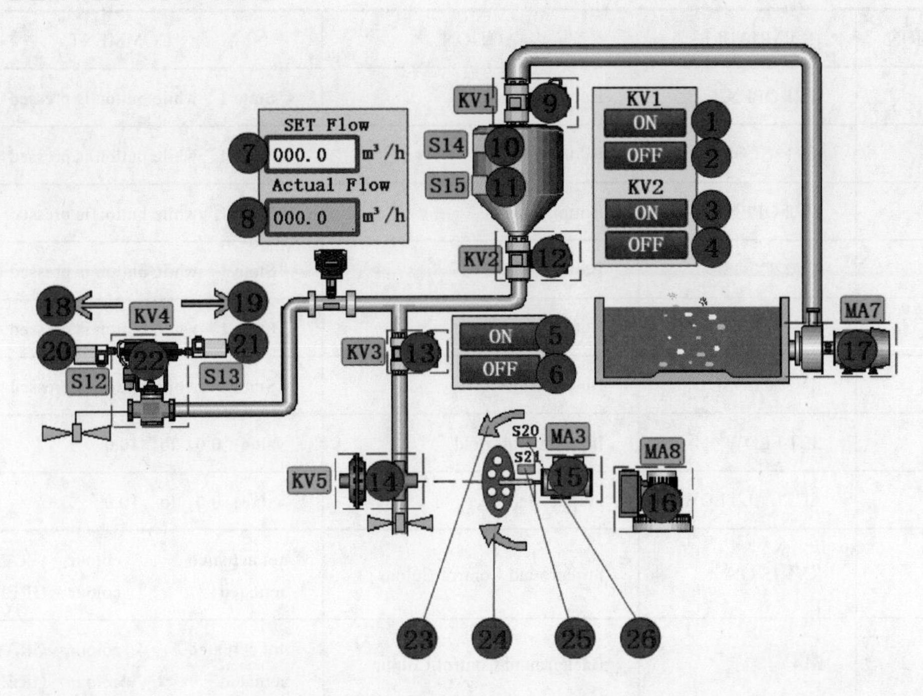

DESCRIPTION	SYMBOL LIBRARY	SYMBOL LIBRARY ITEM
Finalpieces_container	Tanks	Tanks 4
Finalpieces valve	Valves	Plastic control valve
Finalpieces valve	Valves	Control valve with diaphragm activator
Finalpieces valve	Valves	Motor valve
Finalpieces pipe	pipe	Tee 1
Finalpieces pipe	pipe	90°curve 1
Finalpieces pipe	pipe	Short horizontal pipe
Finalpieces Flow Meter	Flow Meter	Turbine meter 1
Finalpieces Motor	Motor	Smart motor
Finalpieces Blower	Blower	Vortex blower
Finalpieces Pump	Pump	Centrifugal pump 4
FinalpiecesWater&Wastewater	Water&Wastewater	Aeration basin
Finalpieces ASHRAE Controls &Equip	ASHRAE Controls &Equip	Vane axial fan，variable pitch
Finalpieces ASHRAE Controls &Equip	ASHRAE Controls &Equip	Vane axial fan
Finalpieces Arrows	Arrows	Curving arrow
Finalpieces Arrows	Arrows	Generic arrow，diagonal
Finalpieces Sensors	Sensors	Level transmitter 1

POSITION	VARIABLE	ACTION	COMMENT
1	KV1 OPEN	Button control	“State 1” while button is pressed
2	KV1 CLOSE	Button control	“State 1” while button is pressed
3	KV2 OPEN	Button control	“State 1” while button is pressed
4	KV2 CLOSE	Button control	“State 1” while button is pressed
5	KV3 OPEN	Button control	“State 1” while button is pressed
6	KV3 CLOSE	Button control	“State 1” while button is pressed
7	SET FLOW	Input/output field	Value：0.0 to 10.0
8	ACTUAL FLOW	output field	Value：0.0 to 10.0
9	KV1 IS ON	Foreground Control Colour	not actuated colour = GRAY actuated colour = GREEN
10	S14	Background Control Colour	not actuated colour = GRAY actuated colour = GREEN
11	S15	Background Control Colour	not actuated colour = GRAY actuated colour = GREEN
12	KV2 IS ON	Foreground Control Colour	not actuated colour = GRAY actuated colour = GREEN
13	KV3 IS ON	Foreground Control Colour	not actuated colour = GRAY actuated colour = GREEN
14	KV5 IS ON	Foreground Control Colour	not actuated colour = GRAY actuated colour = GREEN
15	MA3 IS ON	Foreground Control Colour	not actuated colour = GRAY actuated colour = GREEN
16	MA8 IS ON	Foreground Control Colour	not actuated colour = GRAY actuated colour = GREEN
17	MA7 IS ON	Foreground Control Colour	not actuated colour = GRAY actuated colour = GREEN
18	P10	Foreground Control Colour	not actuated colour = GRAY actuated colour = GREEN
19	P11	Foreground Control Colour	not actuated colour = GRAY actuated colour = GREEN

（续）

POSITION	VARIABLE	ACTION	COMMENT	
20	S12	Foreground Control Colour	not actuated actuated	colour = GRAY colour = GREEN
21	S13	Foreground Control Colour	not actuated actuated	colour = GRAY colour = GREEN
22	KV4 IS ON	Foreground Control Colour	not actuated actuated	colour = GRAY colour = GREEN
23	MA3 CCW ON	Foreground Control Colour	not actuated actuated	colour = GRAY colour = GREEN
24	MA3 CW ON	Foreground Control Colour	not actuated actuated	colour = GRAY colour = GREEN
25	S21	Background Control Colour	not actuated actuated	colour = GRAY colour = GREEN
26	S20	Background Control Colour	not actuated actuated	colour = GRAY colour = GREEN

8. DETAILS CONTROL

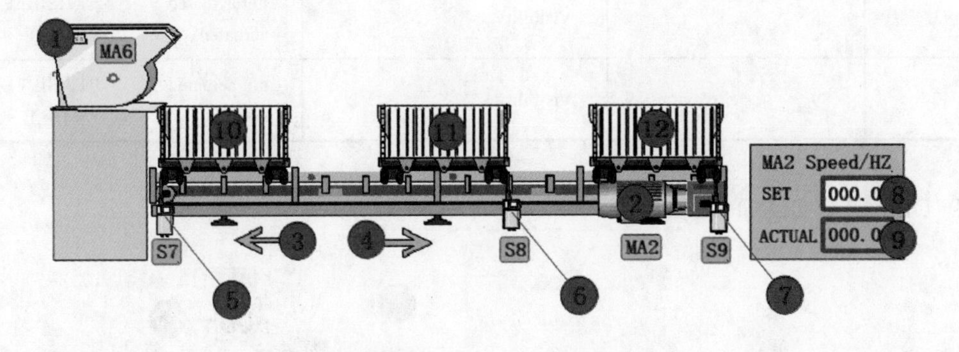

DESCRIPTION	SYMBOL LIBRARY	SYMBOL LIBRARY ITEM
Finalpieces Vehicles	Vehicles	Railroad box car 1
Finalpieces_motor	motor	Motor14
Finalpieces Sensors	Sensors	Level transmitter 1
Finalpieces Material Handling	Material Handling	Self-dumping hopper
Finalpieces Conveyors，Belt	Conveyors，Belt	Large weigh belt
Finalpieces Arrows	Arrows	Generic arrow，diagonal

POSITION	VARIABLE	ACTION	COMMENT	
1	MA6 IS ON	Foreground Control Colour	not actuated actuated	colour = GRAY colour = GREEN
2	MA2 IS ON	Foreground Control Colour	not actuated actuated	colour = GRAY colour = GREEN
3	MA2 CCW ON	Foreground Control Colour	not actuated actuated	colour = GRAY colour = GREEN
4	MA2 CW ON	Foreground Control Colour	not actuated actuated	colour = GRAY colour = GREEN
5	S7	Foreground Control Colour	not actuated actuated	colour = GRAY colour = GREEN
6	S8	Foreground Control Colour	not actuated actuated	colour = GRAY colour = GREEN
7	S9	Foreground Control Colour	not actuated actuated	colour = GRAY colour = GREEN
8	MA2 SET SPEED	Input/output field	Value：0.0 to 50.0	
9	MA2 ACTUAL SPEED	output field	Value：0.0 to 50.0	
10	S7	Visibility	not actuated actuated	INVISIBLE VISIBLE
11	S8	Visibility	not actuated actuated	INVISIBLE VISIBLE
12	S9	Visibility	not actuated actuated	INVISIBLE VISIBLE

9. DETAILS CONTROL

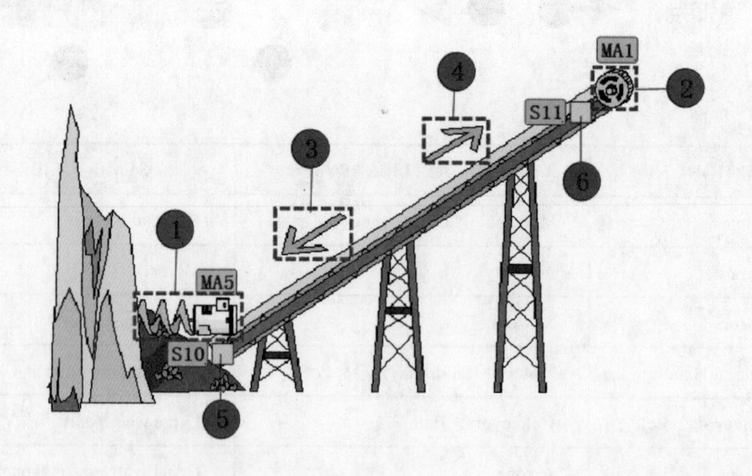

DESCRIPTION	SYMBOL LIBRARY	SYMBOL LIBRARY ITEM
Finalpieces Arrows	Arrows	Generic arrow，diagonal
Finalpieces_motor	motor	Simple motor 4
Finalpieces_motor	motor	Motor 10
Finalpieces Conveyors，Misc.	Conveyors，Misc.	Spiral chute
Finalpieces Conveyors，Misc.	Conveyors，Misc.	Inclined conveyor
Finalpieces Nature	Nature	Rockscape1
Finalpieces Nature	Nature	Dirt pile

POSITION	VARIABLE	ACTION	COMMENT
1	MA5 IS ON	Foreground Control Colour	not actuated colour = GRAY actuated colour = GREEN
2	MA1 IS ON	Foreground Control Colour	not actuated colour = GRAY actuated colour = GREEN
3	MA1 CCW ON	Foreground Control Colour	not actuated colour = GRAY actuated colour = GREEN
4	MA1 CW ON	Foreground Control Colour	not actuated colour = GRAY actuated colour = GREEN
5	S10	Background Control Colour	not actuated colour = GRAY actuated colour = GREEN
6	S11	Background Control Colour	not actuated colour = GRAY actuated colour = GREEN

C.2 控制流程图

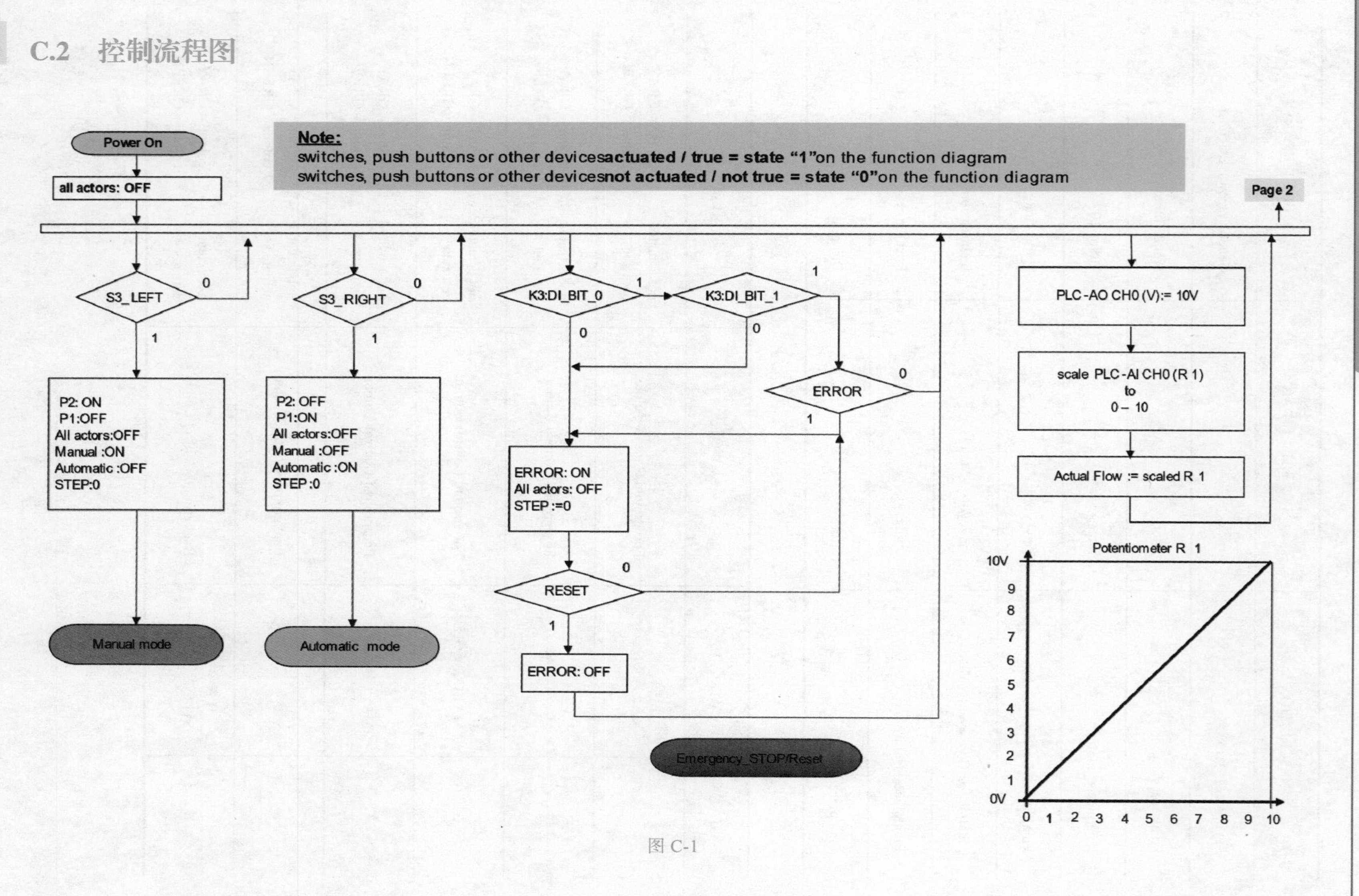
Power On
all actors: OFF
Note:
switches, push buttons or other devicesactuated / true = state "1"on the function diagram
switches, push buttons or other devicesnot actuated / not true = state "0"on the function diagram
Page 2
S3_LEFT
0
1
P2: ON
P1:OFF
All actors:OFF
Manual :ON
Automatic :OFF
STEP:0
Manual mode
S3_RIGHT
0
1
P2: OFF
P1:ON
All actors:OFF
Manual :OFF
Automatic :ON
STEP :0
Automatic mode
K3:DI_BIT_0
1
0
K3:DI_BIT_1
1
0
ERROR
0
1
ERROR: ON
All actors: OFF
STEP :=0
RESET
0
1
ERROR: OFF
Emergency_STOP/Reset
PLC-AO CH0 (V):= 10V
scale PLC-AI CH0 (R 1)
to
0 – 10
Actual Flow := scaled R 1
Potentiometer R 1
10V
9
8
7
6
5
4
3
2
1
0V
0 1 2 3 4 5 6 7 8 9 10

图 C-1

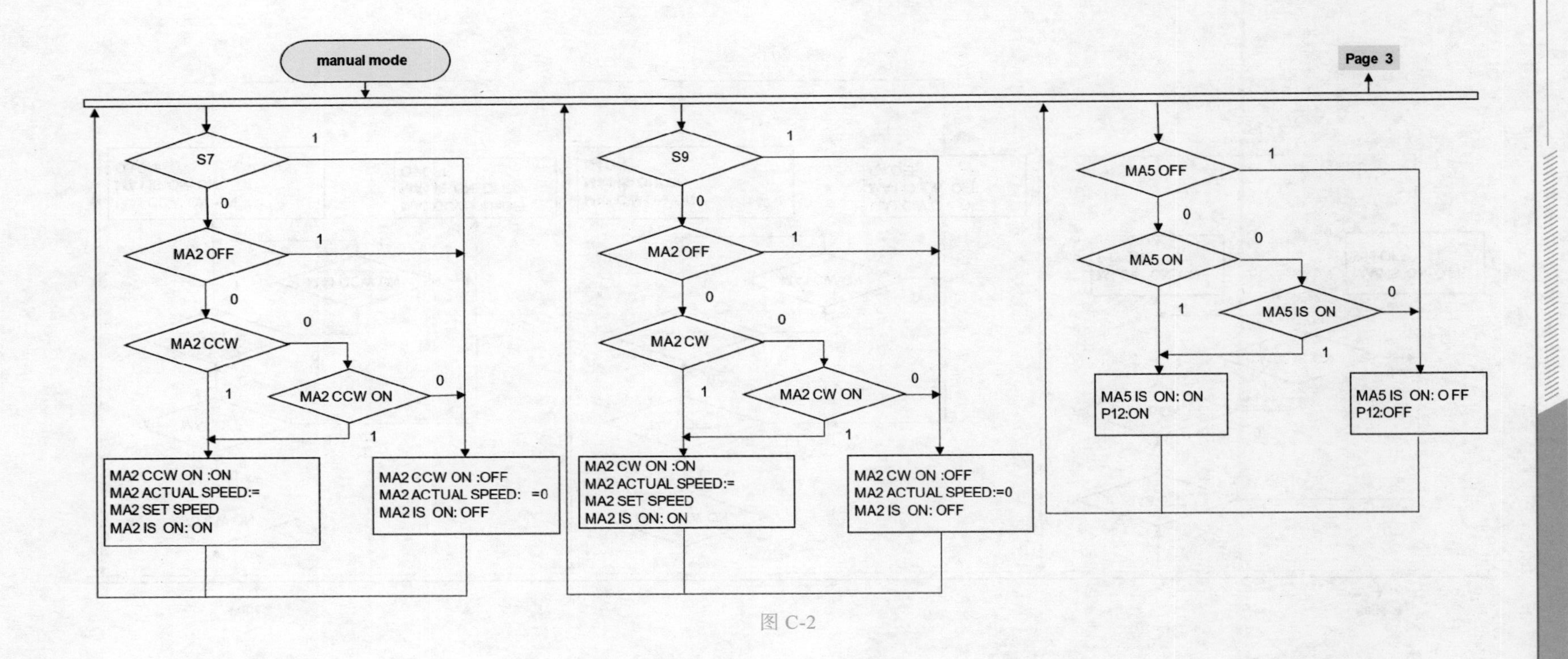
manual mode
Page 3
S7
MA2 OFF
MA2 CCW
MA2 CCW ON
MA2 CCW ON :ON
MA2 ACTUAL SPEED:=
MA2 SET SPEED
MA2 IS ON: ON
MA2 CCW ON :OFF
MA2 ACTUAL SPEED: =0
MA2 IS ON: OFF
S9
MA2 OFF
MA2 CW
MA2 CW ON
MA2 CW ON :ON
MA2 ACTUAL SPEED:=
MA2 SET SPEED
MA2 IS ON: ON
MA2 CW ON :OFF
MA2 ACTUAL SPEED:=0
MA2 IS ON: OFF
MA5 OFF
MA5 ON
MA5 IS ON
MA5 IS ON: ON
P12:ON
MA5 IS ON: O FF
P12:OFF

图 C-2

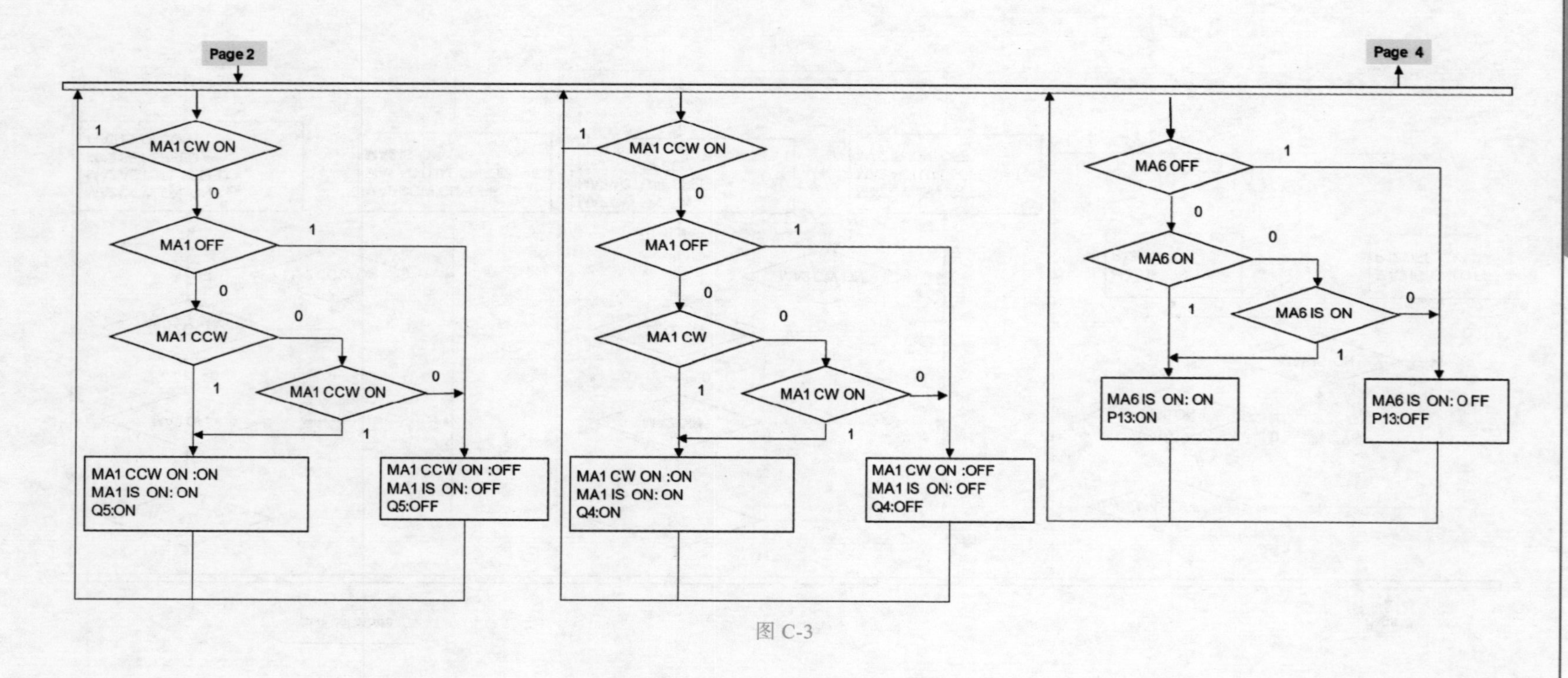

Page 2
MA1 CW ON
MA1 OFF
MA1 CCW
MA1 CCW ON
MA1 CCW ON :ON
MA1 IS ON: ON
Q5:ON
MA1 CCW ON :OFF
MA1 IS ON: OFF
Q5:OFF
MA1 CCW ON
MA1 OFF
MA1 CW
MA1 CW ON
MA1 CW ON :ON
MA1 IS ON: ON
Q4:ON
MA1 CW ON :OFF
MA1 IS ON: OFF
Q4:OFF
Page 4
MA6 OFF
MA6 ON
MA6 IS ON
MA6 IS ON: ON
P13:ON
MA6 IS ON: O FF
P13:OFF

图 C-3

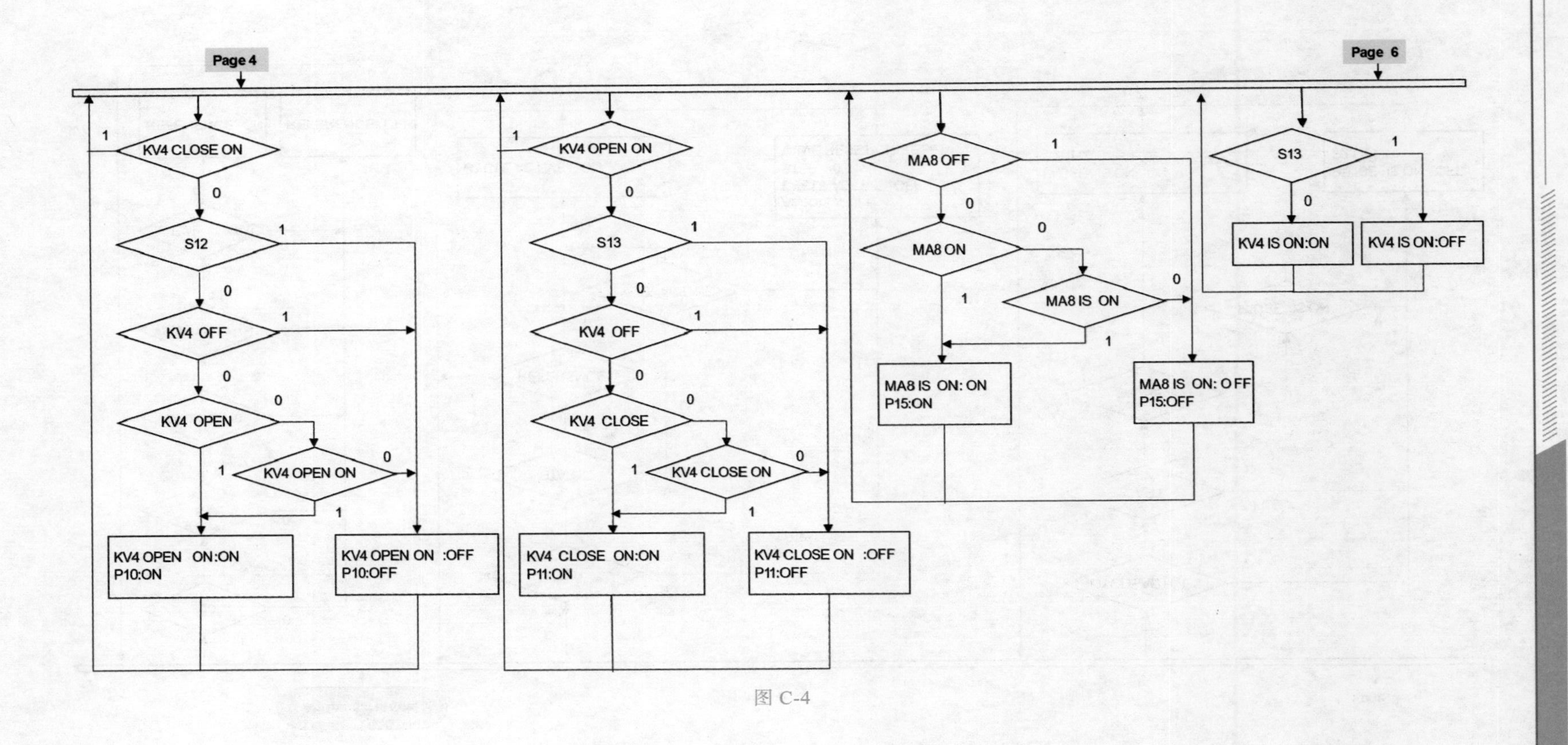
Page 4
Page 6
KV4 CLOSE ON
S12
KV4 OFF
KV4 OPEN
KV4 OPEN ON
KV4 OPEN ON:ON
P10:ON
KV4 OPEN ON :OFF
P10:OFF
KV4 OPEN ON
S13
KV4 OFF
KV4 CLOSE
KV4 CLOSE ON
KV4 CLOSE ON:ON
P11:ON
KV4 CLOSE ON :OFF
P11:OFF
MA8 OFF
MA8 ON
MA8 IS ON
MA8 IS ON: ON
P15:ON
MA8 IS ON: O FF
P15:OFF
S13
KV4 IS ON:ON
KV4 IS ON:OFF

图 C-4

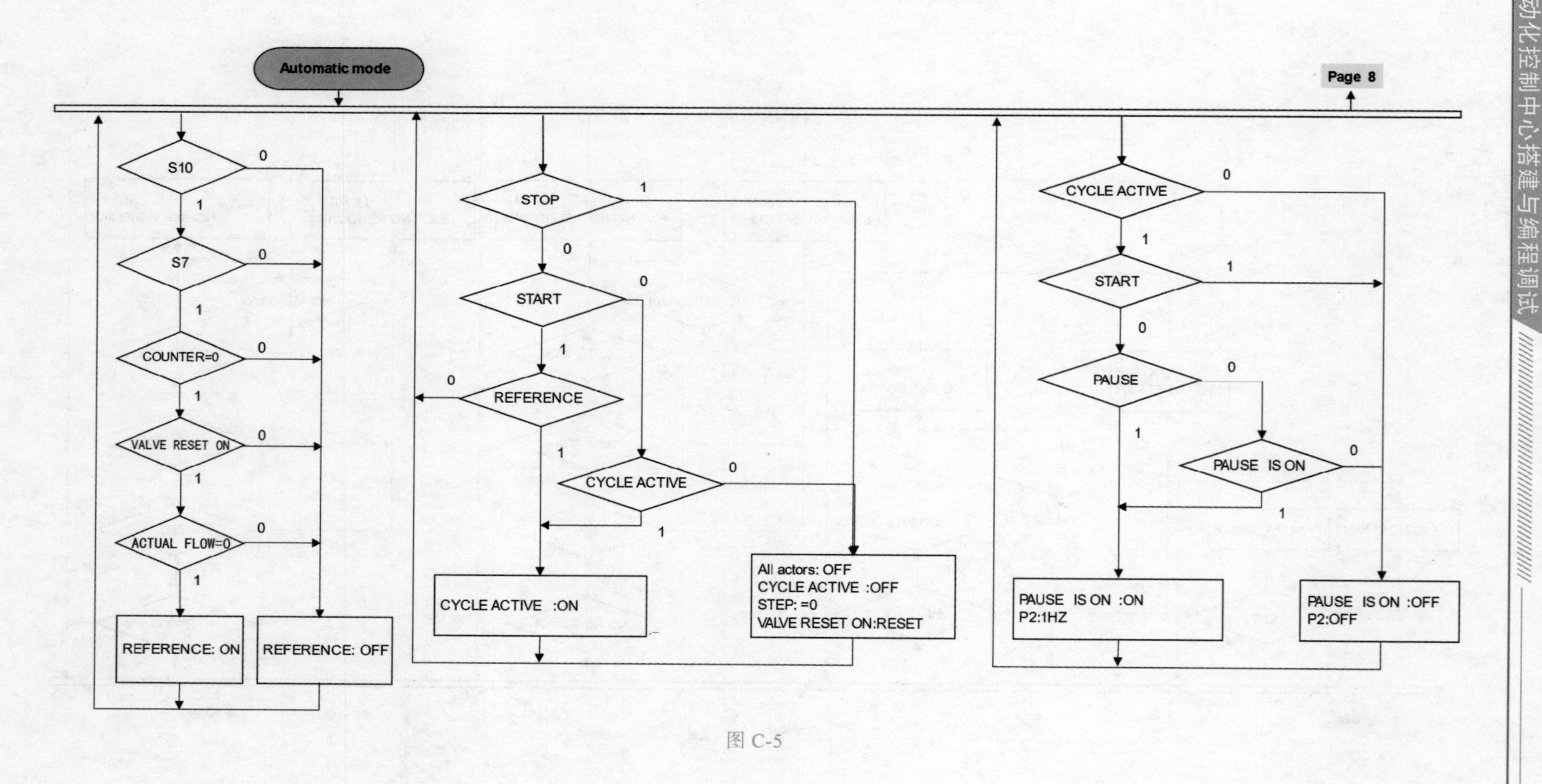
Automatic mode
Page 8
S10
S7
COUNTER=0
VALVE RESET ON
ACTUAL FLOW=0
REFERENCE: ON
REFERENCE: OFF
STOP
START
REFERENCE
CYCLE ACTIVE
CYCLE ACTIVE :ON
All actors: OFF
CYCLE ACTIVE :OFF
STEP: =0
VALVE RESET ON:RESET
CYCLE ACTIVE
START
PAUSE
PAUSE IS ON
PAUSE IS ON :ON
P2:1HZ
PAUSE IS ON :OFF
P2:OFF

图 C-5

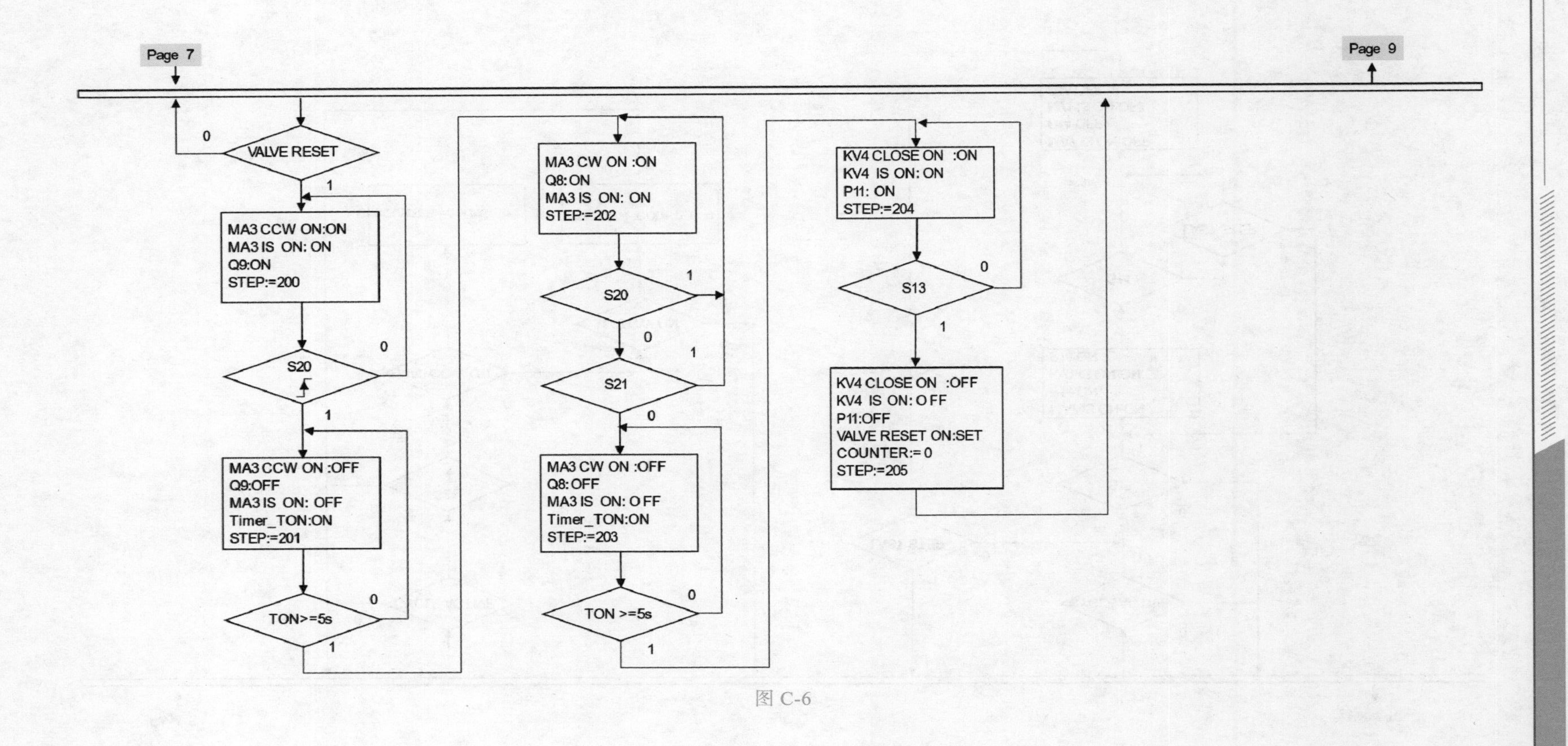

Page 7
Page 9
VALVE RESET
0
1
MA3 CCW ON:ON
MA3 IS ON: ON
Q9:ON
STEP:=200
S20
0
1
MA3 CCW ON :OFF
Q9:OFF
MA3 IS ON: OFF
Timer_TON:ON
STEP:=201
TON>=5s
0
1
MA3 CW ON :ON
Q8:ON
MA3 IS ON: ON
STEP:=202
S20
1
0
S21
1
0
MA3 CW ON :OFF
Q8:OFF
MA3 IS ON: OFF
Timer_TON:ON
STEP:=203
TON >=5s
0
1
KV4 CLOSE ON :ON
KV4 IS ON: ON
P11: ON
STEP:=204
S13
0
1
KV4 CLOSE ON :OFF
KV4 IS ON: OFF
P11:OFF
VALVE RESET ON:SET
COUNTER:= 0
STEP:=205

图 C-6

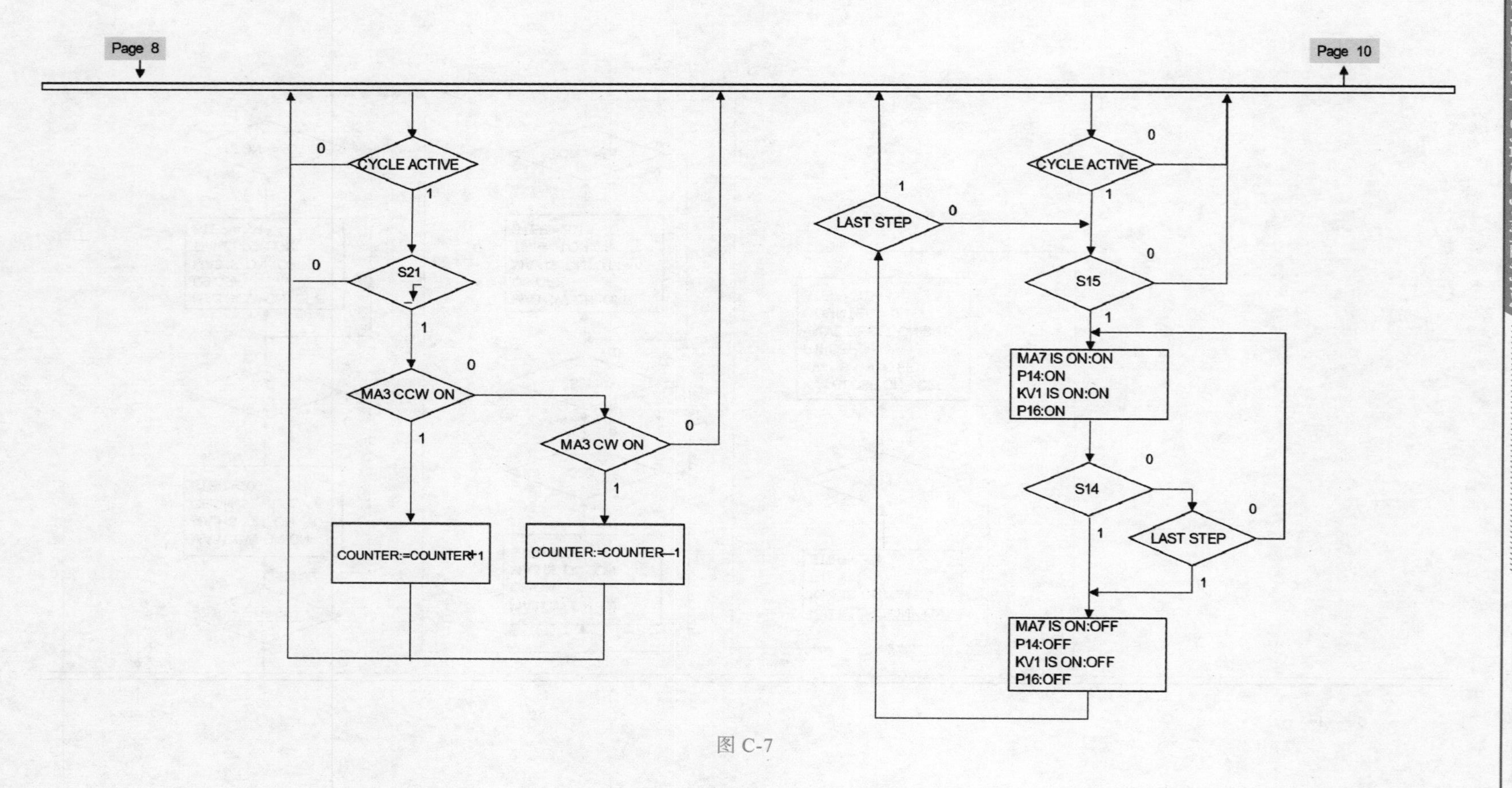
Page 8
Page 10
CYCLE ACTIVE
S21
MA3 CCW ON
MA3 CW ON
COUNTER:=COUNTER+1
COUNTER:=COUNTER-1
LAST STEP
CYCLE ACTIVE
S15
MA7 IS ON:ON
P14:ON
KV1 IS ON:ON
P16:ON
S14
LAST STEP
MA7 IS ON:OFF
P14:OFF
KV1 IS ON:OFF
P16:OFF
0
1

图 C-7

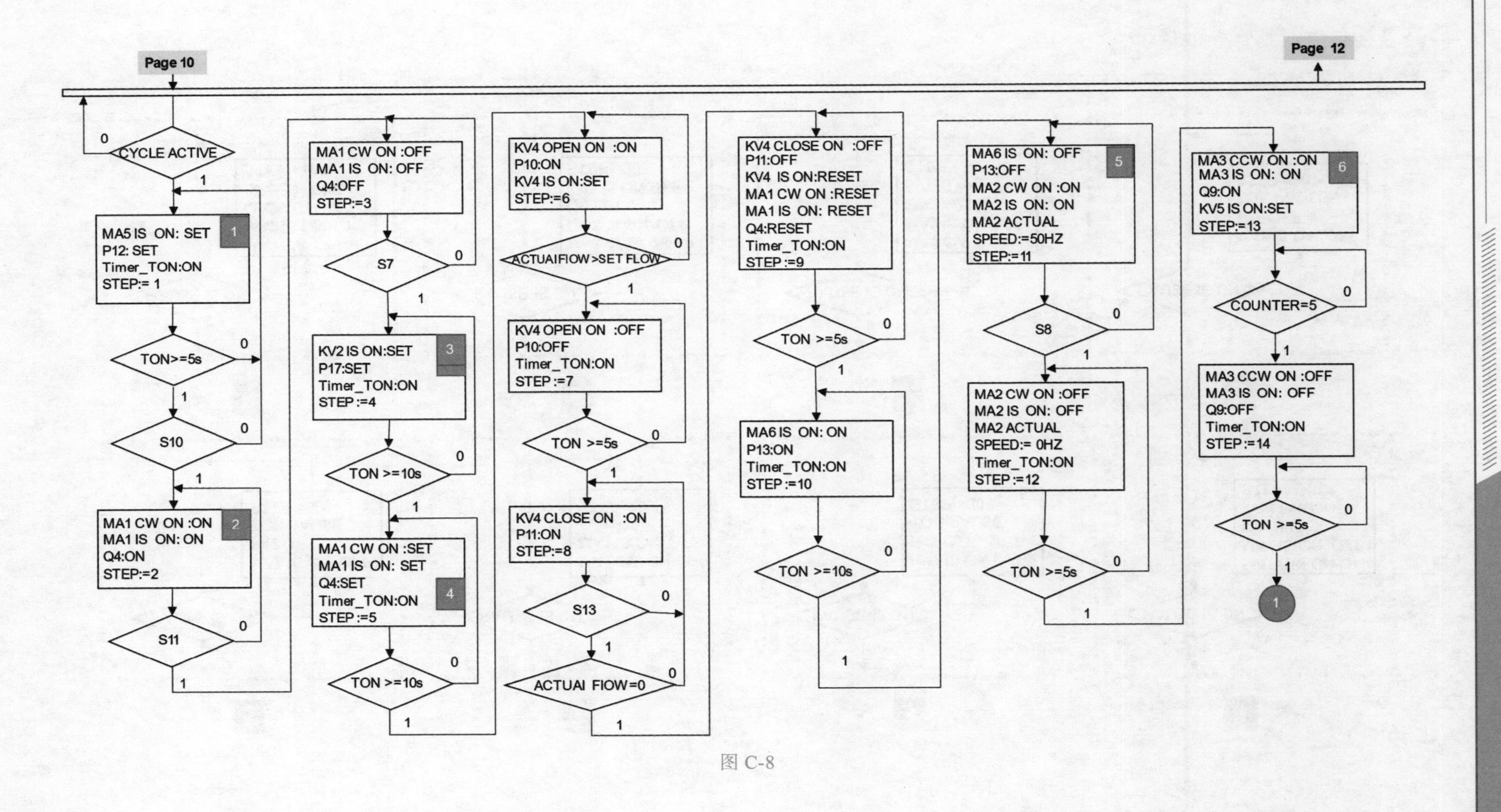
Page 10
Page 12
CYCLE ACTIVE
0
1
MA5 IS ON: SET
P12: SET
Timer_TON:ON
STEP:= 1
1
TON>=5s
S10
MA1 CW ON :ON
MA1 IS ON: ON
Q4:ON
STEP:=2
2
S11
MA1 CW ON :OFF
MA1 IS ON: OFF
Q4:OFF
STEP:=3
S7
KV2 IS ON:SET
P17:SET
Timer_TON:ON
STEP:=4
3
TON >=10s
MA1 CW ON :SET
MA1 IS ON: SET
Q4:SET
Timer_TON:ON
STEP:=5
4
TON >=10s
KV4 OPEN ON :ON
P10:ON
KV4 IS ON:SET
STEP:=6
ACTUAIFIOW>SET FLOW
KV4 OPEN ON :OFF
P10:OFF
Timer_TON:ON
STEP:=7
TON >=5s
KV4 CLOSE ON :ON
P11:ON
STEP:=8
S13
ACTUAI FIOW=0
KV4 CLOSE ON :OFF
P11:OFF
KV4 IS ON:RESET
MA1 CW ON :RESET
MA1 IS ON: RESET
Q4:RESET
Timer_TON:ON
STEP:=9
TON >=5s
MA6 IS ON: ON
P13:ON
Timer_TON:ON
STEP:=10
TON >=10s
MA6 IS ON: OFF
P13:OFF
MA2 CW ON :ON
MA2 IS ON: ON
MA2 ACTUAL
SPEED:=50HZ
STEP:=11
5
S8
MA2 CW ON :OFF
MA2 IS ON: OFF
MA2 ACTUAL
SPEED:= 0HZ
Timer_TON:ON
STEP:=12
TON >=5s
MA3 CCW ON :ON
MA3 IS ON: ON
Q9:ON
KV5 IS ON:SET
STEP:=13
6
COUNTER=5
MA3 CCW ON :OFF
MA3 IS ON: OFF
Q9:OFF
Timer_TON:ON
STEP:=14
TON >=5s
1

图 C-8

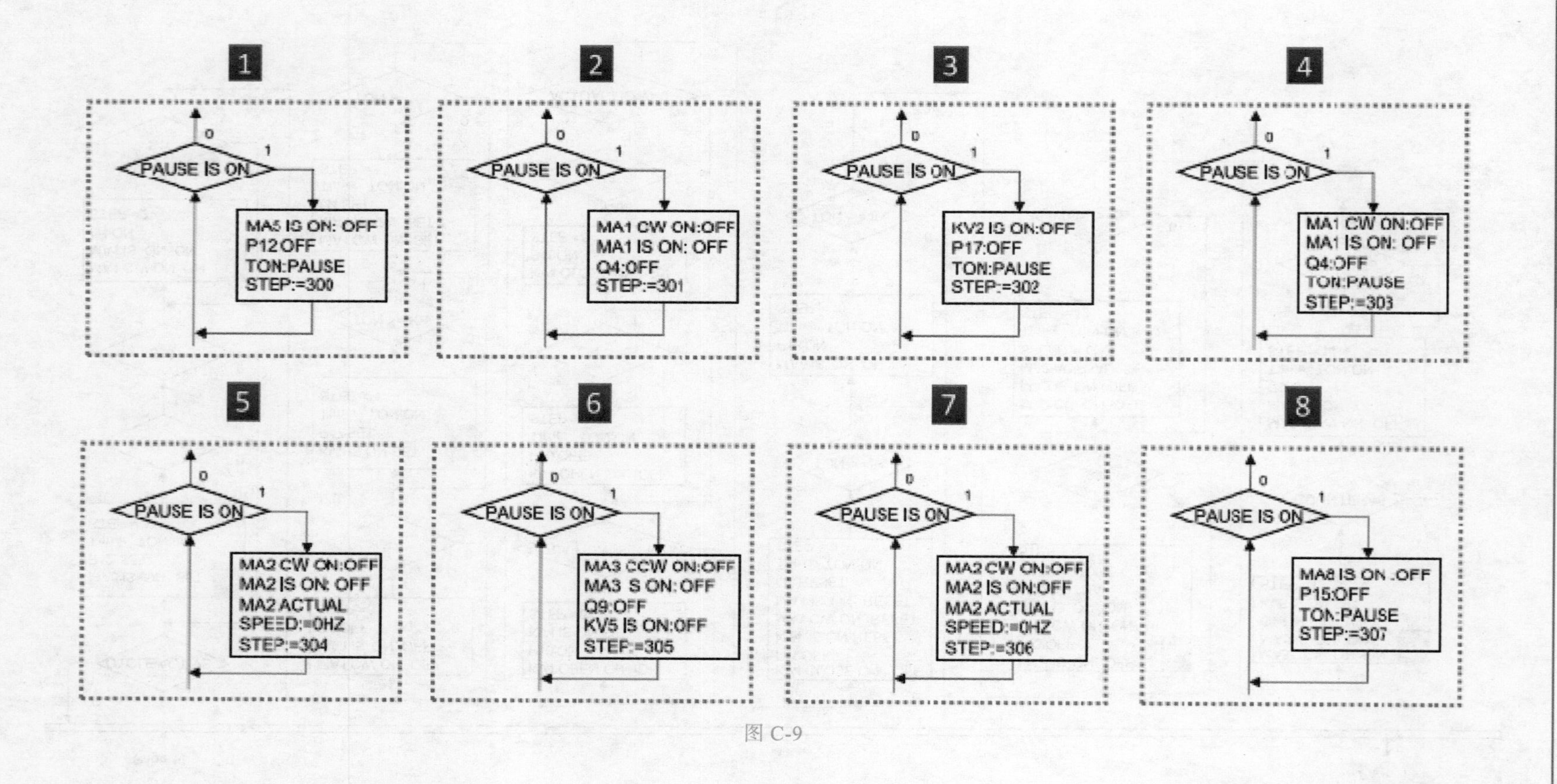
1
PAUSE IS ON
0
1
MA5 IS ON: OFF
P12 OFF
TON:PAUSE
STEP:=300
2
PAUSE IS ON
0
1
MA1 CW ON:OFF
MA1 IS ON: OFF
Q4:OFF
STEP:=301
3
PAUSE IS ON
0
1
KV2 IS ON:OFF
P17:OFF
TON:PAUSE
STEP:=302
4
PAUSE IS ON
0
1
MA1 CW ON:OFF
MA1 IS ON: OFF
Q4:OFF
TON:PAUSE
STEP:=303
5
PAUSE IS ON
0
1
MA2 CW ON:OFF
MA2 IS ON: OFF
MA2 ACTUAL
SPEED:=0HZ
STEP:=304
6
PAUSE IS ON
0
1
MA3 CCW ON:OFF
MA3 S ON: OFF
Q9:OFF
KV5 IS ON:OFF
STEP:=305
7
PAUSE IS ON
0
1
MA2 CW ON:OFF
MA2 IS ON:OFF
MA2 ACTUAL
SPEED:=0HZ
STEP:=306
8
PAUSE IS ON
0
1
MA8 IS ON :OFF
P15:OFF
TON:PAUSE
STEP:=307

图 C-9

C.3 评分标准（部分）

表 C-1

序号	子评判名称或描述	细节类型 O = 客观 S = 主观	细节描述
	硬件功能 – 手动模式		
1		O	手动画面布局与图样一致
2		O	手动画面颜色与图样一致
3		O	S3_left=1，P2 灯亮，画面上 MANUAL 显示黄色，激活手动画面
4		O	顺时针旋转电位器 R1，流量数值显示正确
5		O	S7=0，按下 MA2 CCW 按钮，画面上 MA2 电机显示绿色，MA2 处左箭头显示绿色，电机速度 = 设定值
6		O	S7=1 或者按下 MA2 OFF 按钮，画面上 MA2 电机显示灰绿色，MA2 处左箭头显示灰色，电机速度 =0
7		O	S9=0，按下 MA2 CW 按钮，画面上 MA2 电机显示绿色，MA2 处右箭头显示绿色，电机速度 = 设定值
8		O	S9=1 或者按下 MA2 OFF 按钮，画面上 MA2 电机显示灰绿色，MA2 处右箭头显示灰色，电机速度 =0
9		O	按下 MA1 CCW，画面上 MA1 显示绿色，MA1 处右箭头显示绿色，按下 MA1 OFF，MA1 显示灰色，右箭头显示灰色
10		O	按下 MA1 CW，画面上 MA1 显示绿色，MA1 处左箭头显示绿色，按下 MA1 OFF，MA1 显示灰色，左箭头显示灰色
11		O	S12=0，按下 KV4 OPEN 按钮，画面上 KV4 阀旁左箭头显示绿色，墙板上 P10 灯亮
12		O	S12=1 或者按下 KV4 OFF 按钮，画面上 KV4 阀旁左箭头显示灰色，墙板上 P10 灯灭
13		O	S13=0，按下 KV4 CLOSE 按钮，画面上 KV4 阀旁右箭头显示绿色，墙板上 P11 灯亮
14		O	S13=1 或者按下 KV4 OFF 按钮，画面上 KV4 阀旁右箭头显示灰色，墙板上 P11 灯灭

（续）

序号	子评判名称或描述	细节类型 O = 客观 S = 主观	细节描述
15		O	S13=0 时，画面上 KV4 显示绿色，S13=1 时，画面上 KV4 显示灰色
16		O	按下 MA8 ON，画面上 MA8 显示绿色，墙板上 P15 灯亮
17		O	按下 MA8 OFF，画面上 MA8 显示灰色，墙板上 P15 灯灭
18		O	按下 EXIT 按钮，HMI 退出到系统界面
19		O	变频器故障或按下 S1 按钮，画面上 ERROR 处显示红色
20		O	按下 RESET 按钮，画面上 ERROR 不显示

表 C-2

序号	子评判名称或描述	细节类型 O = 客观 S = 主观	细节描述
	软件功能－自动模式		准备工作：恢复初始状态
1		O	自动画面布局与图样一致
2		O	自动画面颜色与图样一致
3		O	S3_right=1，P1 灯亮，AUTOMATIC 按钮显示绿色
4		O	按下 VALVE RESE 按钮，接触器 Q9 得电，画面上 MA3 旁逆时针箭头显示绿色，MA3 显示绿色
5		O	传感器 S20 有上升沿到达时，接触器 Q9 失电，画面上 MA3 旁逆时针箭头显示灰色，MA3 显示灰色
6		O	延时 5 秒后，接触器 Q8 得电，画面上 MA3 旁顺时针箭头显示绿色，MA3 显示绿色
7		O	传感器 S20 和 S21 都为 0 时，接触器 Q8 失电，画面上 MA3 旁顺时针箭头显示灰色，MA3 显示灰色
8		O	延时 5 秒后，画面上 KV4 阀门显示绿色，KV4 上的右箭头显示绿色，墙板上 P11 灯亮

（续）

序号	子评判名称或描述	细节类型 O = 客观 S = 主观	细节描述
9		O	当 S13 为 1 时，画面上 KV4 阀门显示灰色，KV4 上的右箭头显示灰色，墙板上 P11 灯灭，VALVE RESET 按钮显示绿色，COUNTER 数值显示为 0
10		O	当 REFERGENCE=1 时，按下 START 按钮，画面上 Cycle Active 显示绿色，画面上 VALVE RESET 显示灰色，同时画面上 MA5 显示绿色，墙板上 P12 灯亮
11		O	延时 5 秒后，滑块压到 S10，当 S10=1 时，接触器 Q4 得电，画面上 MA1 显示绿色，MA1 处左箭头显示绿色
12		O	当 S11=1 时，接触器 Q4 失电，画面上 MA1 显示灰色，MA1 处左箭头显示灰色
13		O	当 S7=1 时，画面上 KV2 显示绿色，墙板上 P17 灯亮
14		O	延时 10 秒后，接触器 Q4 得电，画面上 MA1 显示绿色，MA1 处左箭头显示绿色
15		O	延时 10 秒后，画面上 KV4 阀门显示绿色，KV4 上的左箭头显示绿色，墙板上 P10 灯亮
16		O	旋转电位器 R1，当 ACTUAL FLOW 大于 SET FLOW 时，画面上 KV4 阀门显示绿色，KV4 上的左箭头显示灰色，墙板上 P10 灯灭
17		O	延时 5 秒后，画面上 KV4 阀门显示绿色，KV4 上的右箭头显示绿色，墙板上 P11 灯亮
18		O	当 S13=1、ACTUAL FLOW=0 时，画面上 KV4 阀门显示灰色，KV4 上的右箭头显示灰色，墙板上 P11 灯灭，接触器 Q4 失电，画面上 MA1 显示灰色，MA1 处左箭头显示灰色
19		O	延时 5 秒后，画面上 MA6 显示绿色，墙板上 P13 灯亮
20		O	延时 10 秒后，画面上 MA6 显示灰色，墙板上 P13 灯灭，画面上 MA2 电机显示绿色，MA2 处右箭头显示绿色，电机以 50Hz 速度运行
21		O	当 S8=1 时，画面上 MA2 电机显示灰色，MA2 处右箭头显示灰色，电机速度为 0
22		O	延时 5 秒后，接触器 Q9 得电，画面上 MA3 旁逆时针箭头显示绿色，MA3 显示绿色，画面上 KV5 阀门显示绿色

（续）

序号	子评判名称或描述	细节类型 O = 客观 S = 主观	细节描述
23		O	当 MA3 逆时针运行时，传感器 S21 触发 1 次下降沿有效时，COUNTER 的数值就加 1（COUNTER 值有从 0 到 5 的逐一增加）
24		O	当 COUNTER=5 时，接触器 Q9 失电，画面上 MA3 旁顺时针箭头显示灰色，MA3 显示灰色
25		O	当 MA3 顺时针运行时，传感器 S21 触发 1 次下降沿有效时，COUNTER 的数值就减 1（COUNTER 值逐一递减）
26		O	当 COUNTER=3 时，接触器 Q8 失电，画面上 MA3 旁顺时针箭头显示灰色，MA3 显示灰色，画面上 KV3 显示绿色，墙板上 P18 灯亮
27		O	当 S15=1 时，画面上 MA7、KV1 显示绿色，墙板上 P14、P16 灯亮，当 S7=1 时，画面上 MA2 电机显示灰色，MA2 处右箭头显示灰色，电机速度为 0，画面上 KV2、MA5、Cycle Active 都显示灰色，墙板上 P12、P17 灯灭，5 秒后，画面上 MA7、KV1 显示灰色，墙板上 P14、P16 灯灭
28		O	在系统运行中，在 1 ～ 8 的暂停位置，按下暂停按钮，按照程序来暂停，并且步正确
29		O	所有步显示正确